科学出版社“十三五”普通高等教育本科规划教材

大学物理(下册)

(第二版)

主　编　冯旺军　戴剑锋
副主编　李维学　王　青　蒲忠胜
　　　　魏智强　姜金龙　张梅玲

科 学 出 版 社
北　京

内 容 简 介

本书是依据教育部高等学校物理学与天文学教学指导委员会物理基础课程教学指导分委员会编制的《理工科类大学物理课程教学基本要求》，并结合编者多年的教学实践经验编写而成的.

全书分上、下两册.上册内容包括力学、机械振动和机械波、波动光学、分子物理学和热力学4篇；下册内容包括电磁学、近代物理基础2篇，共21章.本书将理工学科大学物理课程教学基本要求按认知规律有序整合，构建了基础物理的知识网络，对物理学的基本概念、基本理论作了比较系统全面的讲述，特别注重物理概念的描述，减少了比较繁杂的推导过程，增加了物理规律在工程中应用的内容，也介绍了一些近现代物理学的发展和热点问题，力求开拓学生的视野，增强学生学习物理的兴趣，正文中提供了一些典型例题，有助于学生自学、抓住重点.

本书可作为高等学校工科各专业、理科非物理类专业的大学物理教材，也可以作为中学物理教师的教学参考书和自学人员的参考书.

图书在版编目(CIP)数据

大学物理：上下册/冯旺军，戴剑锋主编.—2版.—北京：科学出版社，2021.1

科学出版社“十三五”普通高等教育本科规划教材

ISBN 978-7-03-067848-5

Ⅰ.①大… Ⅱ.①冯… ②戴… Ⅲ.①物理学－高等学校－教材 Ⅳ.①O4

中国版本图书馆CIP数据核字(2021)第006751号

责任编辑：罗 吉 崔慧娴/责任校对：杨聪敏

责任印制：赵 博/封面设计：蓝正设计

科学出版社出版

北京东黄城根北街16号

邮政编码：100717

http://www.sciencep.com

北京富资园科技发展有限公司印刷

科学出版社发行 各地新华书店经销

*

2010年8月第 一 版 开本：720×1000 1/16

2021年1月第 二 版 印张：37 1/2

2025年3月第十九次印刷 字数：756 000

定价：89.00元(上下册)

(如有印装质量问题，我社负责调换)

前 言

物理学是研究物质的基本结构、相互作用和物质最基本最普遍的运动形式(机械运动、热运动、电磁运动、微观粒子运动等)及其相互转化规律的学科. 物理学的研究对象具有极大的普遍性,它的基本理论渗透在自然科学的一切领域,应用于生产技术的各个部门. 它是自然科学的许多领域和工程技术的基础.

以物理学基础知识为内容的大学物理课,所包括的经典物理、近代物理和物理学在科学技术上应用的初步知识等都是一个高级工程技术人员所必备的,因此,大学物理课是高等工业学校各专业学生的一门重要的必修基础课.

高等工业学校中开设大学物理的作用:一方面较系统地为学生打好必要的物理基础;另一方面使学生初步学习科学的思想方法和研究问题的方法. 这些可开阔思路、激发探索和创新精神、增强适应能力、提高人才素质. 学好大学物理课,不仅对学生在校的学习十分重要,而且对学生毕业后的工作和进一步学习新理论、新技术,不断更新知识,都将产生深远的影响.

通过大学物理课的学习,学生应掌握物理学研究的各种运动形式以及它们之间的联系,能够正确地理解大学物理中的基本理论、基本知识,并具备初步应用的能力.

我们在多年大学物理教学改革实践中深切感到,在教学环节中,要注意在传授知识的同时着重培养能力. 教材应更加重视人的培养,要有效地与理工科专业结合,兼顾文、法、管理等专业,减少比较繁琐的公式推导,为此,我们组织编写了这套《大学物理》教材.

本书精选了一部分与基本概念、基本方法有较强关联的例题,以使学生更好地理解、掌握重点内容. 书中的部分章节可作为选学内容,教师可以选择课上讲解,也可要求学生自学或者了解.

全书分上、下两册,由冯旺军、戴剑锋担任主编,李维学、王青、蒲忠胜、魏智强、姜金龙、张梅玲担任副主编. 全书由冯旺军统稿、定稿. 本书编写过程中得到了兰州理工大学理学院应用物理系全体教师和西北民族大学张国恒教授的大力支持,在此表示感谢.

本书由兰州理工大学理学院应用物理系和西北民族大学电气工程学院大学物理教研室联合组织编写,参加编写的人员都有丰富的教学经验,有些老师已讲授了 20 多年的大学物理课程. 本书在编写过程中,力求物理概念清楚、逻辑严密、循序渐进、过渡自然、重点突出,形成一个比较紧凑的体系,具有独特的风格. 然而,受作者学识能力限制,不妥之处在所难免,希望读者批评指正!

作 者

2020 年 1 月于兰州

前言

目　录

第五篇　电　磁　学

第六篇　近代物理基础

第五篇　电　磁　学

本篇将讨论物质运动的另一种形态——电磁运动. 电磁现象是自然界中一种普遍存在的现象. 电磁学是研究物质间电磁相互作用,电磁场产生、变化和运动规律的一门学科.

人类很早就知道电现象和磁现象. 公元前六七世纪人们就发现了磁石吸铁、磁石指南以及摩擦生电等现象,而系统地对这些现象进行研究则始于16世纪. 1600年英国医生吉尔伯特(William Gilbert,1544～1603)发表了《论磁、磁体和地球作为一个巨大的磁体》(*De magnete, magneticisque corporibus et de magnomag-nete tellure*). 他总结了前人对磁的研究,周密地讨论了地磁的性质,记载了大量实验,使磁学从经验转变为科学. 1750年米切尔(John Michell,1724[?]～1793)提出磁极之间的作用力服从平方反比定律. 1785年库仑(Charles-Augustinde Coulomb,1736～1806)公布了用扭秤实验得到电力的平方反比定律,使电学和磁学进入了定量研究的阶段.

1780年,伽伐尼(Luigi Aloisio Galvani,1737～1798)发现动物电,1800年伏打(Alessandro Volta,1745～1827)发明电堆,使恒定电流的产生有了可能,电学由静电走向动电,促使1820年奥斯特(Hans Christian Oersted,1777～1851)发现电流的磁效应. 于是,电学与磁学彼此隔绝的情况有了突破,开始了电磁学的新阶段,在这以后,电磁学的发展势如破竹. 19世纪二三十年代是电磁学大发展的时期. 首先对电磁作用力进行研究的是法国科学家安培(André-Marie Ampère,1775～1836),他在得知奥斯特的发现之后,重复了奥斯特的实验,提出了右手定则,并用电流绕地球内部流动解释了地磁的起因. 接着他研究了载流导线之间的相互作用,建立了电流元之间的相互作用规律——安培定律. 与此同时,毕奥-萨伐尔定律也被发现.

英国物理学家法拉第对电磁学的贡献尤为突出. 1831年法拉第发现电磁感应现象,进一步证实了电现象与磁现象的统一性. 法拉第坚信电磁的近距作用,认为物质之间的电力和磁力都需要由介质传递,介质就是电场和磁场. 电流磁效应的发现使电流的测量成为可能. 1826年欧姆(Georg Simon Ohm,1787～1854)确定了电路的基本规律——欧姆定律.1865年,麦克斯韦把法拉第的电磁近距作用思想和安培开创的电动力学规律结合在一起,用一个方程组概括电磁规律,建立了电磁场理论,预测了光的电磁性质,终于实现了物理学史上第二次大综合.

1888年,德国科学家赫兹证实了麦克斯韦电磁波的存在.利用赫兹的发现,意大利物理学家马可尼、俄国的波波夫先后分别实现了无线电的传播和接收,使有线电报逐渐发展成为无线电通信.所有这些电器设备都需要大量的电,这不是微弱的电池所能提供的.1866年,第一台自激式发电机问世,使电流强度大大增强.20世纪70年代,欧洲开始进入电力时代,80年代还建成了中心发电站,并解决了远距离输电问题.电力的广泛应用是继蒸汽机之后近代史上的第二次科技革命,电磁学的发展为这次科技革命提供了重要的理论准备.由于自然科学的新发现被迅速应用于生产,第二次工业革命在欧美国家蓬勃兴起.

本篇共7章,先分别讨论静电场及恒定磁场的性质和基本规律,以及它们与物质间的相互作用;然后讨论电场与磁场的相互联系——电磁感应,以及普遍情况下电磁场的运动规律;最后介绍物质的磁性和电磁场理论的基本概念.

第12章 静电场

静电学主要讨论相对参考系静止的电荷所产生的静电场的性质，以及电荷与电场相互作用的规律. 首先阐述电荷的基本性质，从库仑定律出发引入描述静电场的基本物理量——电场强度；再从电场通量及电荷在静电场中移动时电场力做功导出反映静电场性质的两个基本规律——高斯定理和环路定理，并引入描述静电场的另一个物理量——电势；最后讨论电荷在电场中的静电势能.

12.1 电荷和电场

12.1.1 电荷

电荷是物质的一种基本属性，它不能存在于物质之外，自然界出现的电磁现象都可归因于物体带上了电荷.

1. 电荷

1733 年，法国科学家迪费(Du Fay)发现，物体所带电荷只有两种，即正电荷、负电荷. 宏观带电物体所带电荷的种类不同，根源在于组成它们的三种基本粒子所带电荷种类不同，电子带负电荷，质子带正电荷，中子不带电荷. 在正常情况下，物体任何一部分所含的电子数目和质子数目都是相等的，所以对外不表现电性，称为电中性. 而当物体带负电时，说明它从别的物体获得了额外的电子，当物体带正电时，说明它失去了电子. 电荷之间的相互作用力表现为：同种电荷互相排斥，异种电荷互相吸引. 电荷之间的相互作用力称为电力，从形式上看电力与万有引力相似，描述电力的库仑定律与描述引力的万有引力定律有同等重要的地位，但万有引力总是引力，而电力却有吸引力与排斥力之分.

物体带电的多少称为电量，通常用 q 或 Q 表示，在国际单位制中，它的单位名称为库仑，符号为 C. 正电荷电量取正值，负电荷电量取负值，一个带电体所带电量为其所带正、负电量的代数和.

2. 电荷量子化

1897 年 J. J. 汤姆孙发现了电子. 1906～1917 年，密立根用液滴法首先从实验上证明了微小粒子带电量的变化不连续性——电荷的量子化，在自然界中，存在着最小

的电荷基本单元 e,任何带电体所带的电量只能是这个基本单元的整数倍,即

$$Q=ne,\quad n=\pm1,\pm2,\cdots$$

电荷的这一特性称为电荷的量子性. 实验测得此基本单元的电量为

$$e=1.60217733(49)\times10^{-19}\text{C}(\text{近似为 }1.602\times10^{-19}\text{C})$$

由于 e 的量值非常小,在宏观现象中不易观察到电荷的量子性,常将电量 Q 看成是可以连续变化的物理量,将它在带电体上的分布也看成是连续的.

由物质的电结构可知,原子中一个电子带一个单位负电荷,一个质子带一个单位正电荷,其量值就是 $e=1.602\times10^{-19}$C,原子失去电子带正电,原子得到电子带负电.

随着人们对物质结构的认识,1964 年盖尔曼(Murray Gell-Mann)等提出了夸克模型,认为夸克粒子是物质结构的基本单元,强子(质子、中子等)是由夸克组成的,而不同类型的夸克带有不同的电量,分别为 $\pm\frac{1}{3}e$ 或 $\pm\frac{2}{3}e$. 到 1995 年,核子的 6 个夸克已全部被实验发现,可靠的依据也证明了分数电荷的存在,但到目前为止还没有发现自由状态存在的夸克.

3. 电荷守恒定律

电荷守恒定律是物理学的基本定律之一. 它指出,对于一个孤立系统,不论发生什么变化,其中所有电荷的代数和永远保持不变. 电荷守恒定律表明,如果某一区域中的电荷增加或减少了,那么必定有等量的电荷进入或离开该区域;如果在一个物理过程中产生或消失了某种符号的电荷,那么必定有等量的异号电荷同时产生或消失.

根据电荷守恒定律,单位时间从任一封闭曲面流出的电量应等于该封闭曲面内总电量变化率的负值(即等于单位时间封闭曲面内减少的电量). 如果没有电量补充,当封闭曲面内的电量全部流出后,此过程将中止. 因此,为了维持持续恒定的电流,电量从任一封闭曲面内流出的同时,必须有相等的电量流入. 换言之,恒定电流应构成闭合的没有源头的回路,这是电荷守恒定律应用于恒定电流的结果.

1843 年,法拉第做了冰桶实验,并据此最早提出了电荷守恒的理念. 法拉第把用白铁皮做的冰桶放在绝缘物体上,用导线将冰桶外表与金箔验电器相接然后用丝线将带电小黄铜球吊进冰桶内,随着小球的深入,验电器箔片逐渐张开并达到最大张角,而后,即使小球再深入,甚至与冰桶接触,张角也不再变化,并且实验结果与冰桶内是否装有其他物质以及小球是否与之接触均无关. 冰桶实验表明,其中的电荷可以转移变动,但不会无中生有,也不会变有为无,而是始终保持总量守恒. 这是电荷守恒定律第一个令人满意的实验证明.

电荷守恒定律是大量实验事实的总结,适用于迄今所知的一切宏观过程和微观过程. 质子和电子是正负电荷的基本单元. 在各种物理过程中,电子和质子总数不变,只是组合方式或所在位置有所改变,因而电荷守恒是十分自然的.

在相对论中,质量是与物体的运动速度相关的,或者说是与参考系有关的. 对不同参考系,同一物体的质量是不同的,即质量不是相对论不变量. 而理论和实验证明,

电量是相对论不变量.在不同参考系中观察,同一物体的运动状态不同,但所带电荷与运动状态无关.例如,在实验室测量从高能加速器发射出的微观粒子(如电子),当速度接近真空中的光速时($v=0.98c$),其质量变化非常明显,但其电量却没有任何变化的迹象.这一事实表明,物体的电量具有相对论不变性.

12.1.2 电场

实践证明,电荷周围存在着由它产生的电场,两电荷是通过各自在空间产生的电场与另一电荷相互作用的,因此电荷之间的相互作用力也称为电场力.产生电场的电荷称为场源电荷,相对参考系静止,且电量不随时间改变的电荷所产生的电场称为静电场.静电场对电荷的作用力又称为静电力.电场传递这种作用的速度是有限的,这个速度就是光速.由于静电场和场源电荷总是相伴而生的,静止电荷之间通过各自电场相互作用时,很难观察到传递作用所需要的时间.但是对于运动电荷,场物质的时间性就突出地显示出来.例如,在发射电磁波的天线中加速运动的电子对远处接收天线中电子的作用就是通过电磁场来传递的.静电场的基本性质如下:

(1)处在电场中的带电体,都会受到电场力的作用;

(2)电场能使引入电场中的导体或电介质产生静电感应或极化现象;

(3)带电体在电场中移动时,电场力对电荷做功,表明电场具有能量.

12.2 库仑定律 电介质的影响

库仑定律是电磁场理论的基本定律之一,是1784~1785年库仑通过扭秤实验总结出来的.扭秤的结构如图12-1所示,在细金属丝下悬挂一根秤杆,它的一端有一小球A,另一端有平衡体B,在A旁还置有另一个与它大小相同的固定小球C.为了研究带电体之间的作用力,先使A、C各带一定的电荷,这时秤杆会因A端受力而偏转.转动悬丝上端的旋钮,使小球回到原来位置.这时悬丝的扭力矩等于施于小球A上电力的力矩.如果悬丝的扭力矩与扭转角度之间的关系已事先校准、标定,则由旋钮上指针转过的角度读数和已知的秤杆长度,可以得到在此距离下A、C之间的作用力.

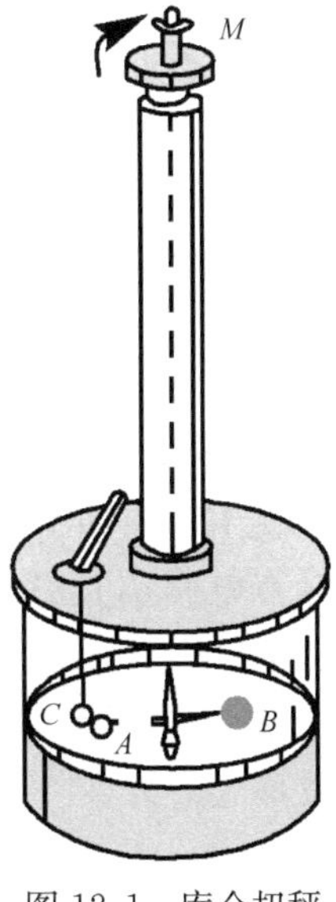

图12-1 库仑扭秤

经过多次实验,库仑发现两个静止带电小球之间作用力F的方向沿着两个小球球心的连线,大小与两个小球电量q_1,q_2的乘积成正比,与两个小球球心的距离r的平方成反比.同种电荷相斥,异种电荷相吸,即

$$F=k\frac{q_1q_2}{r^2},\quad r\neq 0 \qquad (12\text{-}1)$$

在SI制中,式(12-1)的比例系数 $k=8.988\times10^9\,\mathrm{N\cdot m^2\cdot C^{-2}}$. 为使以后导出的式子省略因子 4π,通常令 $k=\frac{1}{4\pi\varepsilon_0}$,常数 $\varepsilon_0=8.85\times10^{-12}\,\mathrm{C^2\cdot N^{-1}\cdot m^{-2}}$. 于是有

$$F=\frac{q_1q_2}{4\pi\varepsilon_0 r^2},\quad r\neq0 \tag{12-2}$$

设图12-2中从 q_2 指向 q_1 的位矢为 $\boldsymbol{r}$,则 q_1 所受的 q_2 施加的作用力为

$$\boldsymbol{F}=\frac{q_1q_2}{4\pi\varepsilon_0}\frac{\boldsymbol{r}}{r^3},\quad r\neq0 \tag{12-3}$$

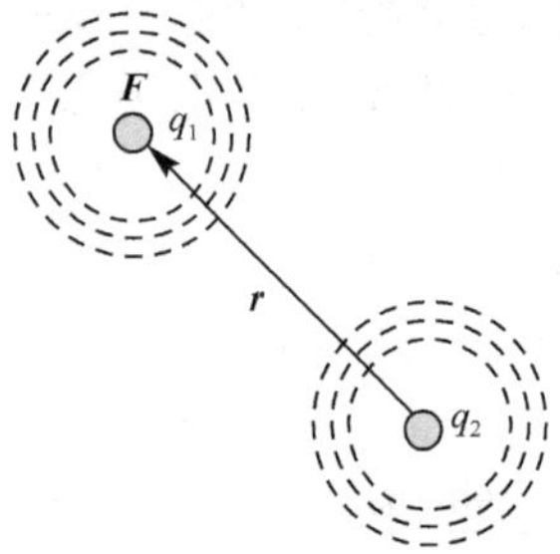

图12-2 两个点电荷之间的库仑力

显然,当 q_1,q_2 同号或异号时上式都成立. q_2 所受的 q_1 施加的力 $\boldsymbol{F}'$ 与 $\boldsymbol{F}$ 的关系是 $\boldsymbol{F}'=-\boldsymbol{F}$.

式(12-2)或式(12-3)叫做真空中的库仑定律,即真空中两个静止点电荷相互作用力的大小正比于两个点电荷电量的积,反比于两个点电荷距离的平方,方向沿着它们的连线,同种电荷相斥,异种电荷相吸.

利用库仑定律表达式进行计算时,即使是负电荷也代入电荷量的绝对值进行计算,计算完毕后根据电性判断斥力或引力. 库仑定律成立的条件是在真空中,必须是点电荷.

库仑扭秤实验之所以用两个带电小球,是因为一般说来带电体之间的作用力不仅与带电体的电量有关,而且与带电体的形状、大小有关,即与电荷在带电体上的分布有关. 如果带电体的线度远小于它们之间的距离以至于可以被忽略,则带电体可以被看成一个点,叫做点电荷.

当空间有多个点电荷同时存在时,每两个点电荷之间的相互作用仍然遵从库仑定律. 因此,多个点电荷对一个点电荷的作用力,等于各个点电荷单独存在时对该点电荷的作用力的矢量和. 这一结论称为电力叠加原理. 具体地,对 n 个点电荷 $q_1,q_2,\cdots,q_n$ 组成的点电荷系,当它们单独存在时对另一点电荷 q_0 的作用力分别为 $F_1,F_2,\cdots,F_n$,则根据叠加原理,$q_1,q_2,\cdots,q_n$ 同时存在时施于 q_0 的合力为

$$\boldsymbol{F}=\sum_{i=1}^{n}\frac{q_0q_i\boldsymbol{r}_i}{4\pi\varepsilon_0 r_i^3} \tag{12-4}$$

式中,r_i 表示点电荷 q_0 到点电荷 q_i 的距离.

例12-1 如图12-3所示,在等腰直角三角形的顶点各有一个点电荷 q,且 $AC=BC=a$,求:顶点 C 处点电荷所受的库仑力 $\boldsymbol{F}$.

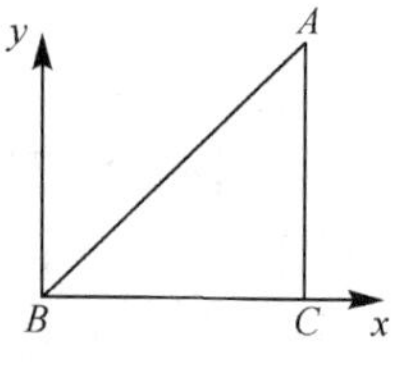

图12-3 例12-1图

解 取 B 点为平面直角坐标系的原点,C 点处的点电荷所受库仑力为

$$\boldsymbol{F}=\frac{q^2}{4\pi\varepsilon_0 a^2}(\boldsymbol{i}-\boldsymbol{j})$$

例 12-2　电量 Q 均匀分布在半径为 R 的细圆环上(图 12-4),求:过圆环中心 O 点且垂直于圆面的直线上 x 点处的点电荷 q_0 所受的库仑力.

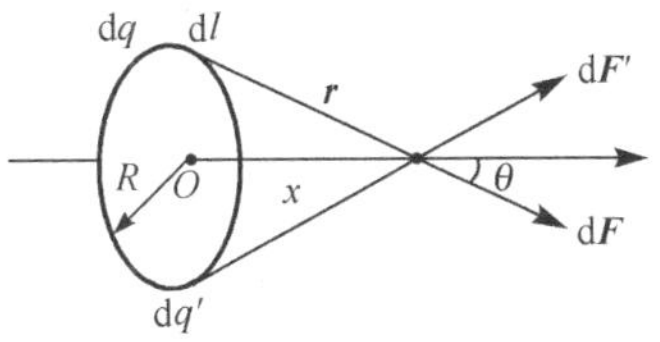

图 12-4　例 12-2 图

解　如图 12-4 所示,设圆环上任意一点处的点电荷为 $\mathrm{d}q=\dfrac{Q}{2\pi R}\mathrm{d}l$,$\mathrm{d}l$ 是微小圆环弧长,根据库仑定律,$\mathrm{d}q$ 对 q_0 的作用力为

$$\mathrm{d}\boldsymbol{F}=\frac{q_0\mathrm{d}q}{4\pi\varepsilon_0}\frac{\boldsymbol{r}}{r^3}$$

由于电量均匀分布在环上,环上必有与点电荷 $\mathrm{d}q$ 关于圆心对称且相等的点电荷 $\mathrm{d}q'$. $\mathrm{d}q'$对 q_0 的作用力为

$$\mathrm{d}\,\boldsymbol{F}'=\frac{q_0\mathrm{d}q'}{4\pi\varepsilon_0}\frac{\boldsymbol{r}'}{r^3}$$

$\mathrm{d}\boldsymbol{F}$ 与 $\mathrm{d}\boldsymbol{F}'$ 相叠加,垂直于 x 轴的分量相互抵消,x 轴方向上各自对合力的贡献是 $\mathrm{d}F\cos\theta\,\boldsymbol{i}$,所以点电荷 q_0 所受合力为

$$\boldsymbol{F}=\boldsymbol{i}\oint\mathrm{d}F\cos\theta=\boldsymbol{i}\oint\frac{q_0\mathrm{d}q}{4\pi\varepsilon_0 r^2}\cos\theta$$

将 $\cos\theta=\dfrac{x}{r}$,$r=(x^2+R^2)^{\frac{1}{2}}$代入上式,得

$$\boldsymbol{F}=\frac{q_0 x}{4\pi\varepsilon_0\,(x^2+R^2)^{\frac{3}{2}}}\boldsymbol{i}\oint\mathrm{d}q=\frac{q_0 Qx}{4\pi\varepsilon_0\,(x^2+R^2)^{\frac{3}{2}}}\boldsymbol{i}$$

例 12-3　试求:氢原子中原子核与电子之间的万有引力与库仑力的比.

解　氢原子核与电子之间的万有引力 $f=G\dfrac{Mm_{\mathrm{e}}}{r^2}$,库仑力 $F=\dfrac{e^2}{4\pi\varepsilon_0 r^2}$,其中,电子质量 $m_{\mathrm{e}}=9.11\times10^{-31}\,\mathrm{kg}$,氢核质量 $M\approx1840m_{\mathrm{e}}$,两个力的比

$$\frac{f}{F}=4\pi\varepsilon_0 GMm_{\mathrm{e}}/e^2=4.4\times10^{-40}$$

可见万有引力远小于库仑力.所以,一般在考虑库仑力时,如无必要,不考虑万有引力.

当带电体被引入电介质时,电介质的每个分子中的正负电荷发生微观移动,使电介质极化呈现极化电荷.所以,位于电介质中的两个带电体不仅受到彼此所带电荷之间的作用力,还受到电介质中极化电荷对它们的作用力.

无限大均匀电介质中的两个相距为 r 的点电荷 q_1 与 q_2 之间的相互作用力由实验和理论证明是真空中静电力的 $1/\varepsilon_{\mathrm{r}}$.

$$\boldsymbol{F}_{12}=\frac{q_1q_2}{4\pi\varepsilon_{\mathrm{r}}\varepsilon_0 r_{12}^3}\boldsymbol{r}_{12}=\frac{q_1q_2}{4\pi\varepsilon r_{12}^3}\boldsymbol{r}_{12}$$

ε_{r} 称为电介质的相对介电常量,一些电介质的相对介电常量见表 12-1,ε 称为电介质的介电常量.

表 12-1　电介质的相对介电常量

物质	温度/℃	相对介电常量	物质	温度/℃	相对介电常量
水蒸气	140～150	1.00785	固体氨	−90	4.01
气态溴	180	1.0128	固体醋酸	2	4.1
氦	0	1.000074	石蜡	−5	2.0～2.1
氢	0	1.00026	聚苯乙烯	20	2.4～2.6
氧	0	1.00051	无线电瓷	16	6～6.5
氮	0	1.00058	超高频瓷	—	7～8.5
氩	0	1.00056	二氧化钡	—	106
气态汞	400	1.00074	橡胶	—	2～3
空气	0	1.000585	硬橡胶	—	4.3
硫化氢	0	1.004	纸	—	2.5
真空	20	1	干砂	—	2.5
乙醚	0	4.335	15%水湿砂	—	约 9
液态二氧化碳	20	1.585	木头	—	2～8
甲醇	20	33.7	琥珀	—	2.8
乙醇	16.3	25.7	冰	—	2.8
水	14	81.5	虫胶	—	3～4
液态氦	−270.8	16.2	赛璐珞	—	3.3
液态氦	−253	1.058	玻璃	—	4～11
液态氢	−182	1.22	黄磷	—	4.1
液态氧	−185	1.465	硫	—	4.2
液态氮	0	2.28	碳(金刚石)	—	5.5～16.5
液态氯	20	1.9	云母	—	6～8
煤油	20	2～4	花岗石	—	7～9
松节油	—	2.2	大理石	—	8.3
苯	—	2.283	食盐	—	6.2
油漆	—	3.5	氧化铍	—	7.5
甘油	—	45.8	—	—	—

12.3　电场强度　电场线

关于电荷之间如何进行相互作用,历史上曾经有过两种不同的观点.一种观点认为这种相互作用不需要介质,也不需要时间,而是直接从一个带电体作用到另一个带电体上的,即电荷之间的相互作用是一种“超距作用”.这种作用方式可表示为

$$电荷\Leftrightarrow电荷$$

另一种观点认为,任一电荷都在自己的周围空间产生电场,并通过电场对其他电荷施加作用力,这种作用方式可表示为

$$电荷\Leftrightarrow电场\Leftrightarrow电荷$$

大量事实证明,关于电场的观点是正确的.电场是一种客观存在的特殊物质,与由分子、原子组成的物质一样,它也具有能量、质量和动量.

分布在静止电荷周围的场叫做静电场,这个电荷就叫做静电场的场源电荷.当一个电荷处于另一个电荷的静电场中时,就会受到这个静电场的作用力(叫做电场力),反之亦然.这就是说两个电荷通过各自的静电场向对方施加作用力,所以库仑力实质上是静电场的电场力.一般地说,当把一个电荷引入到另一个电荷的静电场中时,两个电荷及其静电场由于相互作用而不再保持单独存在时的状态.因此,若要研究某个电荷的静电场,作为探测器使用的那个电荷必须是电量远小于场源电荷电量的点电荷,以便尽量减少对所要研究的静电场及其场源电荷分布状态的干扰.作为探测的电荷叫做试验点电荷.

实验表明:在给定的静电场中的某点,试验点电荷所受电场力 $\boldsymbol{F}$ 与试验点电荷电量 q_0 的比为

$$\boldsymbol{E}=\frac{\boldsymbol{F}}{q_0} \tag{12-5}$$

与 q_0 的具体值无关,叫做静电场的电场强度,简称静电场场强,单位是伏·米$^{-1}$($\mathrm{V\cdot m^{-1}}$).静电场场强 $\boldsymbol{E}$ 是描述静电场固有性质的物理量,是一个矢量,等于单位正电荷在静电场中某点所受的电场力.

12.3.1　点电荷电场强度

设场源电荷 Q 是静止于 O 点的点电荷.当试验点电荷 q_0 位于点电荷 Q 的(静)电场中某点 P 时,根据库仑定律,q_0 所受的电场力是

$$\boldsymbol{F}=\frac{Qq_0}{4\pi\varepsilon_0}\frac{\boldsymbol{r}}{r^3},\quad r\neq 0 \tag{12-6}$$

式中,$\boldsymbol{r}$ 由 O 点指向 P 点.将式(12-6)代入电场强度定义式(12-5)中,得点电荷 Q 的电场强度

$$\boldsymbol{E}=\frac{Q}{4\pi\varepsilon_0}\frac{\boldsymbol{r}}{r^3},\quad r\neq 0 \tag{12-7}$$

$\boldsymbol{E}$ 的大小为

$$E=\frac{Q}{4\pi\varepsilon_0 r^2},\quad r\neq 0 \tag{12-8}$$

若场源电荷为微小点电荷 $\mathrm{d}q$,式(12-7)和式(12-8)应写作

$$\mathrm{d}\boldsymbol{E}=\frac{\mathrm{d}q}{4\pi\varepsilon_0}\frac{\boldsymbol{r}}{r^3},\quad r\neq 0 \tag{12-9}$$

和

$$\mathrm{d}E=\frac{\mathrm{d}q}{4\pi\varepsilon_0 r^2},\quad r\neq 0 \tag{12-10}$$

式(12-7)~式(12-10)在 $r=0$ 处无定义,其物理意义是:点电荷不能对自身施加静电场力.

12.3.2 静电场叠加原理

由式(12-4)可知,试验点电荷 q_0 在点电荷系静电场中某点所受的电场力是点电荷系的各个点电荷对 q_0 的作用力的合力.将式(12-4)代入电场强度的定义式(12-5),得点电荷系静电场场强

$$\boldsymbol{E}=\sum_i \boldsymbol{E}_i=\sum_i \frac{q_i}{4\pi\varepsilon_0}\frac{\boldsymbol{r}_i}{r_i^3} \tag{12-11}$$

式(12-11)表明:点电荷系的静电场是各个点电荷静电场的叠加.这个结论叫做静电场叠加原理.

12.3.3 电场强度计算

1.点电荷的电场强度

设真空中有一个点电荷 q,距离 q 为 r 的 A 处有试验电荷 q_0(图 12-5),计算 A 点的电场强度.

q_0 所受的受库仑力为

$$\boldsymbol{F}=\frac{qq_0}{4\pi\varepsilon_0 r^3}\boldsymbol{r}$$

A 点的场强是

$$\boldsymbol{E}=\frac{\boldsymbol{F}}{q_0}=\frac{1}{q_0}\frac{qq_0}{4\pi\varepsilon_0 r^3}\boldsymbol{r}$$

即

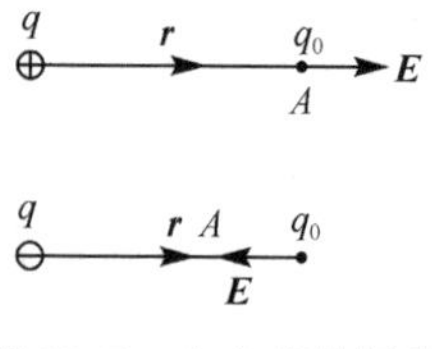

图 12-5 点电荷的场强

$$\boldsymbol{E}=\frac{q}{4\pi\varepsilon_0 r^3}\boldsymbol{r} \tag{12-12}$$

式中,$\boldsymbol{r}$ 由 q 指向 A,q 为正电荷时,$\boldsymbol{E}$ 与 $\boldsymbol{r}$ 同向;由 q 指向 A,q 为负电荷时,$\boldsymbol{E}$ 与 $\boldsymbol{r}$ 反向,由 A 指向 q,如图 12-5 所示.

由式(12-12)可知,在距点电荷 q 等距离的各场点,场强大小相等,方向沿以 q 为原点的矢径方向,即该电场具有球对称性.但此式不能给出 q 所在点的场强,因为 $r=0$ 时,E 趋于无穷大是无意义的.事实上,当 r 趋于零时,我们不能将带电体作为一个几何点处理,而应该考虑电荷在带电体上是如何分布的,在电荷分布的区域,$r=0$ 处 E 就不会达到无穷大.

2.点电荷系电场的电场强度

设真空中的电场是由若干点电荷 $q_1,q_2,\cdots,q_n$ 共同产生的,如图 12-6 所示,各个

点电荷到 P 点的距离分别为 $\boldsymbol{r}_1,\boldsymbol{r}_2,\cdots,\boldsymbol{r}_n$，根据场强叠加原理可得 A 点的总场强为

$$\boldsymbol{E}=\frac{q_1}{4\pi\varepsilon_0 r_1^3}\boldsymbol{r}_1+\frac{q_2}{4\pi\varepsilon_0 r_2^3}\boldsymbol{r}_2+\cdots+\frac{q_n}{4\pi\varepsilon_0 r_n^3}\boldsymbol{r}_n$$
$$=\sum_{i=1}^{n}\frac{q_i}{4\pi\varepsilon_0 r_i^3}\boldsymbol{r}_i$$

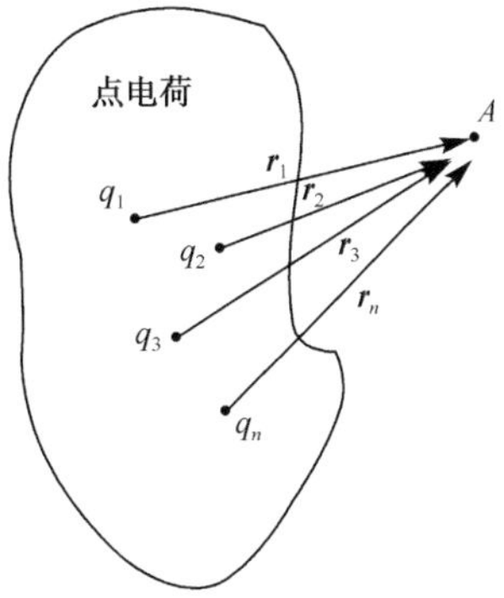

图 12-6　点电荷系的场强

3. 连续带电体电场的电场强度

当带电体的形状和大小不能忽视，如图 12-7 所示，即带电体的电荷是连续分布时，把连续带电体分成无限多个电荷元，每个电荷元 dq 可看成点电荷，dq 在距离其 $\boldsymbol{r}$ 处的 A 点产生场强为

$$\mathrm{d}\boldsymbol{E}=\frac{\mathrm{d}q}{4\pi\varepsilon_0 r^3}\boldsymbol{r}$$

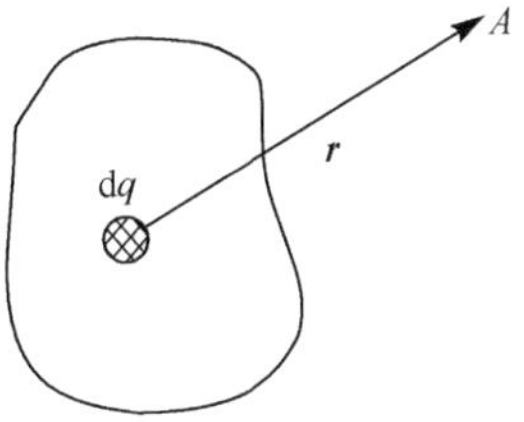

图 12-7　连续带电体的场强

所有电荷元在 A 点产生电场强度的矢量叠加，就得到 A 点的总场强，可用积分计算得

$$\boldsymbol{E}=\int \mathrm{d}\boldsymbol{E}=\int_q \frac{\mathrm{d}q}{4\pi\varepsilon_0 r^3}\boldsymbol{r}$$

4. 电偶极子

等量异号点电荷相距为 l，如图 12-8 所示，这样一对点电荷称为电偶极子. 由 $-q$ 指向 $+q$ 的矢量 $\boldsymbol{l}$ 叫做电偶极子的轴，$\boldsymbol{p}=q\boldsymbol{l}$ 叫做电偶极子的电矩.

如在一正常分子中有相等的正负电荷，当正、负电荷的中心不重合时，这个分子构成了一个电偶极子.

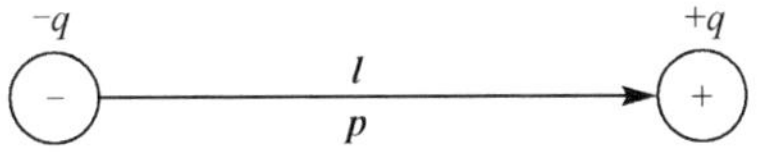

图 12-8　电偶极子

例 12-4　已知电偶极子电矩为 $\boldsymbol{p}$，求：

(1)电偶极子在它轴线的延长线上一点 A 的电场强度；

(2)电偶极子在它轴线的中垂线上一点 B 的电场强度.

解　(1)如图 12-9 所示，点电荷 $+q$、$-q$ 在 A 点产生的场强为 $+\boldsymbol{E}$、$-\boldsymbol{E}$，两点电荷在点 A 的场强为

$$\boldsymbol{E}_A=\boldsymbol{E}_+ +\boldsymbol{E}_-$$

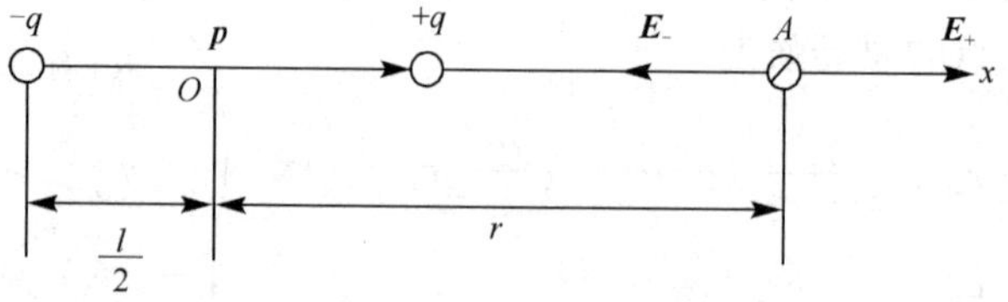

图 12-9　电偶极子在轴线上的电场

$$E_{+}=\frac{q}{4\pi\varepsilon_0\left(r-\frac{l}{2}\right)^2},\quad E_{-}=\frac{q}{4\pi\varepsilon_0\left(r+\frac{l}{2}\right)^2}$$

$$E_A=E_{+}-E_{-}=\frac{q}{4\pi\varepsilon_0}\left[\frac{1}{\left(r-\frac{l}{2}\right)^2}-\frac{1}{\left(r+\frac{l}{2}\right)^2}\right]=\frac{q}{4\pi\varepsilon_0}\frac{\left(r+\frac{l}{2}\right)^2-\left(r-\frac{l}{2}\right)^2}{\left(r-\frac{l}{2}\right)^2\left(r+\frac{l}{2}\right)^2}$$

$$=\frac{q}{4\pi\varepsilon_0}\frac{2lr}{r^4\left(1-\frac{l}{2r}\right)^2\left(1+\frac{l}{2r}\right)^2}$$

因为 $r\gg l$,所以

$$\boldsymbol{E}_A=\frac{2\boldsymbol{p}}{4\pi\varepsilon_0 r^3}\quad(\boldsymbol{E}_A \text{ 与 } \boldsymbol{p} \text{ 同向})$$

(2)取如图 12-10 所示坐标,则有

$$\boldsymbol{E}_B=\boldsymbol{E}_{+}+\boldsymbol{E}_{-}$$

$$E_{+}=\frac{q}{4\pi\varepsilon_0\left(r^2+\frac{l^2}{2^2}\right)}$$

$$E_{-}=E_{+}$$

$$E_{Bx}=-(E_{+}\cos\alpha+E_{-}\cos\alpha)=-2E_{+}\cos\alpha$$

$$=-2\frac{q}{4\pi\varepsilon_0\left(r^2+\frac{l^2}{4}\right)}\frac{\frac{l}{2}}{\sqrt{r^2+\frac{l^2}{4}}}=\frac{-ql}{4\pi\varepsilon_0\left(r^2+\frac{l^2}{4}\right)^{\frac{3}{2}}}$$

又因为 $r\gg l$,则

$$\boldsymbol{E}_{Bx}=-\frac{\boldsymbol{p}}{4\pi\varepsilon_0 r^3}$$

根据对称性得

$$E_{By}=0$$

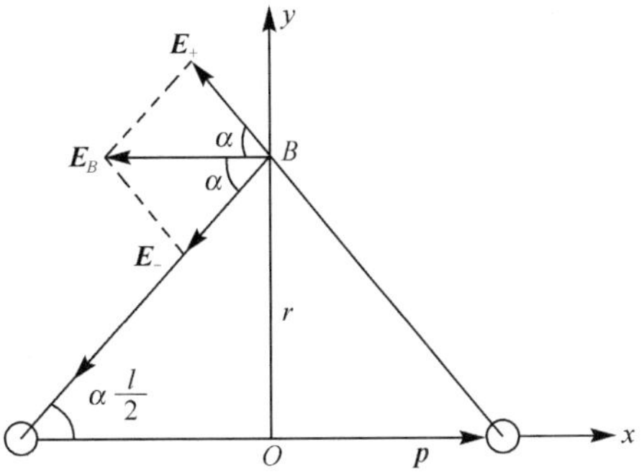

图 12-10 电偶极子在中垂线上的场强

例 12-5 长为 L 的均匀带电细棒,其所带电量为 q,试求:在其延长线上距离棒的中心为 a 的一点 P 处的电场强度的大小.

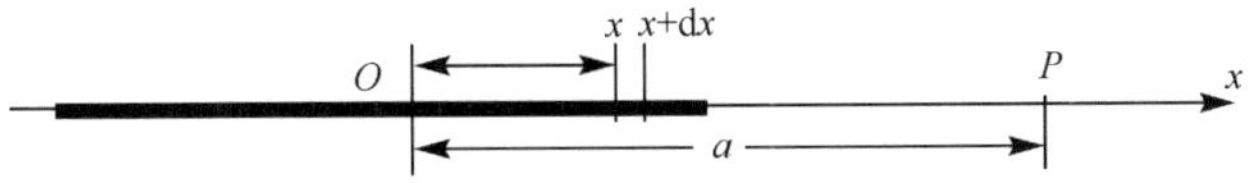

图 12-11 均匀带电细棒延长线上一点的场强

解 建立如图 12-11 所示坐标系.取位于 x 处的电荷元 dq,其电量为

$$dq=\frac{q}{L}dx$$

其在 P 点所产生电场的场强大小为

$$dE=\frac{qdx}{4\pi\varepsilon_0 L(a-x)^2}$$

P 点的总场强大小为

$$E=\frac{q}{4\pi\varepsilon_0 L}\int_{-\frac{L}{2}}^{\frac{L}{2}}\frac{dx}{(a-x)^2}$$

积分得

$$E=-\frac{q}{4\pi\varepsilon_0 L}\int_{-\frac{L}{2}}^{\frac{L}{2}}\frac{d(a-x)}{(a-x)^2}=\frac{q}{4\pi\varepsilon_0 L}\frac{1}{a-x}\Bigg|_{-\frac{L}{2}}^{\frac{L}{2}}$$

$$=\frac{q}{4\pi\varepsilon_0 L}\left(\frac{1}{a-L/2}-\frac{1}{a+L/2}\right)=\frac{1}{\pi\varepsilon_0}\frac{q}{4a^2-L^2}$$

例 12-6 电量 Q 均匀分布在半径为 R 的圆平面上.求:过圆平面中心且垂直于圆平面的直线上一点的电场强度.

解 圆平面单位面积上的电量即面电荷密度 $\sigma=\frac{Q}{\pi R^2}$.均匀带电圆平面可以看成许多均匀带电同心细圆环的集合,其中半径为 r 的细圆环上的电量 $dq=\sigma 2\pi r dr$.过圆面中心且垂直圆面的直线叫做圆面的中心轴线,如图 12-12 所示.由例 12-2 的结果可知,半径为 r、电量为 dq 的均匀带电细圆环中心轴线上 x 点的场强是

$$\mathrm{d}\boldsymbol{E}=\frac{x\mathrm{d}q}{4\pi\varepsilon_0\left(x^2+r^2\right)^{\frac{3}{2}}}\boldsymbol{i}$$

所以,圆平面中心轴线上 $x(x\neq0)$点的场强是

$$\boldsymbol{E}=\int_0^R\mathrm{d}\boldsymbol{E}=\boldsymbol{i}\,\frac{\sigma x}{2\varepsilon_0}\int_0^R\frac{r\mathrm{d}r}{\left(x^2+r^2\right)^{\frac{3}{2}}}=\frac{\sigma}{2\varepsilon_0}\left(1-\frac{x}{\sqrt{x^2+R^2}}\right)\boldsymbol{i}$$

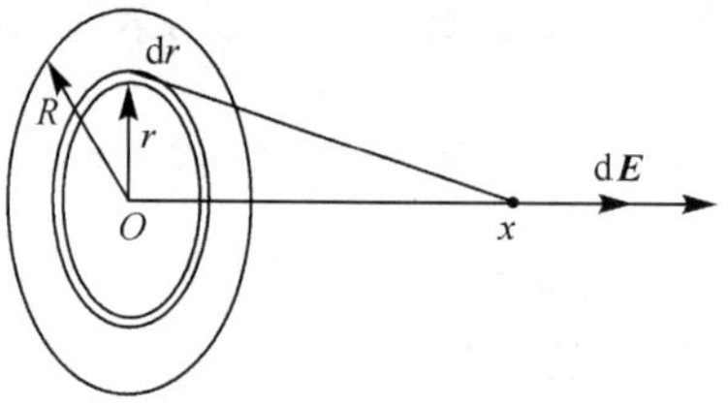

图 12-12　例 12-6 图

由上式可以得到与面电荷密度为 σ 的无限大均匀带电平面相距 x 的一点的电场强度

$$E=\lim_{R\to\infty}\frac{\sigma}{2\varepsilon_0}\left(1-\frac{x}{\sqrt{x^2+R^2}}\right)=\frac{\sigma}{2\varepsilon_0},\quad x\neq0$$

上式表明:无限大均匀带电平面的电场是一个均匀电场,或称为匀强电场.无限大均匀带电平面也是一个抽象的物理模型,其实际意义是:对位于有限大均匀带电平面中部附近且与平面的距离远小于平面线度的点,有限大均匀带电平面相当于无限大均匀带电平面.

12.3.4　电场线

电场是矢量场,为了直观地表现出电场在空间的分布,英国物理学家法拉第(M. Faraday,1791～1867)引入了电场线(或电力线)的概念,并且电场线与电场强度有如下关系:

(1)电场线上每一点的切线方向和该点的电场强度方向一致;

(2)在电场中任意一点通过垂直于电场单位面积上的电场线根数,等于该点的场强的大小.

场强大小与电场线密度的关系是:电场线稀疏的地方场强小,电场线密集的地方场强大.应该指出,电场线不是客观存在的,但是这些假想的曲线可以对电场中各处场强的大小和方向描绘出直观的图像.图 12-13 描绘了几种静止电荷周围电场的电场线.

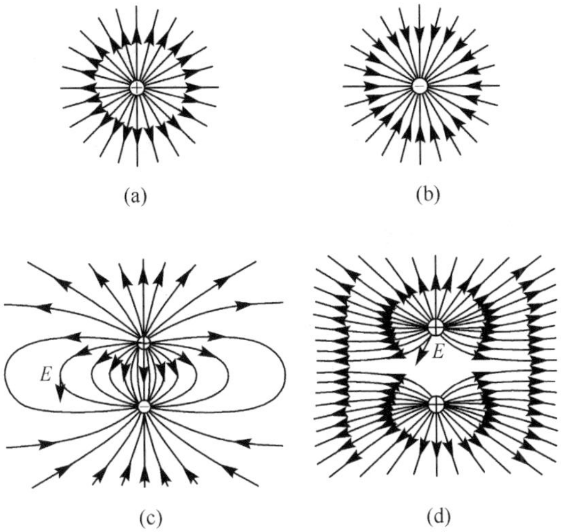

图 12-13　几种静止电荷的电场线

从图中可看出电场线的基本性质：

(1)静电场的电场线起于正电荷(或无穷远)，止于负电荷(或无穷远)，不会在没有电荷的地方中断；

(2)静电场中电场线不会形成闭合曲线；

(3)在没有电荷的空间，电场线不会相交，说明每一点的场强只有一个方向.

12.4　电通量　高斯定理

将通过电场中任意一给定面的电场线总根数定义为通过该面的电通量，用 Φ_E 表示. 用电通量来研究电场的性质，将得到静电场一个重要的规律——高斯定理. 为了导出高斯定理，下面先介绍电通量的计算.

在匀强电场中，电场线是一系列均匀分布的平行直线. 若该电场中有一平面 $\boldsymbol{S}$，并与场强 $\boldsymbol{E}$ 垂直，即其法线 $\boldsymbol{n}$ 与场强 $\boldsymbol{E}$ 平行，如图 12-14(a)所示，通过平面的电通量为

$$\Phi_E = \boldsymbol{E} \cdot \boldsymbol{S}$$

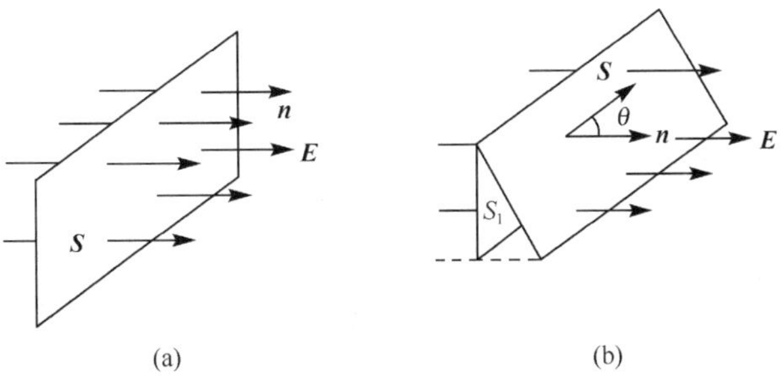

图 12-14　均匀电场的电通量

如果平面 $\boldsymbol{S}$ 的法线方向与场强 $\boldsymbol{E}$ 的夹角为 θ，如图 12-14(b)所示，则通过 $\boldsymbol{S}$ 面的电场线数目，与通过 $\boldsymbol{S}$ 面在垂直于电场方向的投影面 $\boldsymbol{S}_{\perp}$ 上的电场线数目相同，即通过该 $\boldsymbol{S}$ 面的电通量为

$$\Phi_{\mathrm{E}}=\boldsymbol{E}\cdot\boldsymbol{S}_{\perp}=ES\cos\theta=\boldsymbol{E}\cdot\boldsymbol{S}$$

一般地，在均匀电场中，通过一平面上的电通量等于场强与面积的矢量标积. 由此可知，通过一给定面的电通量可正可负，正负取决于这个面的法线 $\boldsymbol{n}$ 与电场 $\boldsymbol{E}$ 之间的夹角.

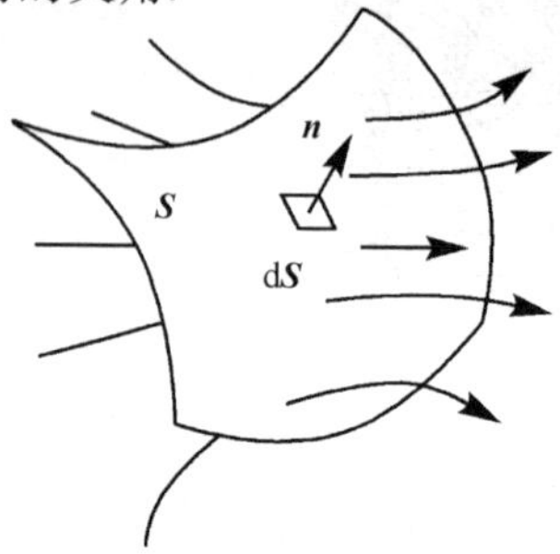

图 12-15　通过任意曲面的电通量

在非均匀电场中，由于场中各点 $\boldsymbol{E}$ 的大小不相等，方向不相同，在计算任意曲面 $\boldsymbol{S}$ 上的电通量时，可在曲面上取面积元 $\mathrm{d}\boldsymbol{S}$，如图 12-15 所示. 由于面积元无限小，其上每一点的电场强度 $\boldsymbol{E}$ 可看成均匀电场，即 $\mathrm{d}\boldsymbol{S}$ 上的电场可作为均匀电场，那么通过这个面积元的电通量为

$$\mathrm{d}\Phi_{\mathrm{E}}=\boldsymbol{E}\cdot\mathrm{d}\boldsymbol{S}$$

通过整个曲面 $\boldsymbol{S}$ 的电通量，就是将 $\boldsymbol{S}$ 上所有面元的电通量相加，可由积分求得

$$\Phi_{\mathrm{E}}=\int_{S}\mathrm{d}\Phi_{\mathrm{E}}=\int_{S}\boldsymbol{E}\cdot\mathrm{d}\boldsymbol{S}$$

式中，积分号的下标 S 表示对整个曲面进行积分.

如果是闭合曲面，则

$$\Phi_{\mathrm{E}}=\oint_{S}\boldsymbol{E}\cdot\mathrm{d}\boldsymbol{S}\qquad(12\text{-}13)$$

式中，积分号 $\oint_{S}$ 表示对整个闭合曲面 $\boldsymbol{S}$ 进行积分.

通过一个曲面的电通量的正负，取决于该曲面法线的正方向的选择. 对于平面或不闭合的曲面，可以任意选取面上各处的法线方向的正向. 但对于闭合曲面，通常规定曲面上任意面元由内向外的方向为面元法线的正方向. 凡是电场线从曲面内向外穿出，电通量为正，反之电通量为负，如图 12-16 所示. 式(12-13)表示通过整个闭合曲面的电通量 Φ_{E} 等于净穿出该闭合曲面电场线的总根数.

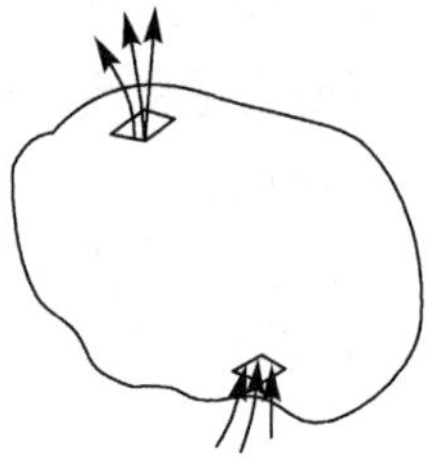

图 12-16　通过任意曲面的电通量

12.4.1　静电场中的高斯定理

高斯(C. F. Gauss)是德国物理学家和数学家，他在实验物理和理论物理以及数学方面都作出了很多贡献，他导出的高斯定理是电磁学中的一条重要定理.

高斯定理(Gauss’s theorem)是用电通量表示电场和场源电荷关系，它给出了通

过任一闭合面的电通量与该闭合面所包围的电荷的关系.下面利用电通量的概念,根据库仑定理和电场叠加原理,从特殊到一般,分几个步骤来导出这个关系.

1.穿过包围点电荷的闭合球面的电通量

如图12-17(a)所示,真空中有一点电荷 q 位于闭合球面 S 的中心,球面半径为 r,根据库仑定理,在闭合曲面 S 上的任一点,E 的大小为

$$E=\frac{q}{4\pi\varepsilon_0 r^2}$$

其方向沿半径 r 向外呈辐射状,与球面上任一面元 $\mathrm{d}\boldsymbol{S}$ 的法向相同,即 e_n 与 $\boldsymbol{E}$ 之间的夹角 $\theta=0°$,所以穿过球面 S 的电通量为

$$\Phi_e=\oint_S \boldsymbol{E}\cdot \mathrm{d}\boldsymbol{S}=\oint_S E\cos 0°\mathrm{d}S=\oint_S \frac{1}{4\pi\varepsilon_0}\frac{q}{r^2}\mathrm{d}S=\frac{1}{4\pi\varepsilon_0}\frac{q}{r^2}\oint_S \mathrm{d}S=\frac{1}{4\pi\varepsilon_0}\frac{q}{r^2}4\pi r^2=\frac{q}{\varepsilon_0}$$

若包围点电荷 q 的是任意闭合曲面 S' 而不是球面,如图12-17(a)所示,此时 $\Phi_e'=\oint_S \boldsymbol{E}\cdot \mathrm{d}\boldsymbol{S}=\oint_{S'} \frac{q}{4\pi\varepsilon_0}\cos\theta \mathrm{d}S$ 仍然成立,所不同的是,在 S' 面上,r^2 不再为常数,θ 也不再处处等于0°,上述积分一般难以求得解析.但根据电通量的定义,穿过闭合曲面的电通量等于穿过该曲面的电场线条数.由于电场线不会在没有电荷处中断,因此只要 S 和 S' 之间没有其他电荷,穿过 S 和 S' 的电通量必然相等,即

$$\Phi_e'=\Phi_e=\frac{q}{\varepsilon_0}$$

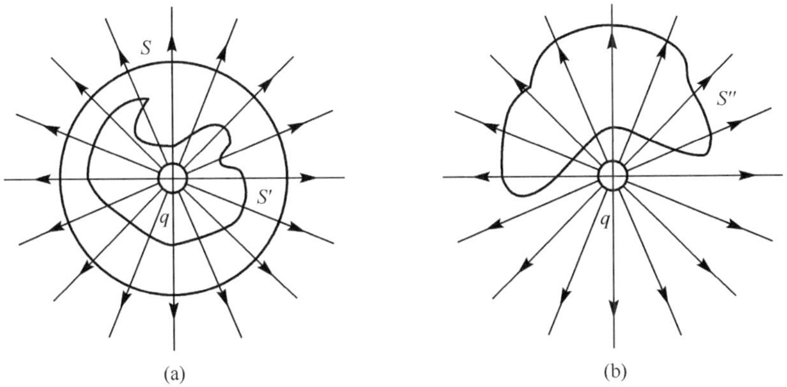

图12-17 高斯定理图

2.点电荷 q 位于任意闭曲面之外的电通量

点电荷在闭合曲面之外,如图12-17(b)所示,由于点电荷产生的电场线从闭合曲面的一侧穿入,必然从另一侧穿出,这样进入该闭合曲面的电场线数与穿出的相等,通过这一闭合曲面的电通量的代数和为零,也就是说,在闭合曲面之外的电荷对穿过该闭合曲面的电通量没有贡献.

$$\Phi_e=0$$

3. 存在点电荷系时通过任一闭合曲面 S 的电通量

设点电荷系由 N 个点电荷 $q_i(i=1,2,3,\cdots,N)$ 组成，根据场强叠加原理，此时 S 面上的任一点的场强 $\boldsymbol{E}$ 是所有点电荷(不管该电荷位于 S 面内或面外)各自单独存在时在该点产生的场强 $\boldsymbol{E}$ 的矢量和，即

$$\boldsymbol{E}=\sum_i \boldsymbol{E}_i=\sum_i \frac{q_i}{4\pi\varepsilon_0 r_i^3}\boldsymbol{r}_i$$

通过整个闭合曲面的电通量为

$$\begin{aligned}\Phi_e &= \oint_S \boldsymbol{E}\cdot d\boldsymbol{S}=\oint_S \boldsymbol{E}_1\cdot d\boldsymbol{S}+\oint_S \boldsymbol{E}_2\cdot d\boldsymbol{S}+\cdots+\oint_S \boldsymbol{E}_n\cdot d\boldsymbol{S}\\ &= \Phi_{e1}+\Phi_{e2}+\cdots+\Phi_{en}=\sum_{i=1}^{n}\Phi_{ei}\end{aligned}$$

式中，Φ_{ei} 表示通过闭合曲面的电通量的代数和. 由上述讨论可知，当 q_i 在闭合曲面内时，$\Phi_{ei}=q_i/\varepsilon_0$；当 q_i 在闭合曲面外时，$\Phi_{ei}=0$，所以上式可以写成

$$\Phi_e=\oint_S \boldsymbol{E}\cdot d\boldsymbol{S}=\frac{1}{\varepsilon_0}\sum_{i=1}^{n}q_i \tag{12-14}$$

式(12-14)等号右边的求和只对包围在封闭曲面 S 内的点电荷进行，因为封闭曲面 S 外面的点电荷对封闭曲面的电通量无贡献. 式(12-14)表明：真空中任意封闭曲面的电通量 Φ_e 等于该闭合曲面所包围的电量的代数和的 $1/\varepsilon_0$ 倍. 这个结论叫做真空中的静电场高斯定理，封闭曲面常称为高斯面，式(12-14)就是高斯定理的表达式.

如果闭合曲面内的电荷为连续分布的带电体，则式(12-14)变为

$$\oint_S \boldsymbol{E}\cdot d\boldsymbol{S}=\frac{1}{\varepsilon_0}\int_V \rho dV \tag{12-15}$$

式中，ρ 为带电体的电荷体密度；V 为带电体的体积.

理解高斯定理应该注意以下几点：

(1)高斯定理表达式中的场强 $\boldsymbol{E}$ 是曲面上各点的场强，它是由全部电荷(既包括闭合曲面内又包括闭合曲面外的电荷)共同产生的场强，并非只有闭合曲面内的电荷所产生的.

(2) $\sum\limits_{i=1}^{n}q_i$ 是高斯面内的自由电荷的代数和，因为高斯面外的自由电荷对总通量没有贡献，但对场强有贡献.

(3)q 为正时，$\Phi_e>0$，表示电场线从正电荷出发通过闭合曲面，所以正电荷是静电场的源头；q 为负时，$\Phi_e<0$，表明电场线穿出闭合曲面而终止于 q，负电荷是电场线的尾闾，因此高斯定理表明电场线始于自由正电荷，终于自由负电荷. 电场线在没有自由电荷的地方不会中断，既不增加也不减少. 静电场是有源场.

(4)高斯定理是由库仑定律引申出来的，可以说是库仑定律的变形，但应用比库仑定律广泛. 库仑定律只适用于静电荷，而且在表达式中并未指明力是如何传递的，

还隐含着超距作用问题，而高斯定律不论对静止电荷还是运动电荷都适用，又明确提到了场的通量，抛弃了超距作用.

(5)高斯定理不仅适用于静电场，而且对于变化电场也是适用的. 此外，在形式上，高斯定理便于做数学变形和推广，故电动力学中用高斯定理而不用库仑定律作为电磁场基础方程之一.

12.4.2　高斯定理的应用

1. 应用高斯定理求场强的条件

一般情况下，当电荷分布给定时，从高斯定理只能求出通过某一闭合曲面的电通量，并不能把电场中各点的场强确定下来. 但是，当电荷分布具有某种特殊的对称性时，相应的电场分布也具有相应的对称性，这时应用高斯定理来计算场强，要比用式(12-7)、式(12-9)和式(12-11)计算场强简单得多.

只有当电荷分布具有对称性，即电场分布具有对称性的场强才有可能应用高斯定理求场强. 因为只有这样才有可能将矢量积分 $\oint_S \boldsymbol{E}\cdot \mathrm{d}\boldsymbol{S}$ 化为标量积分，从而把 E 提到积分号外面，通过简单的数学运算求出 E，如球对称性(均匀带电球面、球体)、轴对称性(无限长均匀带电直线、圆柱体和圆柱面)或者平面对称性(无限大均匀带电板或平面)等，最重要的一点就是根据场强对称的特点选取合适的高斯面.

2. 利用高斯定理求场强的步骤

(1)分析场强是否具有某种对称性. 只有当场强具有某种对称性时，才可用高斯定理求场强，否则，不能用高斯定理求场强.

(2)选择适当的高斯面. 高斯面的选择原则是：①高斯面必须通过所求场强的点；②高斯面的形状简单、易于计算(如球面、柱面等)；③使一部分高斯面与 $\boldsymbol{E}$ 垂直或与 $\boldsymbol{E}$ 平行或一部分高斯面上 $\boldsymbol{E}$ 为零，与 $\boldsymbol{E}$ 垂直的那部分高斯面上的各点的场强相等. (这样 $\boldsymbol{E}\cdot\mathrm{d}\boldsymbol{S}=E\cos\theta\mathrm{d}S=\pm E\mathrm{d}S$) E 就可以从积分号内提出来，即 $\oint_S \boldsymbol{E}\cdot\mathrm{d}\boldsymbol{S}=E\oint_S \mathrm{d}S$. 与 $\boldsymbol{E}$ 平行的高斯面上，电通量为 0($\cos\theta=0$)，场强为零的高斯面上的电通量也为零.

(3)求出通过高斯面的电通量及高斯面内包围的总的自由电荷数，利用高斯定理求场强.

应当指出：利用高斯定理求场强，只体现了该定理的重要性的一面. 高斯定理的更重要的意义在于它是静电场两个基本定理之一(另一个定理是环路定理：$\oint_l \boldsymbol{E}\cdot\mathrm{d}\boldsymbol{l}=0$). 两个定理各自反映静电场性质的一个侧面，只有把它们结合起来，才能完整地描绘静电场. 没有一定的对称性就不能用高斯定理求出场强. 这一事实说明高斯定理对静电场的描述是不完备的.

例 12-7　已知球面半径为 R，所带电量为 q，求均匀带正电球面的电场分布.

解　先求球面外任一点 P 处的场强分布. 如图 12-18 所示，设点 P 距离球心为 r，并且连接 OP. 由于均匀带电球面相对 OP 具有轴对称性，球面上任一电荷元 dq 都存在与其对称的电荷元 dq'，它们在点 P 处产生的电场在垂直于 OP 方向的分量互相抵消，所以整个球面上的电荷在点 P 处产生的场强方向应该沿径向 OP 向外. 又由于电荷分布的球对称性，在以点 O 为球心的同一球面上，各点的场强大小都应相等，方向沿各自的径向. 因此，可选 r 为半径的球面 S 作为高斯球面，通过它的电通量为

$$\Phi_e = \oint_S \boldsymbol{E} \cdot d\boldsymbol{S} = \oint_S E dS = E \oint_S dS = E \cdot 4\pi r^2$$

此球面包围的电荷为

$$\sum q_i = q$$

根据高斯定理得

$$E \cdot 4\pi r^2 = \frac{q}{\varepsilon_0}, \quad E = \frac{q}{4\pi\varepsilon_0 r^2}$$

考虑 $\boldsymbol{E}$ 的方向，电场强度的矢量式为

$$\boldsymbol{E} = \frac{q}{4\pi\varepsilon_0 r^2}\boldsymbol{e}_r$$

式中，$\boldsymbol{e}_r$ 为径向单位矢量.

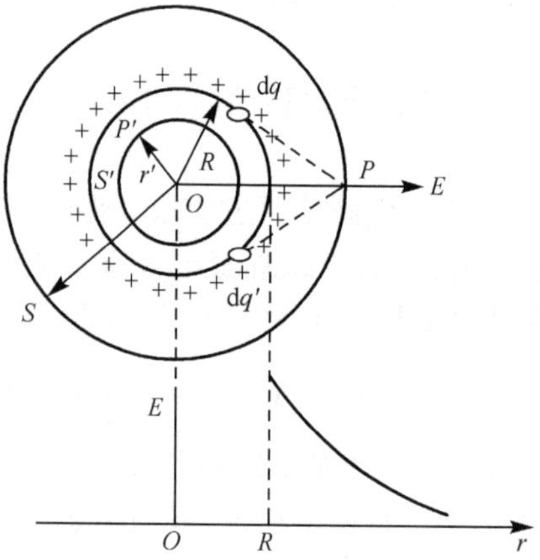

图 12-18　均匀带电球面的电场

对于球面内距球心为 r' 的任意一点 P'，以上有关对称性的分析同样适用. 过点 P' 取球面 S' 为高斯面，通过 S' 的电通量为 $\Phi_e = E \cdot 4\pi r'^2$，但是 S' 面没有包围电荷. 根据高斯定理，有

$$E \cdot 4\pi r'^2 = 0, \text{即 } E = 0$$

计算结果表明，均匀带电球面外的电场分布，与球面上的全部电荷都集中在球心处所形成的一个点电荷在此空间的场强分布一样，而球面内部的场强处处为零. 根据以上结果，可画出 E-r 曲线(图 12-18). 由曲线可知，场强在球面($r=R$)上的值是不连续的.

以上的讨论对于 $q<0$ 的情况完全适用，只是球面外的电场方向与 $q>0$ 时正好相反. 无论 q 的符号如何，球面外的场强均可表示为

$$\boldsymbol{E} = \frac{q}{4\pi\varepsilon_0 r^2}\boldsymbol{e}_r$$

例 12-8　已知球半径为 R，所带电量为 q，求均匀带电球体的电场分布.

解　由于电荷均匀分布在球体内，可以设想它是由一层层同心的均匀带电球面组成的. 利用例 12-7 的结果，可直接得出：在球体外部的场强分布和所有的电荷都集中在球心时所产生的电场一样，即

$$\boldsymbol{E}=\frac{q}{4\pi\varepsilon_0 r^2}\boldsymbol{e}_r,\quad r>R$$

在球内，过任意一点作以 $r(r<R)$ 为半径的同心球面 S 作为高斯面，如图 12-19 所示. 通过此面的电通量为

$$\Phi_e=\oint_S \boldsymbol{E}\cdot\mathrm{d}\boldsymbol{S}=E\cdot 4\pi r^2$$

此高斯面包围的电荷为

$$\sum q_{内}=\int_V \rho\mathrm{d}V=\rho\int_V \mathrm{d}V=\frac{q}{\frac{4}{3}\pi R^3}\frac{4}{3}\pi r^3=\frac{qr^3}{R^3}$$

根据高斯定理得

$$E\cdot 4\pi r^2=\frac{qr^3}{\varepsilon_0 R^3}$$

则

$$E=\frac{qr}{4\pi\varepsilon_0 R^3},\quad r\leqslant R$$

计算结果表明，在均匀带电球体内的场强的大小与半径 r 成正比，在 $r=0$ 的球心处 $E=0$. 考虑到 E 的方向，球体内电场强度的矢量式为

$$\boldsymbol{E}=\frac{qr}{4\pi\varepsilon_0 R^3}\boldsymbol{e}_r,\quad r\leqslant R$$

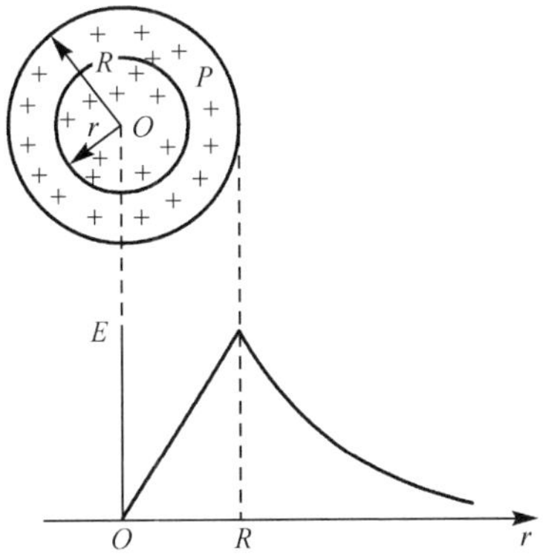

图 12-19　均匀带电球体电场的 E-r 曲线

图 12-19 所示为均匀带电球体电场的 E-r 曲线. 由曲线可知，场强在球体表面 $(r=R)$ 处的值是连续的.

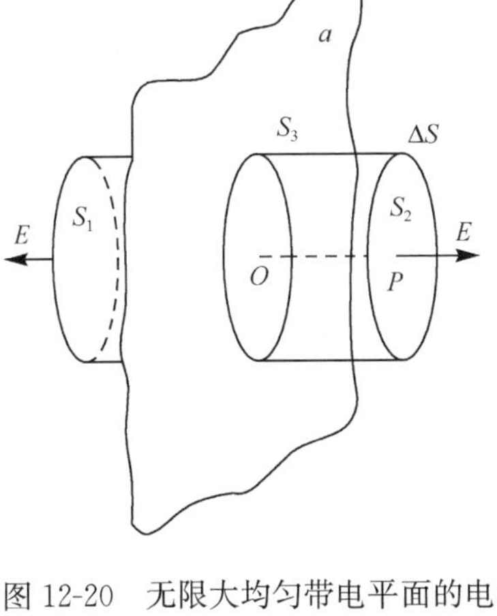

图 12-20　无限大均匀带电平面的电场

例 12-9　求无限大均匀带电平面的电场分布，设平面上电荷面密度为 σ.

解　在平面一侧取任意一点 P，对于从点 P 到平面的垂线 OP，电荷分布是对称的，所以点 P 处的场强方向必定垂直于带电平面，如图 12-20所示. 又由于电荷分布在无限大的平面上，所以电场分布应该相对于该带电平面对称，而且离平面等远处（两侧一样）的场强大小处处相等，方向均垂直于带电平面（当 $\sigma>0$ 时，场强方向背离平面；当 $\sigma<0$ 时，场强方向垂直指向平面）.

由上面的分析可知，我们可以取底面积为 ΔS 的闭合圆柱面作为高斯面，其侧面与带电平面垂直，带电平面平分此圆柱，点 P 位于它的一个底面上，则通过该高斯面的总电通量 Φ_e 等于通过两底面 S_1、S_2 及侧面 S_3 的电通量之和. 由于侧面处场强的方向总是与该处的法线方向垂直，所以通过侧面的电通量为零. 于是

$$\Phi_e = \oint_S \boldsymbol{E} \cdot \mathrm{d}\boldsymbol{S} = ES_1 + ES_2 = 2E\Delta S$$

此高斯面包围的电荷为

$$\sum q_{内} = \sigma \Delta S$$

根据高斯定理得 $2E\Delta S = \frac{1}{\varepsilon_0}\sigma\Delta S$，则 $E = \frac{\sigma}{2\varepsilon_0}$.

计算结果表明，在无限大的带电平面的电场中，各点场强的大小与该点离平面的距离无关，是匀强电场，并且是对称电场.

两个无限大的均匀带电平面，无论带电量是否相等，带电种类是否相同，其电场分布均可用无限大的带电平面的场强公式和场强叠加原理来计算. 例如，两平面电荷面密度分别为 $+\sigma$ 和 $-\sigma$，如图 12-21 所示，两平面之间的场强为

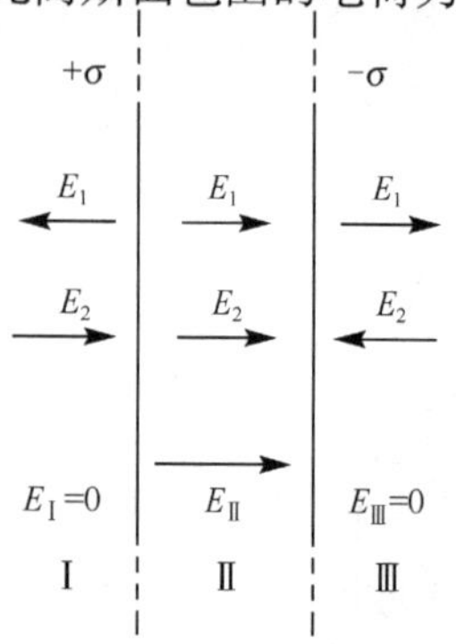

图 12-21　两个无限大均匀带电平行平面的电场

$$E = \frac{\sigma}{2\varepsilon_0} + \frac{\sigma}{2\varepsilon_0} = \frac{\sigma}{\varepsilon_0}$$

两平面外侧的场强为

$$E = \frac{\sigma}{2\varepsilon_0} - \frac{\sigma}{2\varepsilon_0} = 0$$

例 12-10　已知无限长均匀带电直线的电荷线密度为 $\lambda(\lambda>0)$，求距直线等距离各点处的电场分布.

解　根据电荷分布特征可知，场强呈辐射状分布，即离带电直线等距离各点处的场强大小相等，方向垂直于带电直线沿径向通过点 P. 以带电直线为轴，以一底面半径为 r、高为 l 的闭合圆柱面作为高斯面，如图 12-22 所示，通过此高斯面的电通量为

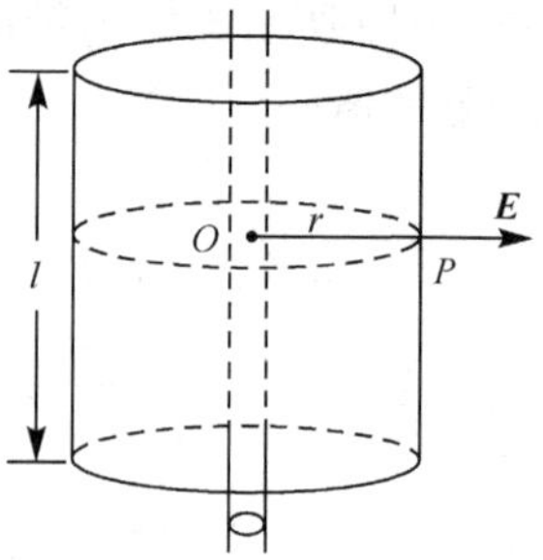

图 12-22　无限长均匀带电直线的电场

$$\Phi_e = \oint_S \boldsymbol{E} \cdot \mathrm{d}\boldsymbol{S} = \int_{侧} \boldsymbol{E} \cdot \mathrm{d}\boldsymbol{S} + \int_{上底} \boldsymbol{E} \cdot \mathrm{d}\boldsymbol{S} + \int_{下底} \boldsymbol{E} \cdot \mathrm{d}\boldsymbol{S} = \int_{侧} \boldsymbol{E} \cdot \mathrm{d}\boldsymbol{S} = E \cdot 2\pi rl$$

由高斯定理得

$$\Phi_e = E \cdot 2\pi r l = \frac{1}{\varepsilon_0}\lambda l$$

即

$$E = \frac{\lambda}{2\pi\varepsilon_0 r}$$

当满足应用高斯定理求场强的条件时，利用高斯定理计算场强及分布比较简便.

12.5 电场力的功 电势

前文根据电荷在电场中所受的电场力，引入电场强度的概念来描述静电场. 本节从功和能的角度来讨论静电场的性质，证明电场力做功与路径无关，从而引入电势(electric potential)的概念.

12.5.1 静电场力做功的特点

如图 12-23 所示，有一正点电荷 q 固定在原点 O，试验电荷 q_0 在 q 的电场中由点 A 沿任意路径 ACB 到达 B. 由于 q_0 受到的电场力是变力，在路径上任意点 C 处附近取位移元 $\mathrm{d}\boldsymbol{l}$，由于 $\mathrm{d}\boldsymbol{l}$ 无限小，可以认为该段的场强处处相等，即为点 C 的场强.

设从原点 O 到 C 点的矢径为 $\boldsymbol{r}$，则 C 点的电场强度为

$$\boldsymbol{E} = \frac{q}{4\pi\varepsilon_0 r^2}\boldsymbol{e}_r$$

式中，$\boldsymbol{e}_r$ 为矢径方向的单位矢量，则在 $\mathrm{d}\boldsymbol{l}$ 段电场力所做的元功为

$$\mathrm{d}A = \boldsymbol{F} \cdot \mathrm{d}\boldsymbol{l} = q_0 E\cos\theta \mathrm{d}l$$

式中，θ 为 $\boldsymbol{E}$ 与 $\mathrm{d}\boldsymbol{l}$ 间的夹角. 由图 12-22 可知，$\cos\theta \mathrm{d}l = \mathrm{d}r$，于是 $\mathrm{d}A = q_0 E\mathrm{d}r = \dfrac{qq_0}{4\pi\varepsilon_0 r^2}\mathrm{d}r$.

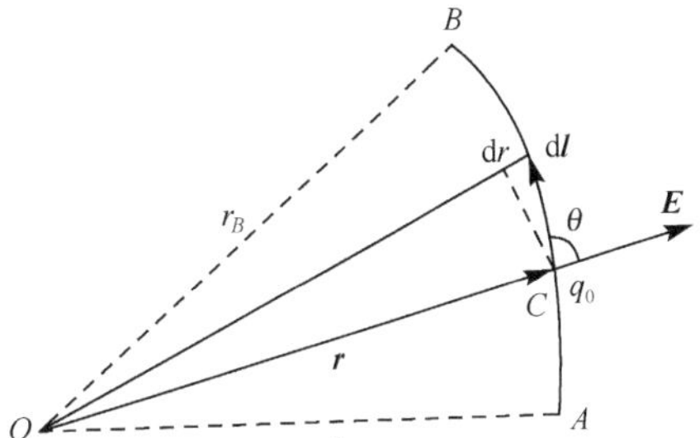

图 12-23 电场力做功与路径无关

所以，在试探电荷 q_0 从点 A 移至点 B 的过程中，电场力所做的总功为

$$A = \int_A^B \mathrm{d}\boldsymbol{A} = \int_A^B q_0 E\cos\theta \mathrm{d}l = \frac{qq_0}{4\pi\varepsilon_0}\int_{r_A}^{r_B}\frac{\mathrm{d}r}{r^2} = \frac{qq_0}{4\pi\varepsilon_0}\left(\frac{1}{r_A} - \frac{1}{r_B}\right)$$

式中，r_A 和 r_B 分别为点电荷 q 的起点 A 和终点 B 到 O 的距离. 上式表明，在点电荷的电场中，电场力所做功与路径无关，只与路径的起点和终点位置有关. 换句话说，将电荷 q_0 绕任何闭合路径移动一周，电场力所做的功恒为零，即

$$q_0\oint_L \boldsymbol{E} \cdot \mathrm{d}\boldsymbol{l} = 0$$

由于试验电荷 $q_0 \neq 0$，因此有

$$\oint_L \boldsymbol{E} \cdot \mathrm{d}\boldsymbol{l} = 0$$

上式表明:在静止点电荷产生的电场中,场强 $\boldsymbol{E}$ 沿闭合路径的线积分,即电场强度的环流恒为零.

任何带电体系均可看成由 n 个 $q_1, q_2, \cdots, q_n$ 点电荷所组成的点电荷系,空间中任一点的场强 $\boldsymbol{E}$ 是各个点电荷分别产生的场强 $\boldsymbol{E}_1, \boldsymbol{E}_2, \cdots, \boldsymbol{E}_n$ 的矢量和,即

$$\boldsymbol{E} = \sum_{i=1}^{n} \boldsymbol{E}_i$$

式中,$\boldsymbol{E}_i$ 为第 i 个点电荷 $\boldsymbol{q}_i$ 产生的场强.此时,将试验电荷 $\boldsymbol{q}_0$ 绕任一闭合路径 L 一周,电场力所做的功为

$$A = \oint_L \boldsymbol{F} \cdot \mathrm{d}\boldsymbol{l} = q_0 \oint_L \boldsymbol{E} \cdot \mathrm{d}\boldsymbol{l} = q_0 \sum_{i=1}^{n} \oint_L \boldsymbol{E}_i \cdot \mathrm{d}\boldsymbol{l} = 0$$

因为右边每一项积分都与路径无关,所以整个静电场力所做的功与路径无关.

上述结论也可以推广到任意连续带电系统的电场.任何一个带电系统所带电荷都可以看成是许多电荷元的集合,每一个电荷元都可视为点电荷.因此,由场强叠加原理可以得出相同的结论

$$\oint_L \boldsymbol{E} \cdot \mathrm{d}\boldsymbol{l} = 0 \tag{12-16}$$

式中,左边是场强 $\boldsymbol{E}$ 沿任意闭合路径的线积分,称为静电场强度 $\boldsymbol{E}$ 的环流.式(12-16)表明,在静电场中,电场强度 $\boldsymbol{E}$ 的环流为零.这一结论称为静电场的环路定理(circuital theorem of electrostatic field).它揭示了静电场的又一个重要特性,即静电场是保守力场,静电力是保守力.环路定理告诉我们,静电场的电场线不可能是闭合曲线.

高斯定理和环路定理各自独立地反映了静电场的特性.从表面上看,两条定理都是从库仑定律推出来的,但它们是以场作为研究对象的,因而具有比库仑定律更为深刻的内涵.

任何力场,只要具备场强的环流为零这一特性,就称该场为保守力场或势场.和重力场一样,由于静电力场是保守力场,才能引入电势能和电势的概念.

12.5.2　电势能　电势

在引力场中,某一位置的物体具有重力势能,重力对物体做功,物体的重力势能就要发生变化.重力对物体所做的功是物体重力势能增量的负值.

静电场和引力场一样是保守力场,我们可以仿照引力场中引入引力势能,在静电场中引入电势能(electric potential energy)的概念,其势能值依赖于检验电荷 q_0 在电场中的位置.

在静电场中把检验电荷 q_0 从点 A 移到点 B 时,电场力所做的功为 $q_0 \int_A^B \boldsymbol{E} \cdot \mathrm{d}\boldsymbol{l}$.定义该功为 q_0 在 A 和 B 两处电势能 W_A 与 W_B 之差,记为 W_{AB},即

$$W_{AB}=W_A-W_B=A_{AB}=q_0\int_A^B \boldsymbol{E}\cdot \mathrm{d}\boldsymbol{l} \tag{12-17}$$

电场力做正功($A_{AB}>0$)时,$W_A>W_B$,电荷的电势能减小;电场力做负功($A_{AB}<0$)时,$W_A<W_B$,电荷的电势能增加. 电势能和重力势能一样是相对的. 只有试验电荷在电场中某点的电势能确定,其他各点的电势能才能唯一确定. 通常选无穷远处试验电荷的电势能为零,即 $W_\infty=0$,则 q_0 在 A 点的电势能为 $W_A=A_{A\infty}=q_0\int_A^\infty E\cos\theta \mathrm{d}l$,即电荷 q_0 在电场中某一点 A 处的电势能 W_A 等于将 q_0 从 A 点移到无限远处电场对电荷 q_0 做的功 $A_{A\infty}$,或从无穷远处移到 A 点外力所做的功.

在点电荷 q 的电场中,电荷 q_0 在任一点所具有的电势能是

$$W_P=\frac{q_0 q}{4\pi\varepsilon r_P}$$

式中,r_P 为 q_0 到 q 的距离.

电势能是标量,有正也有负. 例如,在点电荷的电场中,若 q_0,q 同号,则 $W_P>0$. 因为将 q_0 从场中一点移到无限远处,电场力做正功,q_0 的电势能减小,在无限远处为零,将 q_0 移到 q 时,电场力做负功,外力对电荷 q_0 做正功,外力做的功使 q_0 的电势能增加. 若 q_0 与 q 异号,则 $W_P<0$. 因为将 q_0 从场中一点移到无限远处时,电场力做负功,q_0 的电势能增加,到无穷远处为零,将 q_0 移到 q 时,电场力做正功,外力对电荷 q_0 做负功,外力做的功使 q_0 的电势能减小.

应该指出的是,与重力势能一样,电势能也是属于一定系统的,式(12-17)表示的电势能是试验电荷 q_0 与电场之间的相互作用能量,电势能是属于试验电荷 q_0 和电场这个系统所共有的. 没有电场或不引入 q_0,就没有电势能.

由式(12-17)并根据静电场的保守性可知,W_{AB} 与 q_0 以及 A,B 两点的位置有关,与路径无关,而 W_{AB}/q_0 与检验电荷 q_0 无关,只与电场中 A,B 两点的位置有关,这反映了静电场的做功性质. 引入电势的概念,用符号 U 表示,由式(12-17)可得

$$U_A-U_B=\frac{W_{AB}}{q_0}=\frac{A_{AB}}{q_0}=\int_A^B \boldsymbol{E}\cdot \mathrm{d}\boldsymbol{l} \tag{12-18}$$

即电场中 A 和 B 两点间的电势差(electric potential difference)在数值上等于把单位正电荷从点 A 经任意路径移到点 B 时,电场力所做的功.

电场 E 已知时,可计算出电场中任意两点间的电势差,即计算出电场中各点电势的相对大小,但不能决定静电场中各点电势的绝对值. 为了确定电场中某点 P 电势 U_P 的大小,通常选某参照点作为电势零点,U_P 定义为点 P 与零电势点间的电势差,即

$$U_P=U_P-U_{\text{参照点}}=\int_P^{\text{零电势}} \boldsymbol{E}\cdot \mathrm{d}\boldsymbol{l} \tag{12-19}$$

原则上,电势零点的选取是任意的,但无限大的带电体的电场,一般不能选取无限远处的电势为零,否则会导致电场中各点电势均为无限大,且无定值. 在理论上,当电荷分布在有限区域内时,常选取无限远处的电势为零. 在实际应用中常选取地球为

电势零点,一方面是因为地球是一个很大的导体,它本身的电势比较稳定,适合于作为电势零点;另一方面是因为任何地方都可以方便地将带电体与地球进行比较来确定其电势.

电势是标量,其值可正可负.电场中某点电势的正负取决于场源电荷的正负和电势零点的选取.改变参照点,各点电势数值也会随之改变,但两点间的电势差仍保持不变.在国际单位制中,电势的单位为焦·库$^{-1}$(J·C^{-1}),也可为伏特(V),1V=1J·C^{-1}.若电势分布已知,利用电势差的定义式,可求得电场力所做的功,将电荷 q_0 从点 A 移至点 B,电场力所做的功为

$$A_{AB}=W_{AB}=q_0(U_A-U_B) \tag{12-20}$$

例 12-11　求点电荷 q 电场中的电势分布.

解　设无限远处为电势零点,由点电荷的电场分布知

$$\boldsymbol{E}=\frac{q}{4\pi\varepsilon_0 r^2}\boldsymbol{e}_r$$

根据电势的定义,在点电荷 q 的电场中,任意一点 P 的电势为

$$U=\int_P^{\infty}\boldsymbol{E}\cdot \mathrm{d}\boldsymbol{l}=\int_r^{\infty}\frac{q}{4\pi\varepsilon_0 r^2}\mathrm{d}r=\frac{q}{4\pi\varepsilon_0 r} \tag{12-21}$$

式中,r 为点 P 到场源电荷的距离.由此可见,点电荷周围空间中任一点的电势与 r 成反比.如果 q 是正的,则各点的电势为正,离点电荷越远,电势越低,在无限远处电势为零;如果 q 是负的,则各点的电势为负,离点电荷越远,电势越高,在无限远处电势为零值,无限远处的零电势是负电荷电场中电势的最大值.

12.5.3　电势的叠加原理

若空间有 n 个点电荷 $q_1,q_2,\cdots,q_n$ 组成点电荷系,则空间任一点 P 的电势为

$$U_P=\int_P^{\infty}\boldsymbol{E}\cdot \mathrm{d}\boldsymbol{l}=\int_P^{\infty}\left(\sum_{i=1}^{n}\boldsymbol{E}_i\right)\cdot \mathrm{d}\boldsymbol{l}=\sum_{i=1}^{n}\int_P^{\infty}\boldsymbol{E}_i\cdot \mathrm{d}\boldsymbol{l}=\sum_{i=1}^{n}U_i \tag{12-22}$$

式中,$\boldsymbol{E}_i$ 和 U_i 分别为第 i 个点电荷单独存在时在该点所激发的场强和电势.

式(12-22)称为电势叠加原理(superposition principle of electric potential).它表示一个点电荷系的静电场中任一点的电势等于各个点电荷单独存在时在该点所产生的电势的代数和.

将点电荷电势公式(12-21)代入式(12-22),可得点电荷系的静电场中任一点 P 的电势为

$$U_P=\sum_{i=1}^{n}\frac{q_i}{4\pi\varepsilon_0 r_i} \tag{12-23}$$

式中,r_i 为点电荷 q_i 到点 P 的距离.

对于一个电荷连续分布的有限大的带电体,可以设想它由许多电荷 dq 所组成,将每个电荷元都作为点电荷,由式(12-21)及电势叠加原理可得电场中任一点 P 的电势为

$$U_P = \int \frac{dq}{4\pi\varepsilon_0 r} \tag{12-24}$$

式中，r 为 dq 到点 P 的距离，积分遍及整个电荷分布的区域.

注意：式(12-23)和式(12-24)都是以点电荷的电势公式(12-21)为基础的，所以运用这些公式时，电势零点都已选定在无穷远处.

12.5.4 电势的计算

1. 利用点电荷公式和电势叠加原理求电场中任意一点的电势

由于电势是标量，所以对电势的求和或积分，比对场强的求和或积分要简单些，故在一般情况下，可用电势叠加原理计算电势.

例 12-12 如图 12-24 所示，等量异号的两个点电荷相距 $2a$. 求：(1)两个点电荷连线中点 O 的电势；(2)试验点电荷 q_0 从 O 点运动到无限远处，静电场力做功.

图 12-24 例 12-12 图

解 (1)令 $U_\infty=0$，根据电势叠加原理式(12-21)，O 点电势为

$$U_0 = \frac{1}{4\pi\varepsilon_0 a}(q-q)=0$$

(2)静电场力做功

$$A=-q_0(U_\infty - U_0)=0$$

例 12-13 电量为 q 的电荷均匀地分布在半径为 R 的圆环上，求圆环轴线上任一点 P 的电势.

解 取坐标轴如图 12-25 所示，x 轴沿着圆环的轴线，原点 O 位于环中心处. 设 P 点距环心的距离为 x，它到环上任一点的距离为 r；在环上任取一电荷元 dq，它在 P 点的电势为

$$dq=\lambda dl=\frac{q}{2\pi R}dl$$

$$dU=\frac{dq}{4\pi\varepsilon_0 r}=\frac{1}{4\pi\varepsilon_0}\frac{q}{2\pi R r}dl$$

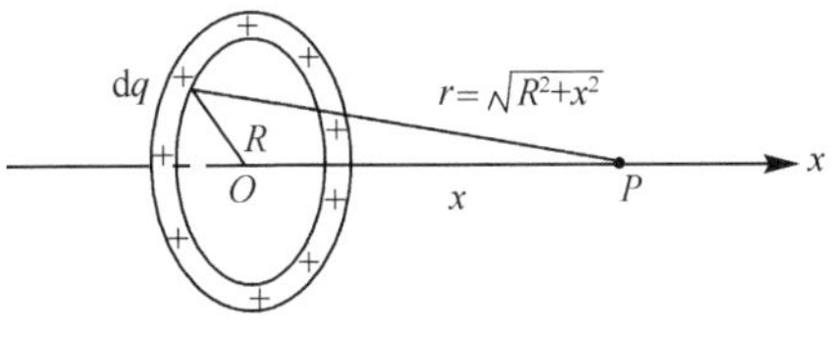

图 12-25 例 12-13 图

于是整个带电圆环在 P 点的电势为

$$U=\oint \frac{dq}{4\pi\varepsilon_0 r}=\frac{q}{4\pi\varepsilon_0\sqrt{R^2+x^2}}$$

在 $x=0$ 处，即圆环中心处的电势为

$$U=\frac{q}{4\pi\varepsilon_0 R}$$

2. 已知电场强度分布求电场中任一点的电势

对于具有高度对称分布的电场，因场强 E 可用高斯定理方便地计算出来，电势可用场强的线积分式 $U_P=\int_P^{\text{电势零点}} \boldsymbol{E}\cdot d\boldsymbol{l}$ 计算，比用电势叠加原理更简单. 由于该积分与

路径无关,所以可选取最简单的积分路径.若积分路径各段上的场强表达式不同,则应分段积分.

例 12-14　半径为 R 的球面均匀带电,所带总电量为 q.求电势在空间的分布.

解　先由高斯定理求得电场强度在空间的分布

$$\boldsymbol{E}=\begin{cases}\dfrac{q\boldsymbol{r}}{4\pi\varepsilon_0 r^3}, & r\geqslant R\\ 0, & r<R\end{cases}$$

方向沿球的径向向外.

对于球外任一点,若距球心为 $r(r\geqslant R)$,则电势为

$$U_2=\int_r^{\infty}\boldsymbol{E}\cdot d\boldsymbol{l}=\int_r^{\infty}\frac{q}{4\pi\varepsilon_0 r^2}\cdot dr=\frac{q}{4\pi\varepsilon_0 r}$$

对于球内的任一点,若距球心为 $r(r<R)$,则电势为

$$U_1=\int_r^{\infty}\boldsymbol{E}\cdot d\boldsymbol{l}=\int_R^{\infty}\frac{q}{4\pi\varepsilon_0 r^2}\cdot dr=\frac{q}{4\pi\varepsilon_0 R}$$

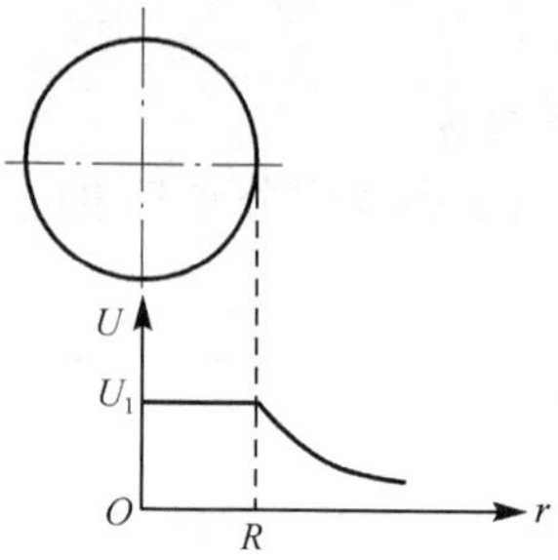

图 12-26　例 12-14 图

结果表明,在球面外部的电势,如同把电荷集中在球心的点电荷的电势,在球内部,电势为一恒量.电势随离开球心的距离 r 的变化情形如图 12-26所示.

例 12-15　如图 12-27 所示,两个同心的均匀带电球面,半径分别为 R_1 和 R_2,带电量分别为 q_1 和 q_2,且 $q_1=-q_2$,试求点 A 和点 B 的电势.已知点 A 和点 B 到球心的距离分别为 r_1 和 r_2.

解　先求出电场强度的空间分布,由高斯定理可得

$$E=\begin{cases}E_1=0, & 0<r<R_1\\ E_2=\dfrac{q_1}{4\pi\varepsilon_0 r^2}, & R_1\leqslant r\leqslant R_2\\ E_3=\dfrac{q_1+q_2}{4\pi\varepsilon_0 r^2}=0, & r>R_2\end{cases}$$

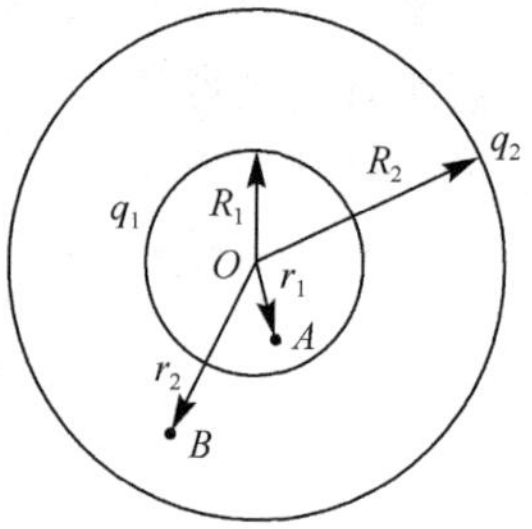

图 12-27　例 12-15 图

于是点 A 的电势为(选积分路线为径向)

$$U_A=\int_{r_1}^{\infty}E dl=\int_{r_1}^{R_1}E_1 dr+\int_{R_1}^{R_2}E_2 dr+\int_{R_2}^{\infty}E_3 dr$$

$$=\int_{R_1}^{R_2}\frac{q_1}{4\pi\varepsilon_0 r^2}dr=\frac{q_1}{4\pi\varepsilon_0}\left(\frac{1}{R_1}-\frac{1}{R_2}\right)$$

同理,点 B 的电势为

$$U_B=\int_{r_2}^{\infty}E\mathrm{d}r=\int_{r_2}^{R_2}E_2\,\mathrm{d}r+\int_{R_2}^{\infty}E_3\,\mathrm{d}r$$

$$=\int_{r_2}^{R_2}\frac{q_1}{4\pi\varepsilon_0 r^2}\mathrm{d}r=\frac{q_1}{4\pi\varepsilon_0}\left(\frac{1}{r_2}-\frac{1}{R_2}\right)$$

利用电势叠加原理也可以得出上面的结论,请读者自己推导.

例 12-16 如图 12-28 所示,一半径为 R 的无限长圆柱形带电体,其电荷体密度为 $\rho=kr(r\leqslant R)$,式中 k 为常数,试求:

(1)圆柱体内、外各点场强大小的分布;

(2)选离轴线距离为 $a(a>R)$ 处为电势零点,计算圆柱体内、外各点的电势分布.

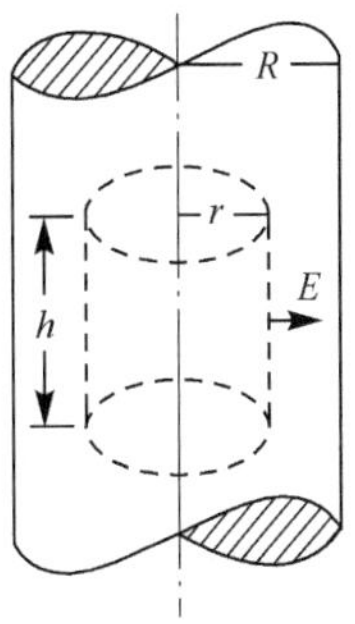

图 12-28 例 12-16 图

解 (1)由对称性分析可知,无限长圆柱带电体在空间任一点产生的场强方向垂直于圆柱面轴线,取半径为 r、高为 h 的闭合同轴圆柱面作为高斯面 S,则穿过该圆柱面的电通量为

$$\Phi_e=\int_S \boldsymbol{E}\cdot\mathrm{d}\boldsymbol{S}=E\cdot 2\pi rh$$

当 $r\leqslant R$ 时,包围在高斯面内的总电量为

$$\int_V \rho\mathrm{d}V=\int_0^r 2\pi khr^2\,\mathrm{d}r=\frac{2}{3}\pi khr^3$$

由高斯定理得

$$E\cdot 2\pi rh=\frac{2}{3\varepsilon_0}\pi khr^3$$

即

$$E=\frac{kr^2}{3\varepsilon_0},\quad r\leqslant R$$

当 $r>R$ 时,包围在高斯面内的总电量为

$$\int_V \rho\mathrm{d}V=\int_0^R 2\pi khr^2\,\mathrm{d}r=\frac{2}{3}\pi khR^3$$

由高斯定理得

$$E\cdot 2\pi rh=\frac{2}{3\varepsilon_0}\pi khR^3$$

即

$$E=\frac{kR^3}{3\varepsilon_0 r},\quad r>R$$

(2)当 $r\leqslant R$ 时,圆柱体内任一点的电势为

$$U=\int_r^a E\mathrm{d}r=\int_r^R\frac{kr^2}{3\varepsilon_0}\mathrm{d}r+\int_R^a\frac{kR^3}{3\varepsilon_0 r}\mathrm{d}r=\frac{k}{9\varepsilon_0}(R^3-r^3)+\frac{kR^3}{3\varepsilon_0}\ln\frac{a}{R},\quad r\leqslant R$$

当 $r>R$ 时,圆柱体外任一点的电势为

$$U=\int_r^a E\mathrm{d}r=\int_r^a\frac{kR^3}{3\varepsilon_0 r}\mathrm{d}r=\frac{kR^3}{3\varepsilon_0}\ln\frac{a}{r},\quad r>R$$

12.6 等势面 电场强度和电势梯度的关系

12.6.1 等势面

由电势相等的点连成的曲面称为等势面(equipotential surface). 例如,在点电荷 q 的电场中,由电势公式 $U=\frac{1}{4\pi\varepsilon_0}\frac{q}{r}$ 可得,离点电荷 q 相同距离 r 处的各点电势相等,说明其等势面是一系列以点电荷为中心的同心球面. 在任何静电场中,等势面与电场线处处正交. 假设电场线与等势面不垂直,则场强必有一沿等势面的分量. 在等势面上任取两点 A,B,其电势差为 $U_A-U_B=\int_A^B \boldsymbol{E}\cdot \mathrm{d}\boldsymbol{l}$,由于 $\boldsymbol{E}$ 与 $\mathrm{d}\boldsymbol{l}$ 不垂直,等式右边积分不等于零,即 $U_A \neq U_B$,这与 A,B 是等势面上的两点矛盾. 因此,等势面与电场线必定处处正交,沿电场线方向电势降低. 考虑沿一条电场线的方向移动正电荷,电场力必定做功,因而该电荷具有的电势能减小.

12.6.2 电场强度和电势梯度的关系

电场强度和电势都是描述电场性质的物理量,电势的定义式反映了电场强度 E 和电势 U 的积分关系,根据这一关系可由场强的分布求得电势分布. 那么反过来,可否由电势分布求得场强分布呢?

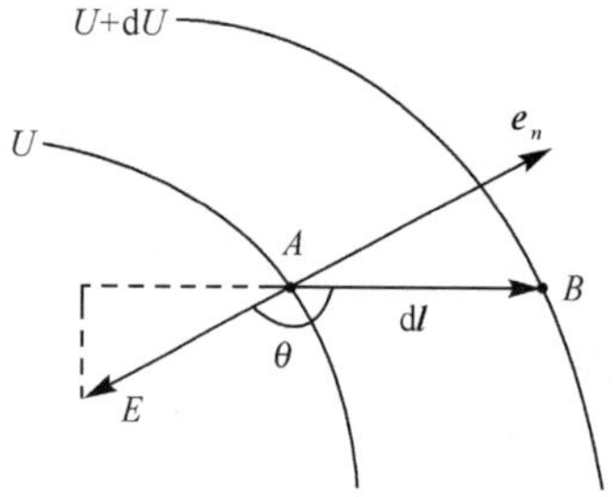

图12-29 电场强度与电势梯度的关系

如图 12-29 所示,设 A,B 是两个靠得很近的等势面上的两点,其电势分别为 U 和 $U+\mathrm{d}U$,并设 $\mathrm{d}U>0$,从点 A 到点 B 的微小位移矢量为 $\mathrm{d}\boldsymbol{l}$,若将单位正电荷从点 A 移动到点 B,电场力做功等于电势能的减少,即

$$\boldsymbol{E}\cdot \mathrm{d}\boldsymbol{l}=U-(U+\mathrm{d}U)$$

$$E\cos\theta \mathrm{d}l=-\mathrm{d}U$$

$$E\cos\theta=-\frac{\mathrm{d}U}{\mathrm{d}l}$$

即

$$E_l=-\frac{\mathrm{d}U}{\mathrm{d}l} \tag{12-25}$$

式中,E_l 为场强 $\boldsymbol{E}$ 在 $\mathrm{d}\boldsymbol{l}$ 方向的分量. 式(12-25)表明,电场强度在某一方向上的分量等于电势沿该方向变化率的负值.

式(12-25)对于任何方向都适用,在直角坐标系中,电势 U 是 x、y、z 的函数,场强 $\boldsymbol{E}$ 沿 x、y、z 三个方向的分量分别为

$$E_x=-\frac{\partial U}{\partial x},\quad E_y=-\frac{\partial U}{\partial y},\quad E_z=-\frac{\partial U}{\partial z} \tag{12-26}$$

故场强 $\boldsymbol{E}$ 的矢量表达式可写成

$$\boldsymbol{E}=-\left(\frac{\partial}{\partial x}\boldsymbol{i}+\frac{\partial}{\partial y}\boldsymbol{j}+\frac{\partial}{\partial z}\boldsymbol{k}\right)U=-\mathrm{grad}U=-\nabla U \tag{12-27}$$

式(12-26)表明,电场中任一点的场强等于该点电势梯度的负值. 在实际应用中计算场强时,常先计算电势,再利用场强和电势的关系式计算场强.

习题12

一、选择题

1. 关于电场强度定义式 $E=F/q_0$,下列说法中正确的是(　　).

A. 场强 E 的大小与检验电荷 q_0 的电量成反比

B. 对场中某点,检验电荷受力 F 与 q_0 的比值不因 q_0 而变

C. 检验电荷受力 F 的方向就是场强 E 的方向

D. 若场中某点不放检验电荷 q_0,则 $F=0$,从而 $E=0$

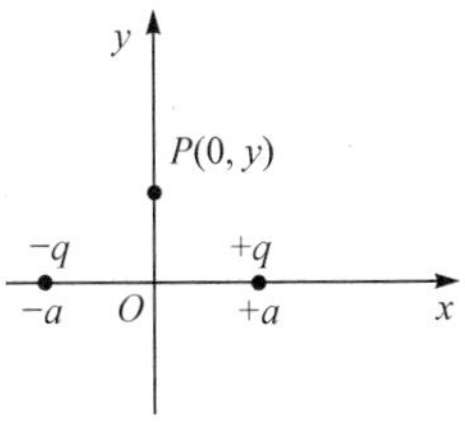

图 12-30　选择题 2

2. 如图 12-30 所示,在坐标 $(a,0)$ 处放置一点电荷 $+q$,在坐标 $(-a,0)$ 处放置另一点电荷 $-q$. P 点是 y 轴上的一点,坐标为 $(0,y)$. 当 $y\gg a$ 时,该点场强的大小为(　　).

A. $\dfrac{q}{4\pi\varepsilon_0 y^2}$　　B. $\dfrac{q}{2\pi\varepsilon_0 y^2}$　　C. $\dfrac{qa}{2\pi\varepsilon_0 y^3}$　　D. $\dfrac{qa}{4\pi\varepsilon_0 y^3}$

3. 无限大均匀带电平面电荷面密度为 σ,则距离平面 d 处一点的电场强度大小为(　　).

A. 0　　B. $\dfrac{\sigma}{2\varepsilon_0}$　　C. $\dfrac{\sigma}{2\varepsilon_0 d}$　　D. $\dfrac{\sigma}{4\varepsilon_0}$

4. 如图 12-31 所示,在半径为 R 的"无限长"均匀带电圆筒的静电场中,各点的电场强度 E 的大小与距轴线的距离 r 关系曲线为(　　).

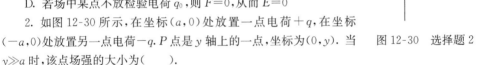

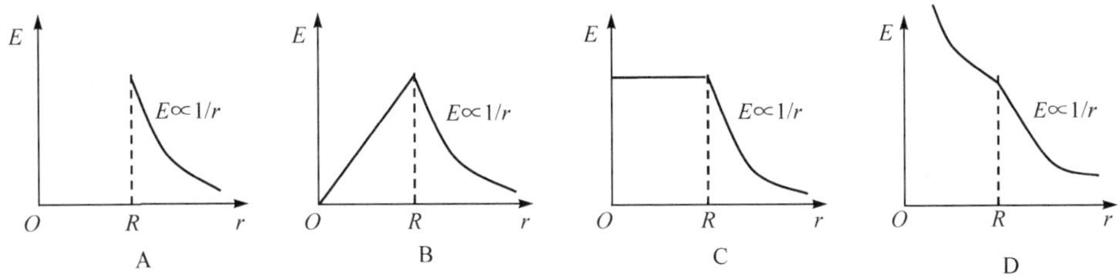

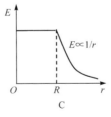

图 12-31　选择题 4

5. 边长为 a 的正方体中心放置一个电荷 Q,通过一个侧面的电场强度通量为(　　).

A. $\dfrac{Q}{4\pi\varepsilon_0}$　　B. $\dfrac{Q}{2\pi\varepsilon_0}$　　C. $\dfrac{Q}{\pi\varepsilon_0}$　　D. $\dfrac{Q}{6\varepsilon_0}$

6. 如图 12-32 所示,闭合面 S 内有一点电荷 q,P 为 S 面上一点,S 面外 A 点有一点电荷 q',若将 q' 移到 S 面外另一点 B 处,则下述正确的是(　　).

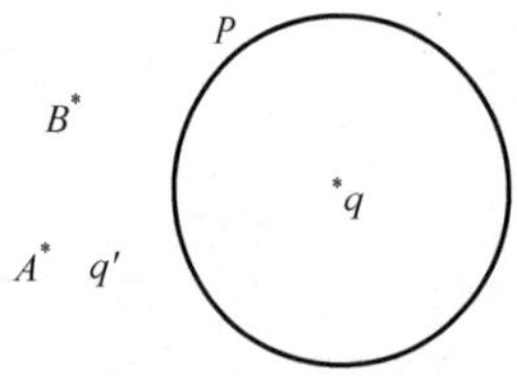

图 12-32　选择题 6

A. S 面的电通量改变,P 点的场强不变

B. S 面的电通量不变,P 点的场强改变

C. S 面的电通量和 P 点的场强都不变

D. S 面的电通量和 P 点的场强都改变

7. 真空中两平行带电平板相距为 d,两板面积都为 S,且有 $d^2 \leqslant S$,带电量分别为 $+q$ 和 $-q$,则两板间的作用力大小为(　　).

A. $\dfrac{q^2}{4\pi\varepsilon_0 d^2}$　　B. $\dfrac{q^2}{\varepsilon_0 S}$　　C. $\dfrac{2q^2}{\varepsilon_0 S}$　　D. $\dfrac{q^2}{2\varepsilon_0 S}$

8. 若将负点电荷 q 从电场中的 a 点移到 b 点,如图 12-33 所示,则下述正确的是(　　).

A. 电场力做负功

B. 电场强度 $E_a < E_b$

C. 电势能减小

D. 电势 $U_a < U_b$

9. 图 12-34 中实线为某电场中的电场线,虚线表示等势(位)面,由图可看出(　　).

A. $E_A > E_B > E_C, U_A > U_B > U_C$　　B. $E_A < E_B < E_C, U_A < U_B < U_C$

C. $E_A > E_B > E_C, U_A < U_B < U_C$　　D. $E_A < E_B < E_C, U_A > U_B > U_C$

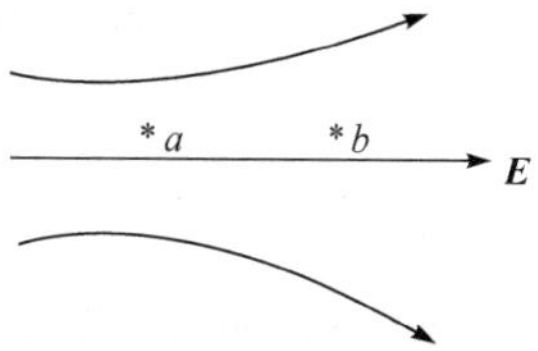

图 12-33　选择题 8

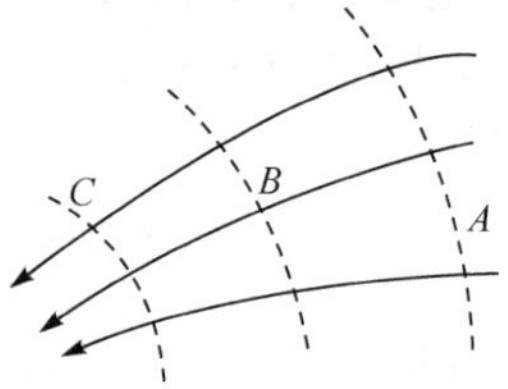

图 12-34　选择题 9

10. 选无穷远处为电势零点,半径为 R 的导体球带电后,其电势为 U_0,则球外离球心距离为 r 处的电场强度的大小为(　　).

A. $\dfrac{R^2 U_0}{r^3}$　　B. $\dfrac{U_0}{R}$　　C. $\dfrac{RU_0}{r^2}$　　D. $\dfrac{U_0}{r}$

11. 如图 12-35 所示,有三个点电荷 Q、q、Q 沿一直线等距分布,且头尾两个点电荷 Q 是固定的,则将 q 移动到无穷远处时,电场力做功为(　　).

A. $\dfrac{qQ}{4\pi\varepsilon_0 d}$　　B. $\dfrac{qQ}{2\pi\varepsilon_0 d}$

C. $-\dfrac{qQ}{4\pi\varepsilon_0 d}$　　D. $-\dfrac{qQ}{2\pi\varepsilon_0 d}$

图 12-35　选择题 11

12. 如图 12-36 所示,一无限长均匀带电直线,电荷密度为 λ,Ox 轴与该直线垂直,且 a、b 两点与直线相距分别为 r_a 和 r_b,则 a、b 两点的电势差 $U_a - U_b$ 为(　　).

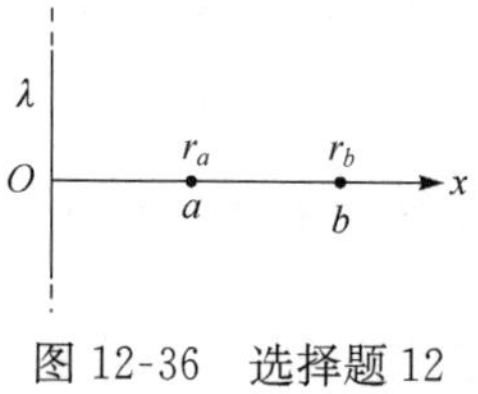

图 12-36　选择题 12

A. $\dfrac{\lambda}{2\pi\varepsilon_0}(r_b - r_a)$　　B. $\dfrac{\lambda}{2\pi\varepsilon_0}\left(\dfrac{1}{r_a} - \dfrac{1}{r_b}\right)$

C. $\dfrac{\lambda}{2\pi\varepsilon_0}\ln\dfrac{r_b}{r_a}$　　D. $\dfrac{\lambda}{2\pi\varepsilon_0}\left(\dfrac{1}{r_a^2} - \dfrac{1}{r_b^2}\right)$

13. 如图 12-37 所示，有 N 个带电量均为 q 的点电荷，以两种方式分布在相同半径的圆周上：一种是无规则分布，另一种是均匀分布. 这两种分布在过圆心 O 并垂直于圆平面的 z 轴上任一点 P 的场强与电势(取无穷远处为电势零点)关系为(　　).

A. 场强相等，电势也相等

B. 场强不相等，电势也不相等

C. 场强相等，电势不相等

D. 场强不相等，电势相等

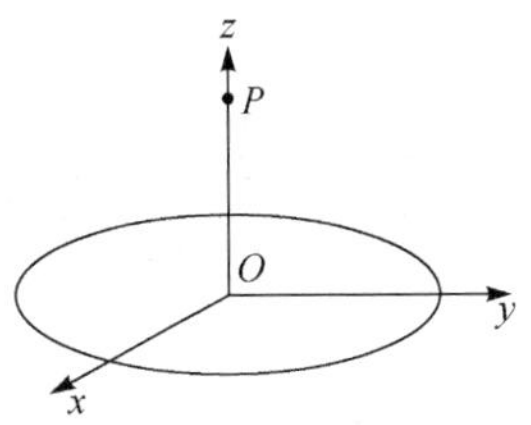

图 12-37　选择题 13

二、填空题

1. 两个正点电荷所带电量分别为 q_1 和 q_2，当它们相距 r 时，两电荷之间相互作用力为 $F=$____________，若 $q_1+q_2=Q$，欲使两电荷间的作用力最大，则它们所带电量之比 $q_1:q_2=$____________.

2. 在边长为 a 的正方体中心处放置一电量为 Q 的点电荷，则正方体顶角处的电场强度的大小为____________.

3. 电荷 $-Q$ 均匀分布在半径为 R、长为 L 的圆弧上，圆弧的两端有一小空隙，空隙长为 $d(d\ll L)$，则圆弧中心 O 点的电场强度大小为____________，方向为____________.

4. 一无限长的直导线带均匀的正电荷，电荷线密度为 λ，它在空间任一点(设该点到导线的垂直距离为 x)的电场强度的大小为____________，方向为____________.

5. 半径为 R，均匀带电 Q 的球面，若取无穷远处为零电势，则球心处的电势 $U_0=$____________；球面外离球心 r 处的电势 $U_r=$____________. 若在此球面挖去一小面积 ΔS(连同其上电荷)，则球心处的电势 $U_0=$____________.

6. 一均匀带电 Q 的球形薄膜，在它的半径从 R_1 扩大到 R_2 的过程中，距球心为 $R(R_1<R<R_2)$ 的一点的场强将由____________变为____________；电势由____________变为____________；通过以 R 为半径的球面的通量由____________变为____________.

7. 真空中有一均匀带电的细半圆环，半径为 R，电荷量为 Q，设无穷远处为电势零点，则此半圆环圆心处的电势为____________，若将一带电量为 q 的点电荷从无穷远处移到圆心处，则外力所做的功为____________.

8. 电量为 q 的两等量同种点电荷相距为 $2r$，它们连线中点的电场强度大小为____________，电势为____________.

9. 在电量为 q 的点电荷的静电场中，若选距离点电荷为 r_0 的一点为电势零点，与该点电荷距离为 r 的场强为____________，电势为____________.

10. 一细线弯成半径为 R 的圆环，带有电荷 q，且均匀分布. 在圆环中心处的电场强度大小为____________，若选无穷远处的电势为零，在圆环中心处的电势为____________.

三、计算题

1. 在半径分别为 10cm 和 20cm 的两层假想同心球面中间均匀分布着电荷密度为 $\rho=10^{-9}\,\mathrm{C/m^3}$ 的正电荷. 求距球心 5cm、15cm、50cm 处的电场强度.

2. 如图 12-38 所示，半径为 R_1 和 R_2 的同心球面上分别均匀地分布着正电荷 q_1 和 q_2，求Ⅰ、Ⅱ、Ⅲ区域内电场强度分布和电势分布，并画出场强和电势分布曲线.

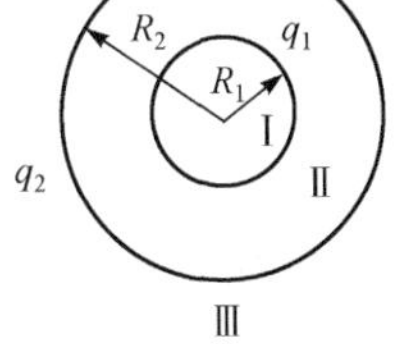

图 12-38　计算题 2

第13章 静电场中的导体和电介质

在第12章中讨论了真空中静电场的基本概念和基本规律.本章讨论静电场中存在导体、电介质时,静电场与导体、电介质的相互作用的规律.

13.1 静电场中的导体

金属导体内部有大量可以自由移动的电子,当金属导体不带电或不受到外电场作用时,其内部自由电子的负电荷与晶格离子的正电荷在导体中均匀分布,因此导体的任何部分正负电荷相互中和,呈电中性.这时金属内部的自由电子只有微观无序的热运动,没有宏观定向运动.

把导体放在静电场中时,不论导体原来是否带电,在最初极短的时间内,导体内有电场存在,导体内部的自由电子将受到这个电场的作用而产生定向运动,引起导体上的电荷重新分布——静电感应.重新分布的电荷在导体内部激发电场,直到外电场和导体上重新分布的电荷所产生的电场对自由电子的作用力互相抵消,导体中没有宏观的电荷运动的状态,导体的这种状态称为静电平衡.

13.1.1 导体静电平衡的条件

由于达到静电平衡状态的导体,其内部及表面上都没有宏观定向移动的电荷,导体内部自由电子所受的合力一定为零,导体表面的自由电子也只能受到与表面垂直并指向外部的力,因此处在静电平衡状态的导体必须满足下列条件:

(1)导体内部任一点的电场强度处处为零.否则,其内部的自由电子在电场力的作用下将会产生定向移动,直到导体达到静电平衡.

(2)导体表面上任一点的电场强度处处垂直于表面.否则,电场强度在导体表面上的切向分量可使自由电子沿表面做定向移动,直到导体达到静电平衡.

根据电场强度与电势梯度的关系,导体的静电平衡可以用电势表述:

(1)导体是等势体.由于导体内部任一点的电场强度处处为零,导体上任意点处的电势梯度为零,所以导体内部各点的电势相等.

(2)导体表面是等势面.由于导体表面任一点处的场强都垂直于导体表面,无切向分量,沿表面切向的电势梯度为零,导体表面上的电势没有变化,所以导体表面上各点电势相同,并与导体内的电势相等,即导体是一个等势体.

如图 13-1 所示,将一个不带净电荷的导体 B 放在另一带电体 A 附近,达到静电平衡时,导体 B 上的电荷及周围电场重新分布.

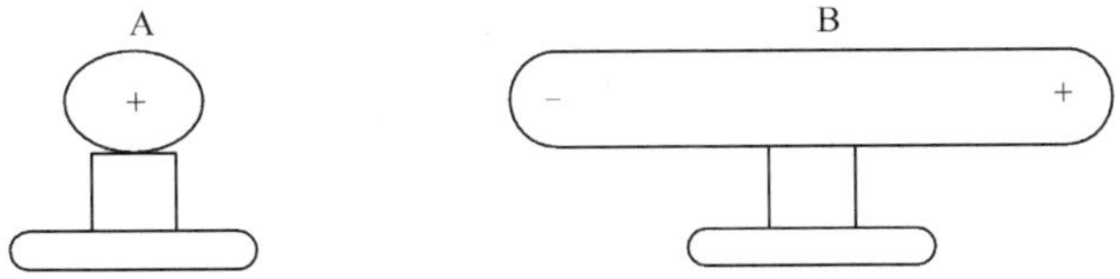

图 13-1　静电感应现象

13.1.2　导体上的电荷分布

处于静电平衡的导体,电荷只分布在其表面上,导体内部无净电荷. 考虑任一形状的实心导体,如图 13-2(a)所示,在导体内任取一点 P,作任意的高斯面 S 通过 P 点,由于静电平衡时导体内各处的场强 $\boldsymbol{E}=0$,因此通过 S 面的电通量 $\Phi_E=0$. 根据高斯定理,此高斯面内电荷的代数和 $\sum_i q_i = 0$. 由于高斯面是任意选取的,所以可得导体内任意一部分的净电荷为零,电荷只能分布在导体的表面上.

如果导体内有空腔,空腔内无其他带电体,如图 13-2(b)所示,同样可以证明导体内部和空腔内表面都没有净电荷存在,电荷只分布在导体外表面.

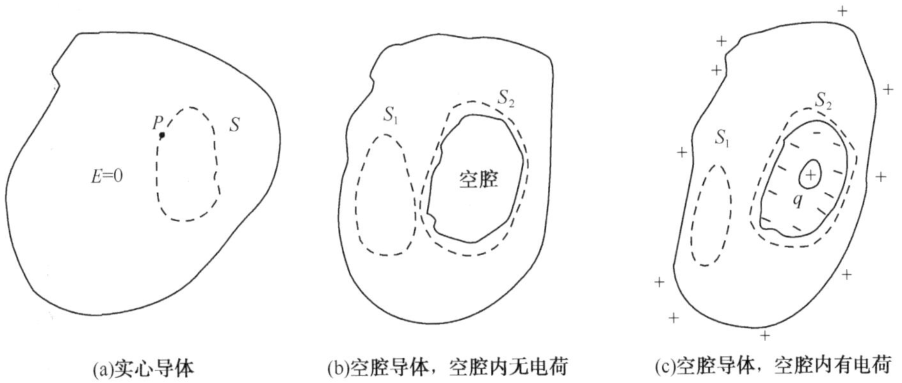

图 13-2　静电平衡时导体上的电荷分布

设导体内有一个空腔,空腔内有一正电荷 q,如图 13-2(c)所示. 同样,当导体处于静电平衡时,可以证明导体内部(不包括空腔)任一点的场强为零.

处在静电平衡的导体表面的电荷分布不仅与导体的形状有关,还与它附近的其他带电体有关. 但是对于孤立的导体来说,在其带有确定电量时,面电荷密度 σ 与各处表面的曲率有关. 曲率越大的地方(即导体表面凸出而尖锐处),面电荷密度 σ 值越大;曲率越小的地方(表面平坦处),σ 值越小;而表面凹进去的地方,曲率为负值,σ 值更小,如图 13-3 所示.

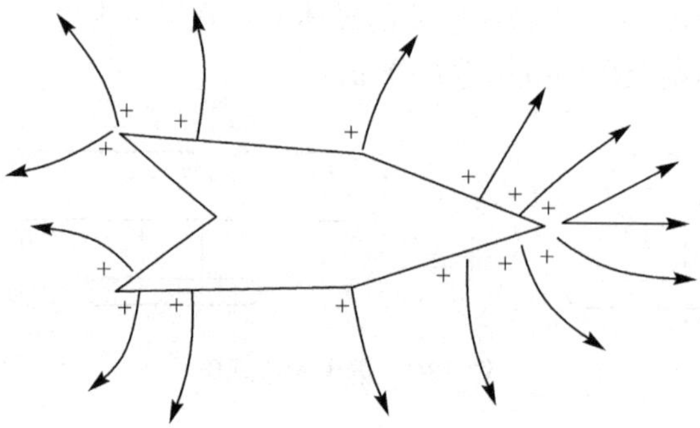

图 13-3　导体表面曲率与电荷分布的关系

13.1.3　导体表面的场强与面电荷密度的关系

导体达静电平衡时,其表面上任一点处的场强与该点的面电荷密度成正比,这一关系可利用高斯定理得到.

在导体表面上任取一点 P,在 P 点附近取包含 P 点的一面积元 ΔS,设该处的场强为 $\boldsymbol{E}$,面电荷密度为 σ,如图 13-4 所示,以 ΔS 为底面作一圆柱形封闭面 S,圆柱的轴线垂直 ΔS,圆柱面上底面在表面外,下底面在导体内,由于导体内部场强 $\boldsymbol{E}=0$,而导体表面的场强与表面垂直,所以通过下底面及圆柱侧面的电通量为零,因此通过封闭面 S 的电通量仅为 $E\Delta S$,根据高斯定理有

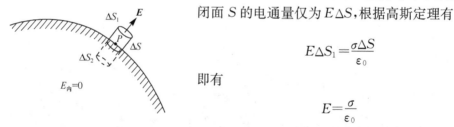

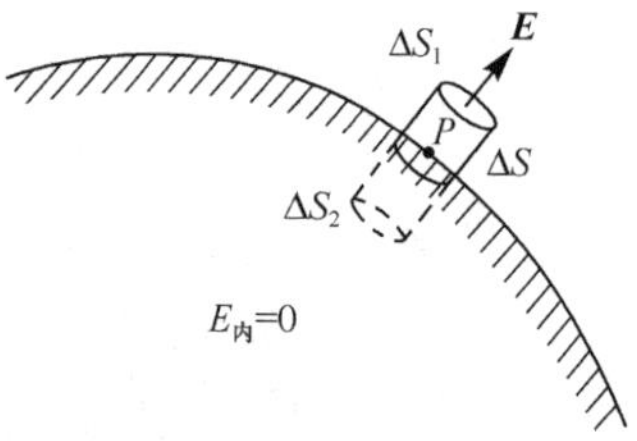

图 13-4　导体表面电荷与场强的关系

$$E\Delta S_1=\frac{\sigma\Delta S}{\varepsilon_0}$$

即有

$$E=\frac{\sigma}{\varepsilon_0}$$

若用 $\boldsymbol{n}$ 表示导体表面 ΔS 处法线方向的单位矢量,上式可写成矢量式

$$\boldsymbol{E}=\frac{\sigma}{\varepsilon_0}\boldsymbol{n} \tag{13-1}$$

即导体表面某处的场强与该点的面电荷密度成正比,并且当 $\sigma>0$ 时,$\boldsymbol{E}$ 垂直于表面指向导体外,当 $\sigma<0$ 时,$\boldsymbol{E}$ 垂直于表面指向导体内.

应该指出式(13-1)很容易被误解为导体表面某点近邻处的场强 $\boldsymbol{E}$ 仅由该点的电荷产生.实际上,该点近邻处的场强是导体上的所有电荷以及导体外存在的其他电荷共同产生的.例如,一个半径为 R,带电量为 q 的导体球 A,当其为孤立导体时,如图 13-5(a)所示,球面上某一点处的场强为

$$\boldsymbol{E}=\frac{\sigma}{\varepsilon_0}=\frac{q}{4\pi\varepsilon_0 R^2}$$

显然该场强为所有电荷共同产生.当在导体球 A 旁放入另一不带电的导体 B 时,如

图 13-5(b)所示．A 上电荷的电场力作用使 B 上出现感应电荷，从而使原有的电场分布发生变化，A 上的电荷分布、电场分布都发生了改变，达到静电平衡时两导体内的电场均为零. 两导体表面上的电场是所有电荷共同产生的.

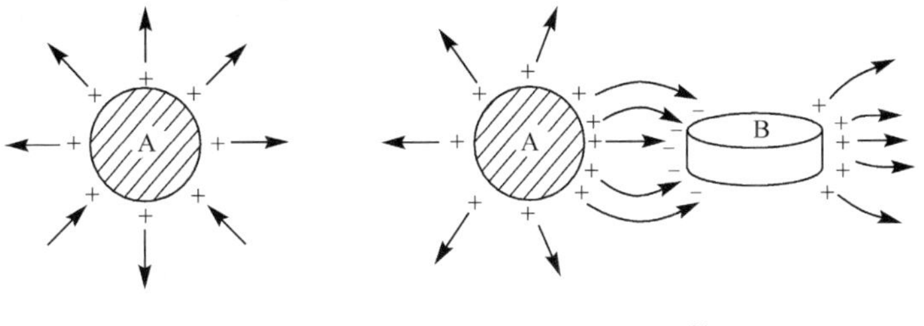

(a)　　(b)

图 13-5　导体表面处的场强是所有电荷共同产生的

导体表面曲率很大的尖端处，σ 特别大，因而尖端附近的场强特别大. 当电场强度超过空气的击穿场强时，就会发生空气被电离的放电现象. 与尖端电荷异号的离子被尖端电荷吸引飞向尖端，与尖端电荷同号的离子受到排斥从尖端附近飞离开，如图 13-6所示，电荷好像从尖端上喷射出来一样. 这种放电现象称为尖端放电.

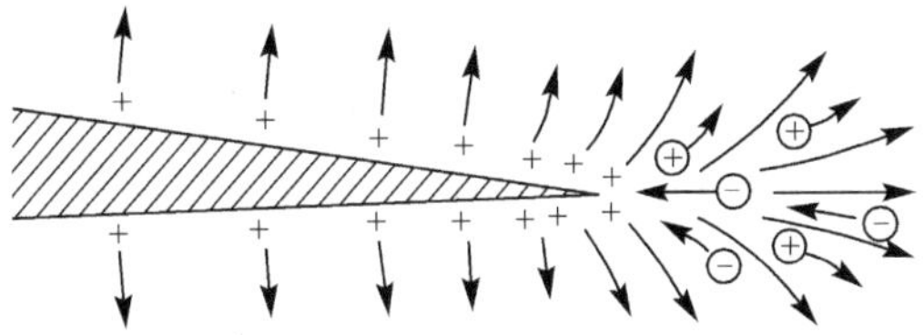

图 13-6　导体尖端放电

在高压或超高压输电线附近，由于导线直径小，表面曲率大，表面处场强非常大(在 500kV 输电线附近场强可达到$10^6\,\mathrm{V\cdot m^{-1}}$). 因此，在输电线表面处会发生放电现象，在夜晚或阴雨天经常能看到电线周围有一层蓝色光晕. 这种放电伴随电能损失，为降低电晕损耗，常采用分裂导线的办法：将一根导线分裂成几股排列成圆柱面形式，从而增加导线的曲率半径，减弱导线周围的场强. 常见的有三分裂或四分裂的高压输电线. 此外，高压零部件的表面也必须做得十分光滑，避免尖端放电，从而维持高电压. 与此相反，在有些情况下，人们还利用尖端放电，例如，静电除尘就是利用尖端放电时，大气中的中性微尘因有离子附着在它们上面而带电，同时这些带电的微尘在电场力驱动下做定向运动，使其聚集到确定的位置，从而清除大气中的尘粒和有害烟雾. 尖端放电的应用还有避雷针、静电加速器等.

13.1.4　静电屏蔽

当导体壳内没有其他带电体时，在静电平衡下，导体壳内表面上处处无电荷，并且空腔内的场强处处为零. 下面利用高斯定理予以证明.

如图 13-7 所示，导体壳放在外电场中，在其内外表面之间取一个包围空腔的高

斯面 S,静电平衡时,壳体内的场强处处为零,所以通过 S 面的电通量等于零. 根据高斯定理,S 面包围的电荷代数和为零,即导体壳内表面无净电荷. 是否会在内表面上某处有正电荷,而在另一处有等量的负电荷? 若是这样,正电荷处有电场线发出,负电荷处有电场线终止. 这将在正电荷与负电荷的之间存在电势差,而正电荷与负电荷同处在导体壳的内表面,与静电平衡时导体是等势体相矛盾. 由此可知,在静电平衡下,导体壳内表面上处处无净电荷.

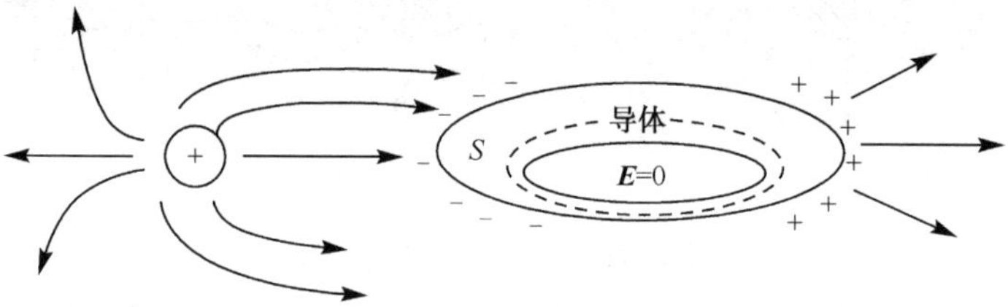

图 13-7　导体空腔内无带电体时的电荷分布

由于导体壳内表面无净电荷,所以内表面上既没有电场线发出,也没有电场线终止. 腔内又没有其他带电体,静电场线也不可能形成闭合线,故空腔内不可能有电场线,即腔内电场处处为零. 无场区是等势区,空腔内各点的电势处处相等. 这里需要指出,导体外的场源电荷并不是在空腔内不产生电场,而是壳外电荷在空腔内产生的电场恰好与由导体上重新分布的电荷所产生的电场完全抵消.

当导体壳内有其他带电体时,在静电平衡下,导体壳内表面上所带电荷与腔内带电体所带电荷大小相等、符号相反. 仍利用高斯定理予以证明.

设导体壳 A 的空腔里有一带电体 B,其所带电量为 q. 如图 13-8 所示,在 A 的内、外表面之间取高斯面 S,静电平衡时,导体壳体内的场强处处为零,所以通过 S 面的电通量 $\Phi_E=0$,根据高斯定理,S 面包围的电荷代数和 $\sum_i q_i = 0$.

由于腔内带电体的电量为 q,因此导体壳内表面一定带电 $-q$,即 $q_{内}=-q$.

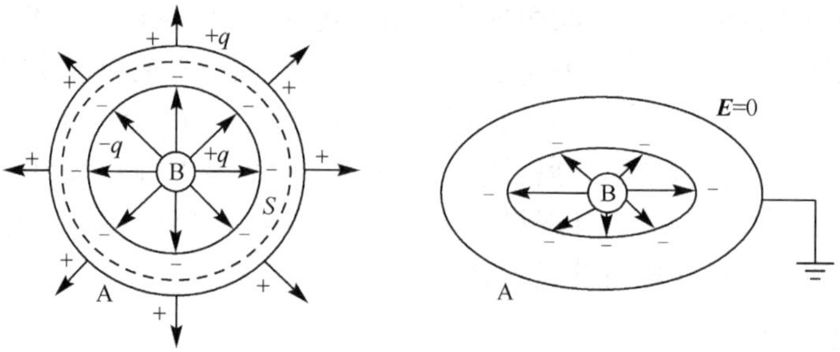

图 13-8　导体空腔内有带电体时的电荷分布

由电荷守恒定律,导体壳外表面上将出现感应电荷 q(若导体壳 A 原来带电荷 Q,则其外表面上的电荷为 $q_{外}=Q+q$). 当改变腔内电荷的位置时,导体壳内表面带电量不变，但电荷密度改变，空腔内的电场分布也随之改变. 导体壳外表面上的电量不变，电荷分布也不变，所以壳外的电场不改变. 实际上带电体 B 上电荷在壳外产生的电场与导体壳 A 内表面上的电荷在壳外产生的电场处处抵消，导体壳外表面的电荷分布只与导体的外表面曲率有关. 如图 13-8 所示，若将导体壳接地，外表面上的电荷就会流入到地下，这样导体壳内的电荷产生的电场不会影响其外部空间，即把带电体 B 的电场屏蔽在导体壳内.

静电平衡时，腔内无其他带电体的导体壳与实心导体一样内部没有电场. 这一结论与导体壳本身带电与否及外部电场分布无关. 这样，导体壳的表面就保护了它所包围的区域，使之不受导体外表面上的电荷或外部电场的影响，这个现象被称为静电屏蔽. 例如，为了使电子仪器中的电路不受外界电场的干扰，用金属壳将它罩起来，实际上导体壳不一定要严格封闭，用金属网做成的导体壳就有很好的屏蔽作用，如传输微弱信号用的屏蔽线，就是用金属丝编成的金属网罩起来的导线.

另外，为了使某带电体不影响周围空间，可用一个接地的导体壳将它罩起来. 例如，将一些高压电器放在接地的金属外壳罩里，既进行了静电屏蔽，又可防止人体触电.

13.1.5　有导体存在时静电场的计算

静电场中的导体达到静电平衡时，其电荷分布及周围电场分布都不会再改变. 这时可根据静电场的基本规律、导体静电平衡条件、电荷守恒等对导体上的电荷分布和周围电场分布进行分析和计算.

例 13-1　一金属板，面积为 S，带电量为 Q，在其旁边平行放置第二块同面积的不带电金属板，如图 13-9(a)所示. (1)静电平衡时，求金属板上电荷分布及周围空间的电场分布；(2)若第二块板接地，情况又如何？忽略边缘效应.

解　(1)静电平衡时导体内部无净电荷，金属板上的电荷只能分布在表面上，由于不考虑边缘效应，这些电荷可看成均匀分布. 设四个面上面电荷密度分别为 σ_1、σ_2、σ_3、σ_4，根据电荷守恒定律有

$$\sigma_1+\sigma_2=\frac{Q}{S} \tag{1}$$

$$\sigma_3+\sigma_4=0 \tag{2}$$

又取两底分别在两金属板内、侧面垂直板面的柱形高斯面，如图 13-9 中虚线所示. 由于两导体板之间的电场与板面垂直，并且导体内的电场为零，所以通过此高斯面的电通量为零，由高斯定理得出

$$\sigma_2+\sigma_3=0 \tag{3}$$

在金属板内任意一点 P 的场强应该是这四个带电平面的电场叠加，并且总和为零，因此有

$$\frac{\sigma_1}{2\varepsilon_0}+\frac{\sigma_2}{2\varepsilon_0}+\frac{\sigma_3}{2\varepsilon_0}-\frac{\sigma_4}{2\varepsilon_0}=0$$

即

$$\sigma_1+\sigma_2+\sigma_3-\sigma_4=0 \tag{4}$$

将上述四个等式联立求解,可得金属板面上的电荷分布

$$\sigma_1=\frac{Q}{2S},\quad \sigma_2=\frac{Q}{2S},\quad \sigma_3=-\frac{Q}{2S},\quad \sigma_4=\frac{Q}{2S}$$

由此可求得 A、B、C 三个区域的电场强度,假定从左向右为正方向,则

$$E_A=-\frac{Q}{2\varepsilon_0 S},\quad E_B=\frac{Q}{2\varepsilon_0 S},\quad E_C=\frac{Q}{2\varepsilon_0 S}$$

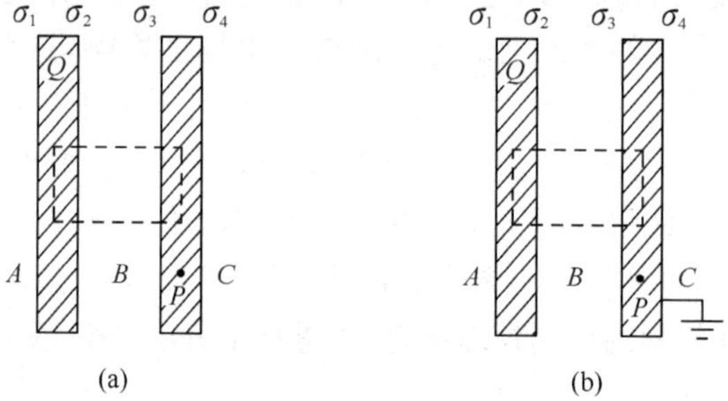

图 13-9　例 13-1 图

(2)若将第二块板接地,如图 13-9(b)所示,则这块板右表面上的电荷会流入到大地,因此

$$\sigma_4=0$$

第一块金属板上电荷不变,仍有

$$\sigma_1+\sigma_2=\frac{Q}{S}$$

由高斯定理还有

$$\sigma_2+\sigma_3=0$$

金属板内任意一点 P 的电场仍为零,还必须有

$$\sigma_1+\sigma_2+\sigma_3=0$$

联立上述方程,解得

$$\sigma_1=0,\quad \sigma_2=\frac{Q}{S},\quad \sigma_3=-\frac{Q}{S},\quad \sigma_4=0$$

A、B、C 三个区域的电场强度分别为

$$E_A=0;\quad E_B=\frac{Q}{\varepsilon_0 S},\text{方向向右};\quad E_C=0$$

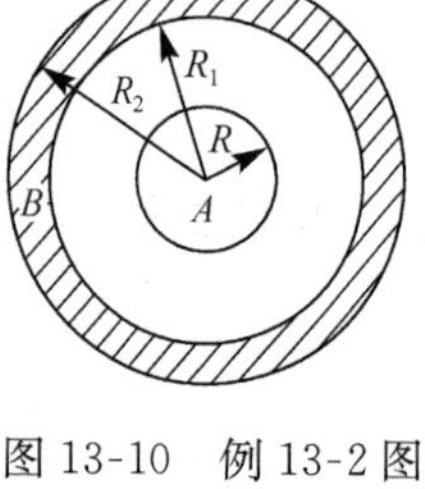

图 13-10　例 13-2 图

例 13-2　半径为 R 的导体球 A,带电 q,球外同心地放置了内、外半径分别为 R_1、R_2,带电 Q 的导体球壳 B,如图 13-10所示,两球面距地面很远.求球壳 B 内外表面上带有的电量及两导体的电势.

解　在球壳 B 内作一包围内腔的高斯面，由于球壳内场强处处为零，因此该高斯面的电通量为零. 根据高斯定理，球壳内表面上的电荷为

$$q_{B内}=-q$$

球壳 B 的总电量为 Q，因此它的外表面的电量为

$$q_{B外}=Q-q_{B内}=Q+q$$

由电势叠加法可得导体球 A 的电势

$$U_A=\frac{q}{4\pi\varepsilon_0 R}+\frac{q_{B内}}{4\pi\varepsilon_0 R_1}+\frac{q_{B外}}{4\pi\varepsilon_0 R_2}=\frac{q}{4\pi\varepsilon_0}\frac{R_2(R_1-R)+R_1 R}{RR_1R_2}+\frac{Q}{4\pi\varepsilon_0 R_2}$$

由于 $q+q_{B内}=0$，所以球壳 B 的电势为

$$U_B=\frac{Q+q}{4\pi\varepsilon_0 R_2}$$

13.2　静电场中的电介质

电介质不同于导体，在电介质内部原子中的电子和原子核结合得相当紧密，在理想的电介质中没有能自由移动的电荷，所以通常情况下不能导电. 放在静电场中的电介质也会受到电场的影响，在电场力的作用下电介质内部的电子和原子核会有微观上的相对位移，使电介质在宏观上呈现出电性. 这种现象叫做电介质的极化.

13.2.1　电介质的极化

电介质内的分子、原子都是由带负电的电子和带正电的原子核构成的复杂电荷系统，分子中全部负电荷与一个单独的负电荷等效，这个等效负电荷的位置称为分子的负电荷的“中心”. 同样，每个分子的所有正电荷也有一个“中心”. 这样，一个分子可以等效为所有电荷分别集中在两个中心上而形成的电偶极子，电介质就是由大量微观电偶极子组成的宏观系统. 由于正负电荷中心的位置不同，构成了两类电介质分子. 一类分子的正负电荷中心重合，称为无极分子，如 He、H_2、N_2、O_2 等. 另一类分子的正负电荷重心不重合，称为有极分子. 这种分子的电偶极矩称为固有电矩，如 H_2O、HCl、CO 等. 处在电极化状态的电介质也会影响原有的电场分布.

1. 无极分子的位移极化

在无外电场时，无极分子没有电偶极矩，当其处在外电场时，原来重合的正、负电荷的中心会被拉开，从而形成电偶极子，这种在电场力作用下分子出现的电偶极矩称为感应电矩. 分子感应电矩的方向总是与外电场方向相同，外电场越强，感应电矩越大. 在电介质内部，电偶极子的正负电荷相互靠近，如果电介质是均匀的，则电介质内部仍保持电中性，但在垂直于电场的两端面分别出现了正电荷和负电荷，这些电荷不能离开电介质，也不能在电介质中移动，称为极化电荷，如图 13-11 所示. 由于在电场

作用下主要是电子产生位移，故称这种极化为电子位移极化. 在有极分子电介质中也有电子位移极化，但是取向极化效应比位移极化效应要强得多.

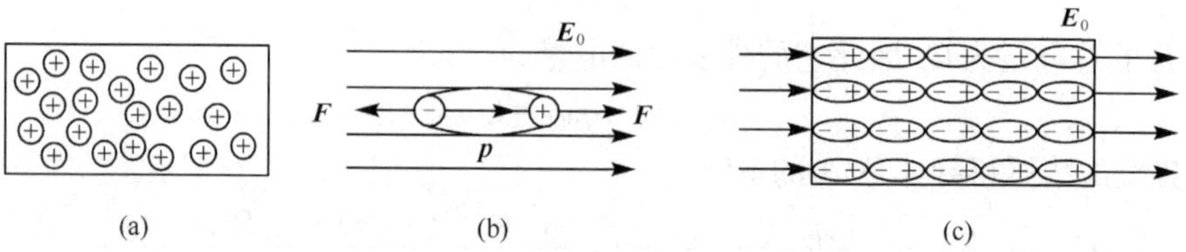

图 13-11　无极分子及无极分子的位移极化

2. 有极分子的取向极化

在没有外电场时，虽然每个分子的固有电矩不为零，但是分子的无规则热运动使电偶极矩的方向排列杂乱无章，各方向排列机会均等，因此所有分子固有电矩的矢量和等于零. 宏观上电介质是电中性的，如图 13-12(a)所示. 当电介质处在电场中时，每个分子的电矩都受到力矩的作用，分子电矩转向外电场方向，如图 13-12(b)所示. 由于分子无规则热运动总是存在，这种取向不可能完全整齐. 分子的热运动和分子间的相互碰撞会影响分子电偶极矩沿电场方向的取向排列，外电场越强或系统温度越低时，分子电偶极矩排列得越整齐. 对整块电介质来说，在垂直于电场的两个端面上将出现束缚电荷，如图 13-12(c)所示，这种极化称为取向极化.

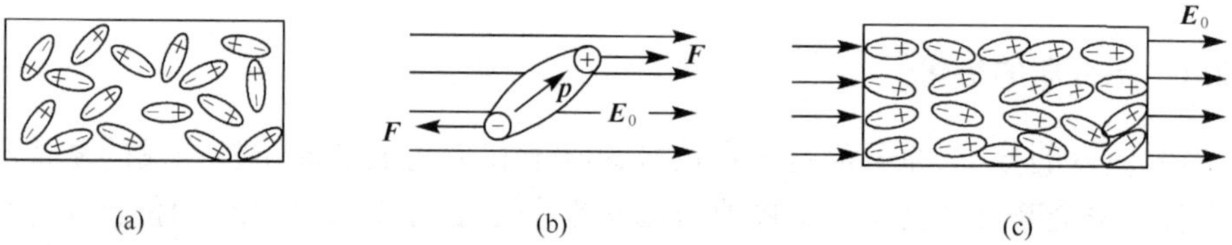

图 13-12　有极分子及有极分子的取向极化

上述两类电结构不同的电介质极化现象中的微观机制不同，但其宏观效应是相同的. 对于均匀电介质来说，在其内部的任何宏观微小区域正负电荷的电量相等，仍是电中性，只在介质表面出现极化电荷，因而也称为面束缚电荷. 以下的讨论中将不再区分两类电介质.

13.2.2　电极化强度与极化电荷

1. 电极化强度矢量 $\boldsymbol{P}$

当外电场不同时，电介质的极化状态就不同. 电场愈强，电介质表面出现的束缚电荷就愈多. 为定量描写电介质的极化状态，引入了电极化强度矢量 $\boldsymbol{P}$. 定义电介质内某点附近单位体积的分子电矩的矢量和为该点的电极化强度，记为 $\boldsymbol{P}$，即

$$\boldsymbol{P}=\frac{\sum \boldsymbol{p}}{\Delta V} \tag{13-2}$$

式中，$\boldsymbol{p}$ 表示介质中体积元内分子的电矩.

若各向同性的电介质被均匀极化，则其中各点的极化强度 $\boldsymbol{P}$ 相同. 由于分子的感应电矩随外电场增强而增大，而分子的固有电矩也随外电场的增强而排列得更加整齐，所以不论哪种电介质，它的电极化强度都是随外电场增强而增大的. 实验证明，对各向同性电介质，在电场 $\boldsymbol{E}$ 不太强时，其电极化强度 $\boldsymbol{P}$ 与电场强度 $\boldsymbol{E}$ 成正比，其关系为

$$\boldsymbol{P}=\chi_e\varepsilon_0\boldsymbol{E} \tag{13-3}$$

在国际单位制中，$\boldsymbol{P}$ 的单位是库仑 · 米$^{-2}$($\mathrm{C\cdot m^{-2}}$). 显然，真空中 $\boldsymbol{P}=0$. 式(13-3)中，χ_e 是量纲为一的纯数，称为电介质的极化率. 若介质中χ_e 处处相同，则为均匀介质.

2. 电极化强度与束缚电荷的关系

由于电极化强度矢量 $\boldsymbol{P}$ 表征电介质极化的程度，而极化后的电介质，其宏观效果通过未抵消的极化电荷来体现. 以无极分子电介质为例，当介质被极化时，分子的正、负电荷中心被拉开，假定负电荷不动，正电荷沿电场方向产生位移 $\boldsymbol{l}$，若用 q 表示单个分子正、负电荷的电量，则分子的电矩大小为 $p=ql$. 在介质内某处取一面积元 $\mathrm{d}\boldsymbol{S}$，该处的电极化强度为 $\boldsymbol{P}$，且 $\boldsymbol{P}$ 与 $\mathrm{d}\boldsymbol{S}$ 的单位法线 $\boldsymbol{n}$ 的夹角为 θ，如图 13-13 所示. 以 $\mathrm{d}\boldsymbol{S}$ 为底，作斜高为 l 的柱形封闭面. 显然，由于介质极化，此体积内所有分子的正电荷的中心都移出 $\mathrm{d}\boldsymbol{S}$ 面，设单位体积分子数为 n_0，则穿过 $\mathrm{d}\boldsymbol{S}$ 的束缚电荷为

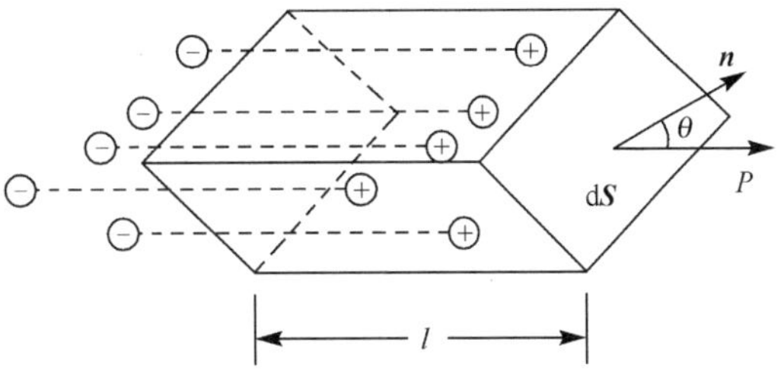

图 13-13　dS 上的极化电荷面密度

$$\mathrm{d}q'=qn_0\mathrm{d}\boldsymbol{S}\boldsymbol{n}\cdot\boldsymbol{l}=qn_0 l\cos\theta\cdot\mathrm{d}S=n_0 p\cos\theta\cdot\mathrm{d}S$$

根据式(13-2)可知 $n_0p=P$，所以

$$\mathrm{d}q'=P\cos\theta\cdot\mathrm{d}S=\boldsymbol{P}\cdot\boldsymbol{n}\mathrm{d}S$$

这就是由于介质极化而穿过 dS 的束缚电荷. 穿过 dS 面上单位面积的电荷为

$$\frac{\mathrm{d}q'}{\mathrm{d}S}=\boldsymbol{P}\cdot\boldsymbol{n} \tag{13-4}$$

若上述 $\mathrm{d}\boldsymbol{S}$ 是电介质表面上某点处的面积元，$\boldsymbol{n}$ 为该处面法线方向，则式(13-4)就表示由于电介质极化，在其表面上单位面积出现的一层束缚电荷，即束缚面电荷密度 σ' 与该处电极化强度 $\boldsymbol{P}$ 在表面法线上的分量值相等，可表示为

$$\sigma'=\frac{\mathrm{d}q'}{\mathrm{d}S_{\text{表面}}}=\boldsymbol{P}\cdot\boldsymbol{n} \tag{13-5}$$

显然,当 $0<\theta<\frac{\pi}{2}$ 时,$\sigma'>0$,表面上呈现正束缚电荷;当 $\frac{\pi}{2}<\theta<\pi$ 时,$\sigma'<0$,表面上呈现负束缚电荷;而当 $\theta=\frac{\pi}{2}$ 时,$\sigma'=0$,没有极化电荷出现.

以上结论虽然由无极分子的电极化推出,但对于有极分子电介质同样适用.

13.2.3 电介质中静电场的基本规律

1. 有电介质存在时静电场的环路定理

极化电荷和自由电荷所激发的静电场是一样的,电介质在外电场中极化后产生了极化电荷,而极化电荷也同样激发电场,所以有电介质存在时,电场应该是极化电荷和外电场的场源电荷(或称自由电荷)共同产生的. 设自由电荷为 q_0,极化电荷为 q',它们产生的场强分别为 $\boldsymbol{E}_0$、$\boldsymbol{E}_1$. 根据场强叠加原理,在有电介质存在的空间任意一点的总场强为

$$\boldsymbol{E}=\boldsymbol{E}_0+\boldsymbol{E}'$$

该场强沿任意闭合路径的环流为

$$\oint_L \boldsymbol{E}\cdot \mathrm{d}\boldsymbol{l}=\oint_L \boldsymbol{E}_0\cdot \mathrm{d}\boldsymbol{l}+\oint_L \boldsymbol{E}'\cdot \mathrm{d}\boldsymbol{l}$$

由于极化电荷之间的相互作用与静止的自由电荷一样,遵从库仑定律,所以其激发的电场仍是保守场,而静止的自由电荷 q_0 的电场 $\boldsymbol{E}_0$ 沿任意闭合路径的环流等于零,即

$$\oint_L \boldsymbol{E}_0\cdot \mathrm{d}\boldsymbol{l}=0$$

则 q' 的电场 $\boldsymbol{E}'$ 也应有

$$\oint_L \boldsymbol{E}'\cdot \mathrm{d}\boldsymbol{l}=0$$

所以有电介质存在时静电场的环路定理为

$$\oint_L \boldsymbol{E}\cdot \mathrm{d}\boldsymbol{l}=0 \tag{13-6}$$

由此,在有电介质的静电场中,第 12 章引入的电势、电势能的概念以及电场强度与电势的关系等在这里仍然成立.

2. 电位移矢量 $\boldsymbol{D}$ 的高斯定理

高斯定理是建立在库仑定律基础上的,在有电介质存在的静电场中,它仍然成立. 但是计算总电量时,应对高斯面内所包围的所有自由电荷和极化电荷求和,即

$$\oint_S \boldsymbol{E}\cdot \mathrm{d}\boldsymbol{S}=\frac{1}{\varepsilon_0}\left(\sum q_i+\sum q_i'\right) \tag{13-7}$$

在一般问题中,往往只知道自由电荷分布及电介质分布,而极化电荷分布是未知的,并且极化电荷与电场分布互相牵扯. 因此这一形式的高斯定理应用起来不太方便. 为了使问题简化,我们引入一个新的物理量——电位移矢量.

如图 13-14 所示，在有电介质的空间取任意高斯面 S，在 S 上取面积元 $\mathrm{d}\boldsymbol{S}$，该处的电极化强度为 $\boldsymbol{P}$，由式(13-4)可知穿出该面积元的极化电荷为

$$\mathrm{d}q'=\boldsymbol{P}\cdot\mathrm{d}\boldsymbol{S}$$

$$\oint_S \mathrm{d}q'=\oint_S \boldsymbol{P}\cdot\mathrm{d}\boldsymbol{S}$$

即

$$q'_{\text{穿出}}=\oint_S \mathrm{d}q'=\oint_S \boldsymbol{P}\cdot\mathrm{d}\boldsymbol{S}$$

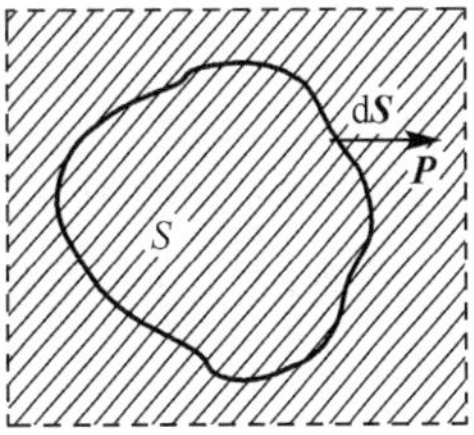

图 13-14　推导有介质时电场的高斯定理用图

在均匀电介质的情况下，极化电荷只在电介质表面出现，其内部是电中性的，根据电荷守恒定律，因电介质极化穿出 S 面的极化电荷应等于 S 面内净余的极化电荷的负值，即

$$\oint_S \mathrm{d}q'=-\sum_{S_{\text{内}}} q'_i$$

$$q'_{\text{穿出}}=-\sum_{S_{\text{内}}} q'_i$$

则

$$\oint_S \boldsymbol{P}\cdot\mathrm{d}\boldsymbol{S}=-\sum_{S_{\text{内}}} q'_i \tag{13-8}$$

式(13-8)给出了电极化强度 $\boldsymbol{P}$ 与 S 面包围的束缚电荷的一个普遍关系. 利用此式 . 通过高斯面 S 的电通量可写为

$$\oint_S \boldsymbol{E}\cdot\mathrm{d}\boldsymbol{S}=\frac{1}{\varepsilon_0}\left(\sum_{S_{\text{内}}} q_i+\sum_{S_{\text{内}}} q'_i\right)=\frac{1}{\varepsilon_0}\left(\sum_{S_{\text{内}}} q_i-\oint_S \boldsymbol{P}\cdot\mathrm{d}\boldsymbol{S}\right)$$

移项后可得

$$\oint_S (\varepsilon_0\boldsymbol{E}+\boldsymbol{P})\cdot\mathrm{d}\boldsymbol{S}=\sum_{S_{\text{内}}} q_i$$

现在引入电位移矢量 $\boldsymbol{D}$，令

$$\boldsymbol{D}=\varepsilon_0\boldsymbol{E}+\boldsymbol{P} \tag{13-9}$$

则有电介质存在的空间的高斯定理可表示为

$$\oint_S \boldsymbol{D}\cdot\mathrm{d}\boldsymbol{S}=\sum_{S_{\text{内}}} q_i \tag{13-10}$$

即通过任意封闭曲面的电位移通量等于该封闭面包围的自由电荷的代数和. 这一关系又称为有电介质时电位移矢量 $\boldsymbol{D}$ 的高斯定理.

在各向同性的线性电介质中，$\boldsymbol{D}$、$\boldsymbol{E}$ 和 $\boldsymbol{P}$ 三个矢量的方向相同，将式(13-3)代入式(13-9)则有

$$\boldsymbol{D}=\varepsilon_0\boldsymbol{E}+\boldsymbol{P}=\varepsilon_0\boldsymbol{E}+\chi_e\varepsilon_0\boldsymbol{E}=(1+\chi_e)\varepsilon_0\boldsymbol{E}$$

式中，$1+\chi_e=\varepsilon_r$，ε_r 称为电介质的相对介电常量. 电介质中任意一点的 $\boldsymbol{D}$ 与 $\boldsymbol{E}$ 的关系为

$$\boldsymbol{D}=\varepsilon_r\varepsilon_0\boldsymbol{E}=\varepsilon\boldsymbol{E} \tag{13-11}$$

式中，$\varepsilon=\varepsilon_r\varepsilon_0$ 称为电介质的介电常量或电容率，其单位与真空中的介电常量 ε_0 的单位相同.

在国际单位中，$\boldsymbol{D}$ 的单位为库仑 · 米$^{-2}$($\mathrm{C\cdot m^{-2}}$).

一般地，对各向同性的线性电介质，χ_e、ε_r、ε 是与场强 $\boldsymbol{E}$ 无关的常量；而对各向异性的电介质，χ_e、ε_r、ε 与场强 $\boldsymbol{E}$ 有关，并且 $\boldsymbol{P}=\chi_e\varepsilon_0\boldsymbol{E}$ 和 $\boldsymbol{D}=\varepsilon\boldsymbol{E}$ 均不成立.

电位移 $\boldsymbol{D}$ 和电场强度 $\boldsymbol{E}$ 及极化强度 $\boldsymbol{P}$ 有关，引进 $\boldsymbol{D}$ 主要是在计算通过任一闭合曲面的电位移时，可以不考虑极化电荷的分布，在具有对称分布的情况下，利用式(13-10)和式(13-11)可使电介质中的电场计算大为简化. 通常先由自由电荷的分布求出 $\boldsymbol{D}$ 的分布，然后再根据 $\boldsymbol{D}$ 和 $\boldsymbol{E}$ 的关系求出 $\boldsymbol{E}$ 的分布.

同电场线一样，为描述方便，可引进电位移线，并规定电位移线的切线方向为 $\boldsymbol{D}$ 的方向，电位移线的密度(通过与电位移线垂直的单位面积上的电位移线条数)等于该处 $\boldsymbol{D}$ 的大小. 所以，通过任一曲面上电位移线条数为 $\int\boldsymbol{D}\cdot\mathrm{d}\boldsymbol{S}$，称为通过 S 的电位移通量；对闭合曲面，此通量为 $\oint\boldsymbol{D}\cdot\mathrm{d}\boldsymbol{S}$. 可见有介质存在时，高斯定理陈述为：电场中通过某一闭合曲面的电位移通量等于该闭合曲面内包围的自由电荷的代数和.

电位移线与电场线的区别如下：电位移线总是始于正的自由电荷，止于负的自由电荷(可从定理看出)；而电场线是始于一切正电荷，止于一切负电荷(包括极化电荷)，如平行板电容器情况(不计边缘效应)，见图 13-15.

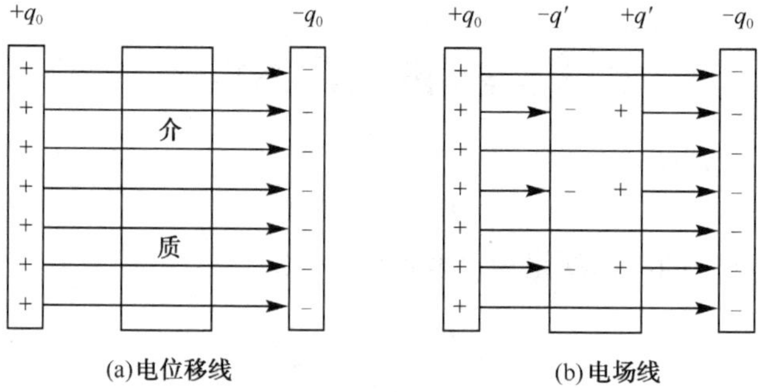

图 13-15　电位移线与电场线

例 13-3　如图 13-16 所示，半径为 R_1，带电量为 Q 的均匀带电球面内，充满介电常量为 ε_1 的均匀电介质. 在 $R_1<r<R_2$ 区间，是介电常量为 ε_2，与带电球面同心的均匀电介质球壳；$r>R_2$ 区间是真空. 求各区间的场强和电势分布.

解　由于电荷是球对称分布的，所以电场的分布也具有球对称性. 因此，可用高

斯定理先求出 $\boldsymbol{D}$,再根据 $\boldsymbol{D}$ 与 $\boldsymbol{E}$ 的关系求出 $\boldsymbol{E}$,然后用定义法求出 U. 为此取 r 为半径的同心球面为高斯面. 当 $r<R_1$ 时,由于高斯面包围的自由电荷 $\sum\limits_i q_i=0$,所以

$$\oint_S \boldsymbol{D}\cdot \mathrm{d}\boldsymbol{S}=D_1 4\pi r^2=0$$

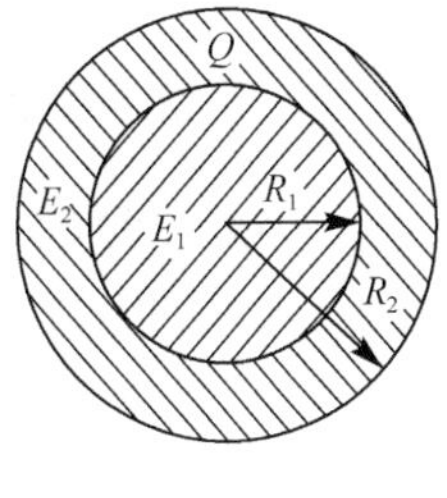

图 13-16　例 13-3 图

则

$$D_1=0,\quad E_1=0$$

当 $R_1<r<R_2$ 时,高斯面包围的自由电荷 $\sum\limits_i q_i=Q$,所以

$$\oint_S \boldsymbol{D}\cdot \mathrm{d}\boldsymbol{S}=D_2 4\pi r^2=Q$$

则

$$D_2=\frac{Q}{4\pi r^2},\quad E_2=\frac{Q}{4\pi\varepsilon_2 r^2}$$

当 $r>R_2$ 时,高斯面包围的自由电荷 $\sum\limits_i q_i=Q$,所以

$$\oint_S \boldsymbol{D}\cdot \mathrm{d}\boldsymbol{S}=D_3 4\pi r^2=Q$$

则

$$D_2=\frac{Q}{4\pi r^2},\quad E_2=\frac{Q}{4\pi\varepsilon_0 r^2}$$

选 $r=\infty$ 处 $U_\infty=0$,则任意一点的电势为

$$U_P=\int_P^\infty \boldsymbol{E}\cdot \mathrm{d}\boldsymbol{r}$$

积分沿半径方向进行. 在 $r<R_1$ 区间

$$U_P=\int_r^{R_1}\boldsymbol{E}_1\cdot \mathrm{d}\boldsymbol{r}+\int_{R_1}^{R_2}\boldsymbol{E}_2\cdot \mathrm{d}\boldsymbol{r}+\int_{R_2}^{\infty}\boldsymbol{E}_3\cdot \mathrm{d}\boldsymbol{r}=\int_{R_1}^{R_2}\frac{Q}{4\pi\varepsilon_2 r^2}\cdot \mathrm{d}r+\int_{R_2}^{\infty}\frac{Q}{4\pi\varepsilon_0 r^2}\cdot \mathrm{d}r$$
$$=\frac{Q}{4\pi\varepsilon_2}\left(\frac{1}{R_1}-\frac{1}{R_2}\right)+\frac{Q}{4\pi\varepsilon_0 R_2}$$

在 $R_1<r<R_2$ 区间

$$U_P=\int_r^{R_2}\boldsymbol{E}_2\cdot \mathrm{d}\boldsymbol{r}+\int_{R_2}^{\infty}\boldsymbol{E}_3\cdot \mathrm{d}\boldsymbol{r}=\int_r^{R_2}\frac{Q}{4\pi\varepsilon_2 r^2}\cdot \mathrm{d}r+\int_{R_2}^{\infty}\frac{Q}{4\pi\varepsilon_0 r^2}\cdot \mathrm{d}r$$
$$=\frac{Q}{4\pi\varepsilon_2}\left(\frac{1}{r}-\frac{1}{R_2}\right)+\frac{Q}{4\pi\varepsilon_0 R_2}$$

在 $r>R_2$ 区间

$$U_P=\int_r^{\infty}\boldsymbol{E}_3\cdot \mathrm{d}\boldsymbol{r}=\int_r^{\infty}\frac{Q}{4\pi\varepsilon_0 r^2}\cdot \mathrm{d}r=\frac{Q}{4\pi\varepsilon_0 r}$$

由以上结果可以看出,电场中任意一点的场强 $\boldsymbol{E}$ 只与该点的电介质有关,而此点的电势 U 却与积分路径上所有的电介质都有关.

13.3 电容和电容器

13.3.1 孤立导体的电容

导体处于静电平衡时,导体上有电荷分布,并有一定的电势. 一个孤立导体带电 q,具有确定的电势 U. 当其电量增加时,电势按比例增加. 两者的比值是确定值,可写为

$$\frac{q}{U}=C \tag{13-12}$$

比值 C 取决于导体的形状和大小,与导体的带电量无关. 实验表明,要使不同形状、大小的孤立导体达到相同的电势,就必须使它们带上不同的电量. 对同一电势值,带电量多的导体,比值 C 大,反之则小. 由此可见,比值 C 反映了孤立导体本身容纳电量的能力,这种属性称为孤立导体的电容.

在国际单位制中,电容的单位是法拉(F),$1\text{F}=1\text{C}\cdot\text{V}^{-1}$.

真空中,半径为 R 的孤立导体球,若带电量为 q,则其电势为 $U=\frac{q}{4\pi\varepsilon_0 R}$,该导体球的电容为 $C=\frac{q}{U}=4\pi\varepsilon_0 R$. 若将地球看成半径为 $R=6.4\times10^6\text{m}$ 的孤立导体球,则其电容为

$$\begin{aligned} C&=4\pi\varepsilon_0 R=4\times3.14\times8.85\times10^{-12}\times6.4\times10^6\text{F} \\ &\approx7.11\times10^{-4}\text{F} \end{aligned}$$

实际上 1F 是非常大的,常用的单位有 μF、pF.

$$1\mu\text{F}=10^{-6}\text{F},\quad 1\text{pF}=10^{-12}\text{F}$$

13.3.2 电容器的电容

孤立导体是指远离其他物体的导体,一般一个带电体附近总有其他物体,该导体的电势不仅与带电量有关,还与导体附近的物体的形状和位置有关. 如果用静电屏蔽原理,用一个封闭的导体壳 A 将导体 B 包围,如图 13-8 所示,A,B 间的电势差就不受导体壳外的物体的影响,把这一对导体 A、B 构成的系统称为电容器. 电容器是利用导体电容的性质制成的储存电荷和电能的电路元件,通常是由两块用电介质隔开的金属导体组成,金属导体为电容器的两极板. 电容器工作时,两极板总是分别带等量异号的电荷,即 $+q$ 和 $-q$,两极板之间有一定的电势差 ΔU. 一个电容器所带的电量 q 总是与其两极板间的电势差成正比,我们定义这个比值为该电容器的电容,仍用 C 表示,写为

$$C=\frac{q}{\Delta U}=\frac{q}{U_+-U_-} \tag{13-13}$$

电容器的电容取决于电容器极板的形状、大小、相对位置以及极板间电介质的种类等,而与其带电量无关.下面根据电容器电容的定义,计算几种常用的电容器的电容.

1. 平行板电容器

平行板电容器是最常用的一种电容器,它是由两块同样大小的平行金属板构成的,极板之间充满介电常量为 ε 的电介质.设 A、B 两极板面积均为 S,相距为 d,且 d 远小于极板的线度,如图 13-17 所示.

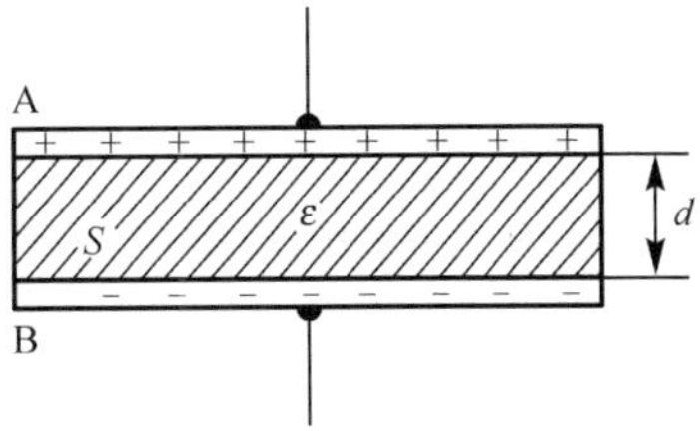

图 13-17　平行板电容器

假定两极板分别带电荷 $+q$、$-q$,忽略边缘效应,电荷可近似看成均匀分布在两极板相对的两个表面上,因此两极板间的电场为

$$E=\frac{\sigma}{\varepsilon}=\frac{q}{\varepsilon S}$$

两极板间的电势差为

$$\Delta U=E\cdot d=\frac{qd}{\varepsilon S}$$

将上式代入式(13-13),可得到平行板电容器的电容

$$C=\frac{q}{\Delta U}=\frac{\varepsilon S}{d} \tag{13-14}$$

此结果表明,平行板电容器的电容与极板面积 S 和电介质的介电常量 ε 成正比,与极板之间的距离 d 成反比,而与其带电量 q 无关.因此,常用增加极板面积、减小板间距离以及用介电常量大的电介质来提高该电容器的电容.

2. 圆柱形电容器

圆柱形电容器是由两个同轴金属圆柱面 A、B 组成的,如图 13-18 所示.设圆柱面的半径分别为 R_A 和 R_B,长度为 L,在两圆柱面间充满介电常量为 ε 的电介质,当 $L\gg(R_B-R_A)$ 时,两端的边缘效应可忽略不计.若内、外极板所带电荷的线密度分别为 $+\lambda$ 和 $-\lambda$,根据自由电荷和电介质分布的轴对称性,可以利用 $\boldsymbol{D}$ 的高斯定理求出电场强度

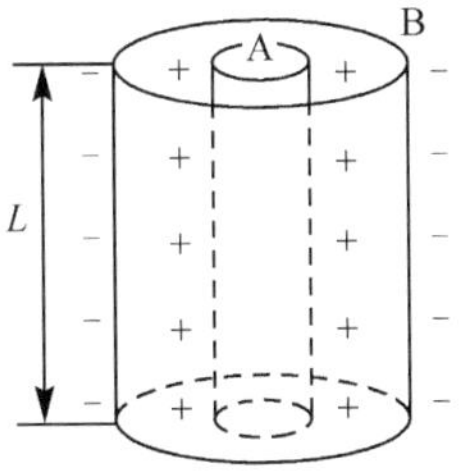

图 13-18　圆柱形电容器

$$\boldsymbol{E}=\frac{\lambda}{2\pi\varepsilon r}\boldsymbol{e}_r$$

极板间电势差

$$\Delta U=U_A-U_B=\int_{R_A}^{R_B}\boldsymbol{E}\cdot\mathrm{d}\boldsymbol{r}=\int_{R_A}^{R_B}E\mathrm{d}r$$

$$=\int_{R_A}^{R_B}\frac{\lambda}{2\pi\varepsilon r}\mathrm{d}r=\frac{\lambda}{2\pi\varepsilon}\ln\frac{R_B}{R_A}$$

将上式代入式(13-13),可得圆柱形电容器的电容

$$C=\frac{q}{\Delta U}=\frac{\lambda L}{\Delta U}=\frac{2\pi\varepsilon L}{\ln\left(R_B/R_A\right)} \tag{13-15}$$

圆柱形电容器每单位长度的电容为

$$C_{L=1}=\frac{2\pi\varepsilon}{\ln\left(R_B/R_A\right)}$$

3. 球形电容器

球形电容器由两个半径分别为 R_A 和 R_B 的同心金属球壳间充满介电常量为 ε 的电介质组成(图 13-19). 设内外球壳分别带电 $+q$ 和 $-q$,两球壳间的电场具有球对称性,由高斯定理很容易得出其场强

$$\boldsymbol{E}=\frac{q}{4\pi\varepsilon r^2}\boldsymbol{e}_r$$

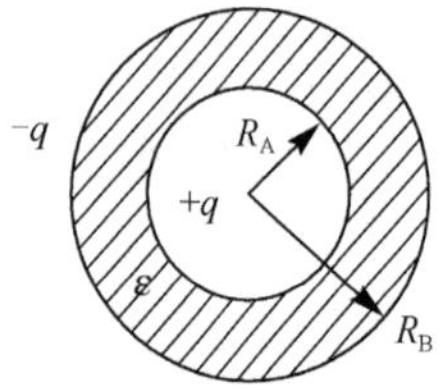

图 13-19　球形电容器

两极板间电势差为

$$\Delta U=U_A-U_B=\int_{R_A}^{R_B}\boldsymbol{E}\cdot d\boldsymbol{r}=\int_{R_A}^{R_B}\frac{q}{4\pi\varepsilon r^2}dr$$

$$=\frac{q}{4\pi\varepsilon}\left(\frac{1}{R_A}-\frac{1}{R_B}\right)=\frac{q(R_B-R_A)}{4\pi\varepsilon R_A R_B}$$

球形电容器的电容为

$$C=\frac{q}{\Delta U}=\frac{4\pi\varepsilon R_A R_B}{R_B-R_A} \tag{13-16}$$

以上 3 例都说明电容器的电容只与它的几何结构及极板间的电介质有关,而与极板带电量无关.

例 13-4　如图 13-20 所示,一平行板电容器,两极板间距为 d,面积为 S,电势差为 U,其中平行放置一厚度为 $t(t<d)$、相对介电常量为 ε_r 的均匀电介质,电介质与极板之间是空气. 忽略边缘效应,求:(1)该电容器的电容;(2)电容器极板上的电荷.

解　(1)设极板上电荷面密度分别为 $+\sigma$、$-\sigma$,由高斯定理可得到两极板间任意一点的电位移为

$$D=\sigma$$

则两极板间空隙中的场强为

$$E_0=\frac{\sigma}{\varepsilon_0}$$

电介质中的场强为

$$E=\frac{\sigma}{\varepsilon_0\varepsilon_r}$$

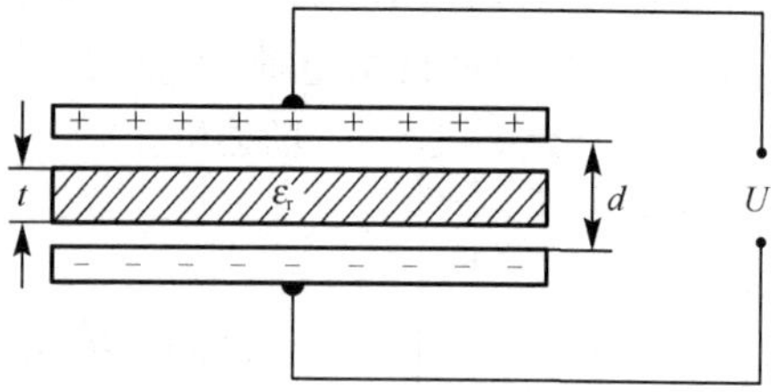

图 13-20　例 13-4 图

极板间的电势差为

$$\Delta U=U_+-U_-=E_0(d-t)+Et=\left(\frac{d-t}{\varepsilon_0}+\frac{t}{\varepsilon_0\varepsilon_r}\right)\sigma=\frac{t+\varepsilon_r(d-t)}{\varepsilon_0\varepsilon_r}\sigma$$

该电容器的电容

$$C=\frac{q}{\Delta U}=\frac{\sigma S}{\Delta U}=\frac{\varepsilon_0\varepsilon_r S}{t+\varepsilon_r(d-t)}$$

(2)极板间的电势差为 $\Delta U=U$，极板上带电量为

$$q=CU=\frac{\varepsilon_0\varepsilon_r S}{t+\varepsilon_r(d-t)}U$$

以上结果表明，平行板电容器的电容随极板间电介质的宽度 t 的增加而增大，当电介质充满两极板之间的空间，即 $t=d$ 时，电容最大.

一个实际电容器的性能主要由其电容 C 和耐压 U 来标定. 在使用电容器时，所加的电压不能超过规定的耐压值，否则在电介质中会产生过大的场强，而使其被击穿. 在实际电路中，若现有的电容器的电容或耐压能力不能满足需要，可将几个电容器连接起来使用.

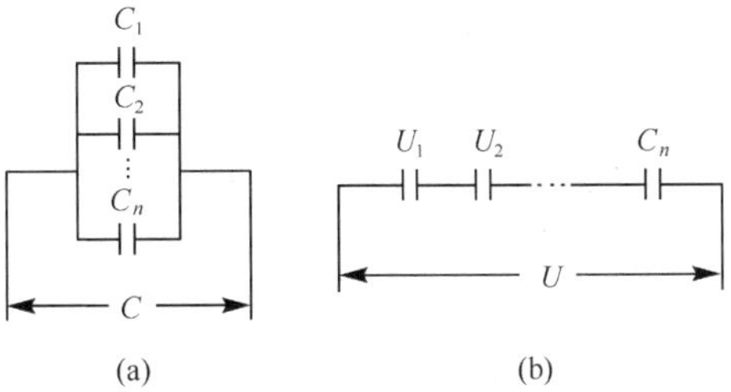

图 13-21　电容器的并、串联

如果电容器容量太小，可采用多个电容器并联使用，如图 13-21(a)所示. 并联的电容器组所带的总电量 q 等于各个电容器带电量之和，总电压 U 与各电容器极板之间的电压相等，因此并联电容器组的电容为

$$C=\frac{q}{\Delta U}=\frac{q_1+q_2+\cdots+C_n}{U}=\frac{q_1}{U}+\frac{q_2}{U}+\cdots+\frac{q_n}{U}$$

$$=C_1+C_2+\cdots+C_n=\sum_i^n C_i \tag{13-17}$$

如果电容器耐压能力太小，为避免被击穿，可采用多个电容器串联使用，如图 13-21(b)所示. 串联的电容器组所带总电量与各电容器所带电量 q 相等，总电压 U 等于各电容器极板之间的电压之和，因此串联电容器组的电容为

$$C=\frac{q}{\Delta U}=\frac{q}{U_1+U_2+\cdots+U_n}=\frac{1}{\frac{1}{C_1}+\frac{1}{C_2}+\cdots+\frac{1}{C_n}}$$

$$\frac{1}{C}=\frac{1}{C_1}+\frac{1}{C_2}+\cdots+\frac{1}{C_n}=\sum_{i=1}^n\frac{1}{C_i}$$

13.4　静电场的能量

处于静电场中的电荷具有电势能，电势能实质上是一种相互作用能. 那么，静电场作为一种物质形态，自身的能量是什么呢?

如 13.3 节中图 13-17 所示，如果把平板电容器的两极分别接在电池的正负极上. 从接通的那个时刻开始，与电池正极相连的电容器 A 板上很快积聚起正电荷，与电池负极相连的电容器 B 板上很快积聚起负电荷. 这个过程可以等效地看成把正电荷从 B 板直

接移到 A 板的过程. 设此过程结束时，电容器两极板带电量分别为$+q$和$-q$，两极板之间建立起了一个静电场.

设在上述过程中的某个时刻t，电容器两极板之间的电压为$U(t)$，则在把微小点电荷$\mathrm{d}q$由 B 板移动到 A 板过程中，克服静电场力所做的功是

$$\mathrm{d}A=U(t)\mathrm{d}q=\frac{q(t)}{C}\mathrm{d}q$$

其中，C是电容，$q(t)$是t时刻极板上的电量. 所以，过程结束时，克服静电场力所做的功是

$$A=\int_0^q \mathrm{d}A=\frac{1}{C}\int_0^q q(t)\mathrm{d}q=\frac{q^2}{2C}=\frac{1}{2}CU^2 \tag{13-18}$$

式中，$U=\dfrac{q}{C}$是过程结束时极板之间的电压. 将$C=\dfrac{\varepsilon S}{d}$，$U=Ed$代入上式，得

$$A=\frac{1}{2}\varepsilon E^2 Sd$$

其中，Sd是两极板之间静电场的体积. 上式表明，随着两极板之间静电场的建立，有$\dfrac{1}{2}\varepsilon E^2 Sd$的能量储存在静电场中，叫做静电场能量. 当然，式(13-18)所表示的也是这个能量. 由于平行板电容器的电场是匀强电场，由上式可得静电场能量密度，即静电场单位体积的能量

$$w=\frac{1}{2}\varepsilon E^2=\frac{1}{2}\boldsymbol{D}\cdot\boldsymbol{E} \tag{13-19}$$

需要指出的是，虽然以上分析是以平行板电容器为例进行的，但这只是为了便于说明. 同样的方法可以用于研究其他形式的静电场的能量，所得结果亦如式(13-18)和式(13-19)所示. 事实上，式(13-18)的推导步骤并未涉及平行板电容器的特殊性质，故其结果可作为公式用于求各种电容器中的静电场能量. 所以，式(13-18)和式(13-19)适用于求各种电容器或静电场的电场能量.

例 13-5 求：真空中半径为R，电量为Q的孤立金属球的静电场的能量.

解法一 孤立导体球的电容

$$C=4\pi\varepsilon_0 R$$

静电场能量

$$A=\frac{Q^2}{2C}=\frac{Q^2}{8\pi\varepsilon_0 R}$$

解法二 静电场能量

$$A=\int_R^\infty \frac{1}{2}\varepsilon_0 E^2\mathrm{d}V=\frac{1}{2}\varepsilon_0\int_R^\infty\left(\frac{Q}{4\pi\varepsilon_0 r^2}\right)^2 4\pi r^2\mathrm{d}r=\frac{Q^2}{8\pi\varepsilon_0 R}$$

例 13-6 球形电容器内外球面的半径为R_1，R_2，且$R_1<R_2$，电量为Q，求：静电场能量.

解法一 球形电容器的电容

$$C=4\pi\varepsilon_0\frac{R_2R_1}{R_2-R_1}$$

静电场能量

$$A=\frac{Q^2}{2C}=\frac{(R_2-R_1)Q^2}{8\pi\varepsilon_0R_2R_1}$$

解法二　静电场能量

$$A=\int_{R_1}^{R_2}\frac{1}{2}\varepsilon_0E^2\mathrm{d}V=\frac{1}{2}\varepsilon_0\int_{R_1}^{R_2}\left(\frac{Q}{4\pi\varepsilon_0r^2}\right)^2 4\pi r^2\mathrm{d}r=\frac{(R_2-R_1)Q^2}{8\pi\varepsilon_0R_2R_1}$$

【工程应用】

电　选

电选(全称电力选矿法)是指在高压电场作用下,配合其他力场作用,利用矿物的电性质的不同进行干选的技术.根据矿石矿物和脉石矿物颗粒导电率的不同,在高压电场中进行分选的方法,包括电选、电分级、摩擦带电分选、高梯度分选、介电分选、电除尘等.电选之所以为人们所重视,是因为生产实践证明它有以下优点:耗电少,生产费用低,选别效果好,精矿品位高,回收率高;电选机本身结构简单,要求加工精度不高;易操作和维修且安全可靠,仅供电系统较为复杂;电选机占地面积少,电选为干式选矿方法,利于缺水和严寒地区采用;使用范围广,除能选分有色金属、稀有金属和非金属外,黑色金属及放射性矿物也开始在生产上得到应用.

电学原理的工程应用

一、静电喷涂

静电喷涂是利用高压静电电场使带负电的涂料微粒沿着电场相反的方向定向运动,并将涂料微粒吸附在工件表面的一种喷涂方法.静电喷涂设备由喷枪、喷杯以及静电喷涂高压电源等组成.静电喷涂的喷枪或喷盘、喷杯,涂料微粒部分接负极,工件接正极并接地,在高压电源的高电压作用下,喷枪(或喷盘、喷杯)的端部与工件之间就形成一个静电场.涂料微粒所受到的电场力与静电场的电压和涂料微粒在带电量成正比,而与喷枪和工件间的距离成反比,当电压足够高时,喷枪端部附近区域形成空气电离区,空气激烈地离子化和发热,使喷枪端部锐边或极针周围形成一个暗红色的晕圈,在黑暗中能明显看见,这时空气产生强烈的电晕放电.涂料经喷嘴雾化后喷出,被雾化的涂料微粒通过枪口的极针或喷盘、喷杯的边缘时因接触而带电,当经过电晕放电所产生的气体电离区时,将再一次增加其表面电荷密度.这些带负电荷的涂料微粒在静电场作用下,向极性的工件表面运动,并被沉积在工件表面上形成均匀的涂膜.

二、静电除尘

静电除尘是含尘气体经过高压静电场时被电分离，尘粒与负离子结合带上负电后，趋向阳极表面放电而沉积的除尘方法，在冶金、化学等工业中用以净化气体或回收有用尘粒. 利用静电场使气体电离从而使尘粒带电吸附到电极上的收尘方法，在强电场中空气分子被电离为正离子和电子，电子奔向正极过程中遇到尘粒，使尘粒带负电吸附到正极被收集. 当然，近年来随着技术创新，也有采用负极板集尘的方式. 如以往常用于以煤为燃料的工厂、电站，收集烟气中的煤灰和粉尘. 冶金中用于收集锡、锌、铅、铝等的氧化物，现在也有可以用于家居的除尘灭菌产品.

习题 13

一、选择题

1. 如图 13-22 所示，导体球壳外部有一正点电荷 q，当 q 由 A 点移动到 B 点时，P 点和 Q 点的场强 E(　　).

A. P 点不变，Q 点变小　　B. P 点变小，Q 点也变小

C. P 点和 Q 点都不变　　D. 无法确定

2. 极板面积为 S、间距为 d 的平行板电容器，接入电源，保持电压 V 恒定. 此时如把间距拉开为 $2d$，则电容器中的静电能增量为(　　).

A. $\frac{\varepsilon_0 S}{2d}V^2$　　B. $\frac{\varepsilon_0 S}{4d}V^2$　　C. $-\frac{\varepsilon_0 S}{4d}V^2$　　D. $-\frac{\varepsilon_0 S}{2d}V^2$

3. 平行板电容器充电后仍与电源连接，若用绝缘手柄将两极板间距拉大，则极板上的电量 Q、场强 E 和电场能量 W_e 将作下述变化，正确的是(　　).

A. Q 增大，E 增大，W_e 增大　　B. Q 减小，E 减小，W_e 减小

C. Q 减小，E 减小，W_e 增大　　D. Q 减小，E 增大，W_e 增大

4. 如图 13-23 所示，半径为 R 的导体球原来不带电，在离球心为 a 的地方放一电量为 q 的点电荷($a>R$)，则该导体球的电势为(　　).

A. $\frac{qR}{4\pi\varepsilon_0 a^2}$　　B. $\frac{q}{4\pi\varepsilon_0 a}$　　C. $\frac{q}{4\pi\varepsilon_0 (a-R)}$　　D. $\frac{qa}{4\pi\varepsilon_0 (a-R)^2}$

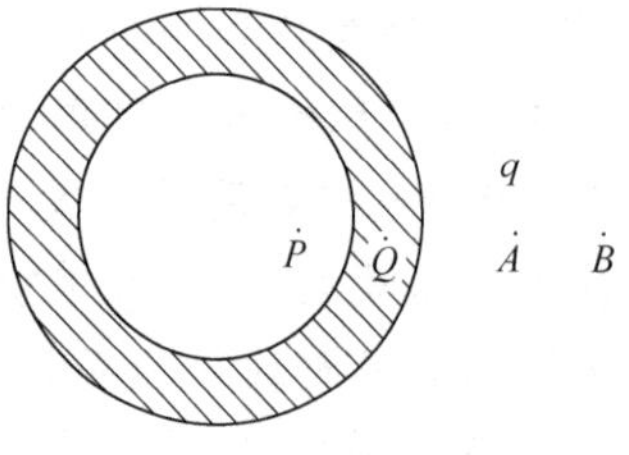

图 13-22　选择题 1

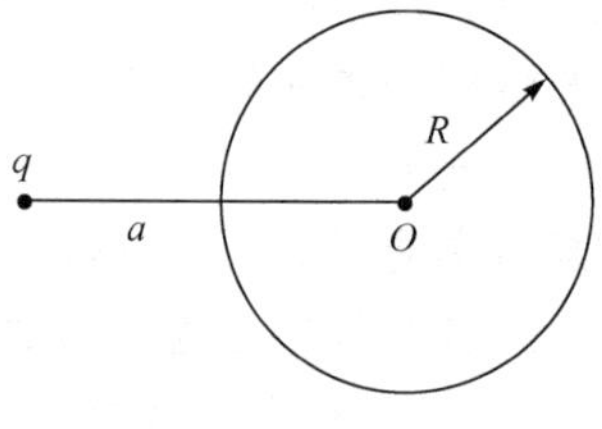

图 13-23　选择题 4

5. C_1 和 C_2 两空气电容器并联后接电源充电，在电源保持连接的情况下，在 C_1 中插入一电介质板，则(　　).

A. C_1 极板上电荷增加,C_2 极板上电荷减少

B. C_1 极板上电荷减少,C_2 极板上电荷增加

C. C_1 极板上电荷增加,C_2 极板上电荷不变

D. C_1 极板上电荷减少,C_2 极板上电荷不变

二、填空题

1. 两同心导体球壳,内球壳带电荷$+q$,外球壳带电荷 $2q$. 静电平衡时,外球壳的电荷分布为:内表面________,外表面________.

2. 金属导体表面某处电荷的面密度为σ,$\boldsymbol{n}$ 为σ 处外法线方向的单位矢量,则该表面附近的电场强度为________,导体内部的场强为________.

3. 平行板电容器充电后与电源断开,然后充满相对介电常量为 ε_r 的各向均匀介质,则电容 C 将________;两极板间电势差将________.(填减小、增大或不变)

4. 一空气平行板电容器,电容为 C,两极板间距离为 d. 充电后,两极板间相互作用力为 F,则两极板间的电势差为________,极板上的电荷为________.

5. 如图 13-24 所示,半径为 R 的金属球离地面很远,并用导线与地相连,在与球心相距为 $d=3R$ 处有一点电荷$+q$,则金属球上的感应电荷的电量为________.

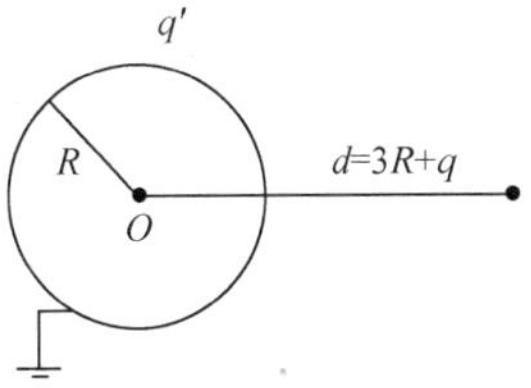

图 13-24　填空题 5

6. 一平行板电容器,充电后切断电源,然后使两极板间充满相对介电常量为 ε_r 的各向同性的均匀电介质. 此时两极板间的电场强度是原来的________倍,电场能量是原来的________倍.

7. 半径为 R 的孤立导体球的电容为________,若导体球所带电荷量为 Q,则该导体球所储存的电场能量为________.

三、计算题

1. 厚度为 d 的无限大均匀带电导体板两表面单位面积上电荷之和为σ. 试求图 13-25 所示离左板面距离为 a 的一点与离右板面距离为 b 的一点之间的电势差.

2. 已知导体球半径为 R_1,带电量为 q. 一导体球壳与球同心,内外半径分别为 R_2 和 R_3,带电量为 Q,如图 13-26 所示. 求:

(1) 场强分布;

(2) 球和球壳的电势 U_1 和 U_2 以及它们的电势差;

(3) 球壳接地时,U_1 和 U_2 以及它们的电势差;

(4) 用导线连接球与球壳后的 U_1 和 U_2.

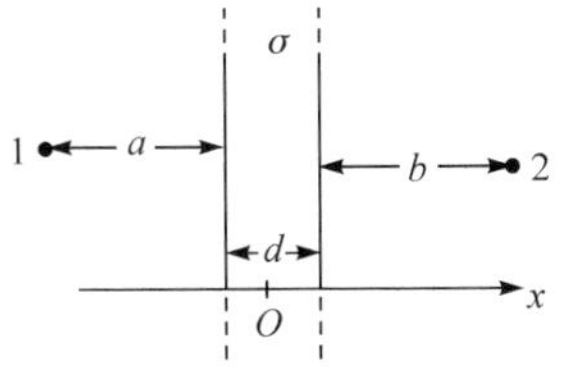

图 13-25　计算题 1

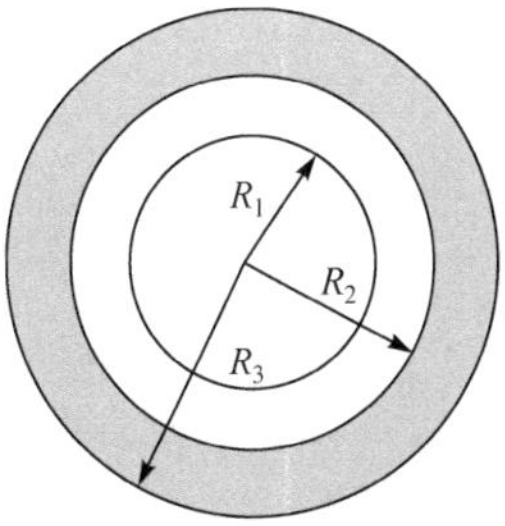

图 13-26　计算题 2

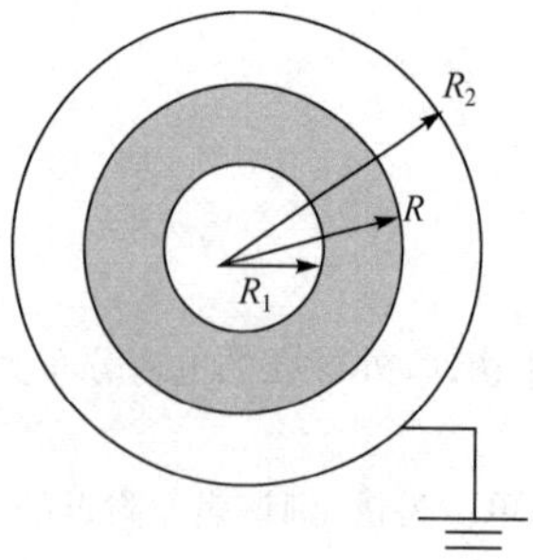

图 13-27　计算题 3

3. 有两个半径分别为 R_1 和 R_2 的同心金属球壳，内球壳带电量为 Q_0，紧靠其外面包一层半径为 R、相对介电常量为 ε_r 的介质. 外球壳接地，如图 13-27 所示. 求：

(1) 两球壳间的场强分布；

(2) 两球壳的电势差；

(3) 两球壳构成的电容器的电容值；

(4) 两球壳间的电场能量.

第14章 电流的磁场

静止的电荷周围存在电场,第 12、第 13 章研究了电场的性质和规律.实验发现,相对于观察者运动的电荷周围,不仅存在电场,而且还存在磁场.磁场的性质用磁感应强度和磁场强度描述.磁感应强度通常随时间而改变.若磁感应强度不随时间而改变,则称为恒定磁场.

本章将研究恒定电流产生的磁场,导出磁场中的高斯定理和安培环路定理,从而得到恒定磁场的方程,并阐明恒定磁场的基本特性.后几章还要研究磁场对电流和带电粒子的作用、磁场和磁介质的相互作用及麦克斯韦方程组.

14.1 磁现象与电磁感应强度

14.1.1 基本磁现象

我国是世界上最早发现和应用磁现象的国家之一,早在公元前 300 年就发现了磁铁石吸引铁的现象.在 11 世纪,我国已制造出航海用的指南针,这是我国的四大发明之一.

在 1820 年以前,磁现象和电现象虽然早已被人们发现,但人们对磁现象的研究仅局限于磁铁磁极间的吸引和排斥,而对磁与电两种现象的研究彼此独立.1820 年 7 月 21 日丹麦物理学家奥斯特发表了《电流对磁针作用的实验》,公布了他观察到的电流对磁针的作用(图 14-1),从此开创了磁电统一的新时代.

奥斯特的发现立即引起了法国数学家和物理学家安培的注意,他在短短的几个星期内对电流的磁效应做了一系列的研究,发现不仅电流对磁针有作用,而且两个电流之间彼此也有作用,位于磁铁附近的载流导线或载流线圈也会受到力或力矩的作用而运动(图 14-2 和图 14-3).此外,他还发现,若用铜线制成一个线圈,通电时其行为类似于一块磁铁.1822 年,安培提出有关物质磁性本质的假说,他认为一切磁现象的根源是电流.每个磁性物质分子内部都自然地包含一环形电流,称为分子电流.每个分子电流相当于一个极小的磁体,称为分子磁矩.一般物体未被磁化时,单个分子磁矩取向杂乱无章,因而对外不显磁性;而在磁性物体内部,分子磁矩的取向未被完全抵消,因而导致磁体之间有"磁力"相互作用.

磁现象起源于电荷的运动,运动电荷除受电场力作用之外,在其周围空间激发磁场,所以运动电荷还受磁场力作用.电磁现象是一个统一的整体,电学和磁学不再是两个分立的学科.

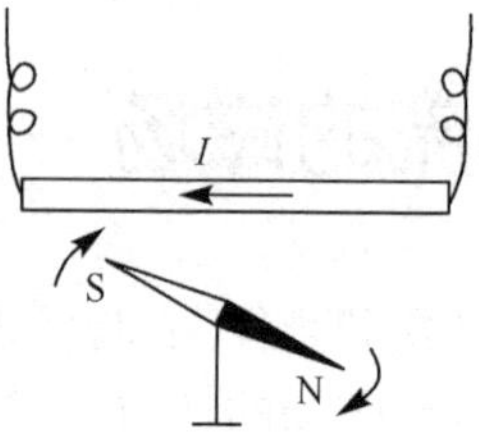

图 14-1　载流导线对磁针的作用

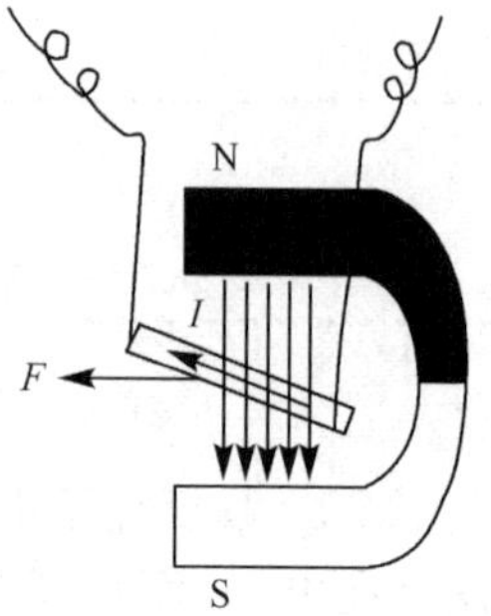

图 14-2　蹄形磁铁两极间的载流导线受力运动

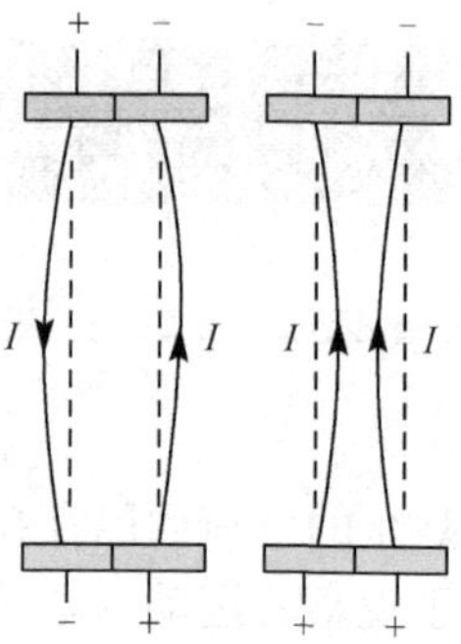

图 14-3　载流直导线间的相互作用

14.1.2　磁感应强度

电流周围存在磁场,为了进一步研究磁场,采用与研究静电场类似的方法,在研究静电场时,我们引入了电场强度来描述电场的性质.研究磁场需要一个物理量来定量地描述,这个物理量称为磁感应强度,用 $\boldsymbol{B}$ 表示.

实验表明,磁场对运动电荷有磁力作用,该磁力与电荷的电量、速度的大小及速度方向都有关.当电荷速度 $\boldsymbol{v}$ 取某一特定方向时,所受磁力为零;当速度与这一特定方向垂直时,所受磁力最大.最大磁力 $\boldsymbol{F}_{\max}$ 的大小与电量 q 及速度 $\boldsymbol{v}$ 的大小成正比,但比值 $\frac{F_{\max}}{qv}$ 却只与空间位置有关,与 qv 的数值无关.这一比值反映了该点磁场的强弱程度,定义为该点的磁感应强度 $\boldsymbol{B}$ 的大小

$$B=|\boldsymbol{B}|=\frac{F_{\max}}{qv} \tag{14-1}$$

磁力 $\boldsymbol{F}$ 总是垂直于 $\boldsymbol{B}$ 和 $\boldsymbol{v}$ 所组成的平面,这样就可以根据 $\boldsymbol{F}_{\mathrm{m}}$ 和 $\boldsymbol{v}$ 的方向确定 $\boldsymbol{B}$ 的方向了:正电荷所受力 $\boldsymbol{F}_{\mathrm{m}}$ 的方向,按右手螺旋定则,沿小于 π 的角度转向正电荷运动速度 $\boldsymbol{v}$ 的方向,螺旋前进的方向便是该点 $\boldsymbol{B}$ 的方向,如图 14-4 所示.也就是说,可由 $\boldsymbol{F}_{\mathrm{m}}\times\boldsymbol{v}$ 的方向确定 $\boldsymbol{B}$ 的方向.$\boldsymbol{B}$ 的方向通常由小磁针来确定,一个可自由转动的小磁针,在磁场中某点静止时,N 极所指的方向就定义为该点磁感应强度 $\boldsymbol{B}$ 的方向.

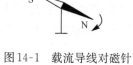

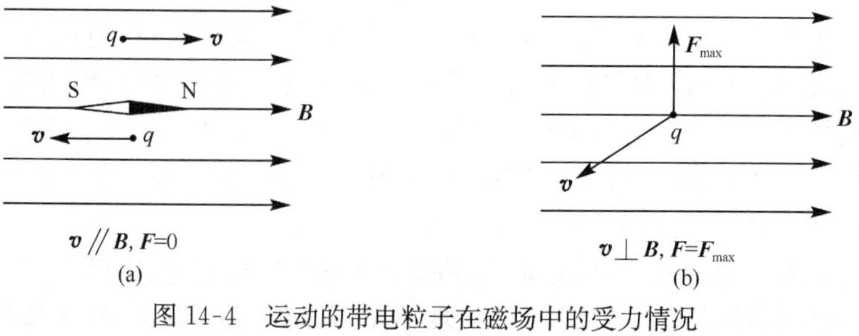

图 14-4　运动的带电粒子在磁场中的受力情况

在国际单位制中，磁感应强度 **B** 的单位为特斯拉(T). T 是一个较大的单位，地球磁场的磁感应强度数量级约为 10^{-4}T，一般永久磁铁的磁感应强度为 $10^{-1}\sim10^{-2}$T，利用超导体可产生 10T 的强磁场.

工程上还常用高斯(G)作为磁感应强度的单位，二者之间的换算关系为

$$1\mathrm{T}=10^{4}\mathrm{G}$$

14.2　磁通量与高斯定理

14.2.1　磁力线

电场的分布可用电场线来描述，磁场的分布也可用磁力线来直观地描述，如图 14-5所示是几种电流的磁力线.

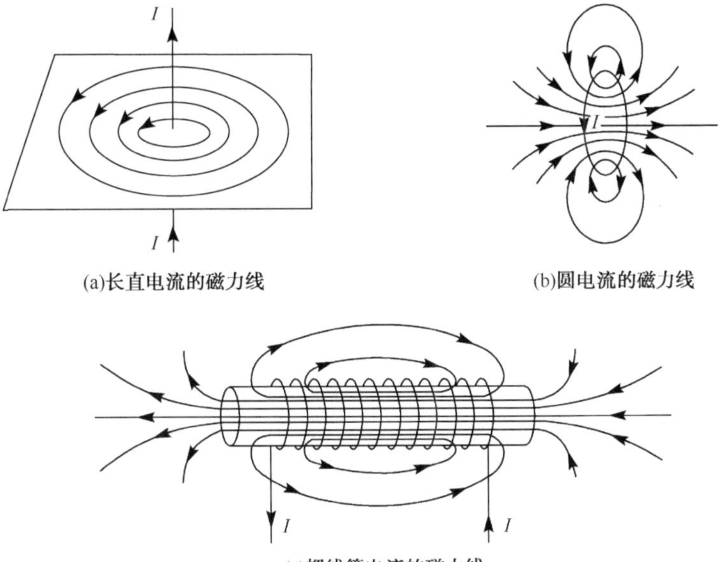

(a)长直电流的磁力线　　(b)圆电流的磁力线

(c)螺线管电流的磁力线

图 14-5　磁力线

磁力线又称为磁感应线. 磁感应线上每点的切线方向代表该点的磁感应强度 **B** 的方向；垂直通过单位面积的磁感应线数目等于该点 **B** 的大小，即

$$B=\frac{\mathrm{d}\Phi_{\mathrm{m}}}{\mathrm{d}S_{\perp}} \tag{14-2}$$

$\mathrm{d}\Phi_{\mathrm{m}}$ 为穿过与 **B** 垂直的面积元 $\mathrm{d}S_{\perp}$ 的磁感应线条数，因此，磁感应线的疏密程度反映了磁感应强度的强弱.

磁感应线和电场线有重大区别：电场线从正电荷出发，到负电荷终止，有头有尾，不构成闭合回线；而磁感应线却无头无尾，磁感应线从 N 极出发，并没有在 S 极终止，

而是通过磁铁内部又回到 N 极,构成一闭合回线.磁感应线的这一性质反映了磁场是涡旋场.产生这种区别的根本原因在于有单独的正、负电荷,而没有单独的磁荷——磁单极子,即没有单独存在的 S 极和 N 极.

14.2.2 磁通量

穿过磁场中任一曲面的磁感应线条数,称为穿过该曲面的磁通量(magnetic flux).由式(14-2),穿过 $dS_{\perp}$ 的磁通量为

$$d\Phi_m = BdS_{\perp}$$

类似于电通量的讨论,穿过任一面元 $d\boldsymbol{S}$ 的磁通量为

$$d\Phi_m = B\cos\theta dS = \boldsymbol{B} \cdot d\boldsymbol{S} \tag{14-3}$$

式中,θ 为 $d\boldsymbol{S}$ 的法向与 $\boldsymbol{B}$ 的夹角.

穿过任一曲面 S 的磁通量为

$$\Phi_m = \int_S d\Phi_m = \int_S \boldsymbol{B} \cdot d\boldsymbol{S} \tag{14-4}$$

在国际单位制中,磁通量的单位为韦伯(Wb).由式(14-3)可知,磁感应强度 $\boldsymbol{B}$ 也可理解为磁通密度,其单位为 $Wb \cdot m^{-2}$,即 $1T = 1Wb \cdot m^{-2}$.

14.2.3 磁场中的高斯定理

对闭合曲面,一般取向外的方向为正法线方向,因此,从闭合曲面穿出的磁通量为正,穿入的磁通量为负,在式(14-4)中,穿过闭合曲面 S 的总磁通量可记为

$$\Phi_m = \oint_S \boldsymbol{B} \cdot d\boldsymbol{S} \tag{14-5}$$

根据磁通量的定义,式(14-5)代表穿过任一闭合曲面的磁感应线的条数,又因为磁力线是闭合曲线,穿入闭合曲面的磁力线条数必然等于穿出闭合曲面的磁力线条数,所以通过任一闭合曲面的总磁通量为零,即

$$\oint_S \boldsymbol{B} \cdot d\boldsymbol{S} = 0 \tag{14-6}$$

式(14-6)称为磁场中的高斯定理,它表示磁场中磁感应线总是闭合的整体特性,通常又称为磁场方程.

* 利用矢量分析中的奥-高定理,式(14-5)可写为

$$\int_S \boldsymbol{B} \cdot d\boldsymbol{S} = \int_V \mathrm{div}\boldsymbol{B} dV \tag{14-7}$$

式中,$\mathrm{div}\boldsymbol{B}$ 称为磁感应强度的散度,可用算符∇与 $\boldsymbol{B}$ 的点积表示,即 $\mathrm{div}\boldsymbol{B} = \nabla \cdot \boldsymbol{B}$.由于该等式对任意大小的体积 V 都成立,故被积函数应为零,即

$$\nabla \cdot \boldsymbol{B} = 0 \quad 或 \quad \mathrm{div}\boldsymbol{B} = 0 \tag{14-8}$$

式(14-7)称为磁场中高斯定理的微分形式,它表明磁场是一个无源场.比较电场和磁场中的高斯定理,它们不仅仅是等式右边不等于零或等于零的不同,而是有源和无源的区别.

14.3 毕奥-萨伐尔定律及其应用

14.3.1 恒定电流的磁场

我们已经知道,运动的电荷(电流)要产生磁场,但还没有进行定量的计算. 实验表明,磁场和电场一样,都遵循叠加原理.

要求出任意电流分布在空间某点 P 产生的磁感应强度 $\boldsymbol{B}$,可以把载流导体看成由无限多个连续分布的电流元 $I\mathrm{d}\boldsymbol{l}$ 组成,其中 $\mathrm{d}\boldsymbol{l}$ 的方向为电流流动的方向. 如图 14-3 所示,先求出每个电流元在该点产生的磁感应强度 $\mathrm{d}\boldsymbol{B}$,再把所有的 $\mathrm{d}\boldsymbol{B}$ 叠加,就可求得载流导线在该点产生的磁感应强度 $\boldsymbol{B}$.

19 世纪 20 年代,毕奥(J. B. Biot)和萨伐尔(E. Savart)对电流产生磁场的大量实验结果进行分析以后,得出如下结论:电流元 $I\mathrm{d}\boldsymbol{l}$ 在真空中某点产生的磁感应强度的大小 $\mathrm{d}\boldsymbol{B}$ 与电流元的大小 $I\mathrm{d}l$ 成正比,与 $I\mathrm{d}\boldsymbol{l}$ 和矢径 $\boldsymbol{r}$ 间的夹角 θ 的正弦成正比,并与距离 r 的平方成反比,即

$$\mathrm{d}B=k\frac{I\mathrm{d}l\sin\theta}{r^2} \tag{14-9}$$

式中,k 为比例系数,与磁场中磁介质和单位制选取有关. 在国际单位制中,对于真空中的磁场,比例系数 $k=\frac{\mu_0}{4\pi}$,其中 μ_0 叫做真空磁导率,其大小为 $\mu_0=4\pi\times10^{-7}\mathrm{N}\cdot\mathrm{A}^{-2}$.

实验表明,$\mathrm{d}\boldsymbol{B}$ 的方向垂直于 $I\mathrm{d}\boldsymbol{l}$ 与 $\boldsymbol{r}$ 组成的平面,$\mathrm{d}\boldsymbol{B}$ 和 $I\mathrm{d}\boldsymbol{l}$ 及 $\boldsymbol{r}$ 三矢量满足矢量叉乘关系. $I\mathrm{d}\boldsymbol{l}$ 产生的磁感应线是以它为轴线的同心圆. 磁感应线的方向遵循右手螺旋定则,即由 $I\mathrm{d}\boldsymbol{l}$ 经小于 180°的角转向 $\boldsymbol{r}$ 的右手螺旋前进的方向,如图 14-6 所示. 考虑到 $\mathrm{d}\boldsymbol{B}$ 的方向,上式可写成矢量形式

$$\mathrm{d}\boldsymbol{B}=\frac{\mu_0}{4\pi}\frac{I\mathrm{d}\boldsymbol{l}\times\boldsymbol{r}}{r^3} \tag{14-10}$$

式(14-10)称为毕奥-萨伐尔定律(Biot-Savart law).

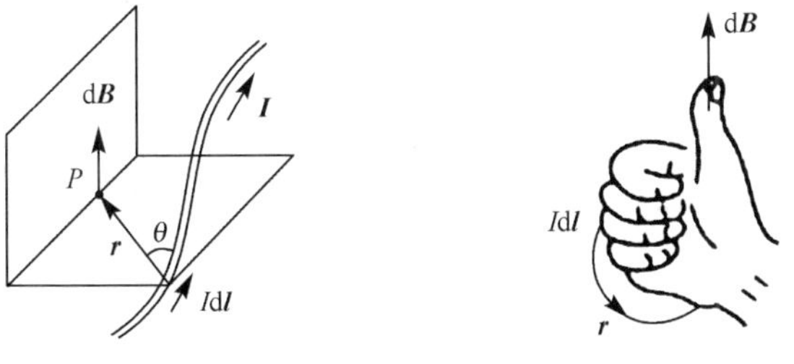

图 14-6 毕奥-萨伐尔定律——电流元所产生的磁感应强度

根据叠加原理,任意形状的载流导体在真空中产生的磁感应强度为

$$B=\int \mathrm{d}\boldsymbol{B}=\int \frac{\mu_0}{4\pi}\frac{I\mathrm{d}\boldsymbol{l}\times\boldsymbol{r}}{r^3} \tag{14-11}$$

因恒定电流总是闭合的,不可能存在单独的电流元,因此,我们无法从实验直接得出电流元和它们所产生的磁场之间的关系,即式(14-10)无法由实验直接验证.我们只能将电流磁场的实验结果与式(14-11)的计算结果对比来间接验证毕奥-萨伐尔定律.

14.3.2　运动电荷的磁场

电流是由电荷的运动形成的,金属导体中的电流是由大量的自由电子做定向运动形成的,既然电流可以产生磁场,运动的电荷也一定能产生磁场,带电粒子的运动是电流产生磁场的本质.一个电量为 q,速度为 v 的带电粒子在其周围空间产生的磁感应强度可由毕奥-萨伐尔定律导出.

设 S 是电流元 $I\mathrm{d}\boldsymbol{l}$ 的横截面,导体单位面积内带电粒子数为 n,每个粒子都有电量 q,并以速度 $\boldsymbol{v}$ 沿 $I\mathrm{d}\boldsymbol{l}$ 方向匀速运动而形成电流,如图 14-7 所示.根据电流的定义,通过截面 S 的电流与电荷运动速度的关系为

$$I=qnvS \tag{14-12}$$

将 I 代入式(14-10)得

$$\mathrm{d}\boldsymbol{B}=\frac{\mu_0}{4\pi}\frac{qnSv\mathrm{d}\boldsymbol{l}\times\boldsymbol{r}}{r^3}=\frac{\mu_0}{4\pi}\frac{q(nS\mathrm{d}l)\boldsymbol{v}\times\boldsymbol{r}}{r^3}=\frac{\mu_0}{4\pi}\frac{q\mathrm{d}N\boldsymbol{v}\times\boldsymbol{r}}{r^3}$$

式中,$\mathrm{d}N=nS\mathrm{d}l$,为电流元内带电粒子数,因速度是矢量,故 $\mathrm{d}l$ 不再写成矢量.这样,每个以速度 $\boldsymbol{v}$ 运动的电荷 q 所产生的磁感应强度 $\boldsymbol{B}$ 为

$$\boldsymbol{B}=\frac{\mathrm{d}\boldsymbol{B}}{\mathrm{d}N}=\frac{\mu_0}{4\pi}\frac{q\boldsymbol{v}\times\boldsymbol{r}}{r^3} \tag{14-13}$$

$\boldsymbol{B}$ 的方向垂直于 $\boldsymbol{v}$ 和 $\boldsymbol{r}$ 所决定的平面,若 $q>0$,则 $\boldsymbol{B}$ 与 $\boldsymbol{v}\times\boldsymbol{r}$ 同向;若 $q<0$,则 $\boldsymbol{B}$ 与 $\boldsymbol{v}\times\boldsymbol{r}$ 反向,如图 14-8 所示.

式(14-13)代表一个运动电荷产生的磁场,而毕奥-萨伐尔定律计算的则是多个运动电荷产生的磁场.

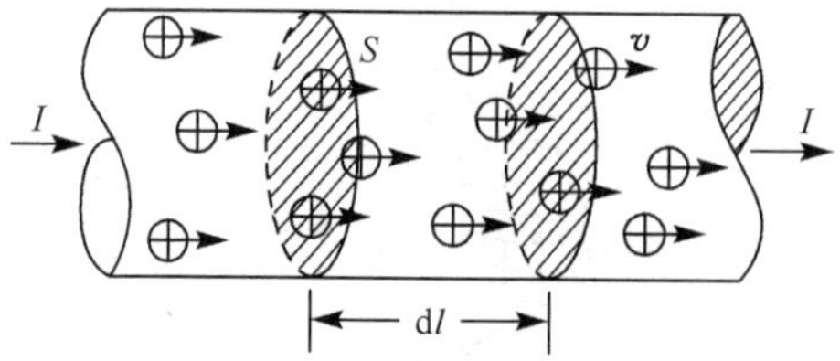

图 14-7　运动电荷的磁场

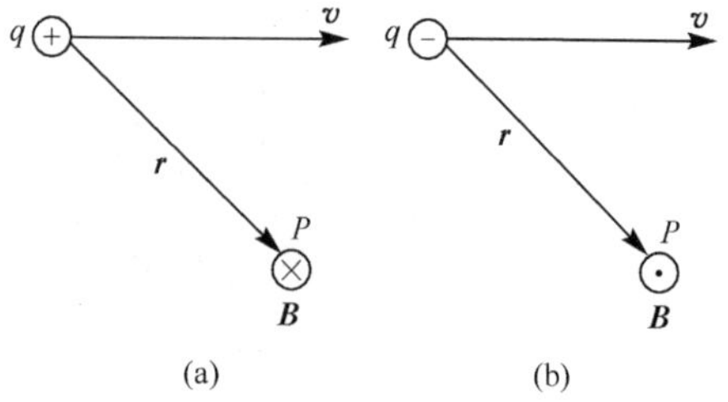

图 14-8　运动电荷磁场的方向

14.3.3　截流线圈的磁矩

对于通电平面载流线圈，我们引入磁矩（magnetic moment）的概念来描述其磁性，磁矩的定义为

$$\boldsymbol{p}_{\mathrm{m}}=IS\hat{\boldsymbol{n}} \tag{14-14}$$

式中，I 为电流；S 为线圈面积；$\hat{\boldsymbol{n}}$ 为线圈平面的法向单位矢量，其方向与电流的环绕方向成右手螺旋关系，如图 14-9 所示.

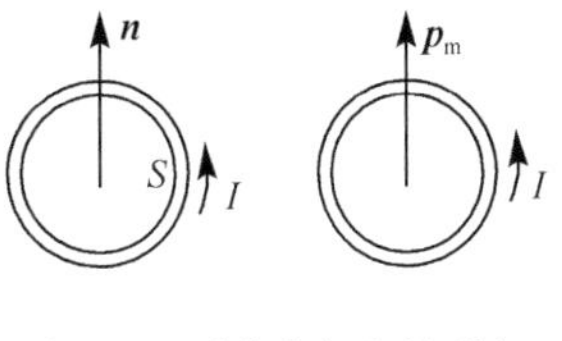

图 14-9　圆形电流的磁矩

由式(14-14)，电流的磁矩 $\boldsymbol{p}_{\mathrm{m}}$ 大小为电流与电流所环绕面积的乘积，方向为线圈的法线方向. 若线圈有 N 匝，则此线圈的磁矩为

$$\boldsymbol{p}_{\mathrm{m}}=NIS\hat{\boldsymbol{n}} \tag{14-15}$$

14.3.4　毕奥-萨伐尔定律的应用

利用毕奥-萨伐尔定律，原则上可求出任意载流导体产生的磁场的空间分布. 下面举几个例子说明毕奥-萨伐尔定律的应用.

1. 载流直导线的磁场

设真空中有一段长为 L 的载流直导线，通过的电流为 I，计算与它的垂直距离为 a 的场点 P 的磁感应强度.

建立如图 14-10 坐标系，在载流直导线上，任取一电流元 $I\mathrm{d}z$，由毕奥-萨伐尔定律得元电流在 P 点产生的磁感应强度大小为

$$\mathrm{d}B=\frac{\mu_0}{4\pi}\frac{I\mathrm{d}z\sin\theta}{r^2}$$

方向为⊗. 所有电流元在 P 点产生的磁场方向相同，所以求总磁感强度的积分为标量积分，即

$$B=\int\mathrm{d}B=\int\frac{\mu_0}{4\pi}\frac{I\mathrm{d}z\sin\theta}{r^2} \tag{14-16}$$

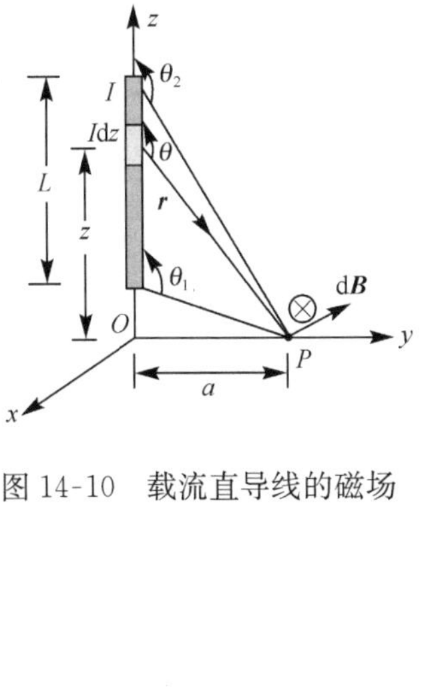

图 14-10　载流直导线的磁场

由图 14-10 得

$$z=a\cot(\pi-\theta)=-a\cot\theta$$

因此

$$\mathrm{d}z=a\csc^2\theta\mathrm{d}\theta$$

此外

$$r=\frac{a}{\sin(\pi-\theta)}=\frac{a}{\sin\theta}$$

代入式(14-16)可得

$$B=\int \frac{\mu_0}{4\pi}\frac{Ia\csc^2\theta \mathrm{d}\theta}{\left(\dfrac{a}{\sin\theta}\right)^2}\sin\theta=\frac{\mu_0 I}{4\pi a}\int_{\theta_1}^{\theta_2}\sin\theta \mathrm{d}\theta$$

$$=\frac{\mu_0 I}{4\pi a}(\cos\theta_1-\cos\theta_2) \tag{14-17}$$

讨论：

(1)无限长截流直导线的磁场

$$B=\frac{\mu_0 I}{2\pi r_0} \tag{14-18}$$

(2)半无限长截流直导线的磁场

$$B=\frac{\mu_0 I}{4\pi r_0}$$

2. 圆形电流轴线上的磁场

在真空中有一半径为 R 的圆形载流线圈，通有电流 I，计算其中心轴线上任一场点 P 的磁感应强度.

如图 14-11 所示，建立坐标系，任取电流元 $I\mathrm{d}\boldsymbol{l}$，由毕奥-萨伐尔定律得

$$\mathrm{d}B=\frac{\mu_0}{4\pi}\frac{I\mathrm{d}l\sin 90^\circ}{r^2}$$

$$=\frac{\mu_0}{4\pi}\frac{I\mathrm{d}l}{r^2}$$

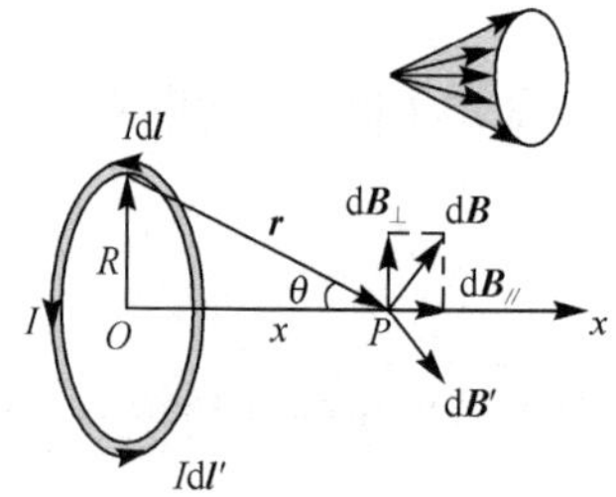

图 14-11　圆形电流轴线上的磁场

方向如图 14-11 所示，$\mathrm{d}\boldsymbol{B}\perp$($\boldsymbol{r}$ 和 $I\mathrm{d}\boldsymbol{l}$)组成的平面，所有 $\mathrm{d}\boldsymbol{B}$ 形成锥面.

将 $\mathrm{d}\boldsymbol{B}$ 进行正交分解

$$\mathrm{d}\boldsymbol{B}=\mathrm{d}\boldsymbol{B}_{/\!/}+\mathrm{d}\boldsymbol{B}_{\perp}$$

则对称性分析得

$$B_{\perp}=\int \mathrm{d}B_{\perp}=0$$

所以有

$$B=B_{/\!/}=\int \mathrm{d}B_{/\!/}=\int \mathrm{d}B\sin\theta$$

因为

$$\sin\theta=\frac{R}{r},\quad r=\text{常量}$$

所以

$$B=\frac{\mu_0 IR}{4\pi r^3}\int_0^{2\pi R}\mathrm{d}l=\frac{\mu_0 IR^2}{2r^3}$$

因为

$$r^2=x^2+R^2,\quad S=\pi R^2$$

所以

$$B=\frac{\mu_0 IR^2}{2r^3}=\frac{\mu_0 IS}{2\pi(R^2+x^2)^{\frac{3}{2}}}$$

方向沿 x 轴正方向,与电流成右手螺旋关系.

讨论:

(1)圆心处的磁场

$$x=0,\quad B=\frac{\mu_0 I}{2R}$$

(2)当 $x\gg R$,即 P 点远离圆环电流时,P 点的磁感应强度为

$$B=\frac{\mu_0 IS}{2\pi x^3} \tag{14-19}$$

例 14-1　一无限长载流直导线,其中 CD 部分被弯成 120°的圆弧,AC、DG 与圆弧相切,如图 14-12 所示. 已知电流 I,圆弧半径 R,求圆心处的磁感应强度.

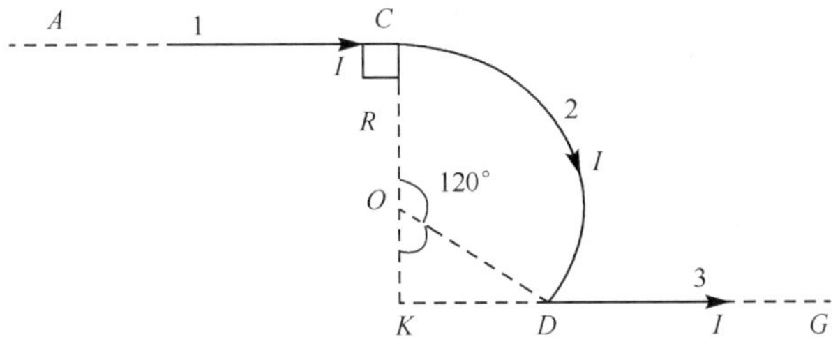

图 14-12　例 14-1 图

解　根据磁场的叠加性,可将载流导线分为三部分,分别将 AC、CD 和 DG 称为载流导线 1、2 和 3. 它们在 O 点产生的磁感应强度分别计算如下:

载流导线 1 相对于点 O 为半无限长,它在 O 点产生的磁感应强度 $\boldsymbol{B}_1$ 的方向垂直纸面向里,大小为无限长载流导线产生磁场的一半

$$B_1=\frac{1}{2}\frac{\mu_0 I}{2\pi R}=\frac{\mu_0 I}{4\pi R}$$

载流导线 2 在点 O 产生的磁感应强度的方向垂直于纸面向里,大小可由毕奥-萨伐尔定律计算,得

$$B_2=\frac{\mu_0 I}{4\pi R^2}\int \mathrm{d}l=\frac{\mu_0 I}{4\pi R^2}\cdot\frac{2}{3}\pi R=\frac{1}{3}\frac{\mu_0 I}{2R}$$

由上式可见,$\frac{1}{3}$圆弧电流在圆心处产生的磁感应强度,其大小为一个完整的圆电流在圆心处产生的磁感应强度的$\frac{1}{3}$. 同理,半圆弧电流在圆心 O 处产生的磁感应强度为$\frac{1}{2}\frac{\mu_0 I}{2R}$,以此类推.

载流导线 3 在点 O 产生的磁感应强度方向垂直于纸面向外,大小由式(14-17)可得

$$B_3=\frac{\mu_0 I}{4\pi a}(\cos\theta_1-\cos\theta_2)$$

式中,$a=OK=R\cos 60°$,$\theta_1=150°$,$\theta_2=180°$,代入上式得

$$B_3=\frac{\mu_0 I}{2\pi R}\left(1-\frac{\sqrt{3}}{2}\right)$$

将上述 B_1、B_2、B_3 进行叠加,得电流 I 在点 O 产生的磁感应强度大小为

$$B_0=B_1+B_2-B_3=\frac{\mu_0 I}{4\pi R}\left(\frac{2\pi}{3}+\sqrt{3}-1\right)$$

代入数据得 $B_0=7.1\times10^{-5}\,\mathrm{T}$,方向垂直纸面向里.

例 14-2 相距 $d=40\mathrm{cm}$ 的两根平行长直导线 1、2 放在真空中,每根导线载有电流 $I_1=I_2=20\mathrm{A}$,如图 14-13(a)所示.求:

(1)两导线所在平面内与两导线等距的点 A 处的磁感应强度;

(2)通过图中阴影部分面积的磁通量($r_1=r_3=10\mathrm{cm}$,$r_2=20\mathrm{cm}$,$l=25\mathrm{cm}$).

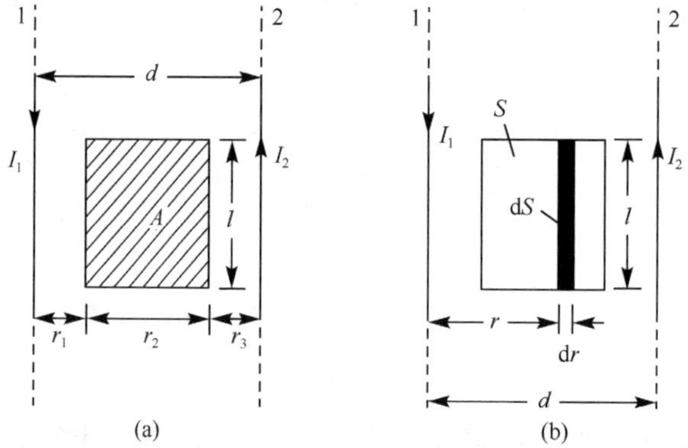

图 14-13 例 14-2 图

解 (1)载流导线 1、2 在 A 点处产生的磁感应强度 $\boldsymbol{B}_1$,$\boldsymbol{B}_2$ 方向垂直于纸面向外,$\boldsymbol{B}_1$、$\boldsymbol{B}_2$ 的大小可按无限长直线电流的公式计算.由于 $I_1=I_2$,且点 A 与两导线等距,故

$$B_1=B_2=\frac{\mu_0}{2\pi}\frac{I}{\left(r_1+\frac{r_2}{2}\right)}=\frac{4\pi\times10^{-7}\times20}{2\pi\times0.20}=2.0\times10^{-5}(\mathrm{T})$$

所以 A 点的总磁感应强度为

$$B=2B_1=4.0\times10^{-5}\,\mathrm{T}$$

方向垂直于纸面向外.

(2)计算通过图中阴影部分面积的磁通量,可将该面积分割为许多面积元,如图 14-13(b)所示,面积元 $\mathrm{d}S(=l\mathrm{d}r)$ 与导线 1 相距 r,与导线 2 相距 $d-r$,该处磁感应强度 $\boldsymbol{B}$ 垂直纸面向外,大小为

$$B=\frac{\mu_0}{2\pi}\frac{I_1}{r}+\frac{\mu_0}{2\pi}\frac{I_2}{d-r}$$

所以通过 $\mathrm{d}S$ 的磁通量为

$$\mathrm{d}\Phi_{\mathrm{m}}=\boldsymbol{B}\cdot\mathrm{d}\boldsymbol{S}=B\mathrm{d}S=\frac{\mu_0 l}{2\pi}\left(\frac{I_1}{r}+\frac{I_2}{d-r}\right)\mathrm{d}r$$

积分可得通过 S 的磁通量

$$\Phi_m=\int d\Phi_m=\frac{\mu_0 l}{2\pi}\int_{r_1}^{r_1+r_2}\left(\frac{I_1}{r}+\frac{I_2}{d-r}\right)dr$$

$$=\frac{\mu_0 l I_1}{2\pi}\ln\frac{r_1+r_2}{r_1}+\frac{\mu_0 l I_2}{2\pi}\ln\frac{d-r_1}{d-r_1-r_2}$$

由于 $I_1=I_2$，且 $d=r_1+r_2+r_3$，$r_1=r_3$，所以

$$\Phi_m=\frac{\mu_0 l I_1}{2\pi}\left(\ln\frac{r_1+r_2}{r_1}+\ln\frac{r_2+r_3}{r_3}\right)=\frac{\mu_0 l I_1}{\pi}\ln\frac{r_1+r_2}{r_1}$$

代入数据，得

$$\Phi_m=\frac{4\pi\times10^{-7}\times0.25\times20}{\pi}\ln\frac{0.30}{0.10}\approx2.2\times10^{-6}(\text{Wb})$$

例 14-3　氢原子中的电子以速度 $v=2.2\times10^6\,\text{m}\cdot\text{s}^{-1}$ 在半径 $r=0.53\times10^{-10}\,\text{m}$ 的圆周上做匀速圆周运动. 试求电子在轨道中心所产生的磁感应强度和电子的磁矩.

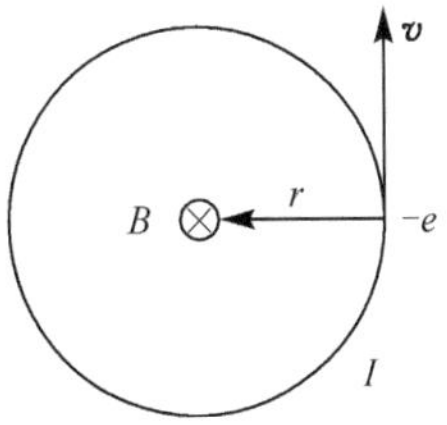

图 14-14　运动电子产生的磁场

解　电子在轨道中心所产生的磁感应强度 $\boldsymbol{B}$ 的大小，可根据运动电荷的磁场关系式(14-13)

$$B=\frac{\mu_0}{4\pi}\frac{qv}{r^2}\sin(\boldsymbol{v},\boldsymbol{r})$$

求得. 如图 14-14 所示，由于 $\boldsymbol{v}\perp\boldsymbol{r}$，$\sin(\boldsymbol{v},\boldsymbol{r})=1$，所以

$$B=10^{-7}\times\frac{1.6\times10^{-19}\times2.2\times10^6}{(0.53\times10^{-10})^2}\approx12.5(\text{T})$$

由于电子带负电，$\boldsymbol{B}$ 的方向与 $\boldsymbol{v}\times\boldsymbol{r}$ 相反，故 $\boldsymbol{B}$ 的方向垂直于纸面向里.

电子运动的速度为 v，轨道半径为 r，1s 内电子通过轨道上任意一点的次数为 $n=\frac{v}{2\pi r}$. 做圆周运动的电子相当于一圆电流，其电流和面积分别为

$$I=ne=\frac{v}{2\pi r}e,\quad S=\pi r^2$$

由式(14-14)，电子磁矩的大小为

$$p_m=IS=\frac{v}{2\pi r}e\pi r^2=\frac{1}{2}vre=0.93\times10^{-23}\,\text{A}\cdot\text{m}^2$$

根据右手螺旋定则，$\boldsymbol{p}_m$ 的方向垂直于纸面向里.

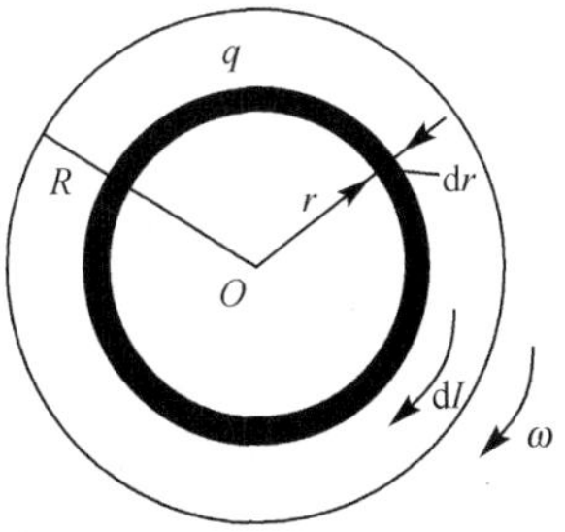

图 14-15　例 14-4 图

例 14-4　半径为 R 的薄圆盘，均匀带电 q，令此圆盘绕通过盘心且垂直于盘面的轴以角速度 ω 匀速转动. 求：

(1)盘心处的磁感应强度 $\boldsymbol{B}$；

(2)圆盘的磁矩 $\boldsymbol{p}_m$.

解　(1)薄圆盘转动形成运流电流，电流方向与圆盘径向垂直. 这种电流可以看成是由一系列同心圆电流 dI

组成. 在圆盘上任取一半径为 r,宽为 $\mathrm{d}r$ 的圆环,如图 14-15 所示.

在 $\mathrm{d}r$ 圆环上流动的圆电流为

$$\mathrm{d}I=\frac{\mathrm{d}q}{T}=\frac{\sigma\omega \mathrm{d}S}{2\pi}=\sigma\cdot 2\pi r\mathrm{d}r\,\frac{\omega}{2\pi}$$

式中,σ 为电荷面密度$\left(\sigma=\frac{q}{\pi R^2}\right)$,故 $\mathrm{d}I=\frac{q\omega}{\pi R^2}r\mathrm{d}r$,此圆电流在圆心处产生的磁感应强度 $\mathrm{d}\boldsymbol{B}$ 的大小为

$$\mathrm{d}B=\frac{\mu_0\mathrm{d}I}{2r}=\frac{\mu_0\omega}{2\pi R^2}q\mathrm{d}r$$

由于各圆电流产生的 $\mathrm{d}\boldsymbol{B}$ 方向均相同,故旋转圆盘在 O 点产生的磁感应强度的大小为

$$B=\int\mathrm{d}B=\frac{\mu_0\omega q}{2\pi R^2}\int_0^R\mathrm{d}r=\frac{\mu_0\omega q}{2\pi R}$$

$\boldsymbol{B}$ 的方向垂直纸面向里.

(2)圆电流产生的磁矩大小为 $p_{\mathrm{m}}=IS$,I 为圆电流,S 为电流所环绕的面积. 圆盘的磁矩可以看成许多同心圆电流 $\mathrm{d}I$ 的磁矩 $\mathrm{d}\boldsymbol{p}_{\mathrm{m}}$ 的叠加. 图 14-15 所示的圆电流 $\mathrm{d}I$ 产生的磁矩大小为

$$\mathrm{d}p_{\mathrm{m}}=\pi r^2\mathrm{d}I=\pi r^2\cdot\frac{q\omega}{\pi R^2}r\mathrm{d}r=\frac{q\omega}{R^2}r^3\mathrm{d}r$$

由于各同心圆电流产生的 $\mathrm{d}\boldsymbol{p}_{\mathrm{m}}$ 均同方向,故圆盘的磁矩大小为

$$p_{\mathrm{m}}=\int\mathrm{d}p_{\mathrm{m}}=\frac{q\omega}{R^2}\int_0^R r^3\mathrm{d}r$$

$\mathrm{d}\boldsymbol{p}_{\mathrm{m}}$ 的方向指向盘面法线,即

$$\boldsymbol{p}_{\mathrm{m}}=\frac{1}{4}q\omega R^2\boldsymbol{n}$$

14.4 磁场的安培环路定理

14.4.1 安培环路定理

利用毕奥-萨伐尔定律和磁场叠加原理可以求电流产生的磁感应强度,对于给定的电流,在某点产生的磁感应强度除与电流分布有关外,还与磁介质有关,这与电场中的电场强度不仅与电荷有关,还与电介质有关类似. 在电场中引入了电位移 $\boldsymbol{D}$,在无限大均匀介质中,电位移 $\boldsymbol{D}$ 只与产生电场的自由电荷有关,与电介质的性质无关,电位移与自由电荷的关系由高斯定理决定. 对于磁场,引入磁场强度的概念. 在无限大均匀介质中,磁场只取决于传导电流的分布,而与磁介质无关. 在一般情况下,磁场强度与传导电流的关系由安培环路定理描述.

1. 磁场强度

在任何磁介质中，磁场中某点的磁感应强度 $\boldsymbol{B}$ 与同一点上磁导率 μ 的比值称为该点的磁场强度，用符号 $\boldsymbol{H}$ 表示，即

$$\boldsymbol{H}=\frac{\boldsymbol{B}}{\mu} \tag{14-20}$$

无限长直线电流外距导线 a 处的磁场强度为

$$H=\frac{I}{2\pi a}$$

圆形电流轴线上和中心处的磁场强度分别为

$$H=\frac{R^2 I}{2\left(R^2+x^2\right)^{\frac{3}{2}}},\quad H=\frac{I}{2R}$$

长直螺线管内部轴线上的磁场强度为

$$H=nI$$

由此可见，在无限大均匀磁介质中，磁场强度只与导线中的传导电流强度、导线形状（或电流分布）、给定点的相对位置有关，而与磁介质无关. 在国际单位制中，磁场强度的单位是安培 · 米$^{-1}$（A · m^{-1}），量纲是 IL^{-1}.

磁场强度也可以用磁场线（$\boldsymbol{H}$ 线）形象地描述. 磁场线上任意一点的切线方向与该点 $\boldsymbol{H}$ 的矢量方向一致，这些线的面密度等于该处 $\boldsymbol{H}$ 矢量的大小，通过给定曲面的 $\boldsymbol{H}$ 线的条数称为通过给定曲面的磁场线的通量（$\boldsymbol{H}$ 通量），通过曲面的 $\boldsymbol{B}$ 通量是 $\boldsymbol{H}$ 通量的 μ 倍.

2. 安培环路定理

在静电场中电场强度的环流等于零，反映了静电场是保守力场. 在磁场中，感应强度沿任意闭合曲线的积分，即磁感应强度的环流 $\oint_L \boldsymbol{B}\cdot \mathrm{d}\boldsymbol{l}$ 等于多少呢？

我们先以无限长载流直导线为例. 如图 14-16(a)所示，在无限长直线电流的磁场中取一个与电流垂直的平面，在该平面上任取一包围电流的闭合曲线 L，设 L 的绕行方向为逆时针方向，即 L 绕行方向与电流方向构成右手螺旋. 在 L 上任一点 P 处取线元 $\mathrm{d}\boldsymbol{l}$，P 处的磁感应强度 $\boldsymbol{B}$ 的大小为$\frac{\mu_0 I}{2\pi r}$，其中 r 为 P 点到电流的距离，则 $\boldsymbol{B}$ 沿 L 的环流为

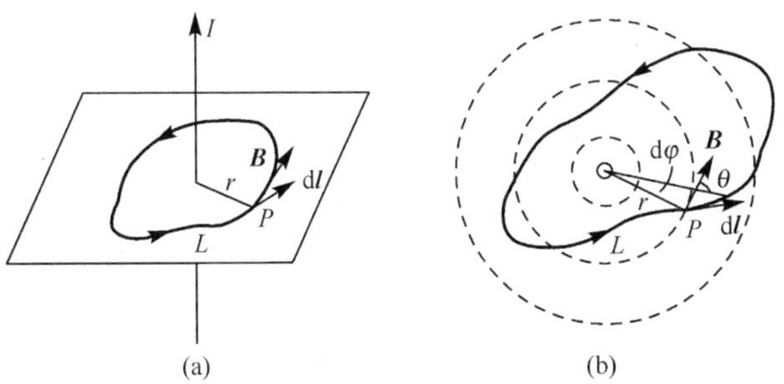

图 14-16　安培环路定理

$$\oint_L \boldsymbol{B} \cdot \mathrm{d}\boldsymbol{l} = \oint_L B\cos\theta \mathrm{d}l$$

如图 14-16(b)所示，$\mathrm{d}l\cos\theta = r\mathrm{d}\varphi$，代入上式，得

$$\oint_L \boldsymbol{B} \cdot \mathrm{d}\boldsymbol{l} = \oint_L \frac{\mu_0 I}{2\pi r}\mathrm{d}l\cos\theta = \oint_L \frac{\mu_0 I}{2\pi r} r\mathrm{d}\varphi = \frac{\mu_0 I}{2\pi}\oint_L \mathrm{d}\varphi$$

对应一闭合环路 L，$\oint_L \mathrm{d}\varphi = 2\pi$，故

$$\oint_L \boldsymbol{B} \cdot \mathrm{d}\boldsymbol{l} = \mu_0 I \tag{14-21}$$

若电流方向由上而下，如仍按上述环路计算 $\boldsymbol{B}$ 的环流，因 P 点 $\boldsymbol{B}$ 的方向与原来相反，$\mathrm{d}\boldsymbol{l}$ 方向不变，则必有

$$\oint_L \boldsymbol{B} \cdot \mathrm{d}\boldsymbol{l} = -\mu_0 I \tag{14-22}$$

若 L 不环绕电流 I，如图 14-17 所示，可以从长直导线出发作许多射线，将环路 L 分割成一对对线元，$\mathrm{d}\boldsymbol{l}_1$ 和 $\mathrm{d}\boldsymbol{l}_2$ 分别与导线相距 r_1 和 r_2，则有

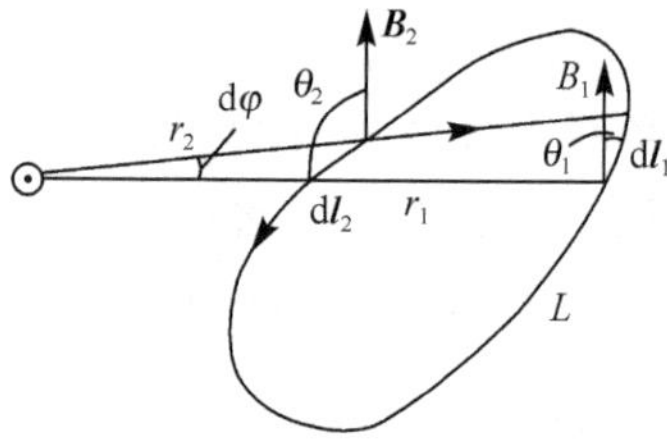

图 14-17　回路不环绕电流

$$\boldsymbol{B}_1 \cdot \mathrm{d}\boldsymbol{l}_1 = B_1 \mathrm{d}l_1 \cos\theta_1 = B_1 r_1 \mathrm{d}\varphi = \frac{\mu_0 I}{2\pi}\mathrm{d}\varphi$$

$$\boldsymbol{B}_2 \cdot \mathrm{d}\boldsymbol{l}_2 = B_2 \mathrm{d}l_2 \cos\theta_2 = -B_2 r_2 \mathrm{d}\varphi = \frac{-\mu_0 I}{2\pi}\mathrm{d}\varphi$$

于是对每一对 $\mathrm{d}\boldsymbol{l}_1$ 和 $\mathrm{d}\boldsymbol{l}_2$，都有

$$\boldsymbol{B}_1 \cdot \mathrm{d}\boldsymbol{l}_1 + \boldsymbol{B}_2 \cdot \mathrm{d}\boldsymbol{l}_2 = 0$$

由于在闭合环路中每一对线元对线积分的贡献互相抵消，所以 $\boldsymbol{B}$ 沿整个环路 L 的积分为零，即 $\oint_L \boldsymbol{B} \cdot \mathrm{d}\boldsymbol{l} = 0$. 也就是说，不穿过闭合环路的电流尽管在空间产生磁场，但是对环流没有贡献.

归纳以上讨论，再利用磁场的叠加原理，对长直导线产生的磁场可得出

$$\oint_L \boldsymbol{B} \cdot \mathrm{d}\boldsymbol{l} = \mu_0 \sum I_i \tag{14-23}$$

式(14-23)表明：在真空中的恒定磁场中，磁感应强度 $\boldsymbol{B}$ 沿任意闭合曲线的积分(环流)等于该闭合曲线所环绕的电流的代数和的 μ_0 倍. 这一结论称为磁场中的安培环路定理(Ampère circuital theorem). 在式(14-21)中，若电流流向与积分环路构成右手螺旋，I 取正值；反之，I 取负值.

以上仅对载流长直导线进行了讨论，而且把闭合回路限制在与导线垂直的平面内. 实际上，安培环路定理对任一恒定磁场中的任意闭合环路都是成立的，它是恒定磁场的基本定理之一. 磁场的高斯定理(14-6)和环路定理(14-23)是描述恒定磁场整体特性的两个基本的场方程.

利用矢量分析中的斯托克斯公式，若 S 是闭合环路所围成的面积，则有

$$\oint_L \boldsymbol{B} \cdot \mathrm{d}\boldsymbol{l} = \oint_S \mathrm{rot}\boldsymbol{B} \cdot \mathrm{d}\boldsymbol{S}$$

式中，rot$\boldsymbol{B}$ 称为磁感应强度 $\boldsymbol{B}$ 的旋度，可表达为 rot$\boldsymbol{B}=\nabla\times\boldsymbol{B}$. 再利用关系式

$$\sum I_i = \oint_S \boldsymbol{j} \cdot \mathrm{d}\boldsymbol{S} \quad (\boldsymbol{j}\text{ 为电流密度})$$

可以得到

$$\iint_S \nabla\times\boldsymbol{B} \cdot \mathrm{d}\boldsymbol{S} = \mu_0 \oint_S \boldsymbol{j} \cdot \mathrm{d}\boldsymbol{S}$$

该等式对任意大小的面积都成立，所以被积函数应相等，即

$$\nabla\times\boldsymbol{B}=\mu_0\boldsymbol{j} \quad \text{或} \quad \mathrm{rot}\boldsymbol{B}=\mu_0\boldsymbol{j} \tag{14-24}$$

这就是恒定磁场的安培环路定理的微分形式. 它把每一点的磁场与该点的电流密度联系起来了. 式(14-24)右边不等于零，说明磁场是有旋场(rotational field)，磁感应线是环绕电流的闭合回线. 磁场力是非保守力，因而不能引入势能的概念.

14.4.2　安培环路定理的应用

如同在静电场中利用高斯定理可方便地计算某些具有对称性的电场分布一样，利用安培环路定理也可方便地计算某些具有对称分布的电流的磁场.

1. *无限长圆柱载流导体的磁场分布*

设圆柱半径为 R，电流 I 均匀流过导体横截面(图 14-18)，根据电流分布的轴对称性可以判断，在圆柱体内外空间中的磁感应强度也具有轴对称性，磁感应线是以轴线为中心的一系列同心圆.

先求圆柱导体外的磁场分布，在圆柱导体外任取一点 P，P 点与轴线距离为 $r(r>R)$. 过 P 点沿磁感应线方向作圆形积分环路 L，该环路上的 $\boldsymbol{B}$ 值处处相等，$\boldsymbol{B}$ 在 L 上的环流为

$$\oint_L \boldsymbol{B} \cdot \mathrm{d}\boldsymbol{l} = \oint B\cos 0^\circ \mathrm{d}l = B\oint_L \mathrm{d}l = B2\pi r$$

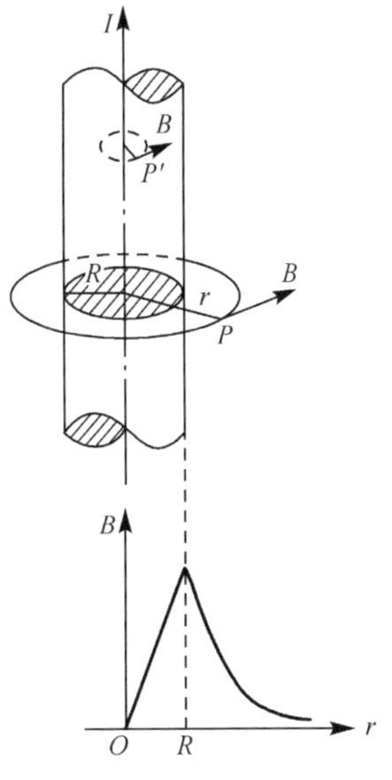

图 14-18　无限长圆柱电流的磁场

全部电流 I 都被回路所环绕，所以

$$\sum I_i = I$$

根据安培环路定理可得

$$2\pi r B=\mu_0 I$$

$$B=\frac{\mu_0 I}{2\pi r}, \quad r>R \tag{14-25}$$

式(14-25)表明,在载流圆柱导体外部,磁场分布与全部电流 I 集中在轴线上的直线电流相同.

如果所求场点在载流圆柱导体内部($r<R$),则在其内部过 P 点沿磁感应线方向取一圆形积分环路,导体中只有一部分电流被环路 L 所环绕,因导体内的电流密度 $j=\dfrac{I}{\pi R^2}$,环路 L 所环绕的电流 $I'=j\pi r^2=\dfrac{r^2}{R^2}I$,代入安培环路定理公式得

$$2\pi rB=\mu_0 I'=\mu_0\frac{r^2}{R^2}I$$

即

$$B=\frac{\mu_0 I}{2\pi R^2}r,\quad r<R \tag{14-26}$$

B 沿圆柱导体半径 r 的分布曲线如图 14-18 所示. $r<R$ 时,B 与 r 成正比;$r>R$ 时,B 与 r 成反比;在导体表面处($r=R$),B 的数值最大.

用类似的方法,可得圆柱表面上通有平行轴线方向的电流时的磁场分布,这时磁感应强度大小分布为

$$B=\begin{cases}0, & r<R\\ \dfrac{\mu_0 I}{2\pi r}, & r\geqslant R\end{cases} \tag{14-27}$$

2. 长直载流螺线管内的磁场分布

设螺线管导线中的电流为 I,沿轴线方向每单位长度均匀密绕 n 匝线圈. 由于螺线管相当长,可当作无限长理想螺线管模型处理. 根据电流分布的对称性可以断定:螺线管内部各点情况基本相同,因而管内中央部分的磁场是匀强磁场,方向与螺线管轴线平行. 管的外面,由于磁感应线非常稀疏,磁场强度很微弱,可以忽略不计.

根据上述定性分析,为了计算管内任一点 P 的磁感应强度,可过 P 点作一矩形闭合环路 $abcda$(图 14-19),此闭合环路绕行方向为 $a\to b\to c\to d\to a$,则磁感应强度沿此闭合环路的环流为

$$\oint_L \boldsymbol{B}\cdot \mathrm{d}\boldsymbol{l}=\int_a^b \boldsymbol{B}\cdot \mathrm{d}\boldsymbol{l}+\int_b^c \boldsymbol{B}\cdot \mathrm{d}\boldsymbol{l}+\int_c^d \boldsymbol{B}\cdot \mathrm{d}\boldsymbol{l}+\int_d^a \boldsymbol{B}\cdot \mathrm{d}\boldsymbol{l}$$

式中,cd 段在螺线管外部,$B=0$;bc 段和 da 段一部分在管外,另一部分虽在管内,但

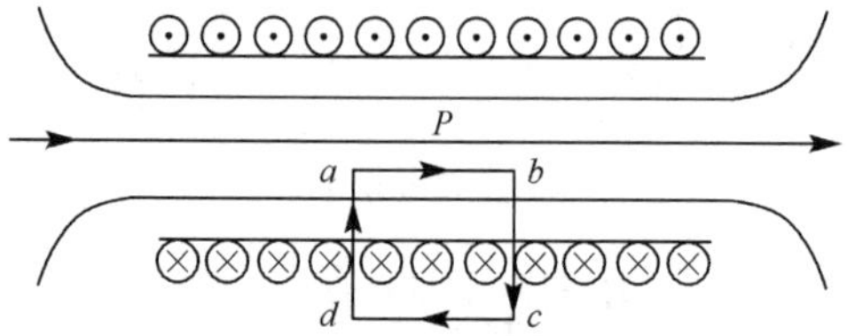

图 14-19　长直载流螺线管内的磁场

与 $\boldsymbol{B}$ 垂直，故上述积分中后三项为零，而 ab 段上各点磁场方向与量值均相同，故 $\int_a^b \boldsymbol{B}\cdot\mathrm{d}\boldsymbol{l}=B\overline{ab}$，代入上式可得

$$\oint_L \boldsymbol{B}\cdot\mathrm{d}\boldsymbol{l}=B\overline{ab}$$

该闭合环路所环绕的电流 $\sum I_i=n\overline{ab}I$，代入安培环路定理公式得

$$B\overline{ab}=\mu_0 n\overline{ab}I$$

所以

$$B=\mu_0 nI \tag{14-28}$$

3. 载流环形螺线管内的磁场分布

均匀密绕在环形管上的线圈形成环形螺线管，称为螺绕环. 如图 14-20 所示，设环绕有 N 匝线圈，通有电流 I. 由于线圈密绕，螺绕环管外的磁场非常微弱，磁场几乎全部集中在管内. 根据电流分布的对称性，可以判断磁感应线为以螺绕环中心 O 为圆心的一系列同心圆，磁感应强度 $\boldsymbol{B}$ 在圆周线上各点大小相等，在管内过 P 点沿磁感应线作一积分环路 L，$\boldsymbol{B}$ 沿 L 的环流为

$$\oint_L \boldsymbol{B}\cdot\mathrm{d}\boldsymbol{l}=B\cdot\oint_L \mathrm{d}l=B2\pi r$$

r 为 P 点到中心 O 的距离，L 所环绕的电流为 NI，运用安培环路定理可得

$$B2\pi r=\mu_0 NI$$

$$B=\mu_0\frac{N}{2\pi r}I$$

如果环的管径 $d\ll r$，则可令 $n=\dfrac{N}{2\pi r}$，因此这种细管径螺绕环管内可近似看成均匀磁场，其磁感强度可近似地表述为

$$B=\mu_0 nI \tag{14-29}$$

式中，n 为单位长度上的线圈匝数，$\boldsymbol{B}$ 的方向与电流方向构成右手螺旋.

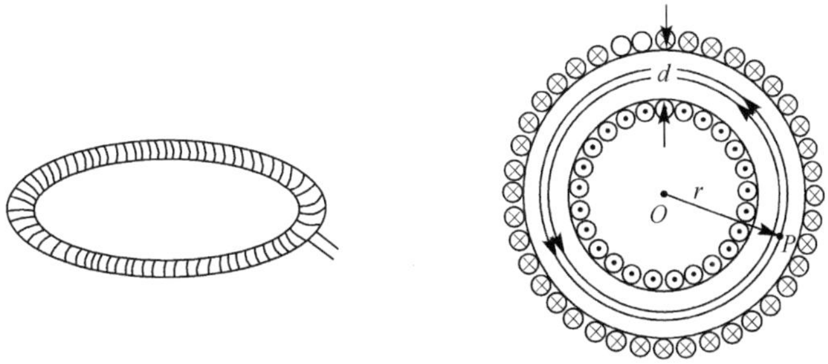

(a)环形螺线管　　　　(b)环形螺线管内磁场的计算用图

图 14-20　环形螺线管的磁场

式(14-28)和式(14-29)表明，无限长直螺线管和环形细长螺线管内部的磁感应

强度有相同的表达式. 这不难直观地理解,无限长直螺线管的两端可看成在无限远处闭合,这类似于一个环形螺线管.

由以上计算可以看出,利用毕奥-萨伐尔定律,原则上可以计算任意形状的电流分布所产生的磁场分布. 利用安培环路定理求解时,关键是要选取合适的积分环路,以使得 $\boldsymbol{B}$ 能提出积分号外或 $\boldsymbol{B}$ 在环路上某些部分积分为零.

说明:

(1)磁场不是保守力场,不能引入势能的概念,而静电场是保守力场.

(2)一般情况下,静电场中的高斯定理并不能唯一确定电场. 只有当电场具有某种对称性时,电场才由高斯定理唯一确定. 恒定电流的磁场也与此类似,环路定理并不能唯一确定磁场,只有当电流分布及磁场具有某种对称性时(如无限长直线电流、圆柱和圆筒、无限长直螺线管、螺绕环、无限大平面等),才能唯一确定磁场分布. 对具有一定对称性的磁场分布选择合适的闭合曲线(一般为圆周和矩形),利用安培环路定理解求出 H,从而求出 $\boldsymbol{B}$ 来. 当 $\boldsymbol{B}$ 不对称时,安培环路定理仍然成立,只是此时因 $\boldsymbol{B}$ 不能提出积分号,利用安培环路定理已不能求解 $\boldsymbol{B}$,必须利用毕奥-萨伐尔定律及叠加原理求解.

(3)环路必须通过所求的场点,且形状简单,环路上各点的 $\boldsymbol{H}$ 应大小相等,或 $\boldsymbol{H}/\!/\mathrm{d}\boldsymbol{l}$ 或 $\boldsymbol{H}\perp\mathrm{d}\boldsymbol{l}$,或在一部分环路上 $\boldsymbol{H}=0$.

(4) $\sum I_i$ 的正负由右手螺旋定则确定,$\sum I_i$ 是指闭合环路所环绕的电流.

(5) $\sum I_i$ 虽是闭合环路所环绕的电流,但并不意味着环路上的 $\boldsymbol{B}$ 仅由其内部的电流产生. $\boldsymbol{B}$ 是由环路内外所有电流共同产生的,环路外部的电流只是对积分 $\oint_L \boldsymbol{B}\cdot\mathrm{d}\boldsymbol{l}$ 无贡献.

【工程应用】

磁悬浮列车的基本原理

磁悬浮有 3 个基本原理. 第一个原理是,当靠近金属的磁场改变时,金属上的电子会移动,并且产生电流. 第二个原理是电流的磁效应,当电流在电线或一块金属中流动时,会产生磁场,通电的线圈就成了一块磁铁. 第三个原理是磁铁间彼此作用,同极性相斥,异极性相吸. 现在看看磁悬浮是如何作用的:磁铁从一块金属的上方经过,金属上的电子因磁场改变而开始移动(原理一);电子形成回路,接着也产生了本身的磁场(原理二).

图 14-21 以最简单的方式来表达这个过程,移动中的磁铁使金属中出现一块假想的磁铁. 这块假想磁铁具有方向性,因是同极性相对,因此会对原有的磁铁产生斥力. 也就是说,如果原有的磁铁是北极在下,假想磁铁则是北极在上;反之亦然. 因为磁铁的同极相斥(原理三),让磁铁在一块金属上方移动,会对移动中的磁铁产生一股

往上推动的力量. 如果磁铁移动得足够快，这个力量会大得足以克服向下的重力，举起移动中的磁铁. 所以当磁铁移动时，自己浮在金属上方，并靠着本身电子移动产生的磁场保持浮力. 这个过程就是所谓的磁悬浮，这个原理可以适用在列车上. 下面介绍常导磁吸式(EMS)和超导磁斥式(EDS)列车的具体运行原理.

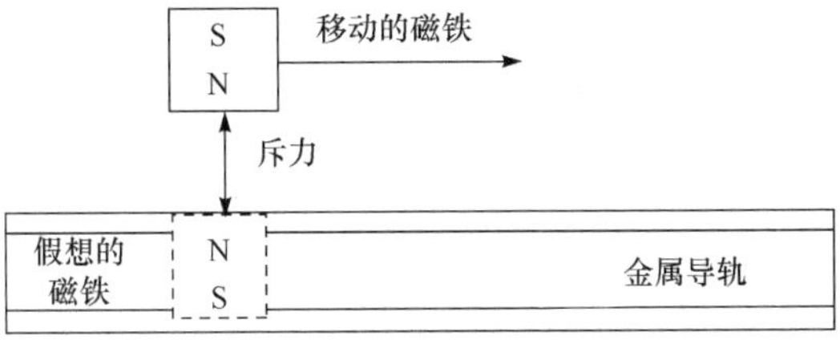

图 14-21　悬浮原理

常导磁吸式利用装在车辆两侧转向架上的常导电磁铁(悬浮电磁铁)和铺设在线路导轨上的磁铁在磁场作用下产生的吸引力使车辆浮起. 磁悬浮列车见图 14-22. 车辆和轨面之间的间隙与吸引力的大小成反比. 为了保证这种悬浮的可靠性和列车运行的平稳，使直线电机有较高的功率，必须精确地控制电磁铁中的电流，使磁场保持稳定的强度和悬浮力，使车体与导轨之间保持大约 10mm 的间隙. 通常采用测量间隙用的气隙传感器来进行系统的反馈控制. 这种悬浮方式不需要设置专用的着地支撑装置和辅助的着地车轮，对控制系统的要求也可以稍低一些.

超导磁斥式在车辆底部安装超导磁体(放在液态氦储存槽内)，在轨道两侧铺设一系列铝环线圈. 列车运行时，给车上线圈(超导磁体)通电流，产生强磁场，地上线圈(铝环)与之相切，与车辆上超导磁体的磁场方向相反，两个磁场产生排斥力，当排斥力大于车辆重量时，车辆就浮起来. 因此，超导磁斥式就是利用置于车辆上的超导磁体与铺设在轨道上的无源线圈之间的相对运动来产生悬浮力将车体抬起来的，如图 14-23 所示. 由于超导磁体的电阻为零，车辆在运行中几乎不消耗能量，而且磁场强度很大. 在超导体和导轨之间产生的强大排斥力，可使车辆浮起. 当车辆向下移动时，超导磁体与悬浮线圈的间距减小，电流增大，使悬浮力增加，又使车辆自动恢复

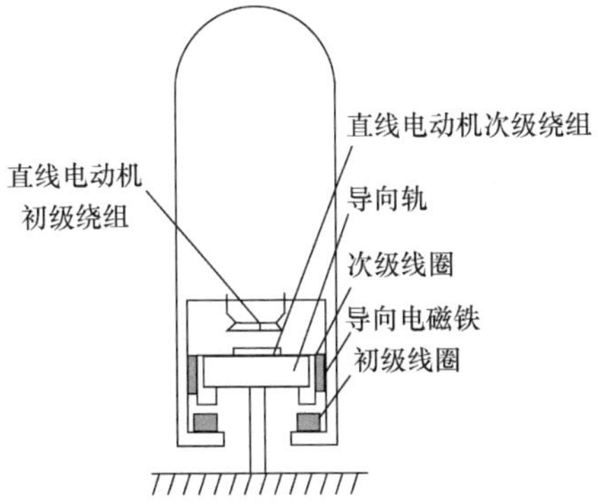

图 14-22　常导磁吸式磁悬浮原理图

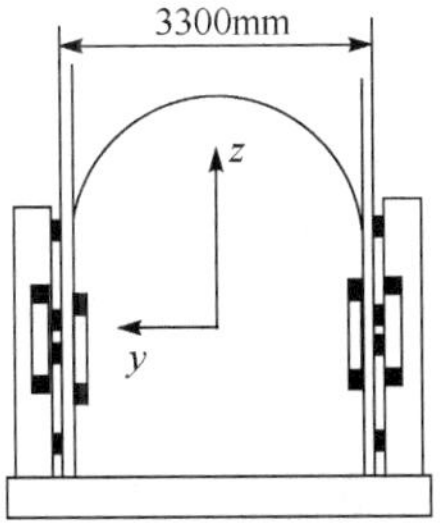

图 14-23　超导磁斥式磁悬浮原理图

到原来的悬浮位置.这个间隙与速度的大小有关,一般到100km/h时车体才能悬浮.因此,必须在车辆上装设机械辅助支承装置,如辅助支持轮及相应的弹簧支承,以保证列车安全可靠地着地.控制系统应能实现起动和停车的精确控制.

磁悬浮列车介绍

人类在发展过程中不断在探索怎样对抗重力,不论是利用风还是水,悬浮空中的梦想从未停止.科学家也在寻找一种更稳定、更受人类控制的悬浮力量,并将其应用在城市交通上.

轨道交通工具从最早的蒸汽到现在的电力,从时速几十千米到现在的几百千米,但是不变的是它们都需要轮子在轨道上行驶,有这么一项颠覆性的技术可以让上百吨的列车悬浮在轨道上运行,这就是磁悬浮列车.

1922年德国工程师发现了电磁悬浮原理,并将其申请了专利.随着一些国家经济实力的增强,就需要研发新的交通运输工具,随后德国、美国、日本、苏联相继开展了磁悬浮列车的研发.1971年德国研发出世界上第一辆磁悬浮列车,随着磁悬浮技术的发展,速度也在不断提高.

磁悬浮列车的优点是能够高效率地完成载客,无须用活塞、涡轮等活动零件,所以在行驶过程中几乎没有噪声,在运行时不是紧贴着钢轨行驶,而是以悬浮的形式飞驰在轨面上;缺点是造价超高,如上海磁悬浮约30千米的线路造价高达上百亿,就目前来说,还处于亏本状态.

相对于其他有轮列车车轮与轨道的摩擦、撞击,磁悬浮列车是利用电磁力实现无接触支撑和导向的,其运行阻力只有空气阻力.磁悬浮列车的核心是怎么样让几百吨重的列车悬浮,还有就是怎么样让其前进.

从20世纪70年代开始,世界上多个发达国家都在进行磁悬浮列车的开发,目前世界上磁悬浮技术最好的是德国和日本,他们使用的技术原理是不一样的.

日本使用的是低温超导型磁悬浮技术.超导体是指具有在低温下完全失去电阻和完全抗磁性的特性的金属或合金.由于超导体的这两个特性,超导体跟磁铁就会产生既排斥又吸引的关系,磁铁就能稳稳地悬浮在超导体上方.

在磁悬浮列车上,超导线圈(图14-24)是超导磁悬浮列车的关键设备之一,它使列车上浮,获得推进力,每一节车厢上都装有一台液氦压缩制冷机,列车的超导磁悬浮装置将始终保持在零下196℃低温状态,可保持车体悬浮状态.其实这也是利用了磁铁同极相斥的原理,在运行过程中车体与轨道之间只有10mm间隙,因此超导磁悬浮列车才能在空中快速疾驰.

德国利用的是常导型磁悬浮抱轨技术.这种技术是采用的是抱轨运行形式(图14-25),车身下端像伸出两排弯曲的胳臂将铁轨抱住,这能避免列车脱轨的危险.给安装在列车弯曲胳臂上的磁铁通电就会产生强大磁力,铁轨会被磁力吸引,而轨道是静止的,所以整个列车就会由于吸引力而悬浮起来.

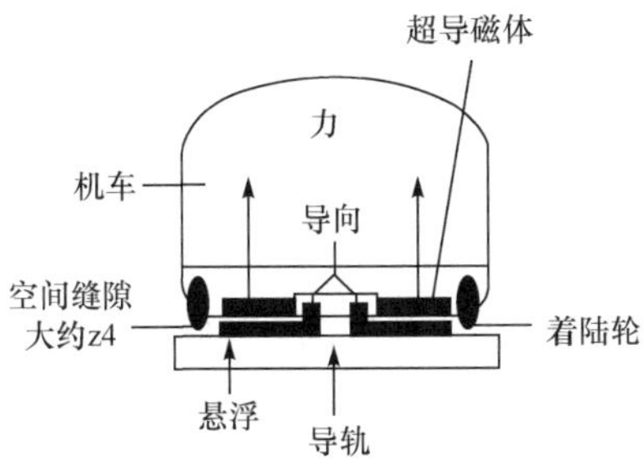

图 14-24　超导电磁悬浮系统

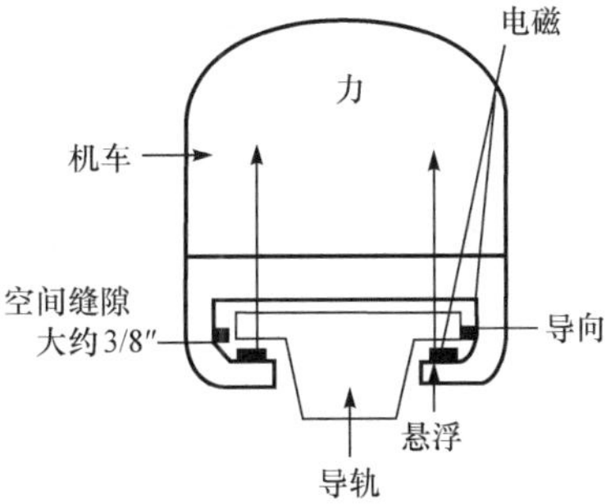

图 14-25　常导电磁悬浮系统

中国采用的也是常导磁悬浮抱轨技术，目前在上海运营的磁悬浮列车，是世界上第一条投入商业运营的磁悬浮专线，连接市区到机场，时速达到 430 千米，行驶 30 千米只需要 8min.

磁悬浮列车虽然没有引擎但能高速运行，也是应用了磁铁吸力和排斥力来推动列车前行的. 通电后，它们就会变成一节节带有 N 极和 S 极的电磁铁，轨道磁铁 N 极与列车磁铁 N 极相斥会将列车往前推，下一节轨道磁铁 N 机与列车磁铁 S 相吸会将列车往前拉，轨道上的电磁铁会根据列车前进而不断变化磁极，保证磁悬浮列车不断向前推进，磁力既可以让列车悬浮又可以推动列车前进，见图 14-26.

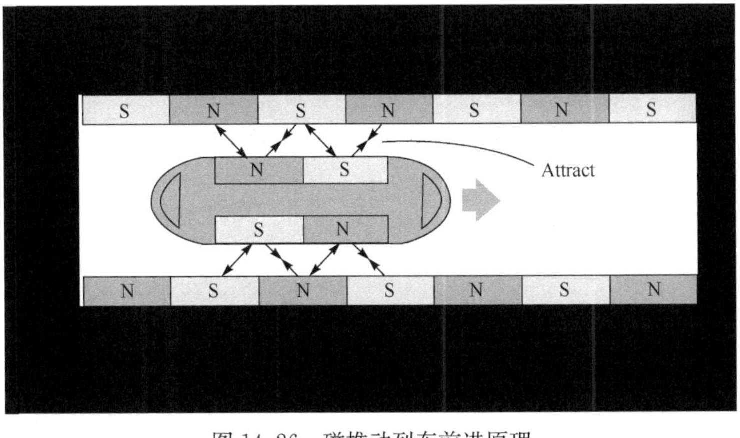

图 14-26　磁推动列车前进原理

与普通的有轮列车不同，因为整个列车都是悬浮在空中的，所以需要精准地控制悬浮高度，还要解决载客后造成列车的不平衡问题等. 这些都需要由列车的心脏 IGBT 来解决，它通过采集列车上传感器的信号，以每秒几万次的速度运算，调整和控制车辆使其正常运行.

经过十几年的建设，中国的高铁总里程达到 2 万多千米，技术也达到世界先进水平，被称为中国新四大发明之一. 一些线路已开始盈利，如京沪线年均盈利近百亿元. 为什么还要发展造价更高的磁悬浮呢?

在各种中长距离交通工具中，高铁时速一般是300km，飞机时速一般是900km，磁悬浮列车时速是600km，正好处在这两者之间，有其速度的优势.

从我国建设的高铁来看，时速在300km左右，如果要再提速，无论从安全性还是节能性方面考虑都不合适，所以要追求更高的速度、更好的舒适度，磁悬浮列车是最好的选择.

由中国自主研发的高速磁悬浮实验样车正式下线，时速可达到600km，这标志着我国在高速磁悬浮技术领域取得了重大突破.

高速磁悬浮是目前轨道交通技术的制高点，轨道与列车间只有10mm间隙，这是真正的贴地飞行，涉及空气动力学、悬浮导向控制等多个领域，其科技含量极高.

习题 14

一、选择题

1. 磁场的高斯定理$\oint_S \boldsymbol{B}\cdot \mathrm{d}\boldsymbol{S}=0$说明了恒定磁场的某些性质，下列说法正确的有(　　).

A. 磁感应线是闭合曲线　　B. 磁场力是保守力

C. 磁场是无源场　　D. 磁场是非保守力场

2. 在无限长载流导线附近作一个球形闭合曲面S，如图14-27所示. 当S面向长直导线靠近时，穿过S面的磁通量Φ_m和面上各点磁感应强度的大小将(　　).

A. Φ_m增大，B也增大　　B. Φ_m不变，B也不变

C. Φ_m增大，B不变　　D. Φ_m不变，B增大

3. 四条无限长直导线，分别放在边长为b的正方形顶点上，如图14-28所示，载电流分别为I，$2I$，$3I$，$4I$，方向垂直于图面向外，若拿走载电流为$4I$的导线，则此时正方形中心O点处的磁场感应强度大小与原来相比将(　　).

A. 变大　　B. 变小　　C. 不变　　D. 无法断定

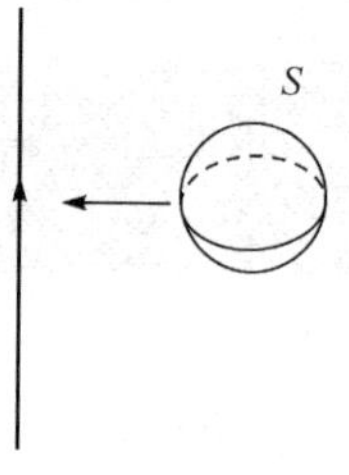

图14-27　选择题2

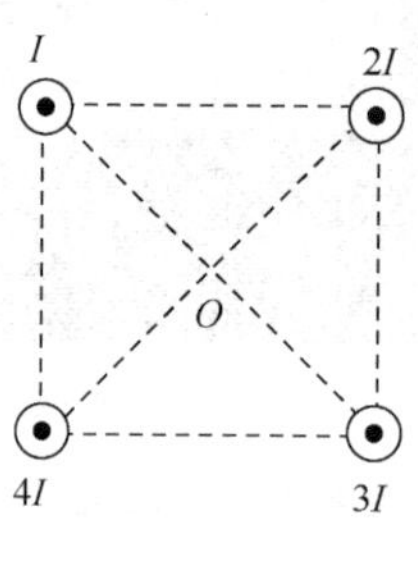

图14-28　选择题3

4. 如图14-29所示，两根直导线ab和cd沿半径方向被接到一个截面处处相等的铁环上，恒定电流I从a端流入而从d端流出，则磁感强度$\boldsymbol{B}$沿图中闭合路径L的积分$\oint_L \boldsymbol{B}\cdot \mathrm{d}\boldsymbol{l}$等于(　　).

A. $\mu_0 I$　　B. $\dfrac{1}{3}\mu_0 I$

C. $\frac{1}{4}\mu_0 I$　　D. $\frac{2}{3}\mu_0 I$

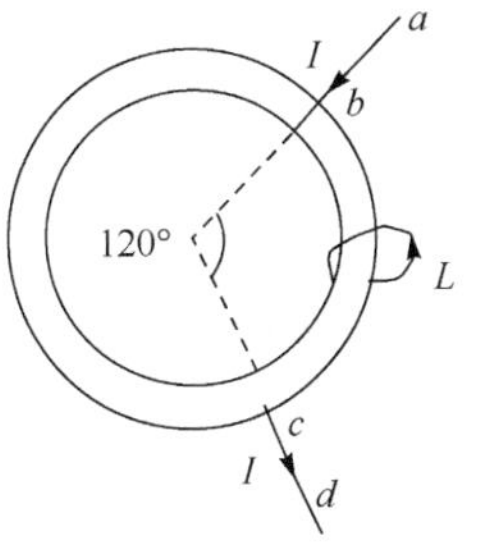

图 14-29　选择题 4

二、填空题

1. 在如图 14-30 所示回路 L_1、L_2、L_3、L_4的环流为

$\oint_{L_1} \boldsymbol{B}\cdot d\boldsymbol{l}=$________；$\oint_{L_2} \boldsymbol{B}\cdot d\boldsymbol{l}=$________；$\oint_{L_3} \boldsymbol{B}\cdot d\boldsymbol{l}=$________；$\oint_{L_4} \boldsymbol{B}\cdot d\boldsymbol{l}=$________.

2. 如图 14-31 所示，将导线弯成两个半径分别为 R_1 和 R_2 且共面的两个半圆，圆心为 O，通过的电流为 I（流向沿顺时针方向），则圆心 O 点的磁感应强度的大小为________，方向为________.

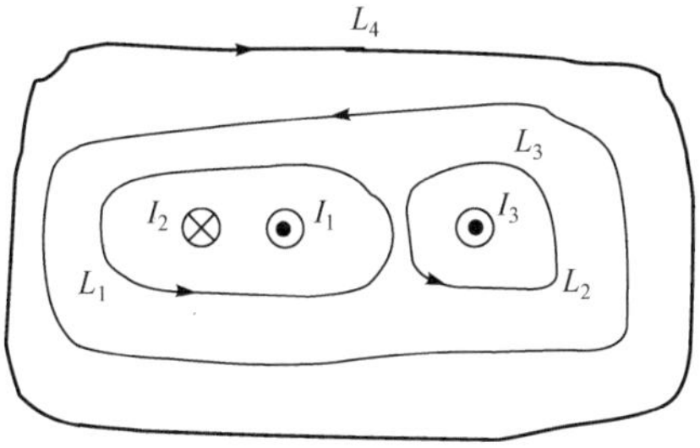

图 14-30　填空题 1

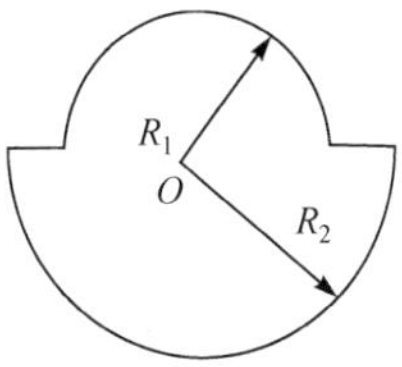

图 14-31　填空题 2

3. 均匀磁场的磁感应强度 $\boldsymbol{B}$ 垂直于半径为 r 的圆面. 今以该圆周为边线，作一半球面 S，则通过 S 面的磁通量的大小等于________.

三、计算题

1. 长直导线 AB 上载有电流 I，在其旁放一矩形线圈 $CDEF$，如图 14-32 所示. 求通过此矩形线圈的磁通量.

2. 如图 14-33 所示，两导线沿半径方向分别接入一质量均匀的导线环上的 A、B 两点，并与很远处的电源相接. 求环心处的磁感应强度.

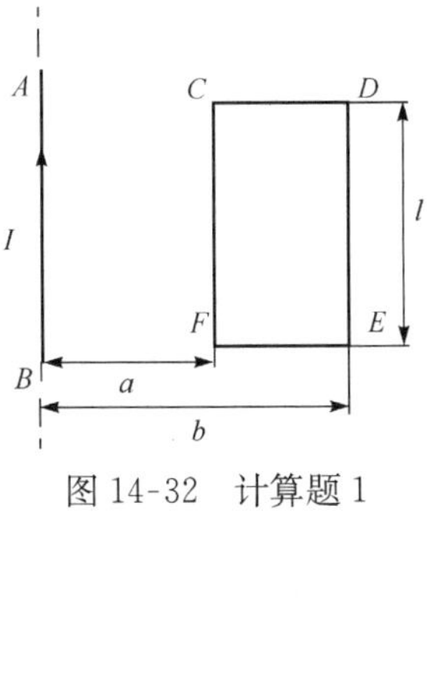

图 14-32　计算题 1

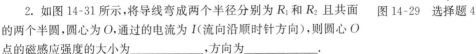

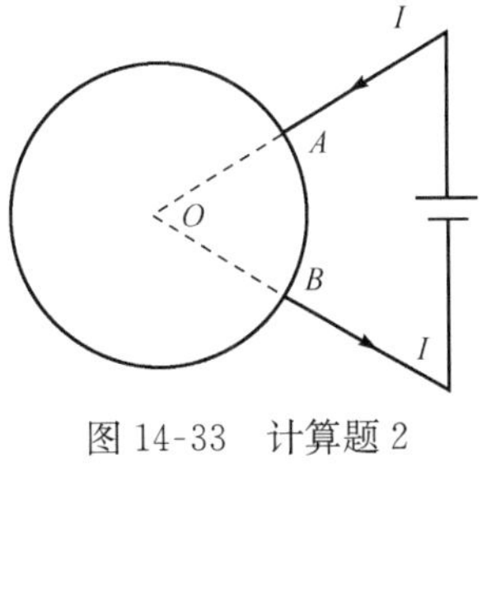

图 14-33　计算题 2

3. 如图 14-34 所示,一根很长的同轴电缆,由一导体圆柱(半径为 R_1)和同一轴的导体圆管(内、外半径分别为 R_2 和 R_3)构成,使用时使电流 I 从导体圆柱流出,从导体圆管流回.设电流都是均匀地分布在导体的横截面上,求以下各点处的磁感应强度:

(1) 导体圆柱内($r<R_1$);

(2) 两导体之间($R_1<r<R_2$);

(3) 导体圆管内($R_2<r<R_3$);

(4) 电缆外($r>R_3$).

4. 如图 14-35 所示,一均匀密绕的环形螺线管,匝数为 N,通电电流为 I,其横截面为矩形,高度为 h,芯子材料的磁导率为 μ,圆环内外直径分别为 D_1 和 D_2,求:

(1) 芯子中的磁感应强度的分布;

(2) 芯子截面磁通量;

(3) 在 $r<D_1/2$ 和 $r>D_2/2$ 处的 B 值.

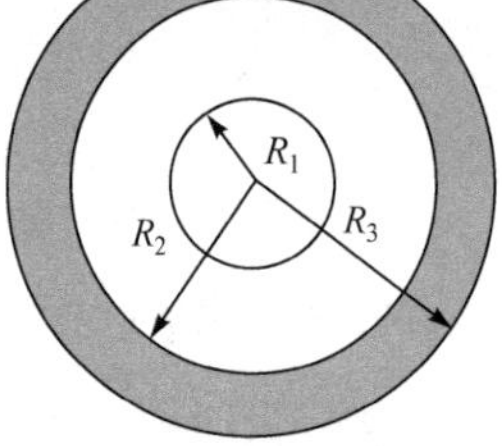

图 14-34　计算题 3

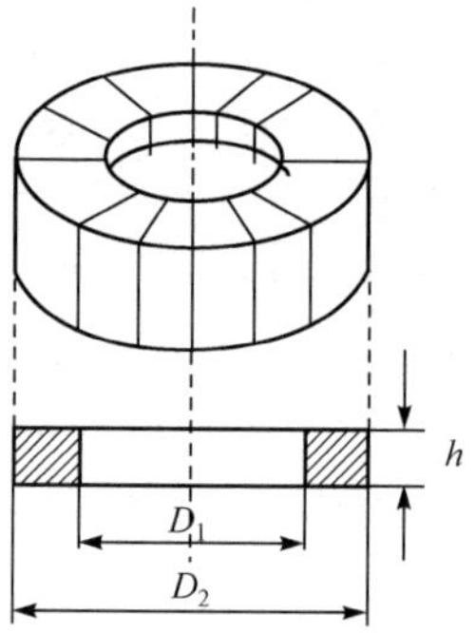

图 14-35　计算题 4

第15章 磁场对电流的作用

15.1 带电粒子在电场和磁场中的受力及其运动

15.1.1 洛伦兹力

前面研究磁场的时候，从运动电荷在磁场中的受力情况定义了磁感应强度 $\boldsymbol{B}$. 并且由实验知道，一个带电荷量为 q 的粒子在磁感应强度为 $\boldsymbol{B}$ 的磁场中运动时，磁场对运动电荷的作用力 $\boldsymbol{F}$ 叫做洛伦兹力. 实验研究表明：如果 $\boldsymbol{v}/\!/\boldsymbol{B}$，则电荷受力为零，即 $\boldsymbol{F}=0$；如果 $\boldsymbol{v}\perp\boldsymbol{B}$，则电荷所受的力最大，即 $F=F_{\max}=Bqv$，$F_{\max}$ 为所受的最大力(图 15-1)，并且 $\boldsymbol{F}_{\max}$ 沿 $\boldsymbol{v}\times\boldsymbol{B}$ 方向.

一般情况下，当 $\boldsymbol{v}$ 与 $\boldsymbol{B}$ 成任意夹角 θ 时，如图 15-2 所示，取坐标 y 沿 $\boldsymbol{B}$ 方向，$\boldsymbol{v}$ 在 xOy 面内，将 $\boldsymbol{v}$ 分解成平行及垂直于 $\boldsymbol{B}$ 方向的分量 $\boldsymbol{v}_{/\!/}$ 和 $\boldsymbol{v}_{\perp}$，即

$$\boldsymbol{v}=\boldsymbol{v}_{/\!/}+\boldsymbol{v}_{\perp}$$

由于在平行于 $\boldsymbol{B}$ 方向上运动带电粒子不受 $\boldsymbol{B}$ 作用，所以 $\boldsymbol{B}$ 对带电粒子的作用仅是对垂直 $\boldsymbol{B}$ 运动方向的作用，作用力的大小为 $F=Bqv_{\perp}=Bqv\sin\theta$，方向垂直于运动电荷的速度和磁感应强度所组成的平面，且符合右手定则，由 $\boldsymbol{v}\times\boldsymbol{B}$ 确定. 对于负电荷，则所受力的方向正好相反. 用矢量式表示为

$$\boldsymbol{F}=q\boldsymbol{v}\times\boldsymbol{B} \tag{15-1}$$

式(15-1)叫做洛伦兹力公式，它对正、负电荷都成立.

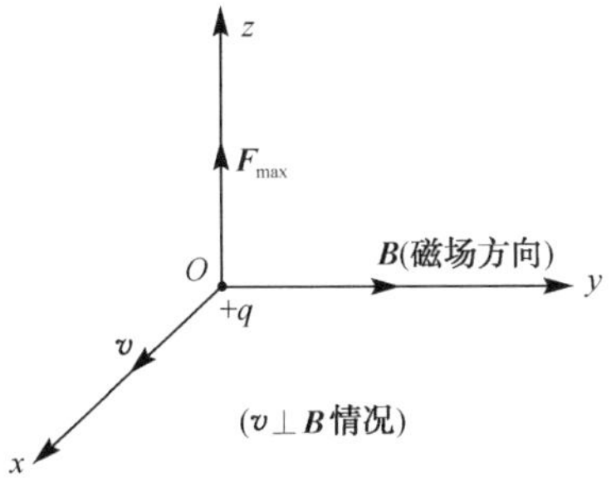

图 15-1 $\boldsymbol{v}\perp\boldsymbol{B}$ 时的洛伦兹力

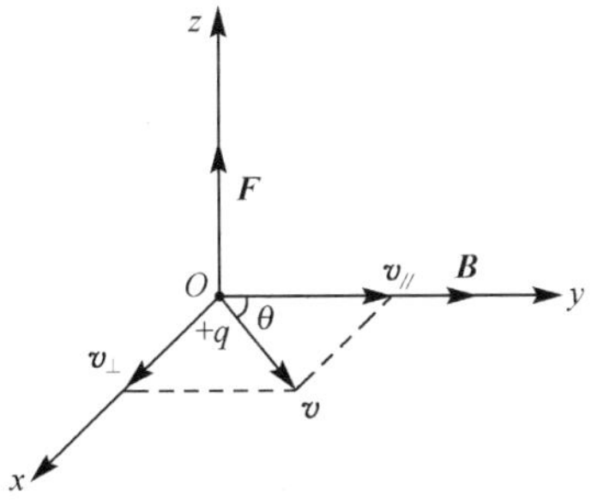

图 15-2 一般情况时的洛伦兹力

讨论：(1) 当 q 为正电荷，即 $q>0$ 时，洛伦兹力 $\boldsymbol{F}$ 沿 $\boldsymbol{v}\times\boldsymbol{B}$ 方向；当 q 为负电荷，即

$q<0$，洛伦兹力 $\boldsymbol{F}$ 沿 $\boldsymbol{v}\times\boldsymbol{B}$ 的反方向.

(2)当 $\boldsymbol{v}/\!/\boldsymbol{B}$ 时，$\boldsymbol{F}=0$；$\boldsymbol{v}\perp\boldsymbol{B}$ 时，$|\boldsymbol{F}|=|q|vB=F_{\max}$. 因为 $\boldsymbol{F}\perp\boldsymbol{v}$，所以 $\boldsymbol{F}$ 对带电粒子不做功.

例 15-1　已知某空间电磁场为 $\boldsymbol{E}=2\boldsymbol{i}\text{V}\cdot\text{m}^{-1}$，$\boldsymbol{B}=3\boldsymbol{i}+4\boldsymbol{j}+5\boldsymbol{k}\text{T}$. 一粒子带电 $q=1\text{C}$，以速度 $\boldsymbol{v}=2\boldsymbol{i}\text{m}\cdot\text{s}^{-1}$ 在该空间运动，求粒子受到的力 $\boldsymbol{F}$.

解　带电粒子同时受到电场和磁场的作用，则受到的力 $\boldsymbol{F}$ 为

$$\begin{aligned}\boldsymbol{F}&=q(\boldsymbol{v}\times\boldsymbol{B}+\boldsymbol{E})=1\cdot[2\boldsymbol{i}\times(3\boldsymbol{i}+4\boldsymbol{j}+5\boldsymbol{k})+2\boldsymbol{i}]\\&=2\boldsymbol{i}-10\boldsymbol{j}+8\boldsymbol{k}=2(\boldsymbol{i}-5\boldsymbol{j}+4\boldsymbol{k})(\text{N})\end{aligned}$$

15.1.2　带电粒子在电场和磁场中的运动

1. 带电粒子在电场和磁场中的受力

如果空间中同时存在电场和磁场，带电量为 q 的粒子以速度 $\boldsymbol{v}$ 进入此空间，将同时受到电场力和磁场力的作用，在电场和磁场中运动电荷受力公式为

$$\boldsymbol{F}=q\boldsymbol{v}\times\boldsymbol{B}+q\boldsymbol{E}\tag{15-2}$$

式(15-2)叫做洛伦兹关系式. 如果带电粒子的质量为 m，且 $\boldsymbol{v}$ 远小于光速，根据牛顿第二定律，带电粒子的运动方程为

$$m\frac{\mathrm{d}\boldsymbol{v}}{\mathrm{d}t}=q(\boldsymbol{v}\times\boldsymbol{B}+\boldsymbol{E})\tag{15-3}$$

2. 带电粒子在均匀磁场中的运动

在均匀磁场中，当带电粒子以运动速度为 $\boldsymbol{v}$ 平行于 $\boldsymbol{B}$ 进入磁场(图 15-3)，即 $\boldsymbol{v}/\!/\boldsymbol{B}$ 时

$$\boldsymbol{F}=q\boldsymbol{v}\times\boldsymbol{B}=0$$

此时带电粒子在磁场中仍然做匀速直线运动.

当带电粒子以运动速度 $\boldsymbol{v}$ 垂直于磁场 $\boldsymbol{B}$ 的方向进入磁场时，即 $\boldsymbol{v}\perp\boldsymbol{B}$，带电粒子做圆周运动(图 15-4)，洛伦兹力的大小为

$$F=qvB$$

洛伦兹力的方向与速度的方向和磁场的方向垂直，且

$$qvB=m\frac{v^2}{R}$$

带电粒子运动的回旋半径为

$$R=\frac{mv}{qB}$$

带电粒子运动的回旋频率为

$$f=\frac{1}{T}=\frac{qB}{2\pi m}$$

带电粒子运动的回旋周期为

$$T=\frac{2\pi R}{v}=\frac{2\pi}{v}\frac{mv}{qB}=\frac{2\pi m}{qB}$$

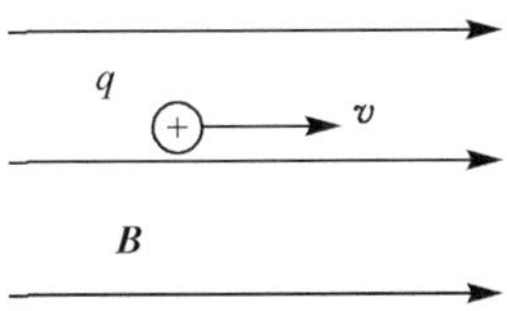

图 15-3　$\boldsymbol{v} /\!/ \boldsymbol{B}$ 时带电粒子的运动

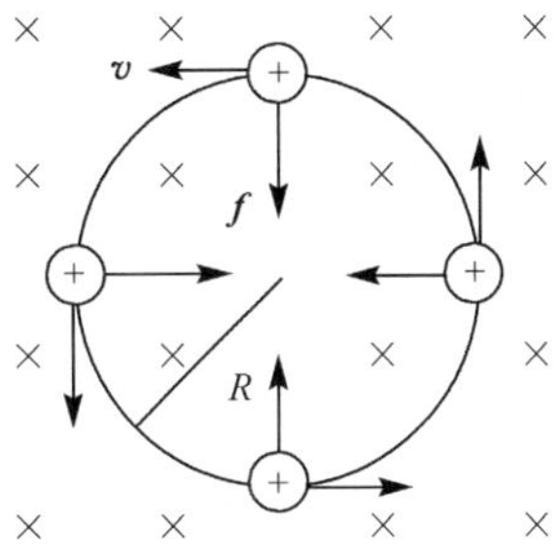

图 15-4　$\boldsymbol{v} \perp \boldsymbol{B}$ 时带电粒子的运动

当 $\boldsymbol{v}$ 与 $\boldsymbol{B}$ 既不平行也不垂直时，带电粒子做螺旋运动. 当 $\boldsymbol{v}$ 与 $\boldsymbol{B}$ 成任意夹角 θ 时，将 $\boldsymbol{v}$ 分解为 $\boldsymbol{v}_{/\!/}$ 和 $\boldsymbol{v}_{\perp}$，粒子在平行方向做匀速直线运动，在垂直方向的平面做匀速圆周运动. 粒子运动轨迹就是两个方向运动的合成结果，是一条螺旋线(图 15-5). 螺旋线的半径 R，旋转一周的时间 T 和螺距 h(粒子每回转一周时前进的距离) 分别为

$$R=\frac{mv_{\perp}}{qB}=\frac{mv\sin\theta}{qB}$$

$$T=\frac{2\pi R}{v_{\perp}}=\frac{2\pi m}{qB}$$

$$h=v_{/\!/}T=\frac{2\pi mv\cos\theta}{qB}$$

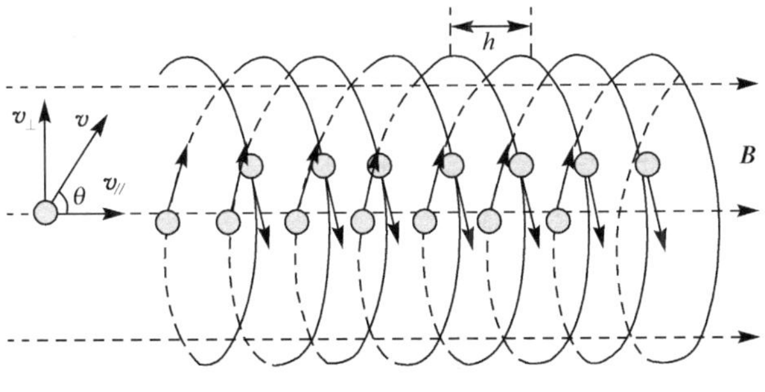

图 15-5　$\boldsymbol{v}$ 与 $\boldsymbol{B}$ 成任意夹角时带电粒子的运动

我们设想从磁场某点发射出一束很窄的带电粒子流的速率 v 几乎相等，且速度 $\boldsymbol{v}$ 与磁感应强度 $\boldsymbol{B}$ 的夹角 θ 都很小，这说明当同一种带电粒子以任意角度进入均匀磁场时，只要 $\boldsymbol{v}_{/\!/}$ 相同，就有相同的螺距，与 $\boldsymbol{v}_{\perp}$ 无关. 此时

$$h\approx\frac{2\pi mv}{qB},\quad R\approx\frac{mv\theta}{qB}$$

即各粒子将沿不同半径的螺旋线前进，经过相同距离 h 后又重新会聚到一点. 这与光束经透镜后聚焦的现象类似，所以叫做磁聚焦现象. 利用这种现象可以对带电粒子流进行磁聚焦，其在电子光学中有广泛的应用.

图 15-6 是电子射线磁聚焦装置示意图. 图中 K 是发射电子的阴极,G 是控制极,A 是阳极,它们组成电子枪;CC' 是产生匀强磁场的螺线管. 在控制板和阳极电压的作用下,由阴极 K 发射出的电子将会聚于 P' 点,可见 P' 点相当于光学成像系统中的像点.

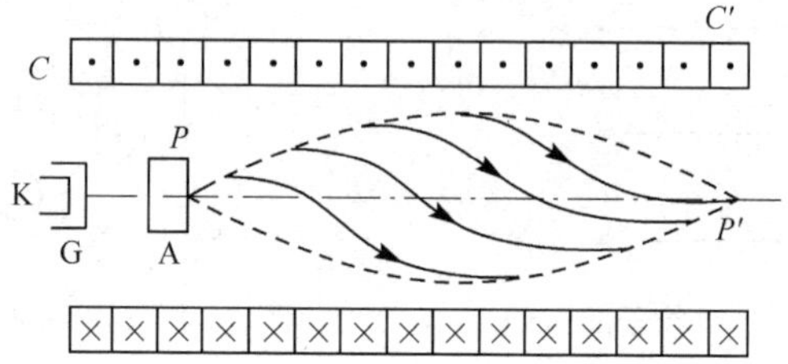

图 15-6　电子射线磁聚焦装置示意图

电子束在 P 点以与 $\boldsymbol{B}$ 成 θ 角的速度 $\boldsymbol{v}$ 进入磁场,由于限制膜片的作用,$\boldsymbol{v}$ 与 $\boldsymbol{B}$ 所成的发射角 θ 很小,所以平行于 $\boldsymbol{B}$ 的分量 $v_{/\!/}$ 和垂直于 $\boldsymbol{B}$ 的分量 $v_{\perp}$ 分别为

$$v_{/\!/} = v\cos\theta \approx v$$

$$v_{\perp} = v\sin\theta \approx v\theta$$

由于电子速度的垂直分量 $v_{\perp}$ 各不相同,在磁场力作用下,电子将沿不同半径的螺旋线前进. 但由于速度的水平分量近似相等,因此所有电子从 P 点经过一个螺距

$$h = \frac{2\pi m}{qB}v_{/\!/} = \frac{2\pi m}{qB}v$$

之后,又重新会聚于同一点 P',P' 点成为 P 点的像. 这与透镜将光束聚焦成像的作用十分相似. 这就是磁聚焦的基本原理. 磁聚焦现象广泛地应用在电真空系统中,如电子显微镜就需要用到磁透镜.

3. 带电粒子在非均匀磁场中的运动

带电粒子在非均匀磁场中运动时,螺旋半径 r 随着磁感应强度 $\boldsymbol{B}$ 的增加而减小,其运动轨迹为一条会聚螺旋线,运动过程中带电粒子的轨道磁通量始终保持不变,呈现出横向约束;带电粒子的纵向速度分量随着 $\boldsymbol{B}$ 的增加而逐渐减小,当纵向速度等于零时,带电粒子将掉头反转,呈现出纵向约束. 在微小不均匀磁场中,带电粒子的运动可以认为是在均匀磁场中的回旋与作为微扰而存在的磁场不均匀性所引起的漂移的叠加.

下面讨论带电粒子在电场力和磁场力共同作用下的一些应用实例.

15.2　带电粒子在电场和磁场中的运动和应用

15.2.1　质谱仪

质谱仪是用物理方法分析同位素的仪器,由英国物理学家与化学家阿斯顿于 1919 年发明. 当年他发现了氯与汞的同位素,以后几年又发现了许多同位素,特别是一些非放射性的同位素. 为此，阿斯顿于 1922 年获诺贝尔化学奖.

图 15-7 为质谱仪原理示意图，离子源所产生的带电量为 q、质量为 m 的带正电的粒子从静止开始经过狭缝 S_1 和 S_2 之间的加速电场加速，进入由 P_1、P_2 组成的速度选择器. 在速度选择器中存在相互垂直的匀强电场和匀强磁场，电场强度为 $\boldsymbol{E}$，磁感应强度为 $\boldsymbol{B}'$. $\boldsymbol{E}$、$\boldsymbol{B}'$ 方向如图 15-7(b) 所示. 从 S_0 射出的离子垂直射入一磁感应强度为 $\boldsymbol{B}$ 的均匀磁场中. 离子进入这一磁场后因受洛伦兹力而做匀速圆周运动. 不同质量的离子打在底片的不同位置上，形成按离子质量排列的线系，若底片上线系有 n 条，则该元素有 n 种同位素.

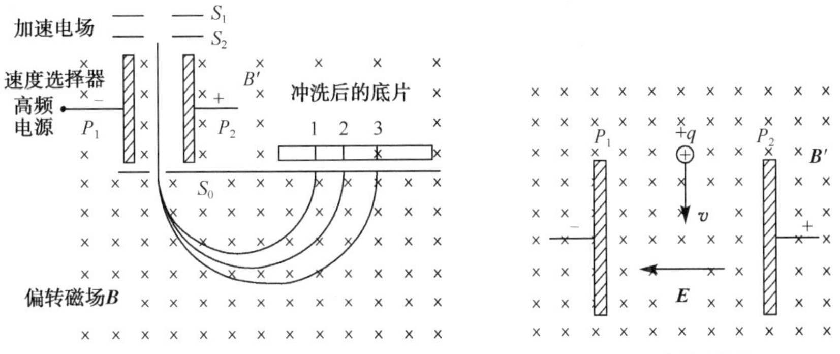

(a)质谱仪原理图　(b)速度选择器

图 15-7　质谱仪原理示意图

在速度选择器中，带电量为 q 的离子受电场力 $f_e = qE$，同时受磁场力 $f_m = qvB'$，两力方向相反. 只有当离子的速度满足

$$qE = qvB' \text{ 或 } v = \frac{E}{B'}$$

时，粒子才有可能穿过 P_1 和 P_2 两板间的狭缝而从 S_0 射出.

离子自 S_0 进入匀强磁场 B 后，做匀速圆周运动. 设半径为 R，则

$$qvB = m\frac{v^2}{R}$$

即

$$R = \frac{mv}{qB} \tag{15-4}$$

式中，B、q、v 是一定的. 所以质量 m 不同的粒子对应不同的圆周运动半径 R，由此可知元素的同位素数量. 又因为 $v=\frac{E}{B'}$，代入式(15-4)得

$$m = \frac{qBB'}{E}R$$

当 q、E、B、B' 一定时，可以求出粒子的荷质比 $\frac{q}{m} = \frac{E}{RB'B}$.

15.2.2　回旋加速器

研究粒子物理的工具是高能加速器和粒子探测器，形形色色的粒子靠它们来产生和探测. 到目前为止，已发现的粒子有几百种，它们当中绝大多数在自然界中不存在，是在高能实验室里产生出来的(粒子物理又称为高能物理).

在粒子物理中，称 100MeV 以下为低能，100MeV～3GeV 为中能，3GeV 以上为高能. 我国在 1988 年建成了北京正-负电子对撞机(BEPC)，能量为 5.6GeV(高能)，另外还有兰州重离子加速器(中能)和合肥同步辐射加速器(中能).

在原子核物理与高能物理的研究中，常用回旋加速器来加速质子、氘核或氦核(α 粒子)等带电粒子. 回旋加速器就是一种用来加速带电粒子，使之获得高能的一种装置. 它的工作原理简单(图 15-8)，但技术十分复杂.

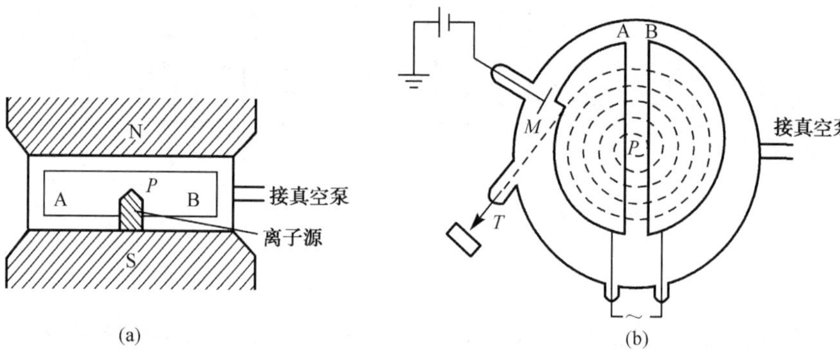

图 15-8　回旋加速器示意图

回旋加速器的核心部分为 D 形盒，它的形状如扁圆的金属盒沿直径剖开的两半，像字母"D"的形状，两 D 形盒之间留有窄缝，中心附近放置离子源(如质子、氘核或 α 粒子源等). A，B 是置于高度真空室中的两个金属半圆形盒，常称为 D 形电极. 两极之间接上交变电源，则在两 D 形电极之间的缝隙处产生一定频率的交变电场. 把两个电极放在电磁铁的两个磁极之间，在垂直于电极板平面的方向上有一恒定的均匀磁场作用. 盒中心 P 为带电粒子源. 由于金属 D 形盒的屏蔽作用，盒内无电场. 设在某一时刻，缝隙处的电场正好由 B 指向 A，则 P 处的带电粒子将被加速进入盒 A，而进入盒内时仅受均匀磁场作用做匀速圆周运动，其半径为

$$R=\frac{v}{\left(\frac{q}{m}\right)B} \tag{15-5}$$

式中，v 为粒子进入盒内的速率；$\frac{q}{m}$ 为粒子的荷质比；B 为磁感应强度的大小. 粒子在一个电极内运动所需时间为 t.

$$t=\frac{\pi R}{v}=\frac{\pi}{\left(\frac{q}{m}\right)B} \tag{15-6}$$

当粒子运动速度远小于光速时,带电粒子的质量 m 随速度的改变可以忽略不计,因此 t 为恒量.

在两 D 形盒间接上交流电源(10^6 周 · s^{-1}),回转周期与轨道半径及粒子速度无关,只要交变电场的周期与回转周期相同,粒子就可以不断地被加速. 设 D 形盒的半径为 R,获得最终速率为 v_m,则

$$v_m=BR\frac{q}{m}$$

而粒子的动能为

$$E_k=\frac{1}{2}mv_m^2=\frac{q^2}{2m}B^2R^2 \tag{15-7}$$

可见,被加速粒子的能量受磁感应强度和 D 形盒半径的限制,另外还受到相对论效应的限制. 如果粒子速度达到很大值,相对论效应就不能忽略,即质量与速度 v 值有关,即

$$m=\frac{m_0}{\sqrt{1-\frac{v^2}{c^2}}} \tag{15-8}$$

式中,m_0 为粒子的静止质量;c 为真空中的光速. 所以

$$\nu=\frac{1}{2t}=\frac{qB}{2\pi m_0}\sqrt{1-\frac{v^2}{c^2}} \tag{15-9}$$

根据上述原理设计的加速器称为同步回旋加速器.

15.2.3 霍尔效应

1897 年,霍尔在实验中发现,将导电板放在垂直于它的磁场中(图 15-9). 当有电流 I 沿着垂直于 $\boldsymbol{B}$ 的方向通过导体时,在导电板 A,A' 两侧会产生一个电势差 $U_{AA'}$,这个现象叫做霍尔效应. $U_{AA'}$ 称为霍尔电压.

实验证明,在磁场不太强时,霍尔电压与电流强度 I 和磁感应强度 B 成正比,与板的厚度 d 成反比,即

$$U_{AA'}=R_H\frac{IB}{d} \tag{15-10}$$

式中,比例系数 R_H 叫做霍尔系数,R_H 由材料的性质决定. 用洛伦兹力可以从理论上初步解释霍尔效应. 在这种情况下,正电荷沿某一方向的运动与等量负电荷沿相反方向的运动所产生的电磁效应是不相同的.

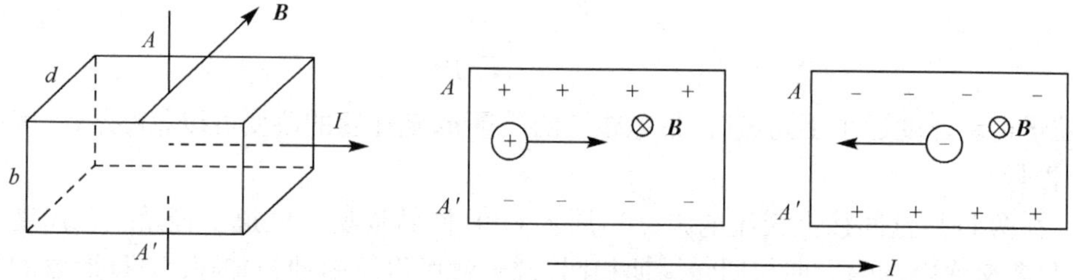

图 15-9　霍尔效应原理图

$$f_B = f_e \Rightarrow qE = qvB \Rightarrow E = vB$$

因为

$$U_{AA'} = Eb = vBb, \quad I = nqvs = nqvbd$$

所以

$$U_{AA'} = \frac{1}{nq}\frac{IB}{d}$$

与实验结果比较得 $k = \dfrac{1}{nq}$.

在平衡状态下利用霍尔效应可以确定导体材料中载流子的浓度 n,因为 $U_{AA'}$、I、B、d 各量可由实验测定. 在半导体材料的研究中,n 是一个重要的参数. 根据霍尔系数的正负号还可以判断半导体的导电类型.

值得提出的是,对金属导体来说,载流子是负电荷,$q<0$,均应有 $k<0$,但实验结果表明 Fe、Co、Sn 等金属例外,它们有 $k>0$. 这说明经典的金属导电电子论只能初步解释霍尔效应.

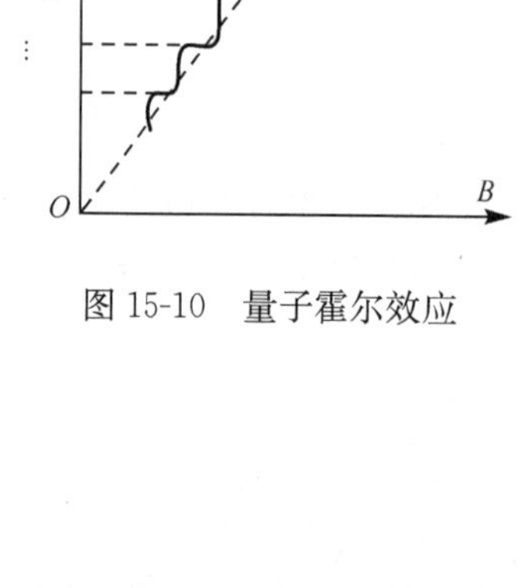

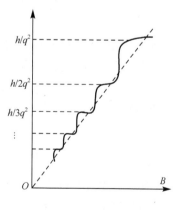

图 15-10　量子霍尔效应

霍尔效应中 $\dfrac{U_{AA'}}{I} = \dfrac{B}{nqd}$,左边的量称为霍尔电阻. 在 n、q、d 确定的情况下,霍尔电阻与外加磁场 B 成正比. 然而,在发现霍尔效应约 100 年之后的 1980 年,德国物理学家克里青(K. von Klitzing)在极低温(1.5K)和强磁场(18T)条件下,测量 MOS 场效应晶体管的霍尔电阻时发现,其电阻并不与磁场成线性关系,而是如图 15-10 所示,在霍尔电阻取以下值 h/q^2, $h/2q^2$, $h/3q^2$, … 时出现了一系列台阶,这一现象称为量子霍尔效应. 1985 年克里青由此获得诺贝尔物理学奖. 关于霍尔效应的理论,需要用量子力学的知识去解释,在此不再讨论.

15.2.4　磁流体发电

处于高温、高速的等离子态流体通过耐高温材料制成的导电管时，如果在垂直于气流的方向上加上磁场，则气体中的正负离子由于受到洛伦兹力的作用，将分别向与 $\boldsymbol{v}$ 和 $\boldsymbol{B}$ 都相垂直的两个相反的方向偏转，结果在导体管两侧的电极上产生电势差，如图 15-11 所示.

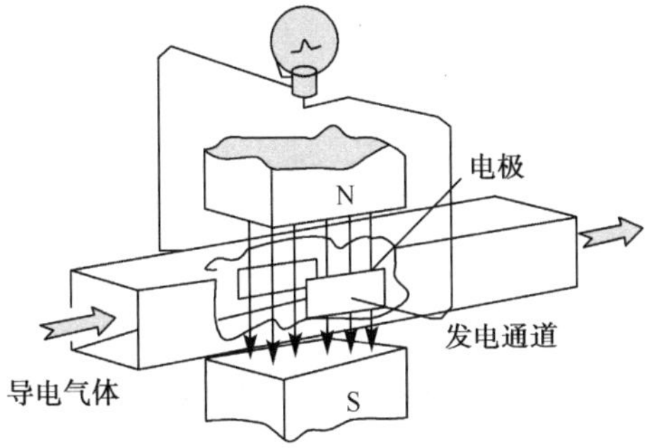

图 15-11　磁流体发电原理图

例 15-2　用探测电荷 $q(q>0)$ 探测空间 O 点电磁场，在 O 处电荷速度及受力探测如图 15-12 所示. 试求：(1)O 点的电场 $\boldsymbol{E}$；(2)O 点的磁感强度 $\boldsymbol{B}$.

解　带电粒子在电磁场中受力为

$$\boldsymbol{F}=q(\boldsymbol{v}\times\boldsymbol{B}+\boldsymbol{E}) \tag{1}$$

(1)在图 15-12(a)中，$\boldsymbol{v}=0$，$\boldsymbol{F}=\boldsymbol{F}_0$，由式(1)知

$$F_0=qE \tag{2}$$

因为 $q>0$，及 $\boldsymbol{F}_0$ 沿 $+x$ 方向，所以 $\boldsymbol{E}$ 沿 $+x$ 方向，大小为

$$E=\frac{F_0}{q} \tag{3}$$

(2)在图 15-12(b)中，$\boldsymbol{F}_0=q(\boldsymbol{v}_y\times\boldsymbol{B}+\boldsymbol{E})$，因为

$$F_0=qE\text{ ,}\quad \boldsymbol{v}_y\times\boldsymbol{B}=0$$

所以

$$\boldsymbol{v}_y\ /\!/\ \boldsymbol{B}\text{，即 }\boldsymbol{B}\text{ 平行于 }y\text{ 轴}$$

在图 15-12(c)中，$0=q(\boldsymbol{v}_z\times\boldsymbol{B}+\boldsymbol{E})$，即

$$\boldsymbol{E}=-\boldsymbol{v}_z\times\boldsymbol{B}=\boldsymbol{B}\times\boldsymbol{v}_z$$

由于 $\boldsymbol{E}$ 沿 $+x$ 方向，且 $\boldsymbol{B}$ 平行于 y 轴，故 $\boldsymbol{B}$ 沿 $+y$ 方向.

因为 $E=Bv_z\sin 90°=Bv_z$，所以

$$B=\frac{E}{v_z}=\frac{F_0}{qv_{z_0}}$$

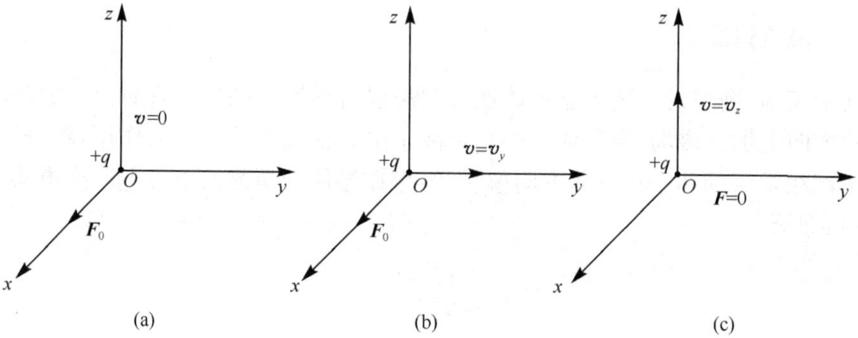

图 15-12　例 15-2 图

【工程应用】

电子感应加速器的应用

电子感应加速器是利用感生电场来加速电子的一种装置.在电磁铁的两极间有一环形真空室,电磁铁受交变电流激发,在两极间产生一个由中心向外逐渐减弱并具有对称分布的交变磁场,这个交变磁场又在真空室内激发感生电场,其电场线是一系列绕磁感应线的同心圆.这时,若用电子枪把电子沿切线方向射入环形真空室,电子将受到环形真空室中的感生电场 E 的作用而被加速,同时,电子还受到真空室所在处磁场的洛伦兹力的作用,使电子在半径为 R 的圆形轨道上运动.

当能量在数十兆电子伏以下时,电子感应加速器具有容易制造、便于调整使用、价格较便宜等优点,所以在国民经济的各方面被广泛采用,主要用于工业 γ 射线探伤和射线(电子或 γ 射线)治疗癌症等方面.世界上已有 100 多台加速器在工作着,其中大多数的能量在 20～30MeV 以下.中国生产的工业探伤和医用电子感应加速器的能量为 25MeV.

电子感应加速器也可以用来进行低能光核反应的研究,并可作活化分析及其他方面的辐射源.

电子感应加速器的电子流强度比较小,平均电子流一般不超过微安数量级;γ 射线强度也比较弱,一般离靶 1m 处 50～100R/min.

近年来发展的轻便的电子直线加速器的射线强度比较大,有后来居上的趋势.

15.3　磁场对载流导线的作用

15.3.1　安培定律

实验表明,载流导体在磁场中受磁场的作用力,而磁场对载流导体的这种作用规律是由法国物理学家安培以实验总结出来的，故该力称为安培力，该作用规律称为安培定律.

在历史上，首先由实验得出安培定律，然后导出洛伦兹力公式. 实质上，安培力是洛伦兹力的宏观表现，洛伦兹力是安培力的微观本质. 金属中的自由电子受到磁场力作用不断地与晶格发生碰撞，把动量传递给导体，从宏观来看，这就是安培力.

如图 15-13 所示，AB 为一段载流导线，横截面积为 S，电流为 I，电子定向运动速度为 $\boldsymbol{v}$，导体放在磁场中，在 C 处取电流元 $I\mathrm{d}\boldsymbol{l}$，$C$ 处磁感应强度为 $\boldsymbol{B}$，方向向右，$\boldsymbol{v}$ 与 $\mathrm{d}\boldsymbol{l}$ 方向相反，电流元中一个电子受洛伦兹力为

$$\boldsymbol{f}=-e\boldsymbol{v}\times\boldsymbol{B}$$

设单位体积内有 n 个定向运动电子，则电流元内共有运动电子数为 $nS\mathrm{d}l$，电流元 $I=neSv$ 中电子受合力，即电流元受力为

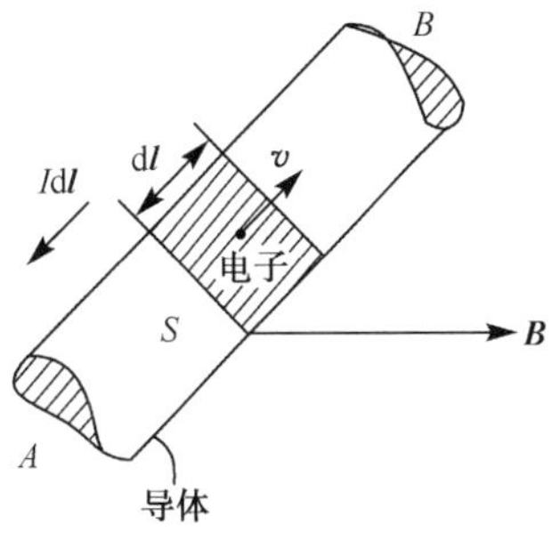

图 15-13　安培力的微观解释

$$\mathrm{d}\boldsymbol{F}=nS\mathrm{d}l\boldsymbol{f}=nS\mathrm{d}l(-e)\boldsymbol{v}\times\boldsymbol{B}$$
$$=enSv\mathrm{d}\boldsymbol{l}\times\boldsymbol{B}=I\mathrm{d}\boldsymbol{l}\times\boldsymbol{B}$$

即电流元受力

$$\mathrm{d}\boldsymbol{F}=I\mathrm{d}\boldsymbol{l}\times\boldsymbol{B}\tag{15-11}$$

此式为安培定律的数学表达式.

$\mathrm{d}\boldsymbol{F}$ 的大小为 $\mathrm{d}F=IB\mathrm{d}l\sin\varphi$，方向沿 $\mathrm{d}\boldsymbol{l}\times\boldsymbol{B}$ 方向. 根据力的叠加原理，磁场对一段载流导线的安培力为

$$\boldsymbol{F}=\int\mathrm{d}\boldsymbol{F}=\int I\mathrm{d}\boldsymbol{l}\times\boldsymbol{B}$$

安培定律的讨论：

(1) 如果 $\mathrm{d}\boldsymbol{l}\perp\boldsymbol{B}$，则 $\mathrm{d}F=BI\mathrm{d}l$，如果 $\mathrm{d}\boldsymbol{l}/\!/\boldsymbol{B}$，则 $\mathrm{d}F=0$.

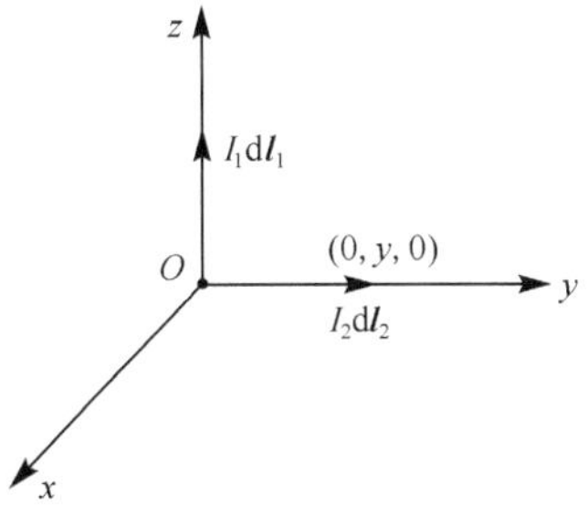

图 15-14　安培定律的讨论

(2) 如图 15-14 所示，电流元 $I_1\mathrm{d}\boldsymbol{l}_1$ 位于原点，方向沿 $+z$，$I_2\mathrm{d}\boldsymbol{l}_2$ 在 y 轴上，坐标为 $(0,y,0)$，方向沿 $+y$. $I_1\mathrm{d}\boldsymbol{l}_1$ 在 $I_2\mathrm{d}\boldsymbol{l}_2$ 处产生的磁场为

$$\mathrm{d}\boldsymbol{B}_1=\frac{\mu_0}{4\pi}\frac{I_1\mathrm{d}\boldsymbol{l}_1\times y\boldsymbol{j}}{y^3}=\frac{\mu_0 I_1\mathrm{d}l_1(-\boldsymbol{i})}{4\pi y^2}$$

$I_2\mathrm{d}\boldsymbol{l}_2$ 受力为

$$\mathrm{d}\boldsymbol{F}_2=I_2\mathrm{d}\boldsymbol{l}_2\times\mathrm{d}\boldsymbol{B}_1=\frac{\mu_0 I_1\mathrm{d}l_1 I_2\mathrm{d}l_2}{4\pi y^2}\boldsymbol{k}$$

$I_2\mathrm{d}\boldsymbol{l}_2$ 在 O 处产生的磁场 $\mathrm{d}\boldsymbol{B}_2=0$，所以 $I_1\mathrm{d}\boldsymbol{l}_1$ 受力为 $\mathrm{d}\boldsymbol{F}_1=0$.

结论：电流元间作用力不满足牛顿第三定律.

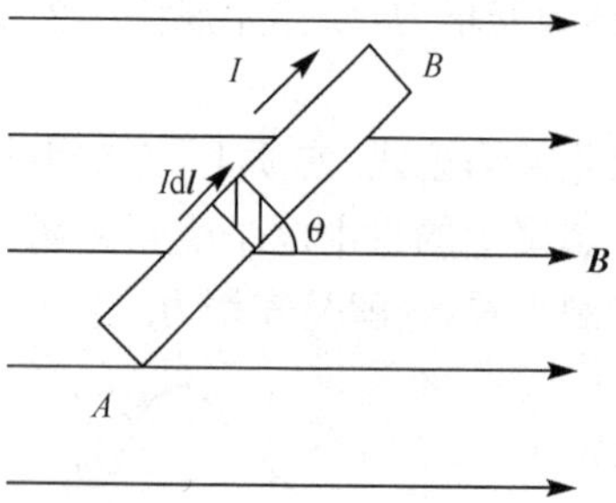

图 15-15　例 15-3 图

例 15-3　如图 15-15 所示，一段长为 L 的载流直导线，置于磁感应强度为 $\boldsymbol{B}$ 的匀强磁场中，$\boldsymbol{B}$ 的方向从左向右，电流流向与 $\boldsymbol{B}$ 夹角为 θ，求导线所受的力 $\boldsymbol{F}$.

解　电流元受到的安培力为

$$\mathrm{d}\boldsymbol{F}=I\mathrm{d}\boldsymbol{l}\times\boldsymbol{B}$$

大小为

$$\mathrm{d}F=I\mathrm{d}lB\sin\theta$$

方向由右手定则得出，为垂直纸面向里.

因为导线上所有电流元受力方向相同，所以整个导线受到的安培力为

$$\boldsymbol{F}=\int\mathrm{d}\boldsymbol{F}$$

可化为标量积分，则有

$$F=\int_A^B IB\sin\theta\mathrm{d}l=\int_0^L IB\sin\theta\mathrm{d}l=BIL\sin\theta$$

$\boldsymbol{F}$ 方向为垂直纸面向里.

讨论：(1)$\theta=0$ 时，$F=0$.

(2)$\theta=\dfrac{\pi}{2}$时，$F=F_{\max}=BIL$.

注意：AB 是闭合回路一部分，孤立的一段载流导线是不存在的.

以上是载流直导线在匀强磁场中的受力情况，一般情况下磁场是不均匀的，这可从下面例子中看到.

例 15-4　如图 15-16 所示，一无限长载流直导线 AB，载电流为 I_1，在它的一侧有一长为 l 的有限长载流导线 CD，其电流为 I_2，AB 与 CD 共面，且 $CD\perp AB$，C 端距 AB 为 a. 求 CD 受到的安培力.

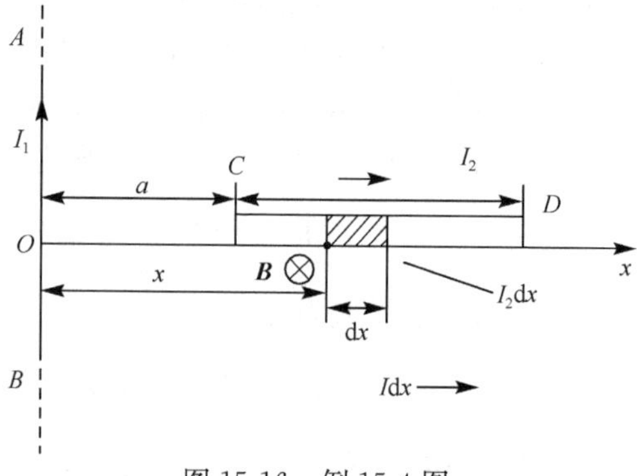

图 15-16　例 15-4 图

解　取 x 轴与 CD 重合，原点在 AB 上. x 处电流元 $I_2\mathrm{d}\boldsymbol{x}\times\boldsymbol{B}$，在 x 处 $\boldsymbol{B}$ 方向垂直纸面向里，大小为

$$B=\frac{\mu_0 I_1}{2\pi x}$$

$$\mathrm{d}F=\frac{\mu_0 I_1 I_2}{2\pi x}\mathrm{d}x\sin 90°=\frac{\mu_0 I_1 I_2}{2\pi x}\mathrm{d}x$$

$\mathrm{d}\boldsymbol{F}$ 方向沿 $\overrightarrow{BA}$ 方向.

由于 CD 上各电流元受到的安培力方向相同,所以 CD 段受到安培力 $\boldsymbol{F}=\int \mathrm{d}\boldsymbol{F}$,可化为标量积分,有

$$F=\int \mathrm{d}F=\int_a^{a+l}\frac{\mu_0 I_1 I_2}{2\pi x}\mathrm{d}x=\frac{\mu_0 I_1 I_2}{2\pi}\ln\frac{a+l}{a}$$

$\boldsymbol{F}$ 方向沿 $\overrightarrow{BA}$ 方向.

注意:因为本题 CD 处于非均匀磁场中,所以 CD 受到的磁场力不能用均匀磁场中的受力公式计算,即不能用 $F=BIl$ 计算.

以上是载流直导线在磁场中的受力情况. 实际上,载流导线不全是直的,有载流弯曲导线,这可以从下面例题看出.

例 15-5　如图 15-17 所示,半径为 R、电流为 I 的平面载流圆线圈放在匀强磁场中,磁感应强度为 $\boldsymbol{B}$,$\boldsymbol{B}$ 的方向垂直纸面向外. 求半圆周 $\overset{\frown}{abc}$ 和 $\overset{\frown}{cda}$ 受到的安培力.

解　如图 15-17 所取坐标系,原点在圆心,y 轴过 a 点,x 轴在线圈平面内.

(1)求 $\overset{\frown}{abc}$ 受到安培力 $\boldsymbol{F}_{\overset{\frown}{abc}}$. 电流元 $I\mathrm{d}\boldsymbol{l}$ 受到安培力

$$\mathrm{d}\boldsymbol{F}=I\mathrm{d}\boldsymbol{l}\times\boldsymbol{B}$$

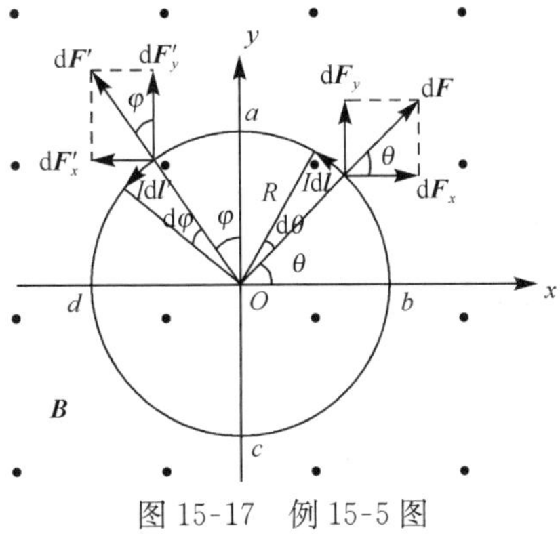

图 15-17　例 15-5 图

大小为

$$\mathrm{d}F=I\mathrm{d}lB\sin\frac{\pi}{2}$$

方向沿半径向外.

因为 $\overset{\frown}{abc}$ 各处电流元受力方向不同(均沿各自半径向外),将 $\mathrm{d}\boldsymbol{F}$ 分解成 $\mathrm{d}\boldsymbol{F}_x$ 及 $\mathrm{d}\boldsymbol{F}_y$ 进行叠加,有

$$\mathrm{d}F_x=\mathrm{d}F\cos\theta=BI\mathrm{d}l\cos\theta$$

$$F_x=\int\mathrm{d}F_x=\int_{\widehat{abc}}BI\,\mathrm{d}l\cos\theta=\int_{-\frac{\pi}{2}}^{\frac{\pi}{2}}BI(R\mathrm{d}\theta)\cos\theta=2BIR\quad(\text{沿}+x\text{方向})$$

$$\mathrm{d}F_y=\mathrm{d}F\sin\theta=BI\mathrm{d}l\sin\theta$$

$$F_y=\int\mathrm{d}F_y=\int_{\widehat{abc}}BI\,\mathrm{d}l\sin\theta=\int_{-\frac{\pi}{2}}^{\frac{\pi}{2}}BI(R\mathrm{d}\theta)\sin\theta=0$$

(奇函数对称区间积分为 0).

实际上,由受力对称性可直接得 $F_y=0$,故 $\boldsymbol{F}_{\widehat{abc}}=2BIR\boldsymbol{i}$.

(2)考虑电流元 $I\mathrm{d}\boldsymbol{l}'$,它受安培力为 $\mathrm{d}\boldsymbol{F}'=I\mathrm{d}\boldsymbol{l}'\times\boldsymbol{B}$,大小为 $\mathrm{d}F'=I\mathrm{d}l'B\sin\frac{\pi}{2}$,方向沿半径向外.

因为 $\widehat{cda}$ 上各电流元受力方向不同,所以也将 $\mathrm{d}\boldsymbol{F}'$分解成 $\mathrm{d}\boldsymbol{F}'_x$,$\mathrm{d}\boldsymbol{F}'_y$处理,即

$$\mathrm{d}F'_x=-\mathrm{d}F'\sin\varphi=-BI\mathrm{d}l'\sin\varphi$$

$$F'_x=\int\mathrm{d}F'_x=\int_{\widehat{cda}}-BI\,\mathrm{d}l'\sin\varphi=\int_0^{\pi}-BI(R\mathrm{d}\varphi)\sin\varphi=-2BIR\quad(\text{沿}-x\text{方向})$$

$$\mathrm{d}F'_y=\mathrm{d}F'\cos\varphi=BI\mathrm{d}l'\cos\varphi$$

$$F'_y=\int\mathrm{d}F'_y=\int_0^{\pi}BI(R\mathrm{d}\theta)\cos\varphi=0$$

即 $\boldsymbol{F}_{\widehat{cda}}=-2BIR\boldsymbol{i}$.

讨论:(1)各电流元受力方向不同时,应先求出 $\mathrm{d}\boldsymbol{F}'_x$及 $\mathrm{d}\boldsymbol{F}'_y$,之后再求 $\boldsymbol{F}_x$ 及 $\boldsymbol{F}_y$.

(2)分析导线受力对称性. 如此题中,不用计算 F_y、F'_y,就能知道它们为 0.

(3)因为 $\boldsymbol{F}_{\widehat{abc}}+\boldsymbol{F}_{\widehat{cda}}=0$,所以圆形平面载流线圈在均匀磁场中受力为 0.

推广:任意平面闭合线圈在均匀磁场中受安培力为 0. 这样,对于某些问题的计算将得到简化.

15.3.2 磁场对载流线圈的作用

1. 均匀磁场对载流线圈的作用

实验表明,当通电线圈悬挂在磁场中时可发生旋转,这说明线圈受到了磁场对它施加的力矩的作用,磁场对线圈产生的力矩称为磁力矩,下面推导磁力矩公式.

如图 15-18 所示,设矩形线圈边长为 l_1、l_2,即$\overline{ad}=l_1$,$\overline{ab}=l_2$,电流为 I,线圈法向为 $\boldsymbol{n}$($\boldsymbol{n}$ 与电流流向满足右手螺旋关系),$\boldsymbol{n}$ 与 $\boldsymbol{B}$ 夹角为 θ,$ab\perp\boldsymbol{B}$,通过电流为 I,则各边受力情况如图 15-18 所示.

$F_1=BIl_1\sin\alpha$,方向向下,$F'_1=BIl_1\sin(\pi-\alpha)=BIl_1\sin\alpha$,方向向上. $\boldsymbol{F}_1$ 与 $\boldsymbol{F}'_1$大小相等,方向相反,作用在一条直线上,互相抵消;

$F_2=F'_2=BIl_2$,$\boldsymbol{F}_2$ 与 $\boldsymbol{F}'_2$大小相等,方向相反,但不在一条直线上,因此,形成一力偶,力臂为 $l_1\cos\alpha$,所以作用在线圈上的力矩大小为

$$M=F_2l_1\cos\alpha=BIS\cos\alpha=BIS\sin\theta$$

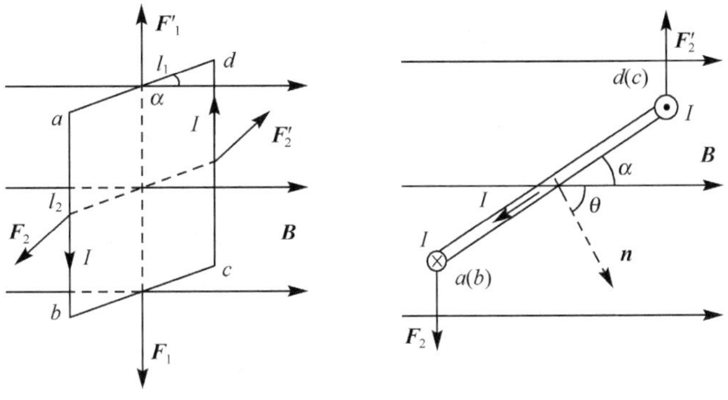

(a)　　(b)

图 15-18　均匀磁场中的载流矩形线圈的受力

其方向由 b 指向 a.

我们定义

$$\boldsymbol{P}_{\mathrm{m}}=IS\boldsymbol{n} \tag{15-12}$$

为线圈磁矩，它只与线圈参数有关，大小 $P_{\mathrm{m}}=IS$，方向与线圈法向一致. 由此可得出磁力矩 $\boldsymbol{M}$ 的矢量式为

$$\boldsymbol{M}=\boldsymbol{P}_{\mathrm{m}}\times\boldsymbol{B} \tag{15-13}$$

此式即为均匀磁场中的载流矩形线圈所受到的力矩. 如果是 N 匝线圈，则有

$$\boldsymbol{P}_{\mathrm{m}}=NIS\boldsymbol{n} \tag{15-14}$$

根据式(15-14)，$\boldsymbol{P}_{\mathrm{m}}\perp\boldsymbol{B}$ 时，$M=M_{\max}=P_{\mathrm{m}}B$，$\boldsymbol{P}_{\mathrm{m}}/\!/\boldsymbol{B}$ 时，$M=0$，即为平衡位置. 此时，如果 $\theta=0$，属于稳定平衡，如图 15-19 所示，当 θ 从 0 有一增量时(线圈受某种扰动)，线圈位置如虚线所示，此时线圈受到一力矩作用，即结果是使线圈回到平衡位置，所以 $\theta=0$ 称为稳定平衡位置；如果 $\theta=\pi$，属于不稳定平衡，如图 15-20 所示，当 $\theta=\pi$ 时，线圈受某一扰动后会偏离此位置，如虚线所示，此时线圈受到一力矩作用，即结果是使线圈远离 $\theta=\pi$ 这一平衡位置，所以 $\theta=\pi$ 称为不稳定平衡位置. 由此我们知道，线圈在磁力矩作用下是趋于磁通量最大位置，即 $\boldsymbol{n}\to\boldsymbol{B}$ 方向位置. 最后需要说明，$\boldsymbol{M}=\boldsymbol{P}_{\mathrm{m}}\times\boldsymbol{B}$ 对任何平面线圈在匀强磁场中均成立.

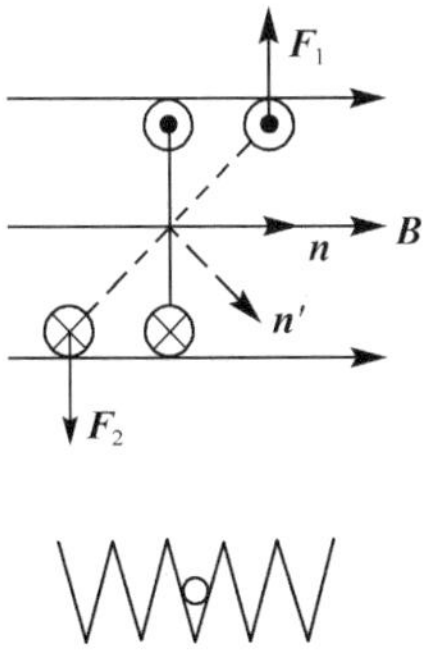

图 15-19　矩形线圈的稳定平衡

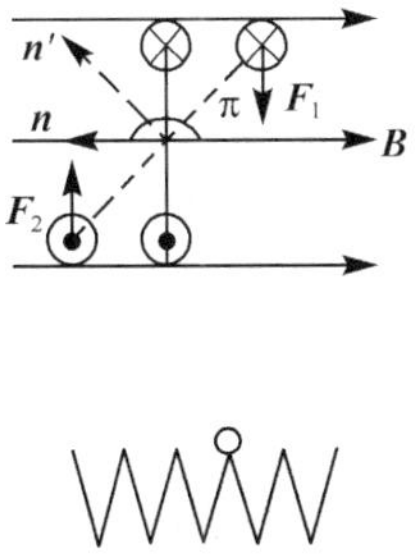

图 15-20　矩形线圈的不稳定平衡

如果平面载流线圈在非匀强磁场中,一般情况下,线圈所受的合磁力及合磁力矩均不为零,此时线圈既有平动又有转动.

例 15-6 求图 15-21 中线圈的磁矩 $\boldsymbol{P}_{\mathrm{m}}$ 和线圈受到的力矩 $\boldsymbol{M}$.

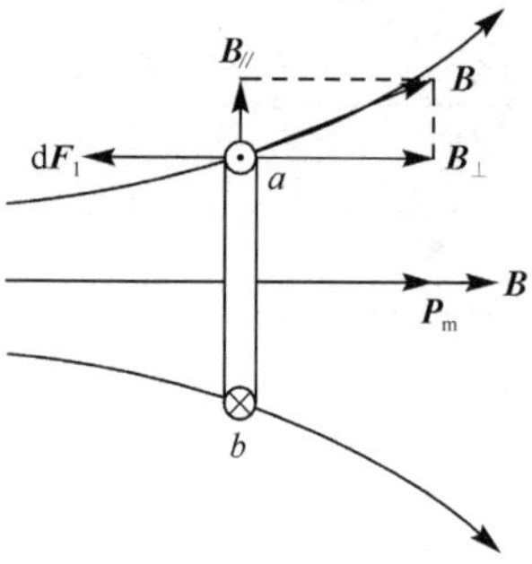

图 15-21 非均匀磁场中的载流线圈

解 (1) $P_{\mathrm{m}}=IS=I\pi R^2$;方向由右手定则判断出是与平面中心磁感应强度 B 的方向一致.

(2) $\boldsymbol{M}=\boldsymbol{P}_{\mathrm{m}}\times\boldsymbol{B}$,因为 $\boldsymbol{P}_{\mathrm{m}}$ 与 $\boldsymbol{B}$ 同向,$M=P_{\mathrm{m}}B\sin\theta=0$,所以 $\boldsymbol{M}=0$.

2. 非均匀磁场对载流线圈的作用

如果平面载流线圈处在非均匀磁场中,由于线圈上各个电流元所在处 B 的大小和方向都不相同,各个电流元所受到的安培力的大小和方向一般也都不同,因此,线圈所受的合力和合力矩一般也不会等于零,所以线圈除转动外还要平动.

15.3.3 平行电流间的相互作用力

两载流导线间的相互作用力,实质上是一载流导线的磁场对另一载流导线的作用力.

设真空中两长直导线 AB 和 CD 载有方向相同的电流,分别通有同向电流 I_1 和 I_2,两导线的距离为 a,如图 15-22 所示. 根据长直电流的磁场公式,导线 AB 在导线 CD 处产生的磁场大小为

$$B_1=\frac{\mu_0 I_1}{2\pi a}$$

其方向垂直导线 CD.

由安培力公式,导线 CD 上电流元 $I_2\mathrm{d}l_2$ 受到的磁力为 $\mathrm{d}\boldsymbol{F}_{21}=I_2\mathrm{d}\boldsymbol{l}_2\times\boldsymbol{B}_1$,其大小为

$$\mathrm{d}F_{21}=I_2\mathrm{d}l_2B_1=\frac{\mu_0 I_1 I_2}{2\pi a}\mathrm{d}l_2$$

$\mathrm{d}F_{12}$的方向在两导线构成的平面内并垂直指向导线 AB.

同理,导线 CD 产生的磁场作用在导线 AB 的电流元 $I_1\mathrm{d}l_1$ 上的磁力大小为

$$\mathrm{d}F_{12}=\frac{\mu_0 I_1 I_2}{2\pi a}\mathrm{d}l_1$$

方向与 $\mathrm{d}F_{12}$的方向相反.

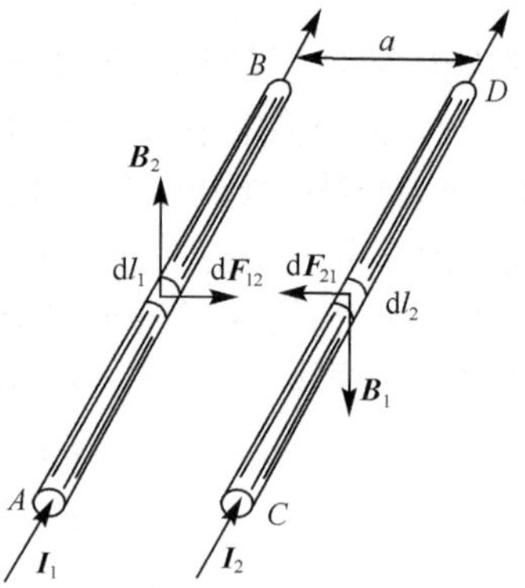

图 15-22 两平行长直载流导线间的相互作用力

因此,单位长度导线所受磁力大小为

$$f=\frac{\mathrm{d}F_{21}}{\mathrm{d}l_2}=\frac{\mathrm{d}F_{12}}{\mathrm{d}l_1}=\frac{\mu_0 I_1 I_2}{2\pi a}$$

上述讨论表明，当两平行长直导线载有同向电流时，其间磁相互作用力是吸引力，载有反向电流时，是排斥力.

因此，真空中两平行长直导线电流之间单位长度所受安培力的大小为

$$f=\frac{\mu_0}{4\pi}\frac{2I_1 I_2}{a}=2\times10^{-7}\frac{I_1 I_2}{a}$$

在国际单位制中，电流强度的单位“安培”就是根据上式定义的. 设在真空中两无限长平行直导线相距 1m，通以大小相等的电流. 如果导线每单位长度的作用力为 2×10^{-7}N，则每根导线上的电流强度就规定为 1A，即

$$I_1=I_2=I=\sqrt{2\pi a\cdot\frac{\mathrm{d}f}{\mathrm{d}l}\frac{1}{\mu_0}}=\sqrt{2\pi\cdot\frac{2\times10^{-7}}{4\pi\times10^{-7}}}=1(\mathrm{A})$$

* 15.4　载流导线或载流线圈在磁场内改变位置时磁场力所做的功

载流导线或载流线圈在磁场内受到磁力（安培力）或磁力矩的作用，因此，当导线或线圈的位置与方位改变时，磁力就做了功．我们从一些特殊情况出发，建立磁场力做功的一般公式.

15.4.1　载流导线在磁场中运动时磁场力所做的功

设有一匀强磁场，磁感应强度 $\boldsymbol{B}$ 的方向垂直于纸面向外，如图 15-23 所示. 磁场中有一载流的闭合导线 $abcd$（设在纸面上），电路中的导线长度为 l，可以沿着 da 和 cb 滑动，假如当 ab 滑动时，电路中电流 I 保持不变，按安培定律，载流导线 ab 在磁场中所受的安培力 F 平行于纸面指向右，如图 15-23 所示.

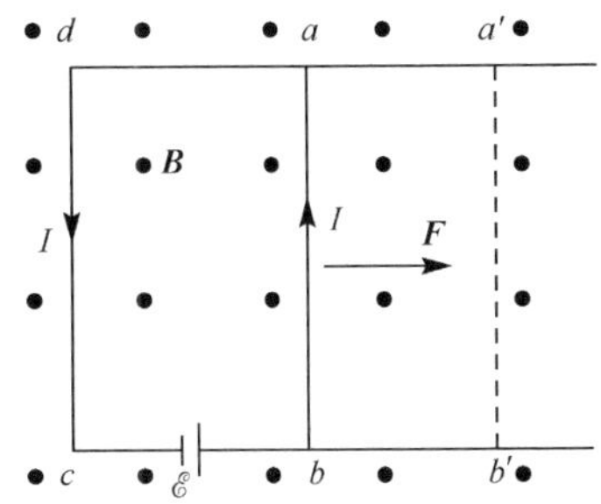

图 15-23　载流导线在磁场中运动时磁场力所做的功

$$F=BIl$$

故 ab 边运动到 $a'b'$ 位置时做功

$$A=F\cdot\overline{aa'}=BIl\cdot\overline{aa'}=IB\Delta S=I\Delta\Phi$$

即磁场力的功等于电流乘以磁通量的增量.

在匀强磁场中，当电流不变时，磁力的功等于电流强度乘以回路所环绕面积内磁通的增量，即

$$A=I\cdot\Delta\Phi$$

15.4.2 载流线圈在磁场中转动时磁力矩所做的功

在图 15-18 中，设线圈在磁场中转动微小角度 $\mathrm{d}\varphi$ 时，使线圈法线 $\boldsymbol{n}$ 与 $\boldsymbol{B}$ 之间的夹角从 φ 变为 $\varphi+\mathrm{d}\varphi$，线圈受磁力矩大小为

$$M=BIS\cdot\sin\varphi$$

则 M 做功，使 φ 减小，所以磁力矩做功为负值，即

$$\begin{aligned}\mathrm{d}A&=-M\cdot\mathrm{d}\varphi=-BIS\cdot\sin\varphi\mathrm{d}\varphi\\&=BIS\cdot\mathrm{d}(\cos\varphi)=I\cdot\mathrm{d}(BS\cdot\cos\varphi)=I\cdot\mathrm{d}\Phi\end{aligned}$$

当线圈从 φ_1 位置角转到 φ_2 位置角时，磁力矩做功为

$$A=\int_{\varphi_1}^{\varphi_2}I\cdot\mathrm{d}\Phi$$

当电流不变时

$$A=\int_{\Phi_1}^{\Phi_2}I\cdot\mathrm{d}\Phi=I(\Phi_2-\Phi_1)$$

式中，Φ_1、Φ_2 分别为在 φ_1 位置和 φ_2 位置时通过线圈的磁通量.

在匀强磁场中，一个任意载流回路在磁场中改变位置或形状时磁力做功(或磁力矩做功)亦为

$$A=I\Delta\Phi$$

对于变化的电流或非均匀强场，则

$$A=\int_{\varphi_1}^{\varphi_2}I\mathrm{d}\Phi$$

或

$$A=\int_{\theta_1}^{\theta_2}M\mathrm{d}\theta$$

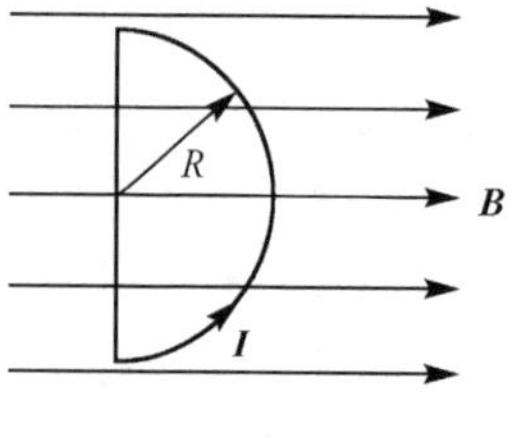

图 15-24　例 15-7 图

例 15-7　载有电流 I 的半圆形闭合线圈，半径为 R，放在均匀的外磁场 $\boldsymbol{B}$ 中，$\boldsymbol{B}$ 的方向与线圈平面平行，如图 15-24 所示.

(1)求此时线圈所受的力矩大小和方向；

(2)求在该力矩作用下，当线圈平面转到与磁场 B 垂直的位置时，磁力矩所做的功.

解　(1)线圈的磁矩为

$$\boldsymbol{P}_\mathrm{m}=IS\boldsymbol{n}=I\,\frac{\pi}{2}R^2\boldsymbol{n}$$

在图示位置时，线圈磁矩 $\boldsymbol{P}_\mathrm{m}$ 的方向与 $\boldsymbol{B}$ 垂直，垂直纸面向外.

图示位置线圈所受磁力矩的大小为

$$M=P_\mathrm{m}B\sin\frac{\pi}{2}=\frac{1}{2}\pi IBR^2$$

磁力矩 $\boldsymbol{M}$ 的方向由 $\boldsymbol{P}_\mathrm{m}\times\boldsymbol{B}$ 确定，为垂直于 $\boldsymbol{B}$ 的方向向上.

(2)计算磁力矩做功.

$$A=I\Delta\Phi=I(\Phi_2-\Phi_1)=I\left(B\frac{1}{2}\pi R^2-0\right)=\frac{1}{2}IB\pi R^2$$

也可以用积分计算

$$A=\int_{\frac{\pi}{2}}^{0}-M\mathrm{d}\theta=\int_{\frac{\pi}{2}}^{0}-P_\mathrm{m}B\sin\theta\mathrm{d}\theta=P_\mathrm{m}B\cos\theta\Big|_{\frac{\pi}{2}}^{0}=\frac{1}{2}IB\pi R^2$$

习题 15

一、选择题

1. 一个均匀磁场,其磁感应强度方向垂直于纸面,两带电粒子在磁场中的运动轨迹如图 15-25 所示,则(　　).

A. 两粒子的电荷必然同号

B. 粒子的电荷可以同号也可以异号

C. 两粒子的动量大小必然不同

D. 两粒子的运动周期必然不同

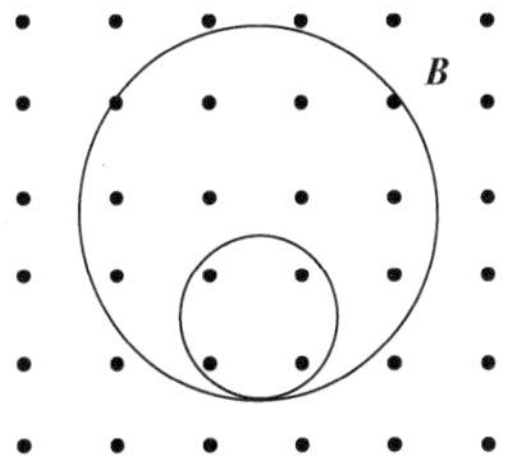

图 15-25　选择题 1

2. 一运动电荷 q,质量为 m,以初速度 v_0 进入均匀磁场,如果 v_0 与磁场方向的夹角为 90∘,则(　　).

A. 其动能改变,动量不变　　B. 其动能和动量都改变

C. 其动能不变,动量改变　　D. 其动能、动量都不变

二、填空题

1. 若电子在垂直于磁场的平面内运动,均匀磁场作用于电子上的力为 F,轨道的曲率半径为 R,则磁感强度的大小应为____________.

2. 直径 $d=0.02$m 的圆形线圈,共 10 匝,通以 0.1A 的电流,(1) 它的磁矩大小是____________;(2) 若将线圈置于 1.5T 的匀强磁场中,它受到的最大磁力矩大小是____________.

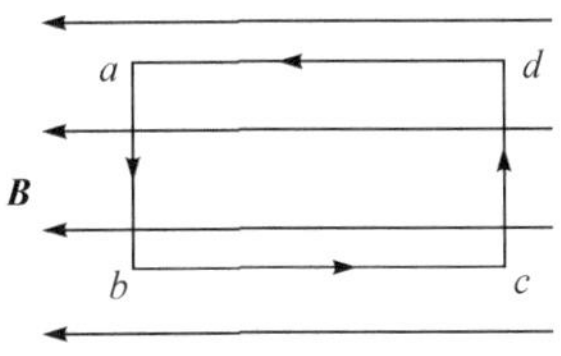

图 15-26　填空题 4

3. 一电子以速度 v_0 进入匀强磁场中,v_0 与 B 的方向满足不同条件,电子将做不同的运动:(1) 当 v_0 ____________ B 时,电子做匀速直线运动;(2) 当 v_0 ____________ B 时,电子做匀速圆周运动;(3) 当 v_0 与 B 的夹角为 45°时,电子做____________运动.

4. 如图 15-26 所示,匀强磁场中有一矩形通电线圈,它的平面与磁场平行,在磁场作用下,从上往下看,线圈向____________转动(请在"顺时针"或"逆时针"中选择填写).

三、计算题

1. 如图 15-27 所示,载流导线由两段长为 l 的直导线和一段半径为 R 的半圆形导线组成,置于磁感应强度为 $\boldsymbol{B}$ 的均匀磁场中,$\boldsymbol{B}$ 的方向垂直于纸面向外,求作用在导线上的安培力.

2. 一半径为 R 的半圆形闭合线圈通有电流 I,线圈放在均匀外磁场 $\boldsymbol{B}$ 中,$\boldsymbol{B}$ 的方向与线圈平面成 30°角,如图 15-28 所示,设线圈有 N 匝,问:

(1) 线圈的磁矩是多少?

(2) 此时线圈所受磁场力的力矩的大小和方向?

(3) 从如图所示位置转至平衡位置时,磁力矩做功是多少?

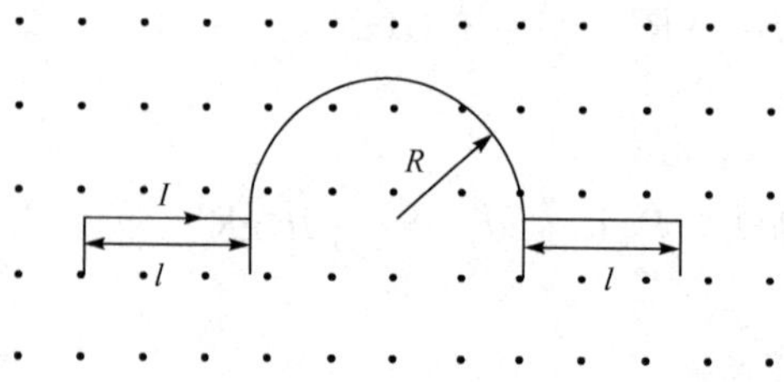

图 15-27　计算题 1

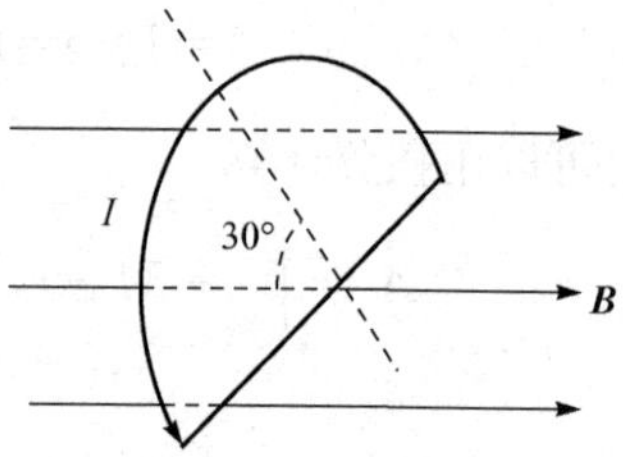

图 15-28　计算题 2

第16章 电磁感应

1820 年，丹麦的物理学家奥斯特的发现第一次揭示了电流能够产生磁场，从而开辟了一个全新的研究领域. 当时不少物理家想到：既然电能够产生磁，磁是否也能产生电呢？英国的物理学家法拉第坚信磁能够产生电，并以他精湛的实验技巧和敏锐的捕捉现象的能力，经过十年不懈的努力，终于在 1831 年 8 月 29 日第一次观察到电流变化时产生感应现象. 紧接着，他做了一系列实验，用来判明产生感应电流的条件和决定感应电流的因素，揭示了电磁感应现象的奥秘.

电磁感应现象的发现以及位移电流概念的提出揭示了电场和磁场的内在联系，阐明了变化电场能够激发磁场，变化磁场能够激发电场. 英国物理学家麦克斯韦在此基础上总结了完整的电磁场理论，提出了麦克斯韦方程组，成功地预言了电磁波的存在. 电磁感应现象的发现，极大地推动了现代电工技术和无线电技术的发展，为人类广泛地利用电能开辟了道路，标志着新的技术革命和工业革命即将到来，也加速了信息技术的发展. 因此，电磁感应现象的发现是人类自然科学领域中重大的科学成就之一.

16.1 电磁感应的基本定律

16.1.1 电磁感应现象

电磁感应现象是通过大量广泛的实验总结出来的，下面我们首先回顾几个典型的实验，并逐步归纳实验结果，阐明什么是电磁感应现象. 产生电磁感应现象的条件是什么.

实验一如图 16-1(a)所示，将线圈与电流计接成闭合回路. 由于回路中不含电源，所以电流计的指针不偏转，现将一条形磁铁插入线圈，通过插入、停止、拔出的过程，通过电流计指针的变化可归纳出：只有当磁铁棒与线圈有相对运动时，线圈中才会有电流，相对速度越大，所产生的电流就越强，停止相对运动，电流随之消失.

一个通电线圈和一根磁棒相当，那么，使通电线圈和另一线圈做相对运动，将看到完全相同的现象. 那么，究竟是相对运动还是线圈所在处磁场的变化使线圈中产生了电流？

为了弄清这个问题，请看如图 16-1(b)所示实验二. 一个体积较大的线圈 1 与电流计 G 接成闭合回路，另一个体积较小的线圈 2 与直流电源和电键 K 串联起来组成另一回路,并把 B 插入线圈 A 内,可以看到,在接通和断开 K 的瞬间,电流计的指针突然偏转,并随即回到零点.若用变阻器代替电键 K,同样会观察到这个现象.如果在两个线圈中加入铁芯,电流计的指针偏转会更加明显,说明此现象还会受到介质的影响.从这个实验可归纳出:相对运动本身不是线圈产生电流的原因,应归结为线圈 A 所在处磁场的变化.

这种看法是否全面,再看实验三.如图 16-1(c)所示,在恒定磁场内有一闭合的金属线框 $ABCD$,其中串联一灵敏电流计 G,线框的 CD 部分为可沿水平方向滑动的金属杆.无论 CD 朝哪个方向滑动,AB 所在处的磁场并没有变化,但金属框所围的面积发生了变化,结果也产生了电流.

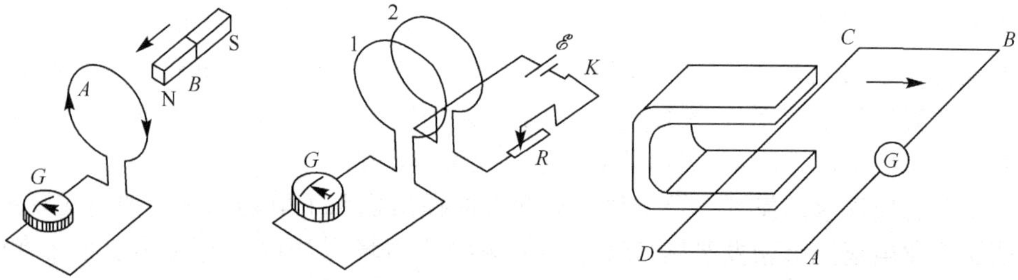

(a)实验一　　(b)实验二　　(c)实验三

图 16-1　电磁感应现象

综合以上实验,可以看到一个共同的事实:当穿过一闭合回路所围面积的磁通量发生变化时,不管这种变化的原因如何(如线圈运动、变化,不变线圈运动),回路中就产生感应电流,这种实验现象称为电磁感应.这就是产生感应电流的条件.

16.1.2　法拉第电磁感应定律

我们知道,闭合回路中有电流产生,就意味着回路中有电动势存在.这种由于磁通量的变化而引起的电动势称为感应电动势.感应电动势比感应电流更能反映电磁感应现象的本质.当回路不闭合的时候,也会发生电磁感应现象,这时并没有感应电流,而感应电动势却依然存在.此外,感应电流的大小是随着回路的电阻而变化的,而感应电动势的大小则不随回路的电阻而变.确切地讲,对于电磁感应现象应这样来理解:当穿过导体回路的磁通量发生变化时,回路中就产生感应电动势.下面研究感应电动势服从的规律.

大量精确的实验表明:导体回路中感应电动势 ε_i 的大小与穿过回路的磁通量的变化率$\frac{d\varphi}{dt}$成正比,这个结论称为法拉第电磁感应定律,用公式表示为

$$\varepsilon_i = k\frac{d\varphi}{dt} \tag{16-1}$$

式中,k 为比例常数,其值取决于 ε_i、φ、t 的单位选择,如果磁通量 φ 的单位用 Wb(韦伯),时间的单位用 s(秒),ε_i 的单位用 V(伏特),则 $k=1$ 时,有 $\varepsilon_i=\frac{d\varphi}{dt}$.式(16-1)表

明，决定感应电动势大小的不是磁通量 φ 本身，而是磁通量随时间的变化率$\frac{d\varphi}{dt}$（反映了磁通量变化的快慢和趋势）.

这与实验演示的观测结果是一致的. 式(16-1)只适用于单匝线圈组成的回路，若回路由 N 匝线圈串联组成，当磁通量变化时，每匝中都将产生感应电动势，则线圈中的总感应电动势就等于各匝所产生的电动势之和.

$$\varepsilon_i=\frac{d\varphi_1}{dt}+\frac{d\varphi_2}{dt}+\cdots+\frac{d\varphi_N}{dt}=\frac{d}{dt}(\varphi_1+\varphi_2+\cdots+\varphi_N)=\frac{d\Psi}{dt} \tag{16-2}$$

式中，$\Psi=\varphi_1+\varphi_2+\cdots+\varphi_N$ 叫磁通匝链数或全磁通. 如果通过每匝线圈的磁通量相同，均为 φ，这时就有 $\Psi=N\varphi$，法拉第电磁感应定律表示为

$$\varepsilon_i=N\frac{d\varphi}{dt}$$

上式只能用来确定感应电动势的大小，其方向问题将在下面讨论.

16.1.3 楞次定律

1. 楞次定律的两种表述

前面讨论了感应电动势的大小，现在来研究如何确定感应电动势的方向，在电磁感应现象中，感应电流比感应电动势更容易直观地表现出来，从而根据感应电流的方向去确定感应电动势的方向. 俄国物理学家楞次（1804～1865 年）总结了大量实验结果后于 1833 年得出如下结论：闭合回路中感应电流的方向，总是使得它所激发的磁场阻碍引起感应电流的磁通量的变化（增加或减少），这就是著名的楞次定律. 这是楞次定律的第一种表达形式.

楞次定律是判断感应电动势方向的，但却是通过感应电流的方向来表达的. 从定律本身来看，它只适用于闭合电路. 如果是开路的，我们可以把它配成闭合电路，考虑这时会产生什么方向的感应电流，从而判断出感应电动势的方向.

应当注意的是，阻止磁通量的变化指的是当磁通量沿某方向增加时，感应电流的磁通量就与原来的磁通量方向相反（阻碍它的增加）；当磁通量沿某方向减少时，感应电流的磁通量就与原来的磁通量方向相同（阻碍它的减少）.

如图 16-2(a)所示，当磁铁棒 N 极插向线圈时，通过线圈的磁通量增加，按楞次定律，线圈中感应电流所激发的磁场方向要使通过线圈面积的磁通量反抗磁通量的增加，所以线圈中感应电流所产生的磁感应线的方向与磁棒的磁感应线的方向相反，再根据右手螺旋定则，可判定线圈中感应电流的方向如图 16-2(a)中箭头所指的方

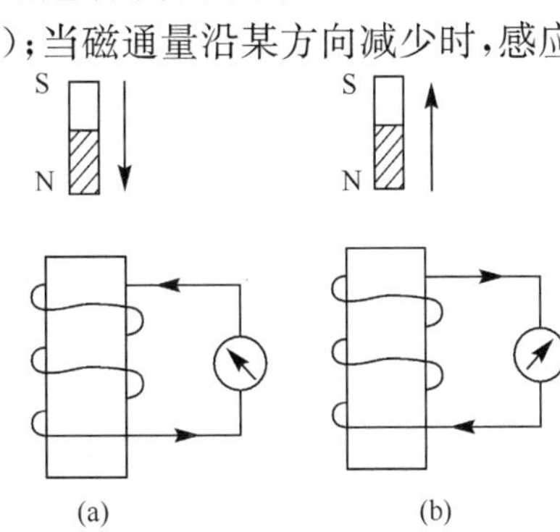

图 16-2 判断感应电流的方向

向. 反之,当磁铁棒拉离线圈或线圈背离 N 极运动时,通过线圈面积的磁通量减少,感应电流的方向如图 16-2(b)中箭头所指,与(a)中情况刚好相反.

因此,在判断感应电流的方向时,首先弄清穿过闭合回路的磁通量沿什么方向,发生了何种变化,然后按照楞次定律来确定感应电流所激发的磁场沿什么方向,最后根据右手螺旋定则来确定感应电流的方向. 感应电流的方向确定后,感应电动势的方向就知道了.

我们从另一角度来理解实验的结果,当磁铁的 N 极向下插入线圈时,可以认为磁铁不动而线圈向上运动,感应电流在线圈中所激发的磁场,其上端相当于 N 极,与磁铁的 N 极相对,两者互相排斥,产生的效果是阻碍线圈的相对运动. 当拔出磁铁时,可作同样的分析. 本例和其他例子都表明:当导体在磁场中运动时,导体中由于出现感应电流而受到的磁场力(安培力)必然阻碍此导体的运动. 这是楞次定律的第二种表述.

当导体在磁场中运动而引起电磁感应时,如果所讨论的问题并不要求具体确定感应电流的方向,而只需要定性地判明感应电流所引起的机械效果,使用楞次定律的第二种表述是十分方便的.

楞次定律的两种表述是一致的,因为它们都有一个共同的本质,即感应电流的效果与引起感应电流的原因相对抗.

感应电流遵循楞次定律所表述的方向是有深刻物理内涵的,楞次定律是能量守恒和转换定律在电磁感应现象中的具体表现. 感应电流的磁场对原来的磁场的变化有阻碍作用,外力克服这种阻碍作用而做功,做功就需要消耗能量,这个能量就转化成感应电流的电能.

2. 考虑楞次定律后法拉第定律的表达式

感应电动势的大小和方向可由以上两个定律分别确定,为了在运算中同时考虑感应电动势的大小和方向,有必要将两个定律统一用一个数学公式表示出来.

首先规定一些正负号法则,电动势和磁通量都是标量(代数量),它们的方向(更确切地说,应是它们的正负)都是相对于某一标定方向而言的. 现在我们沿任意回路约定一个绕行方向作为正方向,再用右手螺旋定则确定此回路的法线 $\boldsymbol{n}$ 的方向. $\boldsymbol{n}$ 的方向确定之后,若磁感强度 $\boldsymbol{B}$ 和 $\boldsymbol{n}$ 的夹角为锐角,则 φ 取正值,若 $\boldsymbol{B}$ 和 $\boldsymbol{n}$ 的夹角为钝角,则 φ 取负值,如图 16-3 所示.

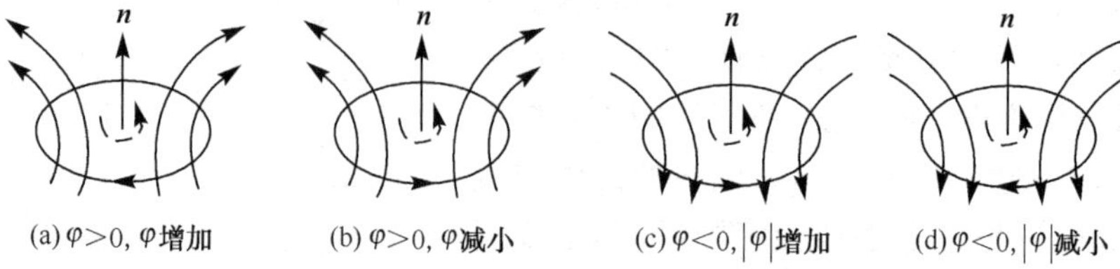

图 16-3 感应电动势方向和磁通量变化的关系

在正方向确定以后，并考虑到楞次定律，法拉第电磁感应定律应写成

$$\varepsilon_i=-\frac{d\varphi}{dt} \quad 或 \quad \varepsilon_i=-\frac{d\Psi}{dt}$$

式中，负号表示楞次定律确定的感应电动势的方向.

16.2 动生电动势

法拉第电磁感应定律指出，不论什么原因，只要穿过回路所围面积的磁通量发生变化，回路中就产生感应电动势. 磁通量发生变化的方式主要有两种：第一种是磁场不变，而闭合电路的整体或局部在磁场中运动，导致回路中磁通量的变化，这样产生的感应电动势称为动生电动势；第二种是闭合电路的任何部分都不动，空间磁场发生变化，导致回路中磁通量的变化，这样产生的感应电动势称为感生电动势. 此外，还有一种情况，即磁场变化，闭合电路也运动，此时产生的感应电动势就是动生电动势和感生电动势的叠加.

电动势是由非静电力移动电荷做功而形成的，那么，产生动生电动势和感生电动势的非静电力究竟是什么呢？下面对电磁感应现象作更详尽的分析.

16.2.1 在磁场中运动的导线内的感应电动势

如图 16-4 所示，在均匀恒定磁场 $\boldsymbol{B}$ 中放置一金属线框 $ABCD$，线框的 CD 边可以左右滑动，其长度为 l.

当电路断开且 CD 边以速度 $\boldsymbol{v}$ 向右运动时，自由电子受到的洛伦兹力为 $\boldsymbol{f}=-e(\boldsymbol{v}\times\boldsymbol{B})$，电子沿着导线向 C 端运动，使 C，D 两端出现电荷的积累，从而产生一个向下的电场，当电场力与洛伦兹力达到平衡时，电荷的积累停止，所以这段导体相当于一个电源，其 D 端为正极，C 端为负极.

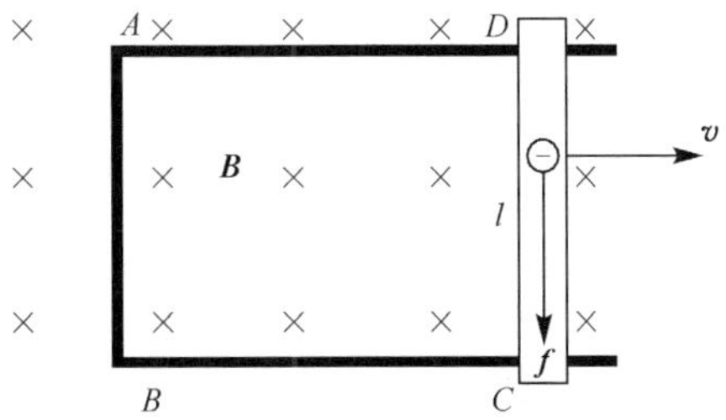

图 16-4 动生电动势

洛伦兹力即为非静电力. 当电路闭合时，就产生一个逆时针方向的感应电流. 在此，单位正电荷所受到的洛伦兹力即为非静电场强 $\boldsymbol{E}_k$，即

$$\boldsymbol{E}_k=\frac{\boldsymbol{f}}{-e}=\boldsymbol{v}\times\boldsymbol{B}$$

于是动生电动势 ε_i 就是

$$\varepsilon_i=\int_-^+\boldsymbol{E}_k\cdot d\boldsymbol{l}=\int_-^+(\boldsymbol{v}\times\boldsymbol{B})\cdot d\boldsymbol{l}=\int_C^D(\boldsymbol{v}\times\boldsymbol{B})\cdot d\boldsymbol{l}$$

由于 $\boldsymbol{v}\perp\boldsymbol{B}$，且 $\boldsymbol{v}$、$\boldsymbol{B}$ 为常矢量，$(\boldsymbol{v}\times\boldsymbol{B})$ 的方向与 $\mathrm{d}\boldsymbol{l}$ 方向一致，$\varepsilon_i=\int_C^D vB\,\mathrm{d}l=vBl$. vl 就是 l 在单位时间扫过的面积，vBl 则是线框在单位时间内磁通量的变化量，所以上式实际为 $|\varepsilon_i|=\frac{\mathrm{d}\varphi}{\mathrm{d}t}$，动生电动势只存在于运动的导体部分，而不动的那部分导体只是提供电流可运行的通路.

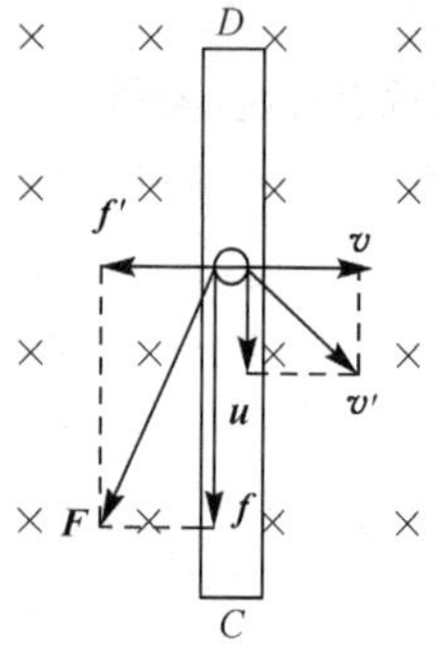

图 16-5　一段导体的动生电动势

如图 16-5 所示，如果仅仅有一段导体在磁场中运动，而没有回路，在这段导线上虽然没有感应电流，但仍可能有动生电动势. 普通情况下的动生电动势 ε_i 为

$$\varepsilon_i=\int_{(L)}(\boldsymbol{v}\times\boldsymbol{B})\cdot\mathrm{d}\boldsymbol{l}$$

若为闭合导线，上式的结果与法拉第定律的结果相同；若为非闭合导线，法拉第定律不能直接使用，但上式仍然成立，所以它更具有普遍性.

法拉第定律的能量转换问题. 由于 $\boldsymbol{f}\perp\boldsymbol{v}$，洛伦兹力永远对电荷不做功，而这里又说动生电动势是由洛伦兹力做功引起的，两者是否矛盾？其实并不矛盾，因为这里的讨论只涉及洛伦兹力的一部分.

总的洛伦兹力为

$$\boldsymbol{F}=-e(\boldsymbol{u}+\boldsymbol{v})\times\boldsymbol{B}$$

洛伦兹力 $\boldsymbol{F}$ 与合速度 $(\boldsymbol{u}+\boldsymbol{v})$ 垂直，不对电子做功，然而 $\boldsymbol{F}$ 的一个分量 $\boldsymbol{f}=-e(\boldsymbol{v}\times\boldsymbol{B})$ 对电子做正功，相应的功率为 $e(\boldsymbol{v}\times\boldsymbol{B})\cdot\boldsymbol{u}$，形成动生电动势. 而另一个分量 $\boldsymbol{f}'=-e(\boldsymbol{u}\times\boldsymbol{B})$ 阻碍导体运动，从而做负功，相应的功率为 $e(\boldsymbol{u}\times\boldsymbol{B})\cdot\boldsymbol{v}$. 可以证明两个分量所做功的代数和等于零，即

$$\boldsymbol{u}\cdot(\boldsymbol{v}\times\boldsymbol{B})=\boldsymbol{B}\cdot(\boldsymbol{u}\times\boldsymbol{v})=\boldsymbol{v}\cdot(\boldsymbol{B}\times\boldsymbol{u})\Rightarrow(\boldsymbol{v}\times\boldsymbol{B})\cdot\boldsymbol{u}=-(\boldsymbol{u}\times\boldsymbol{B})\cdot\boldsymbol{v}$$

因此，洛伦兹力的作用并不提供能量，而只是传递能量，即外力克服洛伦兹力的一个分量 $\boldsymbol{f}$ 所做的功，通过另一个分量 $\boldsymbol{f}'$ 转变成导体的动生电动势. 它是完全符合能量守恒和转换规律的，动生电动势的能量是由外部机械能提供的.

由上面的分析知，计算动生电动势的方法有两种. 第一种是用洛伦兹力公式推导出的公式 $\varepsilon_i=\int(\boldsymbol{v}\times\boldsymbol{B})\cdot\mathrm{d}\boldsymbol{l}$ 来计算；第二种是用法拉第定律即 $\varepsilon_i=-\frac{\mathrm{d}\varphi}{\mathrm{d}t}$ 来计算.

若是闭合电路，可用公式 $\varepsilon_i=-\frac{\mathrm{d}\varphi}{\mathrm{d}t}$ 求出回路的动生电动势；若是一段开路导体，则将其配成为闭合电路，仍可用此式计算，所求得的是导体两端的电动势.

例 16-1　如图 16-6 所示，在均匀磁场 $\boldsymbol{B}$ 中，长 L 的铜棒绕其一端 O 在垂直 $\boldsymbol{B}$ 的平面内移动，角速度为 ω，求棒上的感应电动势 ε_i 的大小和方向.

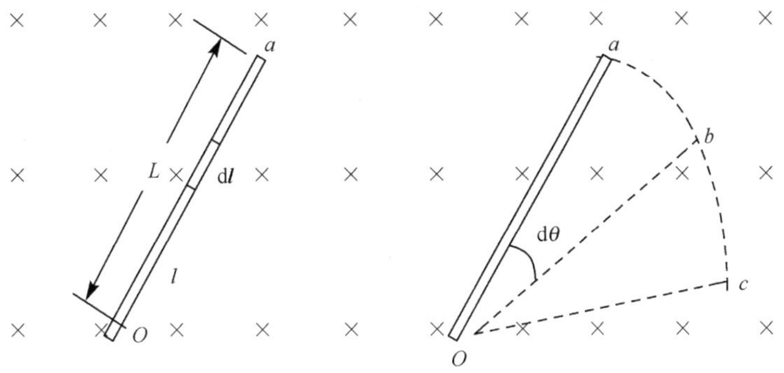

图 16-6 例 16-1 图

解法一 由动生电动势公式得

$$\varepsilon_i = \int_0^L (\boldsymbol{v} \times \boldsymbol{B}) \cdot d\boldsymbol{l} = \int_0^L vB\,dl = \int_0^L l\omega B\,dl = \frac{1}{2}\omega BL^2$$

方向由 $\boldsymbol{v}\times\boldsymbol{B}$ 判断，从 $O\rightarrow a$.

解法二 将它配成扇形回路 $OacO$，Oa 是它的一条直边. 在 dt 时间内扇形 $OacO$ 的磁通量的变化绝对值为

$$|d\varphi| = BdS = B\,\frac{1}{2}\widehat{ab}L = B\,\frac{1}{2}Ld\theta L = \frac{1}{2}B\omega L^2\,dt$$

由法拉第电磁感应定律得感应电动势的大小为

$$\varepsilon_i = \left|\frac{d\varphi}{dt}\right| = \frac{1}{2}B\omega L^2$$

电动势的方向由楞次定律判断，从 $O\rightarrow a$.

例 16-2 如图 16-7 所示，一无限长载流导线 AB，电流为 I，导体细棒 CD 与 AB 共面，并互相垂直，CD 长为 l，C 距 AB 为 a，CD 以匀速度 $\boldsymbol{v}$ 沿 $A\rightarrow B$ 方向运动，求 CD 中感应电动势 ε_i.

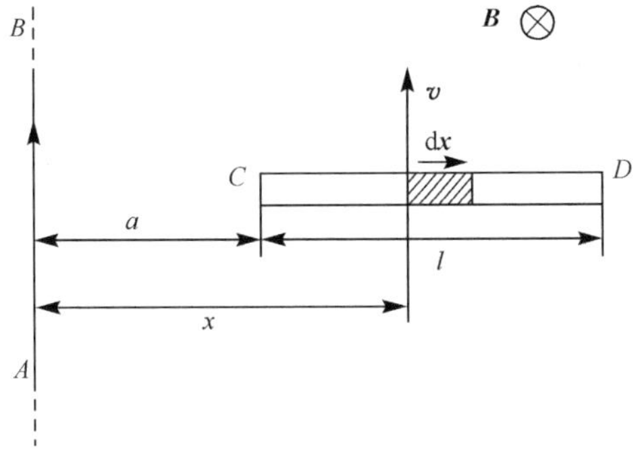

图 16-7 例 16-2 图

解　在 CD 上距离 AB 为 x 处取线元 $\mathrm{d}x$，其矢量 $\mathrm{d}\boldsymbol{x}$ 方向如图 16-7 所示，其产生的动生电动势为 $\mathrm{d}\varepsilon_i$，则

$$\mathrm{d}\varepsilon_i=(\boldsymbol{v}\times\boldsymbol{B})\cdot\mathrm{d}\boldsymbol{x}$$

因为 $\boldsymbol{B}$ 的方向垂直纸面向里，所以 $\boldsymbol{v}\times\boldsymbol{B}$ 的方向为 $D\to C$ 方向，即与 $\mathrm{d}\boldsymbol{x}$ 反向. $\boldsymbol{v}\times\boldsymbol{B}$ 的大小为 vB，所以

$$\mathrm{d}\varepsilon_i=(\boldsymbol{v}\times\boldsymbol{B})\cdot\mathrm{d}\boldsymbol{x}=vB\mathrm{d}x\cos\pi=-vB\mathrm{d}x=-v\frac{\mu_0 I}{2\pi x}\mathrm{d}x$$

CD 中产生的 ε_i 为

$$\varepsilon_i=\int_{CD}\mathrm{d}\varepsilon_i=-\int_a^{a+l}v\frac{\mu_0 I}{2\pi x}\mathrm{d}x=-\frac{\mu_0 Iv}{2\pi}\ln\frac{a+l}{a}$$

因为 $\varepsilon_i<0$，所以 ε_i 沿 $D\to C$，即 C 点比 D 点电势高(ε_i 沿 $\boldsymbol{v}\times\boldsymbol{B}$ 在 $\mathrm{d}\boldsymbol{x}$ 上投影分量方向).

16.2.2　在磁场中转动的线圈内的感应电动势和感应电流

如图 16-8 所示，线框 $ABCD$ 绕固定转轴在均匀磁场中匀速转动时，线圈的 AB 边和 CD 边切割磁感应线，磁感应强度与 OO' 轴垂直，在线圈中就产生感应电动势. 如果外电路是闭合的，则在线圈和外电路组成的闭合回路中就出现感应电流. 设矩形线圈 $ABCD$ 的边长分别为 s 和 l，面积 $S=ls$，线圈旋转的角速度为 ω，则取线圈平面法线单位矢量 $\boldsymbol{e}_n$ 恰好平行于磁感应强度 $\boldsymbol{B}$ 的方向时作为计时零点，即 $t=0$，经过时间 t，线圈平面的法线单位矢量 $\boldsymbol{e}_n$ 与 $\boldsymbol{B}$ 之间的夹角为 θ，则 AD 边和 BC 边的线速度为

$$v=\frac{s}{2}\omega$$

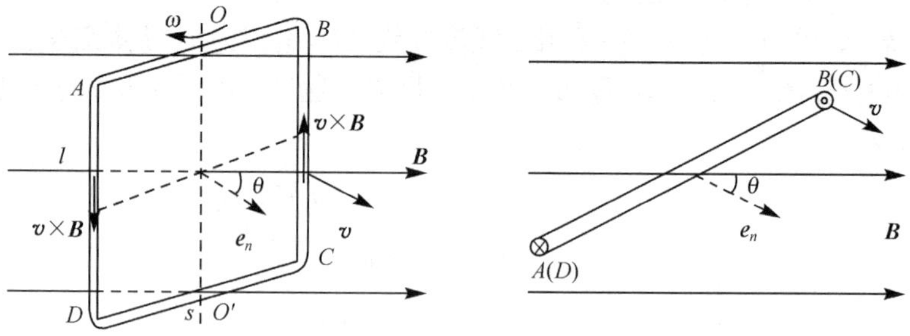

图 16-8　磁场中转动线圈的感应现象

在 BC 边产生的感应电动势为

$$\varepsilon_{BC}=\int_C^B(\boldsymbol{v}\times\boldsymbol{B})\cdot\mathrm{d}\boldsymbol{l}=\int_C^B vB\sin\theta\mathrm{d}l=vBl\sin\theta$$

同理，在 AD 边产生的感应电动势为

$$\varepsilon_{AD}=\int_A^D(\boldsymbol{v}\times\boldsymbol{B})\cdot\mathrm{d}\boldsymbol{l}=\int_A^D vB\sin\theta\mathrm{d}l=vBl\sin\theta$$

总电动势为

$$\varepsilon=\varepsilon_{BC}+\varepsilon_{AD}=2vBl\sin\theta$$

当 $t=0$ 时，$\theta=0$，在 t 时刻，$\theta=\omega t$.

所以总电动势为

$$\varepsilon=2\cdot\frac{s}{2}\omega Bl\sin\omega t=BS\omega\sin\omega t$$

这一结果也可以从磁通量的变化来考虑. 设电动势的正方向为 $A\to B\to C\to D$，即线圈法线 $\boldsymbol{e}_n$ 的方向，如图 16-8 所示，计时起点同上面一样. 这时通过线圈平面的磁通量为

$$\varphi(t)=\boldsymbol{B}\cdot\boldsymbol{S}=BS\cos\theta=BS\cos\omega t$$

根据法拉第电磁感应定律，线圈中产生的动生电动势为

$$\varepsilon=-\frac{\mathrm{d}\varphi}{\mathrm{d}t}=BS\omega\sin\omega t$$

由此看出，两种方法计算的结果相同. N 匝线圈中产生的动生电动势为

$$\varepsilon=NBS\omega\sin\omega t$$

电动势的瞬时方向可由楞次定律或右手定则来判断，如图 16-8 所示.

从计算的结果看出，感应电动势随时间变化的曲线是余弦曲线，这种电动势叫做简谐交变电动势，简称简谐交流电. 交变电动势的大小和方向都在不断变化，当线圈转动一周时，电动势的大小和方向又恢复到以前的情况，也就是说电动势做一次全变化所需的时间，叫做交流电的周期. 1s 电动势所作完全变化的次数，叫做交流电的频率. 我国和其他一些国家，工业上和日常生活中所用的交流电的频率是每秒 50Hz.

交流发电机是动生电动势实际应用的典型例子. 实际的发电机构造都比较复杂，是 N 匝线框绕固定转轴在磁极 N，S 所激发均匀磁场中转动. 当线圈在原动机(如汽轮机、水轮机等供给线圈转动所需的机械能的装置)的带动下匀速转动时，线圈中形成感应电流，这时它在磁场中要受到安培力的作用并形成阻碍线框转动的阻力矩. 为了继续发电，必须靠外部动力来带动. 可见，它的工作原理就是利用电磁感应现象，将机械能转化为电能.

例 16-3　如图 16-9 所示，平面线圈面积为 S，共 N 匝，在匀强磁场 $\boldsymbol{B}$ 中绕轴 OO' 以角速度 ω 匀速转动. OO' 轴与 $\boldsymbol{B}$ 垂直. 当 $t=0$ 时，线圈平面法线 $\boldsymbol{e}_n$ 与 $\boldsymbol{B}$ 同向. 求：

(1)线圈中的感应电动势 ε_i；

(2)若线圈电阻为 R，求感应电流 I_i.

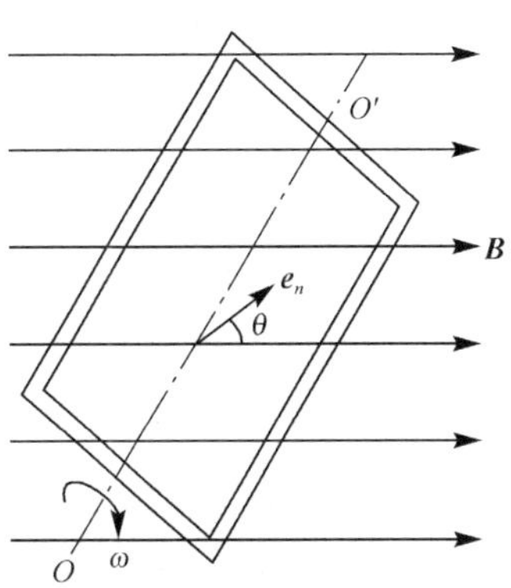

图 16-9　例 16-3 图

解　(1)设 t 时刻 $\boldsymbol{e}_n$ 与 $\boldsymbol{B}$ 夹角为 θ，此时通过线圈的磁通量为

$$\Psi=N\varphi=N(\boldsymbol{B}\cdot\boldsymbol{S})=NBS\cos\theta=NBS\cos\omega t$$

由法拉第电磁感应定律知线圈中感应电动势为

$$\varepsilon_i = -\frac{d\Psi}{dt} = NBS\omega\sin\omega t = \varepsilon_{i0}\sin\omega t$$

式中

$$\varepsilon_{i0} = NBS\omega = \varepsilon_{imax}$$

(2)若线圈电阻为 R,则感应电流为

$$I_i = \frac{\varepsilon_i}{R} = \frac{\varepsilon_{i0}}{R}\sin\omega t = I_0\sin\omega t$$

式中

$$I_0 = \frac{\varepsilon_{i0}}{R} = \frac{NBS\omega}{R} = I_{imax}$$

I_i、ε_i 就是交流发电机的电流和电压,称为交流电.

16.3 感生电场 感生电动势

16.3.1 感生电场

前面用洛伦兹力解释了导体在磁场中运动时动生电动势产生的原因,指出洛伦兹力就是使电子运动并形成电动势的非静电力.可是,在产生感生电动势的过程中,只有空间磁场的变化,而导体并不运动,因此线圈中的电子不受洛伦兹力的作用,那么,在这种情况下,产生电动势的非静电力来自何处呢?从已经掌握的有关电磁现象的知识中是无法找到与感生电动势相应的非静电力产生的原因的.这表明,产生感生电动势的实验事实对我们提出了新的挑战,需要进一步扩大和加深对电磁现象的认识.既然线圈不动而磁场发生变化时能产生感生电动势,说明线圈中的电子必然由于磁场的变化而受到某种力的作用.

显然,因库仑力与磁场变化无关,所以这种力不是静电场的库仑力,又因受力电荷不动,所以这种力也不是洛伦兹力,它是前面内容中尚未认识的一种力.实验表明,这种力与导线的形状、种类和性质无关.因此,假如取出线圈而在变化的磁场中放一个静止带电粒子,它也将受到这种力的作用.英国科学家麦克斯韦在系统总结前人成果的基础上依靠直觉思维提出了一个假设:变化的磁场在其周围空间会激发一种电场,这种电场称为感生电场或涡旋电场.他还进一步指出,只要空间有变化的磁场,就有感生电场存在,而与空间中有无导体或导体回路无关.他的这些假说从理论上揭示了电磁场的内在联系,并已为近代众多的实验结果所证实.

这种电场与静电场的共同点就是对电荷有作用力.与静电场不同之处有:一方面这种涡旋电场不是由电荷激发而是由变化的磁场所激发;另一方面描述涡旋电场的电场线是闭合的,从而说明它不是保守场,即$\oint \boldsymbol{E}_i \cdot d\boldsymbol{l} \neq 0$.产生感生电动势的非静电力是感生电场的电场力.涡旋电场的存在已为许多实验所证实,电子感应加速器就是一个例证.

根据法拉第电磁感应定律,感生电动势为

$$\varepsilon_{\mathrm{i}}=\oint \boldsymbol{E}_{\mathrm{i}}\cdot \mathrm{d}\boldsymbol{l}=-\frac{\mathrm{d}\Phi}{\mathrm{d}t}=-\frac{\mathrm{d}}{\mathrm{d}t}\iint_{(S)}\boldsymbol{B}\cdot \mathrm{d}\boldsymbol{S}=-\iint_{(S)}\frac{\partial \boldsymbol{B}}{\partial t}\cdot \mathrm{d}\boldsymbol{S}$$

由于线圈 L 及空间面积 S 都是静止的,对曲面的积分和对时间的微分可互换次序,并采用偏导的符号,即

$$\oint \boldsymbol{E}_{\mathrm{i}}\cdot \mathrm{d}\boldsymbol{l}=-\iint_{(S)}\frac{\partial \boldsymbol{B}}{\partial t}\cdot \mathrm{d}\boldsymbol{S}$$

感生电场 $\boldsymbol{E}_{\mathrm{i}}$ 沿 $\mathrm{d}\boldsymbol{l}$ 的积分方向,即为感生电动势的正方向,它与回路的法线矢量 $\boldsymbol{e}_n$ 构成右手螺旋关系,$\mathrm{d}\boldsymbol{l}$ 与法线矢量 $\boldsymbol{e}_n$ 构成右手螺旋关系,$-\iint_{(S)}\frac{\partial \boldsymbol{B}}{\partial t}\cdot \mathrm{d}\boldsymbol{S}$ 有负号,所以 $\boldsymbol{E}_{\mathrm{i}}$ 与$\frac{\partial \boldsymbol{B}}{\partial t}$在方向上形成左手螺旋关系:如果左手螺旋沿 $\boldsymbol{E}_{\mathrm{i}}$ 线的方向转动,那么螺旋前进的方向就是$\frac{\partial \boldsymbol{B}}{\partial t}$的方向. 在一般情况下,空间的总电场是静电场和涡旋电场的叠加,即

$$\boldsymbol{E}=\boldsymbol{E}_{\mathrm{k}}+\boldsymbol{E}_{\mathrm{i}}$$

也就是

$$\oint \boldsymbol{E}\cdot \mathrm{d}\boldsymbol{l}=\oint (\boldsymbol{E}_{\mathrm{k}}+\boldsymbol{E}_{\mathrm{i}})\cdot \mathrm{d}\boldsymbol{l}=\oint \boldsymbol{E}_{\mathrm{i}}\cdot \mathrm{d}\boldsymbol{l}$$

$$\oint_{(L)}\boldsymbol{E}\cdot \mathrm{d}\boldsymbol{l}=-\iint_{(S)}\frac{\partial \boldsymbol{B}}{\partial t}\cdot \mathrm{d}\boldsymbol{S}$$

上式是电磁学的基本方程之一,在恒定条件下,一切物理量不随时间变化,则上式变为

$$\oint_{(L)}\boldsymbol{E}\cdot \mathrm{d}\boldsymbol{l}=0$$

这就是静电场的环路定理. 最后应指出,将感应电动势分为动生和感生两类,但在确认是导体还是磁场源运动时,显然与所选参考系有关,因此这种分法在一定程度上只有相对的意义.

例 16-4 无限长螺线管中通有变化的电流,若$\frac{\partial \boldsymbol{B}}{\partial t}$为大于零的常矢量,求螺线管内外的感生电场.

解 本题实际上是计算轴对称分布的变化磁场产生的感生电场.

首先根据对称性和感生电场所服从的基本规律,确定感生电场的特征.

(1)根据对称性和感生电场的"高斯定理",感生电场不可能有垂直于对称轴的径向分量;

(2)根据对称性和感生电场的"环路定理",感生电场不可能有轴向分量.

因此,断定感生电场的方向沿着围绕对称轴的圆周的切线方向,且同一圆周上各点大小相同,如图 16-10(a)所示. 我们利用$\oint_{(L)}\boldsymbol{E}_{\mathrm{i}}\cdot \mathrm{d}\boldsymbol{l}=-\iint_{(S)}\frac{\partial \boldsymbol{B}}{\partial t}\cdot \mathrm{d}\boldsymbol{S}$,求螺线管内外的感生电场.

当 $r\leqslant R$ 时，

$$2\pi rE_{\mathrm{i}}=\pi r^{2}\frac{\mathrm{d}B}{\mathrm{d}t},\quad E_{\mathrm{i}}=\frac{r}{2}\frac{\mathrm{d}B}{\mathrm{d}t}$$

当 $r>R$ 时，

$$2\pi rE_{\mathrm{i}}=\pi R^{2}\frac{\mathrm{d}B}{\mathrm{d}t},\quad E_{\mathrm{i}}=\frac{R^{2}}{2r}\frac{\mathrm{d}B}{\mathrm{d}t}$$

感生电场 $\boldsymbol{E}_{\mathrm{i}}$ 的方向与 $\frac{\mathrm{d}\boldsymbol{B}}{\mathrm{d}t}$ 构成左手螺旋关系. $\boldsymbol{E}_{\mathrm{i}}$ 大小随 r 的变化如图 16-10(b)所示.

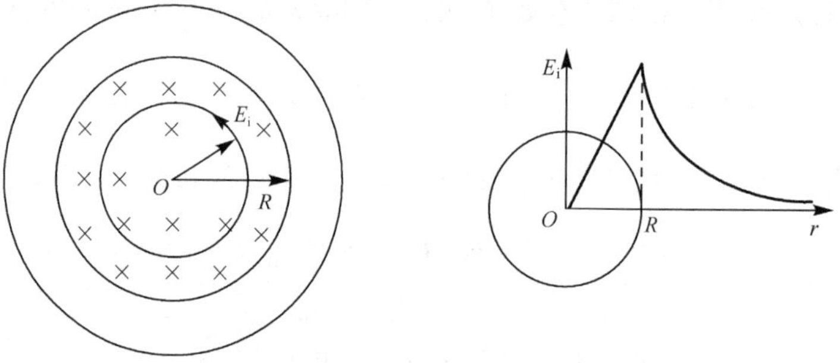

图 16-10　例 16-4 图

值得注意的是，在螺线管外，尽管 $\frac{\mathrm{d}\boldsymbol{B}}{\mathrm{d}t}=0$，但是 E_{i} 却不为零，因此不能形式地认为某点的 E_{i} 由该点的 $\frac{\mathrm{d}\boldsymbol{B}}{\mathrm{d}t}$ 所确定. 为了进一步说明感应电场与静电场的区别，作如下讨论.

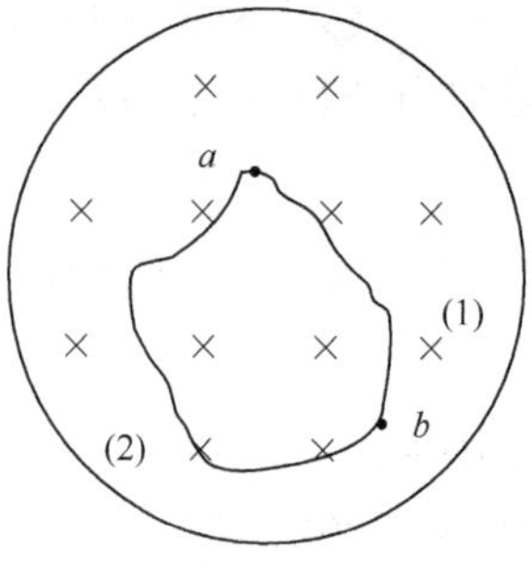

图 16-11　感应电场中的电势和电势差

(1)由感应电场的涡旋性，对于图 16-11 中的闭合回路，由 $\oint\boldsymbol{E}_{\mathrm{i}}\cdot\mathrm{d}\boldsymbol{l}\neq 0$ 可知，$\int_{a\,(1)}^{b}\boldsymbol{E}_{\mathrm{i}}\cdot\mathrm{d}\boldsymbol{l}\neq\int_{a\,(2)}^{b}\boldsymbol{E}_{\mathrm{i}}\cdot\mathrm{d}\boldsymbol{l}$，所以在感应电场中，关于“场点 a、b 间的电势差”，场点 a 或场点 b 的电势等概念均已不再有意义.

(2)若在感应电场中放有导体，则因导体中存在感应电动势将使导体两端的 a 和 b 积累正、负电荷，从而在 a、b 两端出现电势差(在不构成导电回路情况下，电势差大小就等于感生电动势). 因此，这里导体 a、b 两端“电势差”的提法又有意义了.

16.3.2　感生电动势

当导线不动而空间磁场变化时，线圈中的磁通量也会发生变化，或者更确切地说，即使导线不闭合，从而无磁通可言，但只要空间有变化的磁场，在不动的导线中就会产生电动势，这种由磁场变化而产生的电动势叫做感生电动势.

感生电动势可以用下面两种方法计算.

(1)应用电动势定义,即由 $\varepsilon_i = \int \boldsymbol{E}_i \cdot d\boldsymbol{l}$ 求解,这种方法要求事先知道导线上各点的 $\boldsymbol{E}_i$. 除了某些对称情况,如在长螺线管形成的变化磁场区域计算感生电动势比较方便外,一般情况下计算感生电动势是相当困难的,故此方法使用得不多;

(2)利用法拉第电磁感应定律求解. 对于闭合电路,知道线圈的$\frac{d\varphi}{dt}$,便可求出感生电动势. 对于非闭合的一段导线,可假设磁通量可求的一条辅助曲线与此导线组成闭合回路,只要知道这条回路的$\frac{d\varphi}{dt}$,就可求解.

例 16-5 在例 16-4 的条件下,把一长为 L 的金属棒放置在距螺线管截面中心 h 远处,如图 16-12(a)所示,求棒中的感生电动势.

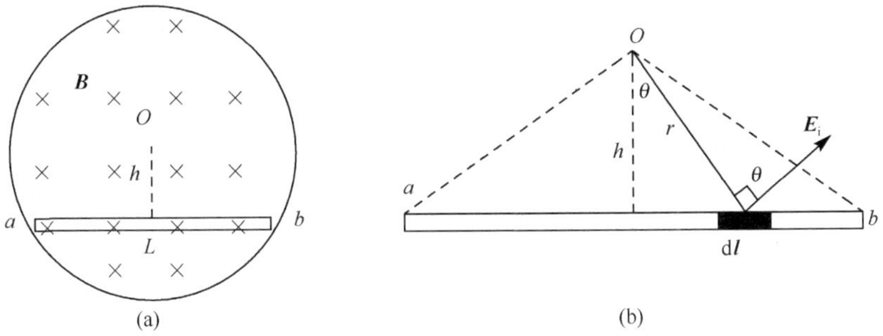

图 16-12 例 16-5 图

解 本题可用求感生电动势的两种方法进行求解.

(1)用公式 $\varepsilon_i = \int \boldsymbol{E}_i \cdot d\boldsymbol{l}$ 求解.

根据例 16-4 的结果,在螺线管内,感生电场 $\boldsymbol{E}_i$ 沿圆周的切线方向,并有

$$E_i = \frac{r}{2}\frac{dB}{dt}, \quad r < R$$

如图 16-12(b)所示,在金属棒上取线元 $d\boldsymbol{l}$,$d\boldsymbol{l}$ 上的感生电动势为

$$d\varepsilon_i = \boldsymbol{E}_i \cdot d\boldsymbol{l} = \frac{r}{2}\frac{dB}{dt}\cos\theta dl = \frac{h}{2}\frac{dB}{dt}dl$$

则棒中的电动势为

$$\varepsilon_{ab} = \int_a^b d\varepsilon_i = \int_0^L \frac{h}{2}\frac{dB}{dt}dl = \frac{1}{2}hL\frac{dB}{dt}$$

由于$\frac{dB}{dt}>0$,故 $\varepsilon_{ab}>0$,说明它的方向由 a 指向 b.

(2)用法拉第电磁感应定律求解. 如图 16-12(b)所示,取 $OabO$ 为闭合回路,回路的面积为 $S=\frac{1}{2}hL$. 穿过 S 的磁通量为 $\varphi=-\frac{1}{2}hLB$,式中负号表示 φ 与 $\boldsymbol{B}$ 反向. 由法拉第

电磁感应定律得

$$\varepsilon_i = -\frac{d\varphi}{dt} = \frac{1}{2}hL\frac{dB}{dt}$$

由于 Oa、Ob 沿半径方向,不产生感生电动势,所以棒中的感生电动势为

$$\varepsilon_{ab} = \frac{1}{2}hL\frac{dB}{dt}$$

它的方向由 a 指向 b,与方法(1)所得结果相同.

*16.3.3 电子感应加速器

电子感应加速器是利用交变磁场激发的涡旋电场加速电子以获得高速电子束的装置. 1932 年 J. 斯莱皮恩提出构想,1940 年制成把电子加速到 2.3MeV 的电子感应加速器,经不断改进,到 1945 年建成 100MeV 的电子感应加速器.

电子感应加速器原理如图 16-13 所示. 在电磁铁的两磁极间放置环形真空室,电磁铁在频率为数十赫兹的强大正弦交流电激励下,在环形真空室内产生交变磁场,从而在室内形成很强的感生电场. 由电子枪注入环形真空室内的电子,既在磁场中受洛伦兹力的作用而做圆周运动,又在感生电场作用下不断沿切向获得加速. 由于磁场和感生电场都是交变的,所以在交变电流的一个周期内,只有当感生电场的方向与电子绕行的方向相反时,电子才能得到加速. 因而,要求每次注入电子束并使它加速后,在电场尚未改变方向前就将已加速的电子束从加速器中引出. 由于用电子枪注入真空室的电子束已经具有一定的速度,在电场方向改变前的短时间内,电子束已经在环内绕行几十万圈,并且一直受到电场加速. 为了使电子得到稳定加速,要求电子轨道处的磁场为轨道内部平均磁场的一半. 这样在励磁电流变化的 1/4 周期内,电子在环形室内绕行百万圈以上,能量可达 100MeV. 电子感应加速器中感生电场对电子的加速作用,表明麦克斯韦提出的感生电场是实实在在的客观存在.

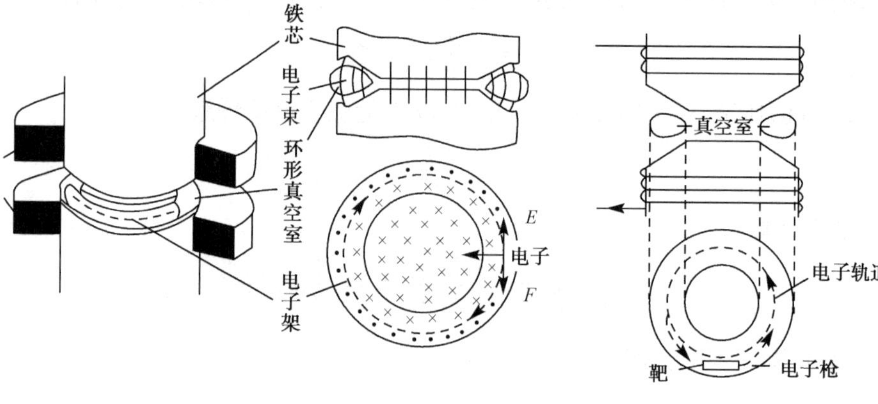

(a)结构示意图　　(b)磁极及真空室中电子的轨道

图 16-13 电子感应加速器原理图

电子感应加速器属于低能加速器,它主要的应用是使高能电子轰击在金属靶上,

通过轫致辐射产生 γ 射线，用于工业 γ 射线探伤和射线治疗癌症，所以可以获得能量相当高的电子. 例如，一个 100MeV 的电子感应加速器，能使电子速度加速到 0.999986c，这里 c 为光在真空中的速度.

图 16-14 表示在一个周期中电子受到的涡旋电场力和洛伦兹力的方向，说明只有在第一个周期内电子才处于正常的加速阶段. 好在这个时间内电子已经转了几十万圈甚至几百万圈，并使电子获得了数百兆电子伏的能量，引出高能电子束可用于物理研究、医疗和工业生产中.

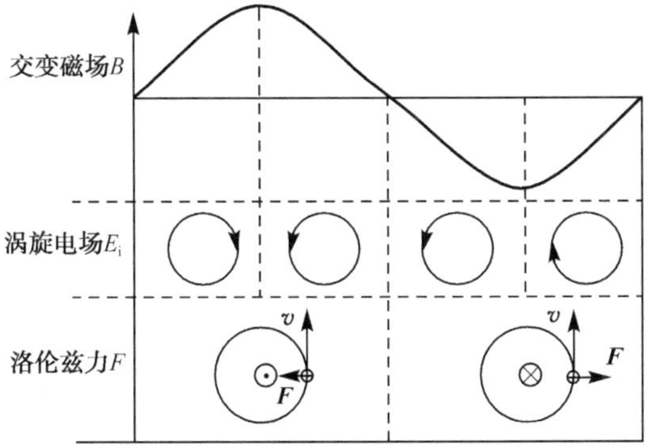

图 16-14　涡旋电场力和洛伦兹力图示

*16.3.4　涡电流

当大块导体放在变化着的磁场中或相对于磁场运动时，在这块导体中也会出现感应电流. 由于导体内部处处可以构成回路，任意回路所包围面积的磁通量都在变化，因此，这种电流在导体内自行闭合，形成涡旋状，故称为涡电流.

如图 16-15 所示，在圆柱形铁芯上绕有螺线管，通有交变电流 I，随着电流的变化，铁芯内磁通量也在不断改变. 我们把铁芯看成由一层一层的圆筒状薄壳所组成，每层薄壳都相当于一个回路. 由于穿过每层薄壳横截面的磁通量都在变化着，因此，在相应于每层薄壳的回路中都将激起感应电动势并形成环形的感应电流. 我们把这种电流叫做涡电流. 涡电流是法国物理学家傅科发现的，所以也称为傅科电流. 对于大块的良导电体，由于电阻很小，涡电流强度可以很大.

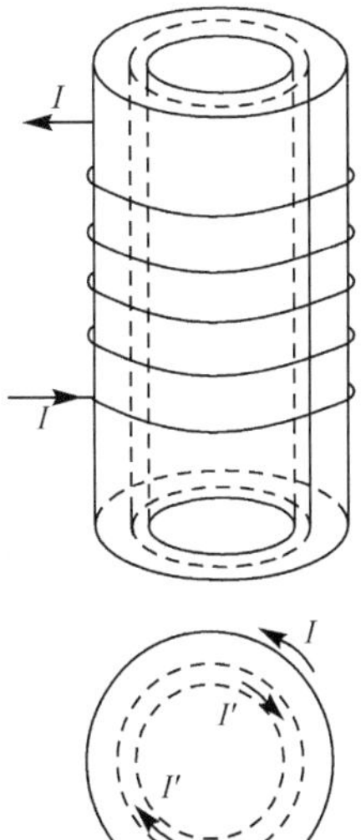

图 16-15　涡电流(一)

在金属圆柱体上绕一线圈，当线圈中通入交变电流时，金属圆柱体便处在交变磁场中. 由于金属导体的电阻很小，涡电流很大，所以热效应极为显著，可以用于金属材料的加热和冶炼. 理论分析表明,涡电流强度与交变电流的频率成正比,涡电流产生的焦耳热则与交变电流的平方成正比,因此,采用高频交流电就可以在金属圆柱体内汇聚成强大的涡流,释放出大量的焦耳热,最后使金属自身熔化. 这就是高频感应炉的原理. 高频感应炉主要用于加热、熔化和冶炼金属.

另外,导体中发生涡电流,也有有害的方面. 在许多电磁设备,如变压器、交流电机等交流设备中,常有大块的金属部件组成铁芯,存在由线圈中交变电流所引起的涡电流,使大量的能量变成热而损耗. 涡流发热对电器是有害的,故铁芯常用互相绝缘的薄片(薄片平面与磁感应线平行)或细条(细条方向与磁感应线平行)叠合而成,以减小涡流损耗.

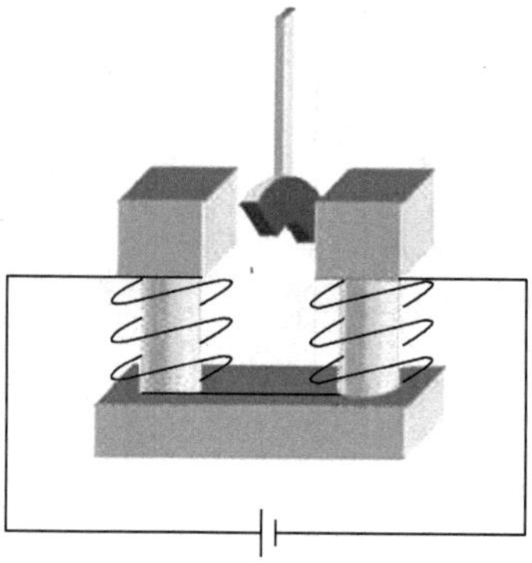

图 16-16　涡电流(二)

涡电流还可以起到电磁阻尼作用. 如图 16-16 所示,有一金属板做成的摆,在电磁铁的两极之间摆动,如果电磁铁的线圈中不通电,则两极间无磁场,金属摆可持续较长时间的摆动才会停下来,当电磁铁的线圈中通有电流时,两极间便有了磁场,金属摆在磁场中摆动时产生了涡电流. 根据楞次定律,磁场对涡电流的作用要阻碍摆和磁场的相对运动,金属摆受到阻尼力的作用,很快就会停下来,这种阻尼来源于电磁感应,称为电磁阻尼. 利用磁场对金属板的阻尼作用,可制成各种电磁阻尼器,例如磁电式电表或电气机车的电磁制动器中的阻尼装置,就是应用涡电流实现其阻尼作用的. 由于电磁阻尼起着阻碍相对运动的作用,利用这种原理也可以制成电动机,如感应式异步电动机.

16.4　自感应和互感应

16.4.1　自感应

按电磁感应定律,当穿过回路的磁通量发生变化时,回路中就有感应电动势产生. 作为一个普遍成立的定律,并不区分穿过回路的磁通量源于何处. 通常情况下有两种可能:磁通量或者是来源于回路自身中的电流,或者是来源于其他回路中的电流. 在前一种情况下发生的电磁感应称为自感,后一种情况称为互感.

当一线圈回路中的电流变化时,它所激发的磁场通过线圈自身的磁通量(或磁通匝链数)也在变化,使线圈回路自身产生感应电动势. 这种因线圈回路中电流变化而在线圈回路自身所引起的电磁感应现象叫做自感现象,所产生的电动势叫做自感电动势,相应的电流称为自感电流.

自感现象可以通过实验来演示，如图 16-17 所示，有一回路 l，所围面积 S 的法向沿 l 的右手螺旋方向. 先讨论回路电流在回路自身中产生磁通量的规律. 从理论上讲，知道了磁通量的规律后，由电磁感应定律就很能容易得到回路自感电动势的规律. 若回路中有电流 I，则在回路周围存在一个磁场 $\boldsymbol{B}$，根据毕奥-萨伐尔定律，可知任一点的磁感强度大小 B 和电流 I 成正比，又根据磁通量的定义，可知面积 S 上的磁通量也和 I 成正比，即有

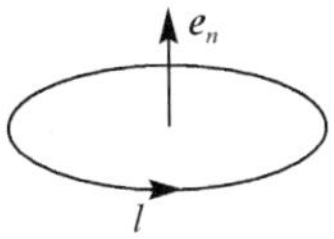

图 16-17　自感现象

$$\Psi \propto I$$

下面讨论自感现象的规律，我们定义

$$\Psi = LI$$

式中，L 称为自感系数.

$$\varepsilon_L = -\frac{\mathrm{d}\Psi}{\mathrm{d}t} = -L\frac{\mathrm{d}I}{\mathrm{d}t}$$

若将此式写为

$$L = -\frac{\varepsilon_L}{\mathrm{d}I/\mathrm{d}t}$$

则可得自感系数的另一种定义，即线圈的自感系数等于当电流变化率为一个单位时，该线圈产生的自感电动势.

自感 L 的两种定义实质上是等效的，在 SI 中，自感的单位为亨利(H). $1\mathrm{H} = 1\mathrm{Wb} \cdot \mathrm{A}^{-1}$，实际中还有毫亨(mH)和微亨($\mu$H). 上式中的负号表明，当回路中电流增大时，$\varepsilon_L < 0$，即自感电动势与电流方向相反；反之，当回路中电流减小时，$\varepsilon_L > 0$，即自感电动势与电流方向相同. 即回路中的自感有使回路中的电流保持不变的性质，自感愈大，回路中电流愈不易改变. 回路的这一性质与力学中物体的惯性相似，L 描述了线圈“电磁惯性”的大小. 自感系数的计算方法一般比较复杂，实际中常常通过实验来测定，简单的情形可以根据毕奥-萨伐尔定律来计算. 长直螺旋管自感系数为 $L = \mu_0 n^2 V$，可看出 L 与线圈的形状、大小、匝数及周围的介质情况(如填充其他介质，则 μ_0 改为 μ)有关，而与螺旋管中通过的电流无关. 此结果是对实际的螺旋管是近似的，实际测得的结果要小些，由于没有考虑端点效应.

下面简单讨论一下自感电动势的正方向问题：由于 ε_L 与 Ψ 的正方向满足右手螺旋关系(法拉第电磁感应定律中规定的)，而 I，Ψ 的正方向也满足右手螺旋关系(由实验规律确定的)，即 ε_L，I 的正方向总是相同的，所以只要标出电流的正方向也就标出了自感电动势的正方向. 引入自感电动势的正方向后，给列电路方程带来了方便，而自感电动势的真实方向就是由它的正、负来反映的.

16.4.2　互感应

两个线圈，当其中一个线圈的电流发生变化时，将引起穿过另一线圈的磁通量发

生变化,从而在该线圈中产生感应电动势,这种现象称为互感现象(或互感),产生的电动势称为互感电动势.

由毕奥-萨伐尔定律可知,线圈1产生的磁场大小与电流 I 成正比,因此磁链 Ψ 也与 I 成正比. 设比例系数为 M_{12},则 $\Psi_{12}=M_{12}I_1$;同理,$\Psi_{21}=M_{21}I_2$. 比例系数称为互感系数或互感. 理论和实验证明 $M_{12}=M_{21}=M$,互感 M 只由两个线圈的几何形状、大小、匝数、线圈的相对位置以及周围介质情况而定,而与线圈中的电流无关. 互感电动势为

$$\varepsilon_{12}=-\frac{\mathrm{d}\Psi_{12}}{\mathrm{d}t}=-M\frac{\mathrm{d}I_1}{\mathrm{d}t},\quad \varepsilon_{21}=-\frac{\mathrm{d}\Psi_{21}}{\mathrm{d}t}=-M\frac{\mathrm{d}I_2}{\mathrm{d}t}$$

由以上公式可得互感 M 的两个定义式

$$M=\frac{\Psi_{12}}{I_1}=\frac{\Psi_{21}}{I_2},\quad M=-\frac{\varepsilon_{12}}{\frac{\mathrm{d}I_1}{\mathrm{d}t}}=-\frac{\varepsilon_{21}}{\frac{\mathrm{d}I_2}{\mathrm{d}t}}$$

两个定义式实质上是等效的. 互感系数的计算一般比较复杂,实际中常常通过实验来测定.

例 16-6 如图 16-18 所示,在真空中有一长螺线管,上面紧绕着两个长度为 l 的线圈,内层线圈(称为原线圈)的匝数为 N_1,外层线圈(称为副线圈)的匝数为 N_2,求:(1)这两个共轴螺线管的互感系数;(2)两个螺线管的自感系数与互感系数的关系.

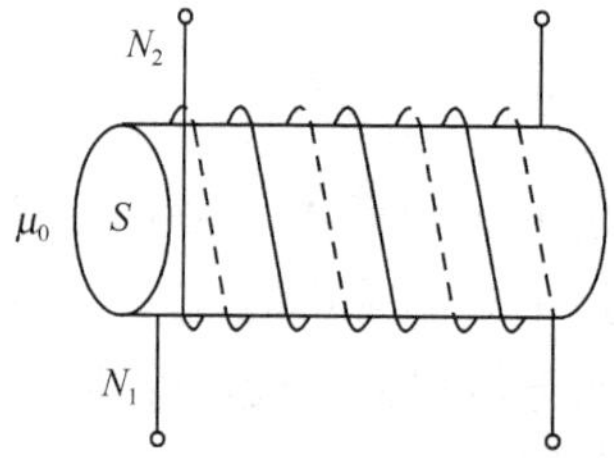

图 16-18　例 16-6 图

解 (1)设原线圈通过电流 I_1,它在螺线管中产生的磁感应强度为

$$B_1=\mu_0\frac{N_1I_1}{l}$$

I_1 引起的穿过副线圈的磁通匝链数为

$$\Psi_{12}=N_2B_1S=\mu_0\frac{N_1N_2S}{l}I_1$$

可得两线圈的互感系数为

$$M=\frac{\Psi_{12}}{I_1}=\mu_0\frac{N_1N_2S}{l}$$

同理,当副线圈中通有电流 I_2 时,I_2 在螺线管中产生的磁感应强度为

$$B_2=\mu_0\frac{N_2I_2}{l}$$

I_2 引起的穿过原线圈的磁通匝链数为

$$\Psi_{21}=N_1B_2S=\mu_0\frac{N_1N_2S}{l}I_2$$

可得两线圈的互感系数为

$$M=\frac{\Psi_{21}}{I_2}=\mu_0\frac{N_1N_2S}{l}$$

以上两种方法计算的结果表明,两耦合线圈的互感系数是相等的.

(2)当原线圈中通有电流 I_1 时,它在原线圈本身产生的磁通匝链数为

$$\Psi_{11}=N_1B_1S=\mu_0\frac{N_1^2I_1}{l}S$$

根据自感系数定义式,得原线圈的自感系数为

$$L_1=\mu_0\frac{N_1^2}{l}S$$

同理,可得副线圈的自感系数为

$$L_2=\mu_0\frac{N_2^2}{l}S$$

$$\sqrt{L_1L_2}=\sqrt{\mu_0^2\frac{N_1^2N_2^2}{L^2}S^2}=\mu_0\frac{N_1N_2}{l}S$$

故得

$$\sqrt{L_1L_2}=M$$

这就是互相耦合的两个线圈的互感系数与其自感系数的关系.

必须指出,上式只有在一个线圈所产生的磁通量全部穿过另一线圈的每一匝的情况下才适用,这时两线圈间的耦合最紧密,无磁漏现象发生,称为理想耦合.

在一般情况下,两个线圈之间总会有磁漏现象,即一个线圈所产生的磁通量只有一部分穿过另一线圈.因此

$$M<\sqrt{L_1L_2}\quad 或\quad M=k\sqrt{L_1L_2}$$

式中,$0<k<1$,k 的大小取决于两个线圈的相对位置和各自的绕法,反映了两个线圈耦合的紧密程度,称为耦合系数.

16.4.3 互感线圈的串联

将两个线圈串联起来看成一个线圈,它有一定的总自感.在一般的情形下,总自感的数值并不等于两个线圈各自自感的和,所以还必须注意到两个线圈之间的互感.

顺接串联线圈的总自感为

$$L=L_1+L_2+2M$$

反接串联线圈的总自感为

$$L=L_1+L_2-2M$$

考虑两个特殊情形:

(1)当两个线圈制作或放置使得它们各自产生的磁通量不穿过另一线圈时,两个线圈的互感系数为零,这时串联线圈的自感系数就是两个线圈的自感系数的和.

(2)当两个无漏磁的线圈顺接时,总自感为

$$L=L_1+L_2-2\sqrt{L_1L_2}$$

当它们反接时,总自感为

$$L=L_1+L_2+2\sqrt{L_1L_2}$$

16.5　磁场的能量

研究磁场的能量时，与电场能量进行比较(电容器 $W=\frac{1}{2}CV^2$).

已知电场的能量密度为

$$w_e=\frac{1}{2}\varepsilon E^2=\frac{1}{2}\frac{D^2}{\varepsilon}=\frac{1}{2}DE$$

下面从具有自感的简单电路中的电流增长过程推导磁场的能量表达式. 设有自感为 L 的线圈，在线圈中电流由零增加到稳定值 I 的过程中，线圈中的自感电动势为

$$\varepsilon_L=-L\frac{\mathrm{d}I}{\mathrm{d}t}$$

在 $\mathrm{d}t$ 内，电源电动势反抗自感电动势而做功

$$\mathrm{d}A=-\varepsilon_L I\,\mathrm{d}t=LI\mathrm{d}I$$

由功能原理，磁场能量 W_m 的增量 $\mathrm{d}W_m$ 为

$$\mathrm{d}W_m=\mathrm{d}A=LI\mathrm{d}I$$

则

$$W_m=\int_0^I LI\mathrm{d}I=\frac{1}{2}LI^2$$

要变换成描述磁场本身的量 $\boldsymbol{B}$ 和 $\boldsymbol{H}$，以长直螺线管为例

$$B=\mu nI,\quad L=\mu n^2V$$

$$W_m=\frac{1}{2}LI^2=\frac{1}{2}\mu n^2V\cdot\frac{B^2}{\mu^2n^2}=\frac{1}{2}\frac{B^2}{\mu}V$$

磁场能量为

$$W_m=\frac{1}{2}BHV$$

磁场的能量密度为

$$w_m=\frac{W_m}{V}=\frac{1}{2}BH$$

磁场能量的普遍公式为

$$W_m=\frac{1}{2}BH=\frac{1}{2}\frac{B^2}{\mu}=\frac{1}{2}\mu H^2$$

$$\mathrm{d}W_m=w_m\mathrm{d}V,\quad W_m=\frac{1}{2}\int BH\mathrm{d}V$$

例 16-7　设等边三角形线圈高为 h，平行于直导线的一边到直导线的距离为 b，且长直导线与三角形线圈共面，求：

(1)长直导线与三角形线圈间的互感系数；

(2)设导线和三角形中电流分别为 I_1，I_2，若 b 增至 $2b$，互感磁能改变了多少？是

增加还是减少了？

解 (1)设长直导线通有电流 I，则在三角形线圈内产生的磁通为

$$\Psi=\int_0^h \frac{\mu_0 I}{2\pi(b+h-x)}2x\tan30^\circ \mathrm{d}x$$

$$=\frac{\mu_0 I}{\sqrt{3}\pi}\int_0^h \frac{x\mathrm{d}x}{b+h-x}$$

$$=\frac{\mu_0 I}{\sqrt{3}\pi}\left[(b+h)\ln\frac{b+h}{b}-h\right]$$

故

$$M=\frac{\Psi}{I}=\frac{\mu_0}{\sqrt{3}\pi}\left[(b+h)\ln\frac{b+h}{b}-h\right]$$

(2)

$$W_{\mathrm{m}}=MI_1I_2,\quad \Delta W_{\mathrm{m}}=I_1I_2(M_2-M_1)$$

式中

$$M_2=\frac{\Psi}{I}=\frac{\mu_0}{\sqrt{3}\pi}\left[(2b+h)\ln\frac{2b+h}{2b}-h\right]$$

$$M_1=\frac{\Psi}{I}=\frac{\mu_0}{\sqrt{3}\pi}\left[(b+h)\ln\frac{b+h}{b}-h\right]$$

$$\Delta W_{\mathrm{m}}=\frac{\mu_0}{\sqrt{3}\pi}I_1I_2\left[(2b+h)\ln\frac{2b+h}{2b}-h-(b+h)\ln\frac{b+h}{b}+h\right]$$

$$=\frac{\mu_0}{\sqrt{3}\pi}I_1I_2\left[b\ln\frac{\frac{(2b+h)^2}{4b^2}}{\frac{b+h}{b}}+h\ln\frac{2b+h}{2(b+h)}\right]$$

$$=\frac{\mu_0}{\sqrt{3}\pi}I_1I_2\left[b\ln\frac{(2b+h)^2}{4b(b+h)}+h\ln\frac{2b+h}{2(b+h)}\right]<0$$

互感磁能减少.

【工程应用】

电磁炉工作原理

电磁炉是一种利用电磁感应原理将电能转换为热能的厨房电器，是应用电磁感应原理对食品进行加热的. 电磁炉的炉面是耐热陶瓷板，交变电流通过陶瓷板下方的线圈产生磁场，磁场内的磁力线穿过铁锅、不锈钢锅等底部时产生涡流，令锅底迅速发热，达到加热食品的目的. 电磁炉灶台台面是一块高强度、耐冲击的陶瓷平板(结晶玻璃)，台面下面装有高频感应加热线圈(即励磁线圈)、高频电力转换装置及相应的控制系统，台面上面放有平底烹饪锅. 其工作过程如下：交流电经过整流器转换为直流电，又经高频电力转换装置使直流电变为高频交流电，将高频交流电加在扁平空心

螺旋状的感应加热线圈上，由此产生高频交变磁场.其磁力线穿透灶台的陶瓷台板而作用于金属锅.在烹饪锅体内因电磁感应就有强大的涡流产生.涡流克服锅体的内阻流动时完成电能向热能的转换，所产生的焦耳热就是烹调的热源.

电磁炉使用的优缺点如下.

优点：①加热速度快；②节能环保；③多功能性；④容易清洁；⑤安全性高；⑥使用方便；⑦经济实惠；⑧减少投资；⑨精确温控.

缺点：①温升特别快；②电磁炉发生故障的概率比传统炉具要高；③电磁炉的功率与锅具密切相关，因此对锅具要求较高，锅的通用性较差；④电磁炉工作时，锅底与锅身的温度相差较大，烹调时，如果不及时翻动锅底容易烧焦；⑤民用普通电磁炉通常是平面板，要求使用平底锅，而浅底平锅翻炒时不像传统锅具那么方便；⑥电磁炉面板上显示的功率、温度都是程序事先设置好的，与实际功率和温度会有较大差异；⑦没有汤汁外溢自动关机功能；⑧由于电磁炉无明火，一般人难以直观掌握火候，所以专业厨师从明火改为电磁炉需要较长适应时间；⑨电磁炉产生的磁场由于不可能100％被锅具吸收，部分磁场从锅具周围向外泄漏，就形成了电磁辐射.

交流发电机

发电机通常由定子、转子、端盖及轴承等部件构成.

定子由定子铁芯、线包绕组、机座以及固定这些部分的其他结构件组成.定子的功能是产生交流电.

转子由转子铁芯(或磁极、磁轭)绕组、护环、中心环、滑环、风扇及转轴等部件组成.转子的功能是产生磁场，安装在定子里面.

原理(图16-19)：利用导线切割磁力线感应出电势的电磁感应原理，将原动机的机械能变为电能输出.同步发电机由定子和转子两部分组成.定子是发出电力的电枢，转子是磁极.定子由电枢铁芯、均匀摆放的三相绕组及机座和端盖等组成.转子通常为隐极式，由励磁绕组、铁芯和轴、护环、中心环等组成.转子的励磁绕组通入直流电流，产生接近于正弦分布的磁场(称为转子磁场)，其有效励磁磁通与静止的电枢绕

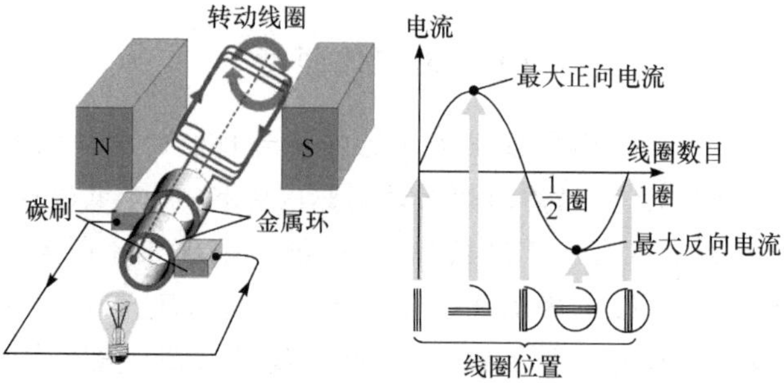

(a) (b)

图16-19　(a)交流发电机工作原理；(b)电流与线圈位置关系

组相交链.转子旋转时,转子磁场随同一起旋转,每转一周,磁力线顺序切割定子的每相绕组,在三相定子绕组内感应出三相交流电势.发电机带对称负载运行时,三相电枢电流合成产生一个同步转速的旋转磁场.定子磁场和转子磁场相互作用,会产生制动转矩.从汽轮机/水轮机/燃气轮机输入的机械转矩克服制动转矩而做功.

涡流探伤仪

涡流探伤仪探测速度快、灵敏度高,对被测物件缺陷敏感性较高,不损害被测物件,能达到无损检测的效果,因此被广泛地使用.为了增强大家对涡流探伤的理解,下面将讲解涡流检测的基本原理及其应用领域.

涡流检测(ET)是无损检测(NDT)方法之一,它以电磁学基本理论作为导体检测的基础.涡流的产生源于电磁感应现象.当交流电施加到导体(如铜导线)上时,磁场将在导体内和环绕导体的空间内产生磁场.涡流就是感应产生的电流,它在一个环路中流动.之所以叫做"涡流",是因为它与液体或气体环绕障碍物在环路中流动的形式是一样的.如果将一个导体放入该变化的磁场中,在导体中将产生涡流,而涡流也会产生磁场,该磁场随着交流电流增大而扩张,随着交流电流减小而削弱.因此,当导体表面或近表面出现缺陷或测量金属材料的一些性质发生变化时,将影响到涡流的强度和分布,我们就可以通过仪器来检测涡流的变化情况,进而可以间接地知道导体内部缺陷的存在及金属性能是否发生了变化.

影响涡流场的因素有很多,如探头线圈与被测材料的耦合程度,材料的形状和尺寸、电导率、磁导率及缺陷等.因此,利用涡流原理可以解决金属材料探伤、测厚、分选等问题,如裂缝、缺陷检查,材料厚度测量,涂层厚度测量,材料的传导性测量等.

应用领域:

(1) 轴承外圈、轴承内圈、齿轮坯、环型金属零件、汽车零部件;

(2) 铜管、钢管、不锈钢管、焊接管、铝塑管、钢丝、双层管、铜包铝、铜包钢、铝丝等金属材料的无损探伤;

(3) 石油套管、抽油杆、空心轴等无损探伤;

(4) 冷凝器管、空调器管、汽车油管等检测.

习题16

一、选择题

1. 一半径 $r=10\text{cm}$ 的圆形回路放在 $B=0.8\text{T}$ 的均匀磁场中,回路平面与 B 垂直,当回路半径以恒定速率 $\frac{dr}{dt}=80\text{cm}\cdot\text{s}^{-1}$ 收缩时,求回路中感应电动势的大小(　　).

A. 0　　B. 0.1　　C. 0.3　　D. 0.4

2. 如图16-20所示,一载流螺线管的旁边有一圆形线圈,欲使线圈产生图示方向的感应电流 i,下列哪种情况可以做到(　　).

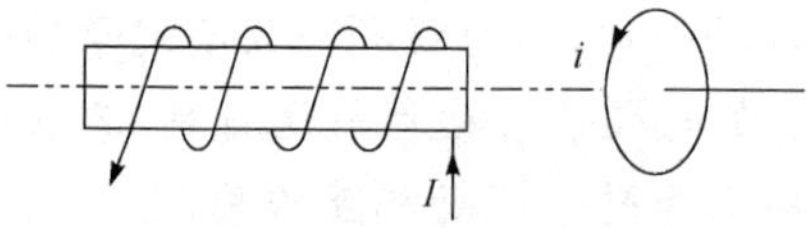

图 16-20　选择题 2

A. 载流螺线管向线圈靠近

B. 载流螺线管离开线圈

C. 载流螺线管中电流增大

D. 载流螺线管中电流不变

3. 对于线圈其自感系数的定义式为 $L=\Phi_m/I$. 当线圈的几何形状、大小及周围磁介质分布不变,且无铁磁性物质时,若线圈中的电流变小,则线圈的自感系数 L(　　).

A. 变大,与电流成反比关系　　B. 变小

C. 不变　　D. 变大,但与电流不成反比关系

4. 真空中两根很长的相距为 $2a$ 的平行直导线与电源组成闭合回路如图 16-21 所示. 已知导线中的电流为 I,则在两导线正中间某点 P 处的磁能密度为(　　).

A. $\dfrac{1}{\mu_0}\left(\dfrac{\mu_0 I}{2\pi a}\right)^2$　　B. $\dfrac{1}{2\mu_0}\left(\dfrac{\mu_0 I}{2\pi a}\right)^2$

C. $\dfrac{1}{2\mu_0}\left(\dfrac{\mu_0 I}{\pi a}\right)^2$　　D. 0

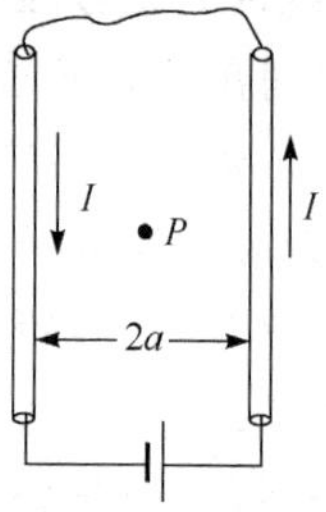

图 16-21　选择题 4

二、填空题

1. 如图 16-22 所示,匀强磁场 B 垂直于纸面向里,一个长为 $2a$,宽为 a 的矩形导电线圈在此磁场中变形成正方形线圈. 在变形过程中感生电流的方向为____________.

2. 用导线制成一半径为 $r=10\text{cm}$ 的闭合圆形线圈,其电阻 $R=10\Omega$,均匀磁场垂直于线圈平面. 欲使电路中有一稳定的感应电流 $i=0.01\text{A}$,B 的变化率应为 $\mathrm{d}B/\mathrm{d}t=$____________.

3. 图 16-23 为一个检测微小振动的电磁传感器原理图. 在振动杆的一端固定一个 N 匝的矩形线圈,线圈宽为 L,线圈的一部分在匀强磁场 B 中,设杆的微小振动规律为 $x=A\cos\omega t$,线圈随杆振动时,线圈中的感应电动势为____________.

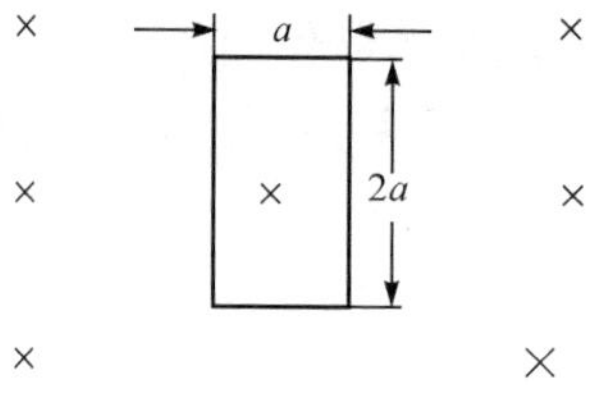

图 16-22　填空题 1

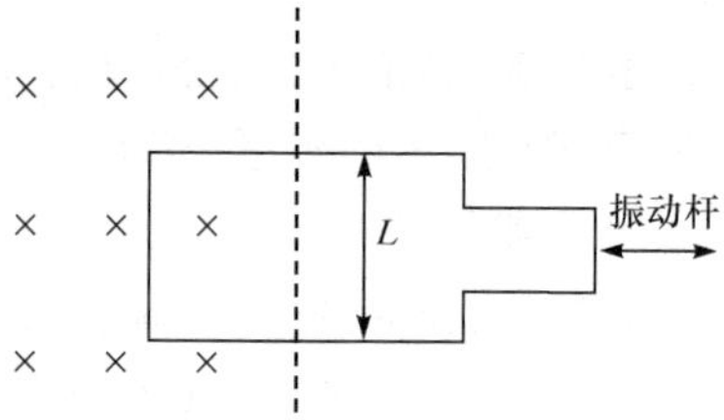

图 16-23　填空题 3

4. 电源电动势的定义(用文字表述)为____________,定义式是____________.

5. 引起动生电动势的非静电力是____________力,其非静电场强度 $E_k=$____________;引起感生电动势的非静电力是____________力,其相应的非静电场是____________激发的.

6. 如图 16-24 所示,在半径为 R 的圆筒内,有方向与轴线平行的匀强磁场 B,今 B 以 $\mathrm{d}B/\mathrm{d}t>0$ 的速率增加,在圆筒外($r>R$),任意半径 r 处 P 的涡旋电场强度为____________.

7. 如图 16-25 所示,长度为 l 的长直导线 ab 在均匀磁场 $\boldsymbol{B}$ 中以速度 $\boldsymbol{v}$ 移动,直导线 ab 中的电动势大小等于____________.

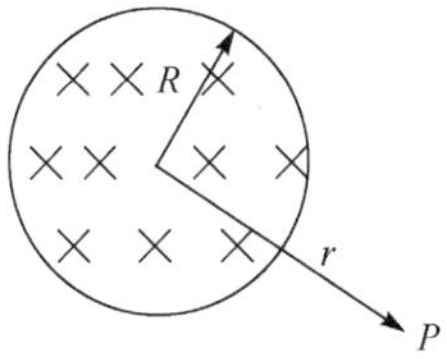

图 16-24 填空题 6

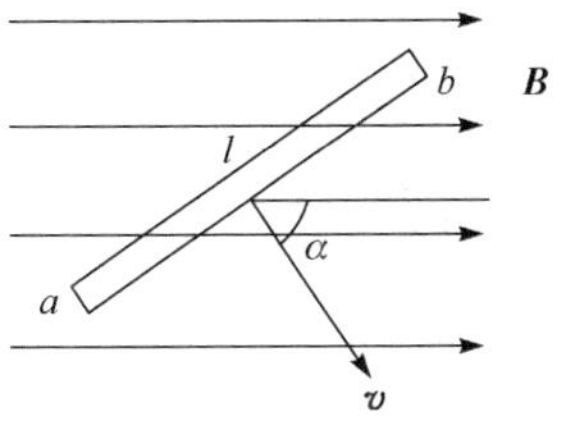

图 16-25 填空题 7

三、计算题

1. 如图 16-26 所示，一长直导线载有 $I=5.0\text{A}$ 的电流，旁边有一矩形线圈 $ABCD$(与此长导线共面)，长 $l_1=0.20\text{m}$，宽 $l_2=0.10\text{m}$，边长与长导线平行，AD 边与导线相距 $a=0.10\text{m}$，线圈共 1000 匝. 令线圈以速度 v 垂直于长导线向右运动，$v=3.0\text{m}\cdot\text{s}^{-1}$. 求线圈中的感应电动势.

2. 如图 16-27 所示，长直导线和矩形线圈共面，AB 边与导线平行，且 $a=2\text{cm}$，$b=6\text{cm}$，$l=7\text{cm}$. 若导线中的电流 i 在 1s 内均匀地从 10A 降到零，则线圈 $ABCD$ 中的感应电动势的大小和方向如何？

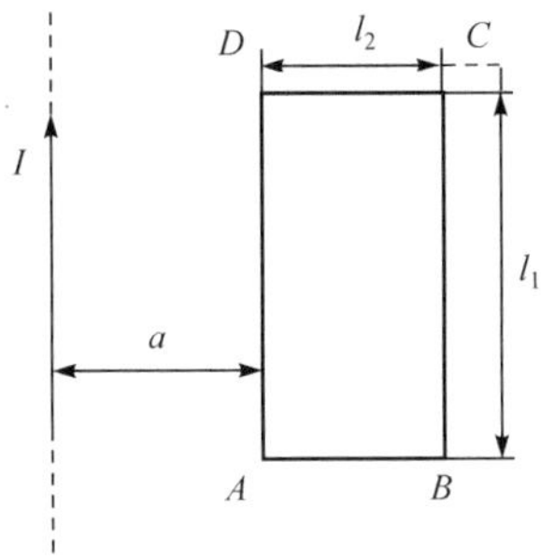

图 16-26 计算题 1

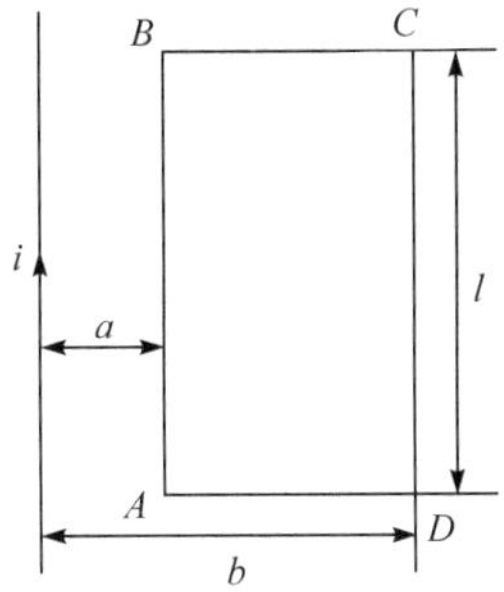

图 16-27 计算题 2

3. 如图 16-28 所示，长为 L 的铜棒，以距端点 r 处为支点，以角速率 ω 绕通过支点且垂直于铜棒的轴转动，设磁感强度为 B 的均匀磁场与轴平行，求棒两端的电势差.

4. 如图 16-29 所示，一长同轴电缆由半径为 R_1 的内圆筒和半径为 R_2 的外圆筒同轴组成. 内外导体中通有大小相等、方向相反的轴向电流，且电流在圆筒上均匀分布. 求长为 l 的一段电缆内所储存的磁能.

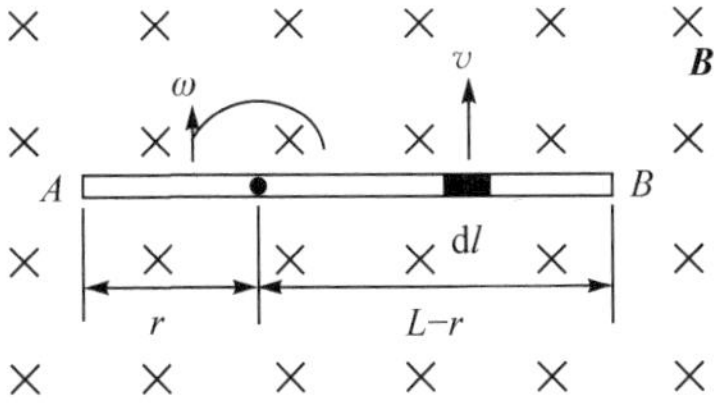

图 16-28 计算题 3

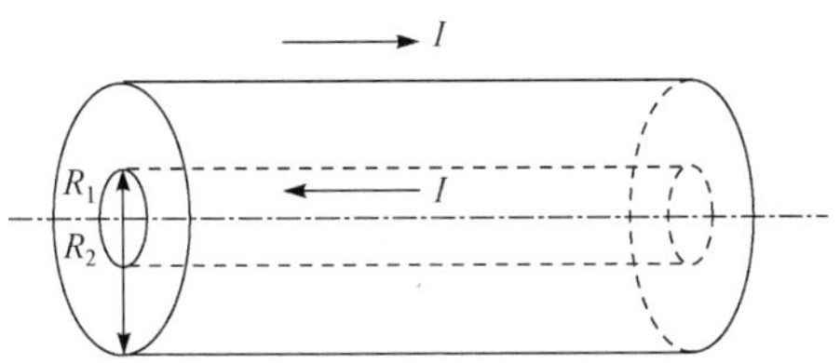

图 16-29 计算题 4

第17章

物质的磁性

本章主要讲两个问题：一是磁介质的性质，二是磁介质与磁场的相互作用规律. 磁介质指的是放入磁场后会受到磁场的影响，反过来又会影响磁场分布的物质. 从这个意义上说，所有实物物质都可以说是磁介质，只不过不同物质受磁场影响和对磁场影响有所不同. 首先从实验事实出发，对磁介质进行分类，定性地介绍它们的一些性质及微观解释，然后引入磁化强度矢量 $\boldsymbol{M}$ 来描述磁介质的磁化状态(磁化方向和磁化程度)，研究磁化电流与磁化强度之间的关系，导出有磁介质时的安培环路定理. 另外，特别介绍铁磁质的一般性质，它是在实际中应用最多的一类磁介质，但对它不作过多的理论探讨.

17.1　磁介质　磁化强度

17.1.1　磁介质

我们讨论了运动电荷或电流在真空中激发的磁场，但实际中，运动电荷或电流周围往往有各种性质的物质存在，我们将这些物质统称为磁介质. 我们联系前面学过的电介质来讨论磁介质.

不论是有极分子的取向极化，还是无极分子的位移极化，最后导致电介质中出现净的分子电矩. 定义极化强度矢量 $\boldsymbol{P}$ 为

$$\boldsymbol{P}=\frac{\sum \boldsymbol{P}_{分子}}{\Delta V}\quad（单位体积内的电矩矢量和）$$

由于介质极化，在表面出现束缚电荷(或极化面电荷密度 $\pm\sigma'$)，产生极化场 $\boldsymbol{E}'$，即总场强为

$$\boldsymbol{E}=\boldsymbol{E}_0+\boldsymbol{E}'$$

同理，磁介质处于磁化状态，磁介质中磁感应强度 $\boldsymbol{B}$ 为原来磁感应强度 $\boldsymbol{B}_0$ 与因磁介质磁化而产生的磁感应强度 $\boldsymbol{B}'$ 的叠加，即

$$\boldsymbol{B}=\boldsymbol{B}_0+\boldsymbol{B}'$$

定义磁介质的相对磁导率为

$$\mu_r=\frac{B}{B_0}$$

均匀各向同性磁介质充满整个磁场时，磁介质的相对磁导率 μ_r 为常数. 由于磁介质磁化特性的不同，μ_r 的大小不同，将磁介质分为三类：

(1)顺磁质. 顺磁质放入磁场中，$\boldsymbol{B}'$与$\boldsymbol{B}_0$同向，$B>B_0$，$\mu_r>1$，但与 1 接近，如锰、铬、铝、空气等.

(2)抗磁质. 抗磁质放入磁场中，$\boldsymbol{B}'$与$\boldsymbol{B}_0$反向，$B<B_0$，$\mu_r<1$，但与 1 接近，如铋、铜、银、氢气等.

(3)铁磁质. 如果$\mu_r\gg1$，材料称为铁磁质. 磁化时具有很强的磁性，撤去外磁场后仍有一定强度的剩磁，如铁、钴、镍等元素，以及铁与金属、非金属合金，铁氧体.

17.1.2　磁介质磁化机制

物质的磁性可以用分子电流理论予以解释.

分子中有电子，每个电子参与绕核和自旋两个运动，产生磁效应. 对于整个分子，各个电子产生的总的磁效应等效为分子电流，相应的磁矩称为分子磁矩，用$\boldsymbol{p}_m$表示.

组成顺磁质的分子有一定的磁矩$\boldsymbol{p}_m$，无外磁场$\boldsymbol{B}_0$时(图 17-1(a))，由于分子热运动，$\boldsymbol{p}_m$方向混乱，磁效应抵消，整个磁介质对外不显磁性. 当有外磁场$\boldsymbol{B}_0$时，每个分子磁矩都受到磁力矩$\boldsymbol{L}$作用，磁力矩$\boldsymbol{L}$使分子磁矩转向$\boldsymbol{B}_0$方向，由于分子的热运动，分子磁矩尚不能与$\boldsymbol{B}_0$完全一致，只是在一定程度上沿外磁场方向排列起来，因而在磁介质内任一点产生与外磁场方向相同的附加磁感应强度$\boldsymbol{B}'$，如图 17-1(b)、(c)所示.

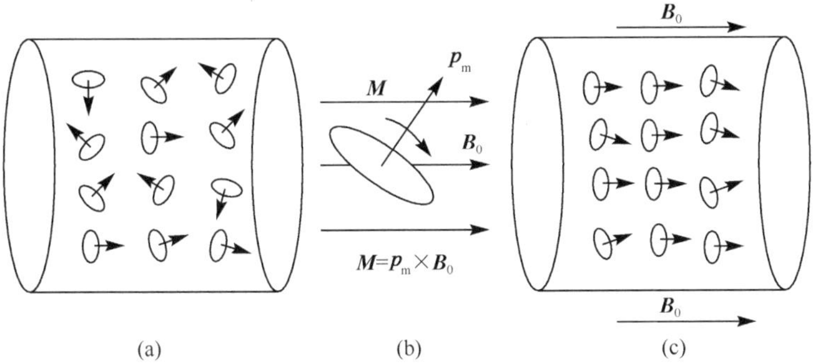

图 17-1　顺磁质的磁化

组成抗磁质的分子，在没有外磁场时，对整个分子而言，没有磁效应，它的分子电流为零，因而没有分子磁矩. 当处在外磁场$\boldsymbol{B}_0$中时，分子或原子中的每个电子都受到洛伦兹力作用，这时电子是怎样运动的呢？分子中的每个电子在恒定的外磁场作用下除做轨道运动及自旋外，轨道平面(或角动量)还要以恒定的角速度绕外磁场方向转动，这种转动称为电子的进动(图 17-2).

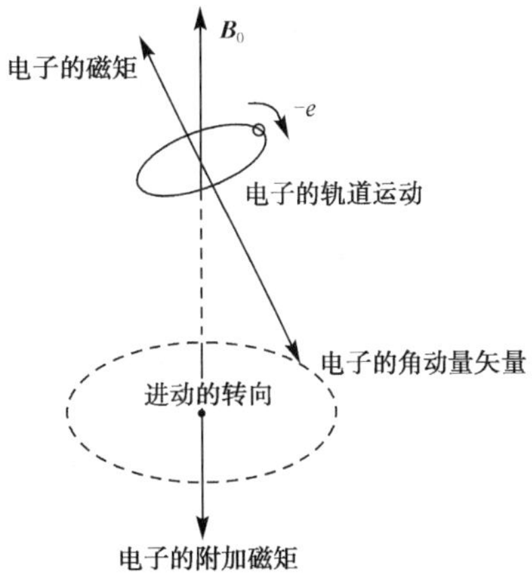

图 17-2　电子的进动

可以证明：不论电子原来的磁矩与磁场方向之间的夹角是何值，在外磁场$\boldsymbol{B}_0$中，电子角动量L进动的转向总是和$\boldsymbol{B}_0$的方向构成右手螺旋关系(图 17-3). 电子的进动也相当于一个圆电流,因为电子带负电,这种等效圆电流的磁矩的方向永远与 $\boldsymbol{B}_0$ 的方向相反. 原子或分子中各个电子因进动而产生的磁效应的总和也可用一个等效的分子电流的磁矩来表示,因进动而产生的等效电流的磁矩称为附加磁矩,用 $\Delta\boldsymbol{p}_{\mathrm{m}}$ 表示. 此时,电子受磁力矩 $\boldsymbol{M}=\boldsymbol{p}_{\mathrm{m}}\times\boldsymbol{B}_0$,由转动定律 $\boldsymbol{M}=\frac{\mathrm{d}\boldsymbol{p}}{\mathrm{d}t}$,使得电子产生一个附加的磁矩 $\Delta\boldsymbol{p}_{\mathrm{m}}$,$\Delta\boldsymbol{p}_{\mathrm{m}}$ 方向与 $\boldsymbol{B}_0$ 反向. 因为 $\Delta\boldsymbol{p}_{\mathrm{m}}$ 方向与 $\boldsymbol{B}_0$ 反向,所以在抗磁质内部每个分子磁矩的矢量和 $\sum\Delta\boldsymbol{p}_{\mathrm{m}}$ 激发一个与该点外磁场 $\boldsymbol{B}_0$ 相反的附加磁场,这就是抗磁性的起源. 可见,附加磁场 $\Delta\boldsymbol{p}_{\mathrm{m}}$ 是抗磁质产生磁效应的唯一原因.

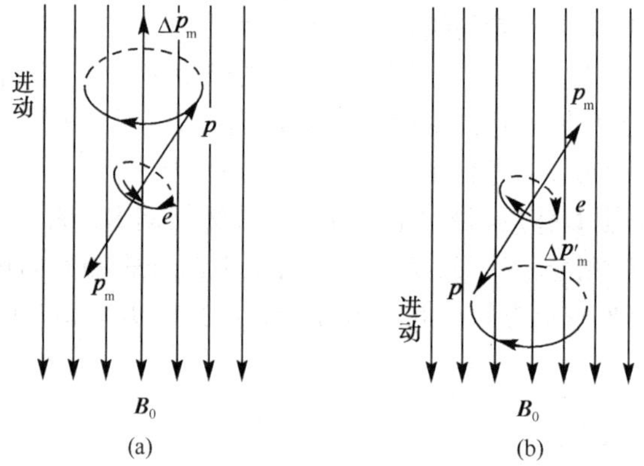

图 17-3 在外磁场中电子的进动和附加磁矩

为了描写磁介质磁化的程度,可以仿照极化强度 $\boldsymbol{P}$ 定义一个磁化强度. 设磁介质中某物理无限小体元 ΔV 内的分子磁矩矢量和为 $\sum\limits_i \boldsymbol{p}_{\mathrm{m}}$,则单位体积内分子磁矩的矢量和定义为磁化强度 $\boldsymbol{M}$,即

$$\boldsymbol{M}=\frac{\sum\limits_i \boldsymbol{p}_{\mathrm{m}}}{\Delta V}$$

与极化强度类似,磁化强度也是空间中的宏观矢量场. 如果磁介质的总体或某区域内各点的 $\boldsymbol{M}$ 相同,就说它是均匀磁化的,真空可看成磁介质的特例,其中各点的 $\boldsymbol{M}$ 为零.

对于顺磁质来说,每个分子 $\boldsymbol{p}_{\mathrm{m}}\neq 0$,但磁化前 $\sum\boldsymbol{p}_{\mathrm{m}}=0$. 加 $\boldsymbol{B}_0$ 后,$\boldsymbol{p}_{\mathrm{m}}$ 有按 $\boldsymbol{B}_0$ 排列的趋势,在一定条件下处于动态平衡,$\sum\boldsymbol{p}_{\mathrm{m}}\neq 0$,而 $\left|\sum\Delta\boldsymbol{p}_{\mathrm{m}}\right|\ll\left|\sum\boldsymbol{p}_{\mathrm{m}}\right|$,$\sum\Delta\boldsymbol{p}_{\mathrm{m}}$ 可忽略. 这时定义磁化强度矢量为 $\boldsymbol{M}=\frac{\sum\boldsymbol{p}_{\mathrm{m}}}{\Delta V}$,$\boldsymbol{M}$ 与 $\boldsymbol{B}_0$ 方向一致,故显顺磁性,所以 $\sum\boldsymbol{p}_{\mathrm{m}}$ 是顺磁质产生磁效应的主要原因. 对于抗磁质来说,每个分子 $\boldsymbol{p}_{\mathrm{m}}=0$,加外磁场 $\boldsymbol{B}_0$ 后,$\sum\boldsymbol{p}_{\mathrm{m}}=0$,而 $\sum\Delta\boldsymbol{p}_{\mathrm{m}}\neq 0$. 定义磁化强度矢量为 $\boldsymbol{M}=\frac{\sum\Delta\boldsymbol{p}_{\mathrm{m}}}{\Delta V}$,总

与 $\boldsymbol{B}_0$ 反向，所以 $\sum \Delta \boldsymbol{p}_{\mathrm{m}}$ 是抗磁质产生磁效应的唯一原因.

实验证明，对顺磁质和抗磁质磁化规律都有 $\boldsymbol{M}=\chi_{\mathrm{m}}\boldsymbol{H}$，$\chi_{\mathrm{m}}$ 称为磁化率，仅与磁介质的性质有关，它是一无量纲量. 对顺磁质，$\chi_{\mathrm{m}}>0$，在 $10^{-6}\sim 10^{-4}$ 数量级；对抗磁质，$\chi_{\mathrm{m}}<0$，在 $-10^{-5}\sim -10^{-6}$ 数量级.

17.2　有磁介质时的安培环路定律

17.2.1　磁化强度与磁化电流的关系

磁化电流的产生(以顺磁质的磁化为例)利用充满顺磁质的长直载流螺线管可以证明，其顺磁质表面单位长度圆形磁化电流(即磁化电流密度) $J_{\mathrm{s}}=M$，M 为顺磁质内磁化强度大小.

设磁介质横截面积 S、长度 l，介质表面单位长度圆形磁化电流为 J_{s}. 则在长度 l 上圆形磁化电流 $I_{\mathrm{s}}=J_{\mathrm{s}}\cdot l$，因此在磁介质总体积 $S\cdot l$ 上磁化电流的总磁矩为

$$\sum p_{\mathrm{m}}=\boldsymbol{I}_{\mathrm{s}}\cdot\boldsymbol{S}=\boldsymbol{J}_{\mathrm{s}}l\cdot\boldsymbol{S}$$

按定义，磁化强度为

$$M=\frac{\sum p_{\mathrm{m}}}{\Delta V}=\frac{lJ_{\mathrm{s}}S}{lS}=J_{\mathrm{s}}$$

即

$$M=J_{\mathrm{s}}$$

磁化面电流密度的矢量式为

$$\boldsymbol{J}_{\mathrm{s}}=\boldsymbol{M}\times\boldsymbol{n}_0$$

式中，$\boldsymbol{n}_0$ 为介质表面法线方向单位矢量.

由于充满顺磁质的长直螺线管内的磁场为均匀场，取如图 17-4 的矩形回路 $abcd$，有

$$\oint\boldsymbol{M}\cdot\mathrm{d}\boldsymbol{l}=M\overline{ab}=J\,\overline{ab}=I_{\mathrm{s}}$$

即磁化强度的环流为

$$\oint\boldsymbol{M}\cdot\mathrm{d}\boldsymbol{l}=I_{\mathrm{s}}$$

17.2.2　磁介质中的安培环路定理

前面讨论了在真空中磁场的高斯定理和磁场的安培环路定理，恒定电流的磁场具有如下结论：$\oint_S\boldsymbol{B}\cdot\mathrm{d}\boldsymbol{S}=0$，$\oint_L\boldsymbol{B}\cdot\mathrm{d}\boldsymbol{l}=\mu_0\sum\limits_i I$，若放入磁介质中，这两式如何变化?

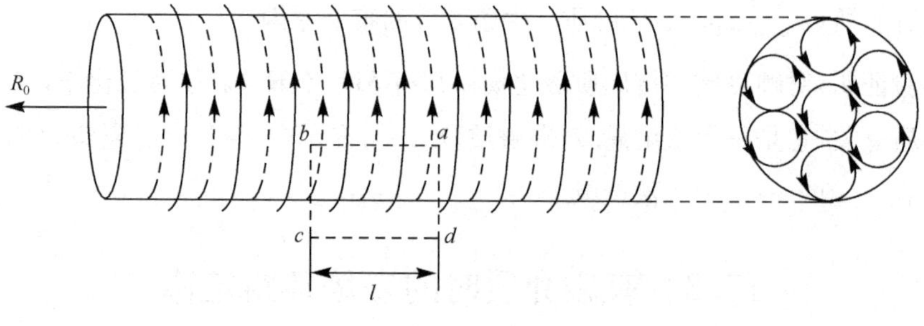

图 17-4　均匀磁化的磁介质中的分子电流

由于磁场线是闭合的,所以$\oint_S \boldsymbol{B}\cdot \mathrm{d}\boldsymbol{S}=0$成立. 磁场的安培环路定理形式如何变化?

设有一无限长载流直螺线管,管内充满均匀的磁介质,并设直螺线管单位长度上有 n 匝,电流强度为 I. 当管内为真空时,电流在螺线管内产生匀强磁场,磁感应强度为

$$B_0=\mu_0 nI$$

管内有磁介质时,在外磁场 B_0 的作用下,磁介质中分子电流平面将趋向与 B_0 的方向垂直. 图 17-4 中以顺磁质为例表示磁介质内任一横截面上分子电流排列的情况. 在磁介质内部任意位置处,通过的分子电流是成对的,而且方向相反,结果互相抵消. 只有在横截面边缘处,分子电流未被抵消,形成与横截面边缘重合的圆电流(图 17-4(a)、(b)),对磁介质整体来说,未被抵消的分子电流是沿着表面流动的,称为安培表面电流(或叫磁化面电流). 如果磁介质是顺磁质,安培表面电流与螺线管电流的方向相同;如果是抗磁质,则两者相反. 图 17-4 是顺磁质的磁化情况.

设 j_s 是圆柱形磁介质表面上单位长度的磁化面电流,即磁化面电流线密度. 在 l 长度上,表面电流的总量值为 $I'=j_s l$,而导体中电子或正、负离子在电场作用下定向运动形成的电流称为传导电流. 因为磁现象的根源是电流,所以安培环路中 $\sum\limits_i I$ 应是传导电流 I 与分子电流 I' 的总和,即

$$\oint_L \boldsymbol{B}\cdot \mathrm{d}\boldsymbol{l}=\mu_0\left(\sum_i I+\sum_i I'\right)$$

而对于磁介质来说,具有 $\boldsymbol{B}=\boldsymbol{B}_0\pm\boldsymbol{B}'$,其中“+”表示顺磁质,“−”表示抗磁质.

由于

$$B_0=\mu_0 nI,\quad B'=\mu_0 j_s l,\quad j_s>0$$

$$B=\mu_0(nI\pm j_s l)$$

$$B=\mu_r B_0=\mu_r\mu_0 nI=\mu nI \tag{17-1}$$

式中,μ_0 为真空磁导率;某种磁介质的磁导率 μ 与真空磁导率 μ_0 之比,记作 μ_r,即 $\mu_r=\dfrac{\mu}{\mu_0}$,μ_r 叫做该磁介质的相对磁导率;$\mu=\mu_r\mu_0$ 称为磁介质的磁导率,是描写磁介质性

质的物理量. 对于顺磁质来说,有 $\mu > \mu_0$;对于抗磁质来说, $\mu < \mu_0$;对于铁磁质, μ 比 μ_0 大得多. 由式(17-1)知

$$\mu nI = \mu_0(nI \pm I_s)$$

则

$$I_s = \pm \frac{\mu - \mu_0}{\mu_0} nI$$

由于 $I_s > 0$,所以对于顺磁质,取"+",对于抗磁质,取"−".

在图 17-4 中,取回路 $abcd$ 为 L ,ab 在螺线管内,cd 在外. 令 $ab=cd=l$,则有

$$\begin{cases} \sum I = InL \\ \sum I_s = \pm LI_s = L\dfrac{\mu - \mu_0}{\mu_0}nI = \dfrac{\mu - \mu_0}{\mu_0}\sum I \end{cases}$$

故

$$\oint_L \boldsymbol{B} \cdot \mathrm{d}\boldsymbol{l} = \mu_0\left[\sum \mathrm{I} + \frac{\mu - \mu_0}{\mu_0}\sum I\right] = \mu\sum I$$

即

$$\oint_L \frac{\boldsymbol{B}}{\mu} \cdot \mathrm{d}\boldsymbol{l} = \sum I$$

令

$$\boldsymbol{H} = \frac{\boldsymbol{B}}{\mu}$$

则有

$$\oint_L \boldsymbol{H} \cdot \mathrm{d}\boldsymbol{l} = \sum I \qquad (17\text{-}2)$$

式(17-2)为磁介质中的安培环路定律,此式中,积分仅与传导电流有关. 式中的 $\boldsymbol{H}$ 称为磁场强度.

需要说明的是:式(17-2)虽然是从螺线管中导出的,但具有普遍意义. $\boldsymbol{H}$ 不是磁场的基本物理量,为辅助量,无直接的物理意义. 磁感应强度 $\boldsymbol{B}$ 是基本物理量. 有介质存在时的安培环路定理 $\oint_L \boldsymbol{H} \cdot \mathrm{d}\boldsymbol{l} = \sum I$ 与真空中的安培环路定理 $\oint_L \boldsymbol{B} \cdot \mathrm{d}\boldsymbol{l} = \mu_0 \sum I$ 实验一样,求 $\boldsymbol{B}$ 时,先求 $\boldsymbol{H}$,后求 $\boldsymbol{B}=\mu\boldsymbol{H}$.

例 17-1　在密绕螺环中充满均匀非铁磁质,已知螺绕环的传导电流为 I_0 ,单位长度匝数为 N,环的横截面半径比环的平均半径小得多,非铁磁质的磁导率为 μ ,求环内外的 $\boldsymbol{H}$、$\boldsymbol{B}$.

解　在环内任取一点,过该点作一个与环同心的圆周. 由对称性可知圆周上各点的 $\boldsymbol{H}$ 大小相等且方向沿切向. 把 $\boldsymbol{H}$ 的安培环路定理用于此圆周,得

$$\oint_L \boldsymbol{H} \cdot \mathrm{d}\boldsymbol{l} = HL = NI_0$$

式中,L 为圆周长;N 为螺绕环的总匝数;因环的截面半径比环的平均半径小得多,故其大小为

$$H=\frac{NI_0}{L}\approx nI_0$$

根据 $\boldsymbol{B}=\mu\boldsymbol{H}$,$\boldsymbol{B}$ 的方向与 $\boldsymbol{H}$ 相同,大小为

$$B=\mu H=\mu nI_0$$

对环外任意一点,用类似方法易证其 $B=H=0$

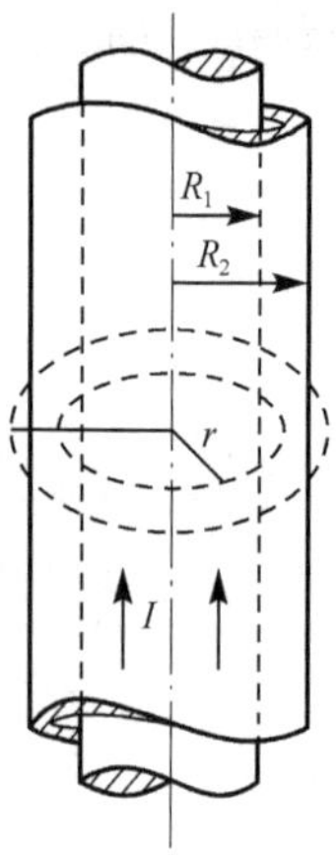

图 17-5　例 17-2 图

例 17-2　一根无限长的直圆柱形铜导线,外包一层相对磁导率为 μ_r 的圆筒形磁介质,导线半径为 R_1,磁介质的外半径为 R_2,导线内有电流 I 通过,电流均匀分布在横截面上,如图 17-5 所示,求:

(1)介质内外的磁场强度分布,并画出 H-r 图,加以说明(r 是磁场中某点到圆柱轴线的距离);

(2)介质内外的磁感应强度分布,并画出 B-r 图,加以说明.

解　(1)求 H-r 关系. 由于电流分布的轴对称性,因而磁场分布也有轴对称性,因此可用安培环路定理求解. 在垂直于轴线的平面上,选择积分回路 L 为以圆柱轴线为圆心、r 为半径的圆周,由式(17-2)可得

$$\oint_L \boldsymbol{H}\cdot \mathrm{d}\boldsymbol{l}=2\pi rH=\sum I$$

$$H=\frac{1}{2\pi r}\sum I$$

当 $r=R_1$时

$$H_1=\frac{1}{2\pi r}\cdot\frac{I}{\pi R_1^2}\cdot\pi r^2=\frac{I}{2\pi R_1^2}r$$

当 $R_1<r<R_2$ 时

$$H_2=\frac{I}{2\pi r}$$

当 $r>R_2$ 时

$$H_3=\frac{I}{2\pi r}$$

画出 H-r 曲线,如图 17-6(a)所示.

(2)求 B-r 关系. 由已求出的介质内外的磁场强度分布,再根据 $B=\mu H=\mu_0\mu_r H$ 确定介质内外的磁感应强度分布.

当 $r<R_1$ 时,该区域在金属导体内,可作为真空处理,$\mu_r=1$,故

$$B_1=\mu_0 H_1=\frac{\mu_0 I}{2\pi R_1^2}r$$

当 $R_1<r<R_2$ 时,该区域是相对磁导率为 μ_r 的磁介质内,故

$$B_2 = \mu H_2 = \mu_0 \mu_r \frac{I}{2\pi r}$$

当 $r>R_2$ 时，该区域为真空，故

$$B_3 = \mu_0 H_3 = \frac{\mu_0 I}{2\pi r}$$

画出 B-r 曲线，如图 17-6(b)所示. 可见，在边界 $r=R_1$ 和 $r=R_2$ 处，磁感应强度 B 不连续.

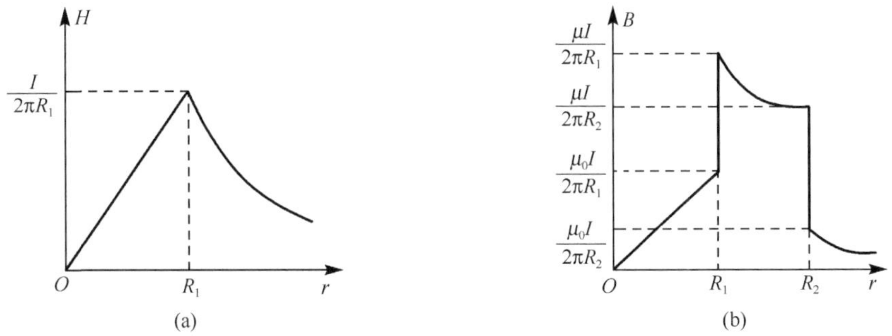

图 17-6　例 17-2 中 H-r、B-r 曲线

17.3　铁磁质简介

17.3.1　磁化曲线

铁磁质的性质和规律比顺磁质、抗磁质复杂，下面通过研究 $\boldsymbol{B}$、$\boldsymbol{H}$ 关系的实验来做一些简单介绍. 实验是用图 17-7 所示的电路来进行的.

把待测的铁磁质做成圆环，在圆环上密绕线圈，这样就形成以铁磁质为芯的环形螺线管. 线圈通电时，环内磁场强度为

$$H = nI$$

$$B = \frac{Rq}{NS}$$

式中，H 为电流为 I 时铁心中的磁场强度；B 为电流为 I 时铁芯中的磁感应强度；q 为电流从 0 到 I 时通过电流计 BG 的电量；R 为副线圈的电阻；N 为副线圈的总匝数；S 为环形铁心的横截面积.

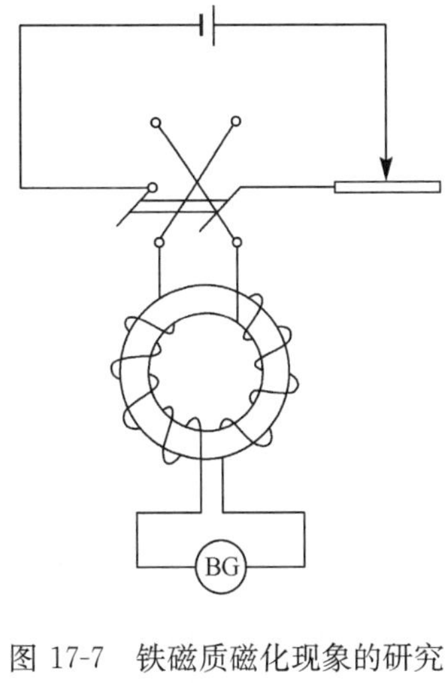

图 17-7　铁磁质磁化现象的研究

圆环内的 B 可用一个接在冲击电流计 BG 上的副线圈来测量. 当原线圈(即环形螺线管)中电流变化甚至反向时，在副线圈中将产生一个感应电动势，由

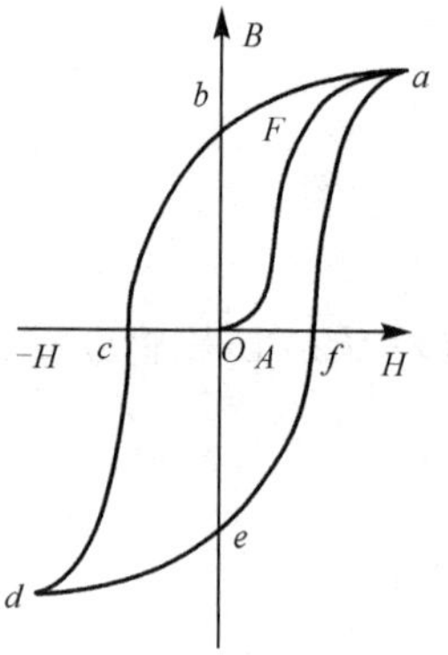

图 17-8　磁滞回线

此可把环内的 B 测出来. 实验得到如图 17-8 的 B-H 曲线，Oa 称为起始磁化曲线. 当 H 从零逐渐增加时，B 亦从零增加，当 H 增大到一定值时(图中 a 点)，B 几乎不再增加，这时磁化达到了饱和. 由于磁化曲线不是直线，所以铁磁质的磁导率 $\mu=B/H$ 以及相对磁导率 $\mu_r=\mu/\mu_0$ 都不是恒量. 在磁化达到不饱和后，令 H 减小，则 B 亦减小，但不沿 Oa 减小，而是沿曲线 ab 减小. 当 H 等于零时，$B=B_r$，即磁化场减小到零时，介质的磁化状态并不恢复到原来的起点 O，而是保留一定的磁性，叫剩磁现象，B_r 称为剩余磁感应强度. 如果 $H=H_c$，B 变为零，即介质完全退磁，使介质完全退磁所需的反向磁场强度 H_c 叫做矫顽力. 当反向磁场 H 继续增加时，铁磁质将向反方向磁化，达到饱和后，若使反向磁场 H 减小到零，然后再向正方向增加，B 将沿 $defa$ 曲线而变化，形成闭合曲线 $abcdefa$ ，此曲线称为磁滞回线. 各种铁磁性材料有不同的磁滞回线，它们的区别在于矫顽力的大小不同. 铁磁材料按矫顽力的大小分为两类，即硬磁材料(硬铁)和软磁材料(软铁)，软磁材料磁滞回线细窄，矫顽力很小；硬磁材料则相反. 软磁材料用于制造变压器和电机，硬磁材料用于制造永磁铁.

铁磁质具有高磁导率、非线性(μ 不是常数)，存在磁滞现象，存在居里温度等三个显著特征.

(1)$\mu_r\gg1$(即 $B\gg B_0$)且 μ_r 不是常数，而是 H(亦即电流 I)的函数，即 $\mu_r=\mu_r(H)=\mu_r[H(I)]$. 因此，这时 B 与 H 间无简单线性关系. 也就是说，此时 $B=\mu_0\mu_r H$ 不成立，而只有 $\boldsymbol{B}=\mu_0(\boldsymbol{H}+\boldsymbol{M})$成立.

(2)存在磁滞现象，即在外场撤除后有剩磁现象.

(3)居里温度：对应于每一种铁磁物质都有一个临界温度(居里点)，超过这个温度，铁磁物质就变成了顺磁物质. 例如，铁的居里温度为 1034K.

磁化特性由起始磁化曲线和磁滞回线体现出来. (可用磁畴理论来说明)

对铁磁质来说，$\boldsymbol{B}=\mu\boldsymbol{H}$，$\boldsymbol{J}=\chi_m\boldsymbol{H}$ 不成立. 但

$$\boldsymbol{B}=\boldsymbol{B}_0+\boldsymbol{B}',\quad \boldsymbol{J}=\frac{\sum\boldsymbol{P}}{\Delta V},\quad \sum_{(L内)}I_s=\oint_L\boldsymbol{J}\cdot d\boldsymbol{l}$$

$$\boldsymbol{H}=\frac{\boldsymbol{B}}{\mu_0}-\boldsymbol{J},\quad \oint_L\boldsymbol{H}\cdot d\boldsymbol{l}=I_0,\quad \oiint_S\boldsymbol{B}\cdot d\boldsymbol{S}=0$$

成立.

17.3.2　铁磁质的微观解释

铁磁质的微观解释可由磁畴理论来解释磁饱和小区域. 量子理论指出：铁磁质中相邻原子由于电子轨道的交叠而产生一种“交换耦合效应”，使原子磁矩能自发地有

序排列，于是形成坚固的平行排列的大小不等的自发饱和磁化区(图 17-9)，铁磁质中原子磁矩自发高度有序排列的磁饱和小区域称为磁畴. 磁畴的几何线度从微米至毫米，体积为 $10^{-10}\sim10^{-8}\mathrm{m}^3$，包含 $10^{17}\sim10^{21}$ 个原子. 无外磁场时，磁畴的磁矩排列杂乱无章，铁磁质宏观不显磁性.

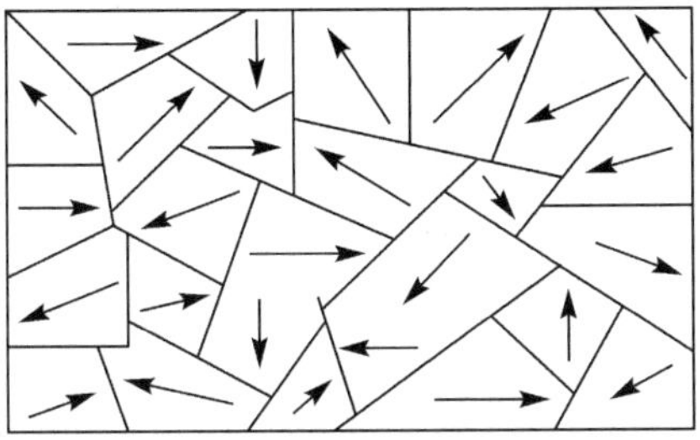

图 17-9　磁畴

加上外磁场后，铁磁质中总是有些磁畴内分子固有磁矩的取向与外磁场相同或相近. 这些自发磁化方向与外磁场相同的磁畴的边界在外磁场的作用下将不断地扩大，而那些自发磁化方向与外磁方向不同的磁畴的边界就逐步缩小，直到所有磁畴被外场“同化”而达到磁饱和. 磁畴和外磁场成较小角度的磁畴体积扩张和磁畴区磁矩的转向并不是均匀进行的，而是在外磁场达到一定强度时突然进行的，这就表现为在起始磁化特性曲线中，Oa 段并不是线性的，中间部分有一段斜率很大(图 17-8). 由于磁畴边界的移动受到摩擦阻力等因素作用，不是可逆的，因此磁化过程也不是可逆的. 即在去掉外场后，磁畴在磁化过程中的某种规则排列部分被保留下来，从而使磁体内留有部分磁性，这就是剩磁现象. 振动和高温加热可以瓦解磁畴内磁矩有规则的排列，从而使铁磁质磁性减弱，即退磁.

铁磁质达到某一温度时磁畴被全部破坏，铁磁性消失，铁磁质转变为顺磁质，这一温度称为居里点，用 T_C 表示. 当温度低于 T_C 时，又由顺磁质转变为铁磁质. 如铁、钴、镍的居里点分别为 770℃、1115℃、358℃. 30%的坡莫合金居里温度 $T_C=70$℃. 利用铁磁质具有居里温度的特点，可制作温控元件，如电饭锅自动控温元件.

17.3.3　铁磁质的分类及其应用

1. 硬磁质

磁滞回线较粗，剩磁很大. 这种材料充磁后不易退磁，适合做永久磁铁，如碳钢、铝镍钴合金和铝钢等，可用在磁电式电表、永磁扬声器、耳机以及雷达中的磁控等.

2. 软磁质

磁滞回线细长，剩磁很小，如软铁、坡莫合金、硒钢片、铁铝合金、铁镍合金等. 软磁材料由于磁滞损耗小，适合用在交变磁场中，如变压器铁芯、继电器、电动机转子、定子都是用软磁材料制成的.

3. 非金属氧化物——铁氧体

磁滞回线呈矩形，又称矩磁材料. 剩磁接近于饱和磁感应强度，具有高磁导率、高电阻率. 它是由 Fe_2O_3 和其他二价的金属氧化物(如 NiO，ZnO 等)粉末混合烧结而成，可作磁性记忆元件.

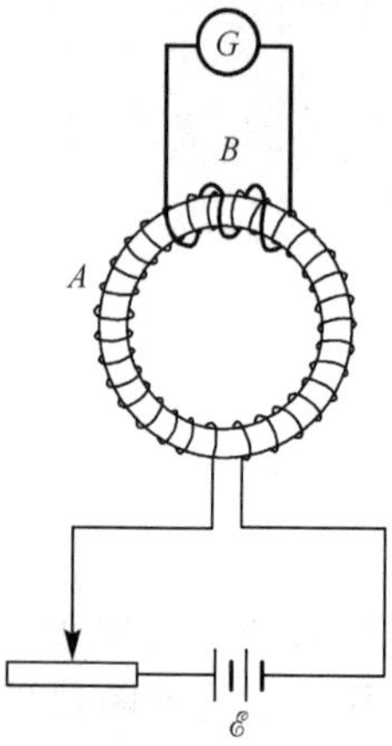

图 17-10　例 17-3 图

例 17-3　在图 17-10 所示测定铁磁质磁化特性的实验中，设所用的环形螺线管共有 1000 匝，平均半径为 15.0cm，当通有 2.00A 电流时，测得环内磁感应强度 B 为 1.00T，求：

(1)螺线管铁芯内的磁场强度 H 和磁化强度 J；

(2)该铁磁质的磁导率 μ 和相对磁导率 μ_r；

(3)已磁化环形铁芯的"分子表面电流".

解　(1)磁场强度为

$$H = nI = \frac{1000}{2\pi \times 15.0 \times 10^{-2}} \times 2.00 \approx 2.12 \times 10^3 (\mathrm{A \cdot m^{-1}})$$

磁化强度为

$$M = \frac{B}{\mu_0} - H = \frac{1.00}{4\pi \times 10^{-7}} - 2.12 \times 10^3 = 7.94 \times 10^5 \ (\mathrm{A \cdot m^{-1}})$$

(2)铁磁质中磁场在上述 H 值时的磁导率为

$$\mu = \frac{B}{H} = \frac{1.00}{2.12 \times 10^3} = 4.71 \times 10^{-4} \ (\mathrm{H \cdot m^{-1}})$$

相对磁导率为

$$\mu_r = \frac{\mu}{\mu_0} = \frac{4.71 \times 10^{-4}}{4\pi \times 10^{-7}} = 375$$

(3)沿环形铁芯的"分子表面电流"为

$$i_s = J = M = 7.94 \times 10^5 \ \mathrm{A \cdot m^{-1}}$$

其绕行方向与螺线管中电流方向相同.

【工程应用】

磁制冷原理

磁制冷是一种利用磁性材料的磁热效应来实现制冷的新技术. 所谓磁热效应是指外加磁场发生变化时磁性材料的磁矩有序排列发生变化，即磁熵改变，导致材料自身发生吸、放热的现象. 在无外加磁场时，磁性材料内磁矩的方向是杂乱无章的，表现为材料的磁熵较大；有外加磁场时，材料内磁矩的取向逐渐趋于一致，表现为材料的磁熵较小. 磁制冷基本原理如图 17-11 所示，在励磁的过程中，磁性材料的磁矩沿磁场方向由无序到有序，磁熵减小，由热力学知识可知此时磁工质向外放热；在去磁的过程中，磁性材料的磁矩沿磁场方向由有序到无序，磁熵增大，此时磁工质从外部吸热. 另外，在绝热条件下，磁工质与外界没有发生热量交换，在励磁和去磁的过程中，磁场对材料做功，使材料的内能改变，从而使材料本身的温度发生变化.

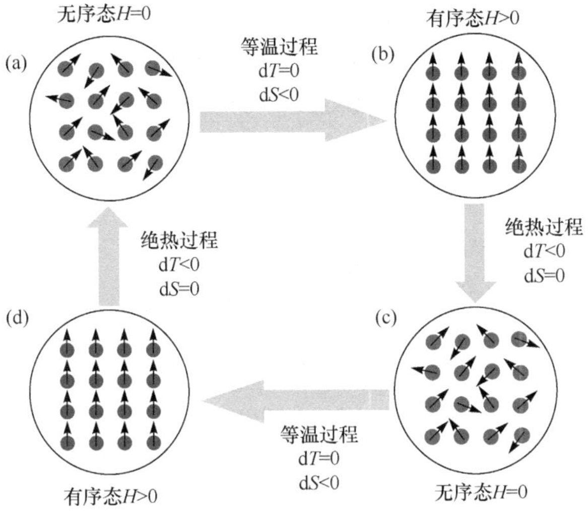

图 17-11　磁制冷基本原理

习题 17

1. 两种不同磁性材料做成的小棒，放在磁铁的两个磁极之间，小棒被磁化后在磁极间处于不同的方位，如图 17-12 所示. 试指出哪一个是由顺磁质材料做成的，哪一个是由抗磁质材料做成的？

2. 图 17-13 中的三条线表示三种不同磁介质的 B-H 关系曲线，虚线是 $B=\mu_0 H$ 关系曲线，试指出哪一条表示顺磁质？哪一条表示抗磁质？哪一条表示铁磁质？

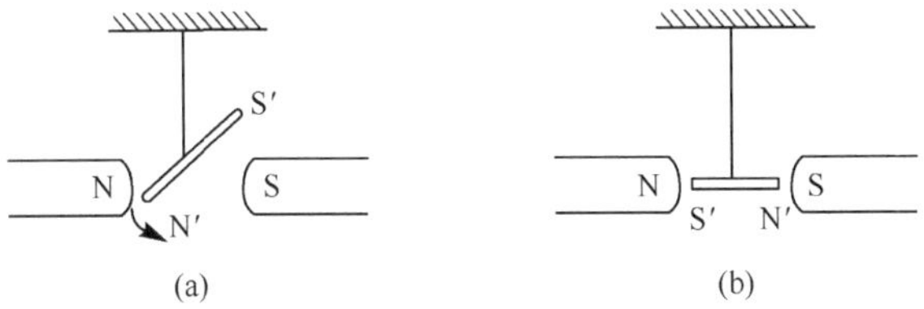

图 17-12　习题 1

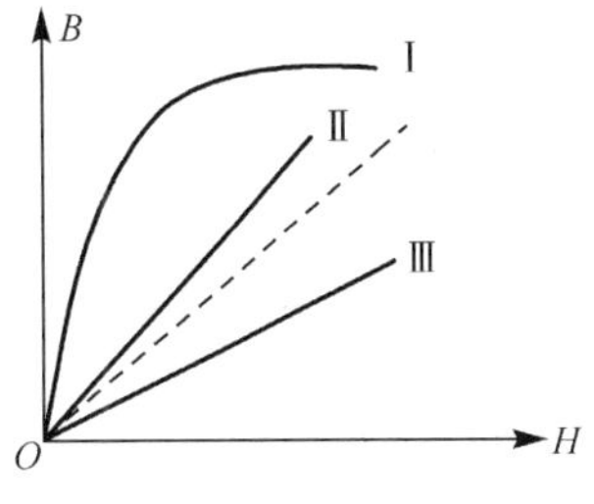

图 17-13　习题 2

3. 螺绕环中心周长 $L=10\text{cm}$，环上线圈匝数 $N=200$ 匝，线圈中通有电流 $I=100\text{mA}$.

(1)当管内是真空时，求管中心的磁场强度 $\boldsymbol{H}$ 和磁感应强度 $\boldsymbol{B}_0$；

(2)若环内充满相对磁导率为 $\mu_r=4200$ 的磁性物质，则管内的 $\boldsymbol{B}$ 和 $\boldsymbol{H}$ 各是多少？

(3)磁性物质中心处由导线中传导电流产生的 $\boldsymbol{B}_0$ 和由磁化电流产生的 $\boldsymbol{B}'$ 各是多少？

4. 螺绕环的导线内通有电流 20A，利用冲击电流计测得环内磁感应强度的大小是$1.0\text{Wb}\cdot\text{m}^{-2}$. 已知环的平均周长是 40cm，绕有导线 400 匝. 试计算：

(1)磁场强度;

(2)磁化强度;

(3)磁化率;

(4)相对磁导率.

5. 一根长直同轴电缆,内、外导体之间充满磁介质(图 17-14),磁介质的相对磁导率为 μ_r($\mu_r<1$),导体的磁化可以忽略不计. 沿轴向有恒定电流 I 通过电缆,内、外导体上电流的方向相反. 求:(1)空间各区域内的磁感强度和磁化强度;(2)磁介质表面的磁化电流.

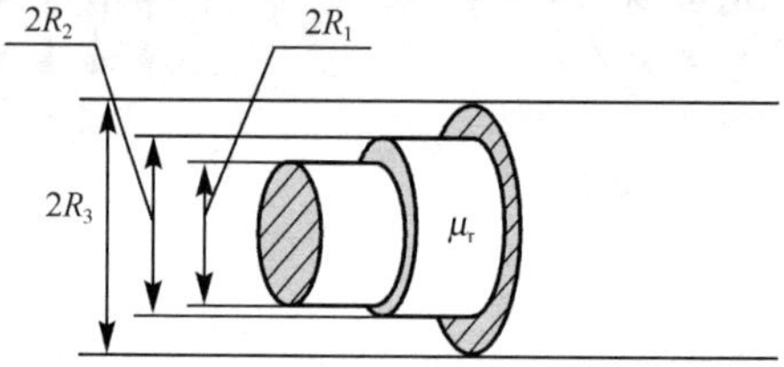

图 17-14　习题 5

6. 一铁制的螺绕环,其平均圆周长 $L=30\text{cm}$,截面积为 1.0cm^2,在环上均匀绕以 300 匝导线,当绕组内的电流为 0.032A 时,环内的磁通量为 $2.0\times10^{-6}\text{Wb}$. 试计算:

(1)环内的平均磁通量密度;

(2)圆环截面中心处的磁场强度.

7. 试证明:任何长度的沿轴向磁化的磁棒的中垂面上,侧表面内、外两点 1,2 的磁场强度 H 相等(这提供了一种测量磁棒内部磁场强度 H 的方法),如图 17-15 所示. 这两点的磁感应强度相等吗?

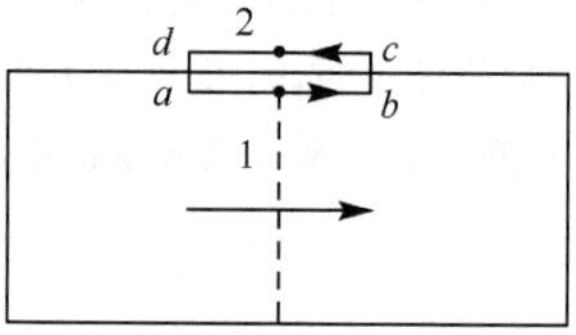

图 17-15　习题 7

第18章 电磁场理论的基本概念　电磁振荡与电磁波

麦克斯韦(1831～1879)英国物理学家,经典电磁理论的奠基人,气体动理论创始人之一.提出了有旋电场和位移电流的概念,建立了经典电磁理论,预言了以光速传播的电磁波的存在.在气体动理论方面,提出了气体分子按速率分布的统计规律.1865年麦克斯韦在总结前人工作的基础上,提出完整的电磁场理论.他的主要贡献是提出了“有旋电场”和“位移电流”两个假说,从而预言了电磁波的存在,并计算出电磁波的速度(即光速).

麦克斯韦

前面,我们分别介绍了相对于观察者静止的电荷所产生的静电场,运动电荷或电流所产生的磁场,而且通过法拉第电磁感应定律认识到电场和磁场并不是彼此无关的.磁场的变化可以产生电场,电场的变化能否产生磁场呢?

麦克斯韦引进了变化的电场产生磁场的概念,即“位移电流”的假说,从而归纳成麦克斯韦方程组,并于1865年完成,形成了体系完整的电磁场理论,加深了人们对统一的电磁场的认识.前面我们学习的静电场和恒定磁场只是统一的电磁场的一些特例.电磁场理论的一个重要成就是揭示了实验测出的真空中的光速c与纯粹的电磁量的联系$c=\frac{1}{\sqrt{\mu_0\varepsilon_0}}$.这样,就把光波和电磁波统一起来,使我们对光的本质和物质世界的普遍联系有了更进一步的认识,使光学被纳入到电磁场的理论框架中进行研究.爱因斯坦的狭义相对论思想有很大一部分是从电磁现象中得到启发和总结出来的.电磁学的主要任务是在三个实验定律(库仑定律、毕奥-萨伐尔定律和法拉第定律)的基础上,加上两条基本假说,即涡旋电场和位移电流,建立描述电磁场运动的基本方程,即麦克斯韦方程组.麦克斯韦在此基础上预言了电磁波的存在,1888年赫兹用实验证明了电磁波的存在,证实了他的预言.麦克斯韦理论奠定了经典电动力学的基础,为无线电技术和现代电子通信技术的发展开辟了广阔前景.

18.1　麦克斯韦电磁理论的基本概念

18.1.1　位移电流

对于恒定电流,根据安培环路定理有

$$\oint_l \boldsymbol{H} \cdot \mathrm{d}\boldsymbol{l} = \sum_{l内} I$$

对于非恒定电流，上式是否成立？在讨论此问题之前，先说一下电流的连续性问题. 在一个不含电容器的闭合电路中，传导电流是连续的，即在任一时刻，通过导体上某一截面的电流等于通过任何其他截面的电流. 但在含电容器的电路中，情况就不同了，无论是电容器充电还是放电，传导电流都不能在电容器的两极间通过，这时电流就不连续了.

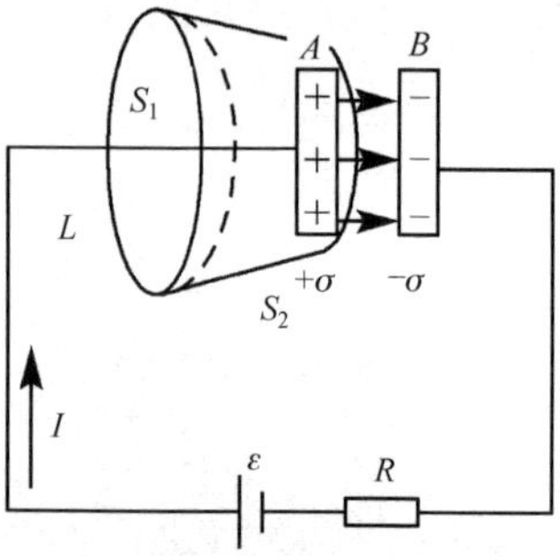

图 18-1　位移电流

如图 18-1 所示，在电容器充电过程中，电路中 I 随时间改变，是非平衡的. 现在在极板 A 附近取回路 L，并以 L 为边界形成曲面 S_1 和 S_2，其中 S_1 与导线相交，S_2 过二极板之间，与电场线相交，S_1，S_2 构成一闭合曲面.

对 S_1 而言，有 $\oint_l \boldsymbol{H} \cdot \mathrm{d}\boldsymbol{l} = I$，对 S_2 而言，有 $\oint_l \boldsymbol{H} \cdot \mathrm{d}\boldsymbol{l} = 0$. 上述积分应相等，但出现了矛盾，即 H 对同一个闭合回路 L 的线积分得出不同的值. 可见，对于非恒定电流，安培环路定理 $\oint_l \boldsymbol{H} \cdot \mathrm{d}\boldsymbol{l} = \sum_{l内} I$ 不再成立，必然要找新的规律. 考察图中的情况，S_2 面上虽然没有电流 I，但在电容器中有电场且随时间变化，在非恒定情况下，电流的连续性方程(即电荷守恒定律)给出

$$\iint_{(S)} \boldsymbol{j} \cdot \mathrm{d}\boldsymbol{S} = -\frac{\mathrm{d}q}{\mathrm{d}t}$$

式中，q 为 S 面内电荷的代数和. 如图 18-1 所示，设某一时刻 A 板上有电荷 $+q$，电荷面密度为 $+\sigma$，B 板上有电荷 $-q$，电荷面密度为 $-\sigma$. 充电时，则导线中传导电流为

$$I = \frac{\mathrm{d}q}{\mathrm{d}t} = \frac{\mathrm{d}(S\sigma)}{\mathrm{d}t} \quad (S\ 为极板面积)$$

传导电流密度的大小为

$$j = \frac{\mathrm{d}\sigma}{\mathrm{d}t}$$

在极板间电流为 $I = j = 0$，说明电流是不连续的.

我们知道，充电时 σ 是变化的. 又由于 $D = \sigma$ 和 $\Phi = DS$ (电位移通量)也是随时间变化的，它的变化率为

$$\begin{cases} \dfrac{\mathrm{d}D}{\mathrm{d}t} = \dfrac{\mathrm{d}\sigma}{\mathrm{d}t} \\[2ex] \dfrac{\mathrm{d}\Phi}{\mathrm{d}t} = \dfrac{\mathrm{d}(SD)}{\mathrm{d}t} = \dfrac{\mathrm{d}(\sigma S)}{\mathrm{d}t} \end{cases}$$

从上述方程看出，极板间电通量随时间的变化率在数值上等于导线内的传导电流；极板间电位移随时间变化等于导线内传导电流密度，并且进一步分析知 $\boldsymbol{j}$ 和 $\dfrac{\mathrm{d}\boldsymbol{D}}{\mathrm{d}t}$

同向,我们可设想 $\dfrac{\mathrm{d}D}{\mathrm{d}t}$ 和 $\dfrac{\mathrm{d}\Phi}{\mathrm{d}t}$ 分别表示某种电流密度和电流,能把极板 A,B 间中断的电流接下来,构成电流的连续性. 于是,麦克斯韦引进了位移电流假设. 令

$$I_{\mathrm{D}} = \frac{\mathrm{d}\Phi_{\mathrm{e}}}{\mathrm{d}t} \tag{18-1}$$

$$j_{\mathrm{D}} = \frac{\mathrm{d}D}{\mathrm{d}t} \tag{18-2}$$

式(18-1)和式(18-2)中的 I_{D} 、j_{D} 分别称为位移电流和位移电流密度(极板间). 可见,上面出现的矛盾解决了,即前面两个积分相等了.

注意:位移电流和传导电流都能产生磁场,但是位移电流是变化电场产生的(不表示有电荷定向运动,只表示电场变化),不产生焦耳热,而传导电流是电荷的宏观定向运动产生的,产生焦耳热.

如果电流中同时存在传导电流与位移电流,那么安培环路定理可表示为

$$\oint_l \boldsymbol{H} \cdot \mathrm{d}\boldsymbol{l} = \sum_l I + \frac{\mathrm{d}\Phi_{\mathrm{D}}}{\mathrm{d}t} \tag{18-3}$$

式(18-3)称为全电流环路定理. 该式右边第一项为传导电流对磁场的贡献,第二项为位移电流(即变化电场)对磁场的贡献. 它们产生的磁场都来源于电场. 麦克斯韦位移电流假说的根源就是变化的电场激发磁场.

全电流环路定理是一个普遍适用的定律.

18.1.2 麦克斯韦方程组

在一般情况下,电场可能包括静电场和涡旋电场(感生电场),所以

$$\boldsymbol{E} = \boldsymbol{E}_{静} + \boldsymbol{E}_{涡}$$

$$\oint_l \boldsymbol{E} \cdot \mathrm{d}\boldsymbol{l} = \oint_l \boldsymbol{E}_{静} \cdot \mathrm{d}\boldsymbol{l} + \oint_l \boldsymbol{E}_{涡} \cdot \mathrm{d}\boldsymbol{l} = \oint_l \boldsymbol{E}_{涡} \cdot \mathrm{d}\boldsymbol{l} = -\frac{\mathrm{d}\Phi_{\mathrm{m}}}{\mathrm{d}t} = -\frac{\mathrm{d}}{\mathrm{d}t}\int_S \boldsymbol{B} \cdot \mathrm{d}\boldsymbol{S} = -\int_S \frac{\partial \boldsymbol{B}}{\partial t} \cdot \mathrm{d}\boldsymbol{S}$$

同理,在一般情况下,磁场既包括传导电流产生的磁场,也包括位移电流产生的磁场,即

$$\oint_l \boldsymbol{H} \cdot \mathrm{d}\boldsymbol{l} = \sum_{l_{内}} I + \frac{\mathrm{d}\Phi_{\mathrm{D}}}{\mathrm{d}t}$$

一般情况下,电磁规律可由下面四个方程来描述:

$$\begin{cases} \oint_S \boldsymbol{D} \cdot \mathrm{d}\boldsymbol{S} = \sum_{S_{内}} q \\ \oint_l \boldsymbol{E} \cdot \mathrm{d}\boldsymbol{l} = -\dfrac{\mathrm{d}\Phi_{\mathrm{m}}}{\mathrm{d}t} \\ \oint_S \boldsymbol{B} \cdot \mathrm{d}\boldsymbol{S} = 0 \\ \oint_l \boldsymbol{H} \cdot \mathrm{d}\boldsymbol{l} = \sum_{l_{内}} I + \dfrac{\mathrm{d}\Phi_{\mathrm{D}}}{\mathrm{d}t} \end{cases} \tag{18-4}$$

这四个方程称为麦克斯韦方程组(积分形式). 在麦克斯韦方程组中,电场和磁场已经成为一个不可分割的整体. 该方程组系统而完整地概括了电磁场的基本规律.

例 18-1　如图 18-2 所示,有平行板电容器,由半径为 R 的两块圆形极板构成,用长直导线电流充电,使极板间电场强度增加率为 $\frac{dE}{dt}$,求距离极板中心连线 r 处的磁场强度. (1) $r<R$;(2) $r>R$.

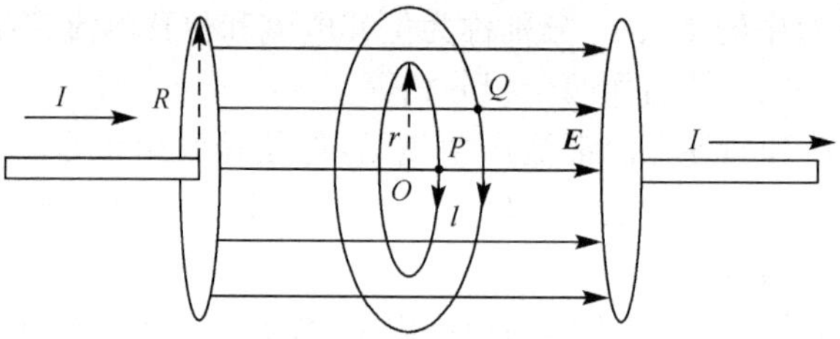

图 18-2　例 18-1 图

解　忽略电容边缘效应,极板间电场可看成局限在半径为 R 内的均匀电场,由对称性可知,变化电场产生的磁场的磁力线是以极板对称轴上点为圆心的一系列圆周.

(1) $r<R$. 取半径为 r 的磁力线为绕行回路 l,绕行方向同磁力线方向. 由全电流环路定理

$$\oint_l \boldsymbol{H}\cdot d\boldsymbol{l}=\sum_{l_内} I+\frac{d\Phi_D}{dt}$$

有

$$\oint_l \boldsymbol{H}\cdot d\boldsymbol{l}=\frac{d\Phi_D}{dt}(=I_d)$$

$$\begin{aligned}\oint_l \boldsymbol{H}\cdot d\boldsymbol{l}&=\oint_l H\cdot dl\cos 0^\circ\\&=H\oint_l dl\\&=H\cdot 2\pi r\end{aligned}$$

$$\Phi_D=\boldsymbol{D}\cdot\boldsymbol{S}=DS\cos 0^\circ=\pi r^2\varepsilon_0 E$$

故

$$\frac{d\Phi_D}{dt}=\pi r^2\varepsilon_0\frac{dE}{dt}$$

$$H\cdot 2\pi r=\pi r^2\varepsilon_0\frac{dE}{dt}$$

则有

$$H=\frac{1}{2}\varepsilon_0 r\frac{dE}{dt}$$

$$B=\mu_0 H=\frac{1}{2}\mu_0\varepsilon_0 r\frac{dE}{dt}$$

(2) $r > R$. 取半径为 r 的磁力线为回路,绕行方向同磁力线方向,由

$$\oint_l \boldsymbol{H} \cdot \mathrm{d}\boldsymbol{l} = \frac{\mathrm{d}\Phi_\mathrm{D}}{\mathrm{d}t}$$

有

$$H \cdot 2\pi r = \frac{\mathrm{d}}{\mathrm{d}t}(DS) = \frac{\mathrm{d}}{\mathrm{d}t}(\pi R^2 \varepsilon_0 E) = \pi R^2 \varepsilon_0 \frac{\mathrm{d}E}{\mathrm{d}t}$$

即

$$H = \frac{R^2}{2r}\varepsilon_0 \frac{\mathrm{d}E}{\mathrm{d}t}$$

得

$$B = \mu_0 H = \frac{R^2}{2r}\mu_0 \varepsilon_0 \frac{\mathrm{d}E}{\mathrm{d}t}$$

例 18-2 由公式证明平行板电容器与球形电容器两极板间的位移电流均为 $I_\mathrm{D} = c\frac{\mathrm{d}U}{\mathrm{d}t}$,式中 c 为电容,U 为板间电压.

证明 (1)平行板电容器.

$$I_\mathrm{D} = \frac{\mathrm{d}\Phi_\mathrm{D}}{\mathrm{d}t} = \frac{\mathrm{d}}{\mathrm{d}t}(DS) = \frac{\mathrm{d}}{\mathrm{d}t}(\sigma S) = \frac{\mathrm{d}}{\mathrm{d}t}q = \frac{\mathrm{d}}{\mathrm{d}t}(cU) = c\frac{\mathrm{d}U}{\mathrm{d}t}$$

(2)球形电容器.

$$D = \frac{Q}{4\pi r^2}$$

$$j_\mathrm{D} = \frac{\mathrm{d}D}{\mathrm{d}t} = \frac{\mathrm{d}}{\mathrm{d}t}\left(\frac{Q}{4\pi r^2}\right) = \frac{1}{4\pi r^2} \cdot \frac{\mathrm{d}Q}{\mathrm{d}t} = \frac{1}{4\pi r^2} \cdot \frac{\mathrm{d}(cU)}{\mathrm{d}t} = \frac{c}{4\pi r^2} \cdot \frac{\mathrm{d}U}{\mathrm{d}t}$$

$$I_\mathrm{D} = \oint_S \boldsymbol{j}_\mathrm{D} \cdot \mathrm{d}\boldsymbol{S} = \oint_S j_\mathrm{D} \cdot \mathrm{d}S = j_\mathrm{D}\oint_S \mathrm{d}S = j_\mathrm{D} \cdot 4\pi r^2 = c\frac{\mathrm{d}U}{\mathrm{d}t}$$

例 18-3 平行板电容器的正方形极板边长为 0.3m,当放电电流为 1.0A 时,忽略边缘效应,求:

(1)两极板上电荷面密度随时间的变化率;

(2)通过极板中如图 18-3 所示的正方形回路 $abcda$ 区间的位移电流大小;

(3)环绕此正方形回路的 $\oint_l \boldsymbol{B} \cdot \mathrm{d}\boldsymbol{l}$ 的大小.

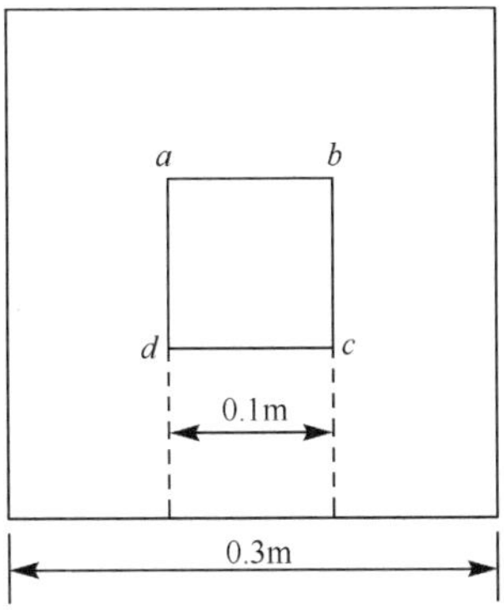

图 18-3 例 18-3 图

解 (1) $I_\mathrm{D} = \frac{\mathrm{d}\Phi_\mathrm{D}}{\mathrm{d}t} = \frac{\mathrm{d}}{\mathrm{d}t}(DS) = \frac{\mathrm{d}}{\mathrm{d}t}(\sigma S) = S\frac{\mathrm{d}\sigma}{\mathrm{d}t}$

$$\frac{\mathrm{d}\sigma}{\mathrm{d}t} = \frac{1}{S}I_\mathrm{D} = \frac{1.0}{0.3^2}$$

$$\approx 11.1(\mathrm{C} \cdot \mathrm{s}^{-1} \cdot \mathrm{m}^2)$$

(2) $I'_D = \int_{S_{abcd}} \boldsymbol{j}_D \cdot d\boldsymbol{S} = j_D S_{abcd} = \frac{d\sigma}{dt} \cdot S_{abcd}$

$= 11.1 \times 0.1^2 = 0.111(\text{A}).$

(3) $\oint_{abcda} \boldsymbol{H} \cdot d\boldsymbol{l} = I_D = 0.111\text{A}$;

$\oint_{abcda} \boldsymbol{B} \cdot d\boldsymbol{l} = \mu_0 \oint_{abcda} \boldsymbol{H} \cdot d\boldsymbol{l} = 4\pi \times 10^{-7} \times 0.111$

$\approx 1.39 \times 10^{-7}(\text{Wb} \cdot \text{m}^{-1}).$

18.2　电磁波的性质

由于变化的电场在其周围产生磁场,变化的磁场在其周围产生变化的电场,这样依次变化,就可将某一处产生的电磁扰动在空间传播至远方,形成电磁波,这种变化的电磁场在空间以一定的速度传播就形成了电磁波.

在远离波源的自由空间(既没有自由电荷也没有传导电流,空间无限大,即不考虑边界的影响,空间可以是真空,也可以充满均匀介质)中传播的电磁波可以近似看成平面波.

求解场方程组,可以证明自由空间内传播的平面电磁波具有以下基本性质:

(1)电磁波是横波,也就是电磁波强度 $\boldsymbol{E}$ 与磁场强度 $\boldsymbol{H}$ 的振动方向与电磁波的传播方向 $\boldsymbol{k}$(单位矢量)垂直,即 $\boldsymbol{E} \perp \boldsymbol{k}, \boldsymbol{H} \perp \boldsymbol{k}$.

(2)电场强度 $\boldsymbol{E}$ 与磁场强度 $\boldsymbol{H}$ 垂直,即 $\boldsymbol{E} \perp \boldsymbol{H}$.

(3)$\boldsymbol{E}$ 与 $\boldsymbol{H}$ 随时间的变化是同步的(以后将这种情况称为同位相),并且电磁波的传播方向 $\boldsymbol{k}$ 就是 $\boldsymbol{E} \times \boldsymbol{H}$ 的方向. 图 18-4 示意了平面电磁波某一时刻的波形情况.

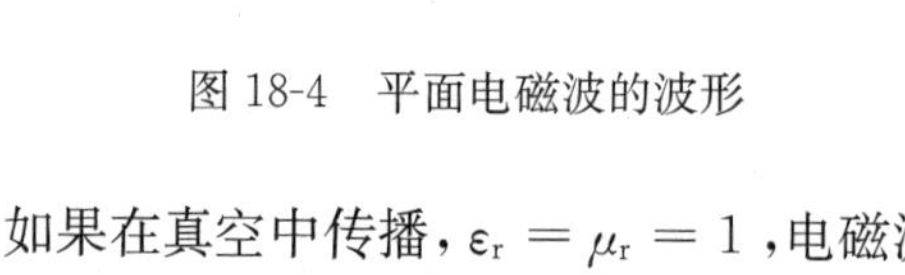

图 18-4　平面电磁波的波形

(4)$\boldsymbol{E}$ 与 $\boldsymbol{H}$ 幅值成比例,令 E_0 、H_0 代表 $\boldsymbol{E}$ 与 $\boldsymbol{H}$ 的幅值,理论计算表明, E_0 和 H_0 的关系为

$$\sqrt{\varepsilon_0 \varepsilon_r} E_0 = \sqrt{\mu_0 \mu_r} H_0$$

(5)计算表明,电磁波在介质中传播速度 v 的大小为

$$v = \frac{1}{\sqrt{\varepsilon_0 \varepsilon_r \mu_0 \mu_r}}$$

如果在真空中传播, $\varepsilon_r = \mu_r = 1$,电磁波的速度为

$$c = \frac{1}{\sqrt{\varepsilon_0 \mu_0}} \approx 3 \times 10^8 \text{m} \cdot \text{s}^{-1}$$

即真空中电磁波的传播速度正好等于光在真空中的传播速度. 麦克斯韦根据这一事实科学地预言了光波就是一种电磁波.

18.3　振荡电路　赫兹实验

前面讨论的平面电磁波是一种高度理想化的电磁波，在实际生活中我们会遇到各种各样的电磁波，那么，电磁波是什么，以及它的产生原理是什么？下面从电磁振荡作简要介绍.

18.3.1　振荡电路

能够产生振荡电流的电路叫做振荡电路，一般由电阻、电感、电容等元件和电子器件所组成. 由电感线圈 L 和电容器 C 相连而成的 LC 电路是最简单的一种振荡电路，如图 18-5 所示，其固有频率为 $f=\dfrac{1}{2\pi\sqrt{LC}}$.

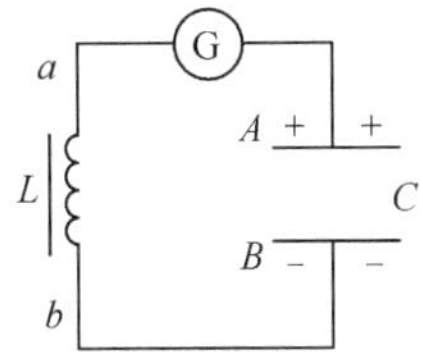

图 18-5　自由振荡电路

在振荡电路产生振荡电流的过程中，电容器极板上的电荷、通过线圈的电流，以及跟电荷和电流相联系的电场和磁场都发生了周期性的变化，同时相应的电场能和磁场能在储能元件中不断转换，这种现象叫做电磁振荡现象.

18.3.2　赫兹实验

麦克斯韦于 1865 年发表的关于电磁理论的论文是纯理论研究，而且还包含了关于位移电流的假说，因此在相当长的时间内并未受到足够的重视. 1888 年德国物理学家赫兹(Hertz)发表了他用一系列实验证实电磁波存在性的著名论文.

赫兹的实验包括对电磁波的发射、接收、反射、折射、偏振等. 机械波是机械振动在空间的传播，电磁波是电磁振荡在空间的传播. 电磁振荡存在于振荡电路中，但通常的振荡电路几乎不发射电磁波. 以图 18-5 的自由振荡电路为例，虽然电场和磁场随时间变化，但电场能量和磁场能量分别集中于电容器和线圈内部，不利于电场与磁场的相互激发，难以形成电磁波. 要激发电磁波，可按图 18-6 的思路做开放处理，开放到最后(图 18-6(d))就成了易于发射的偶极振子. 也就是说，电路开放的本身有利于电磁波的发射. 此外，开放还带来另一个好处. 也就是仍把图 18-6(d)粗略地看成“LC 电路”，其中 L 和 C 分别代表分布电感和电容，其数值比图 18-6(a)的 L 和 C 小得多，由 $\omega=\dfrac{1}{\sqrt{LC}}$ 可知振荡频率要高得多，而这有利于电磁波的发射.

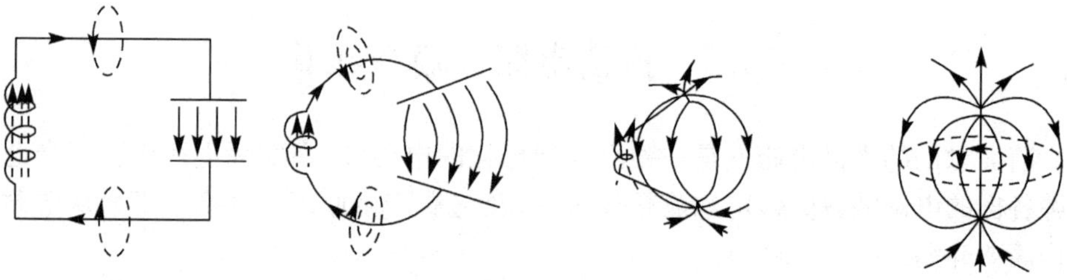

图 18-6　LC 振荡电路演变为偶极振子

然而上述讨论有一个不切实际之处，就是没有考虑能量损耗. 由于电路总有电阻，图 18-6(a)出现的其实不是自由振荡而是阻尼振荡，最终要衰减为零. 为了使电路持续发射电磁波，必须加入能源. 赫兹巧妙地利用火花隙与感应圈相配合解决了能源问题. 图 18-7 是根据赫兹原文附图简化画出的发射装置(后人称之为赫兹振子)，A_1 和 A_2 是黄铜圆柱体，B_1 和 B_2 是高度磨光的黄球铜，两球之间留有一个火花隙，感应圈原边接通直流电源后，副边的周期性高压使两球之间出现强电场，直至空气因击穿而导电(打火花)，于是振子出现振荡电流. 因为振子的分布电感 L 和电容 C 很小，振荡频率很高，有利于发射电磁波. 为了接收这一电磁波，赫兹用细铜线制成一个开口圆环(开口处也是火花隙)，一端装有磨光黄铜球，另一端被磨尖，并可通过绝缘螺钉被调到离铜球极近之处(以调节火花隙). 圆环本身(作为振荡电路)有自己的固有频率，当它等于赫兹振子的固有频率时接收效果最佳. 在赫兹振子发射时，位于附近的接收器(圆环)果然出现火花，表明它接收到电磁波. 为了进一步确证这的确是电磁波，也为了证明光波也是电磁波，赫兹用他的装置验证了电磁波的各种波动特征(反射、折射、偏振、干涉、驻波等)，特别是利用反射镜形成驻波后，通过测定两个波节的距离测出半波长，并由此间接求得波的速率，发现它在实验误差范围内与光速相等.

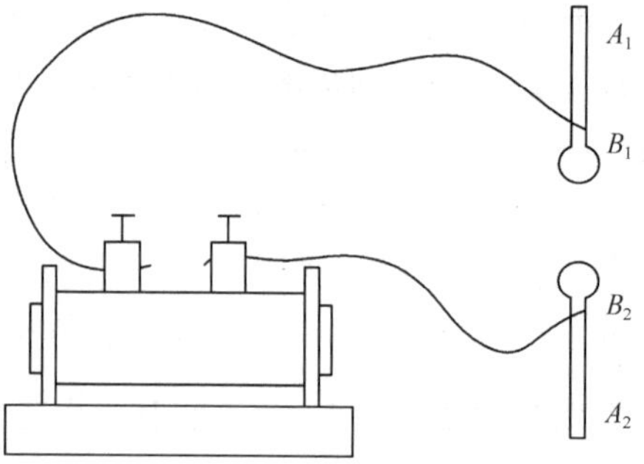

图 18-7　赫兹振子

18.4　电磁波谱

赫兹应用电磁振荡电路的方法产生了电磁波以后，又证明了电磁波的性质与光波的性质完全相同. 此后，又有许多实验证明，不仅光波是电磁波，后来发现的 X 射线（即伦琴射线）、γ 射线等也都是电磁波. 所有电磁波在本质上是完全相同的，只是波长或频率不同. 按照波长或频率的顺序把这些电磁波排列成谱，称为电磁波谱（图 18-8）. 电磁波在本质上虽然相同，但不同频率范围内的电磁波的产生方法以及与物质之间的相互作用却各不相同. 一般的无线电波是从电磁振荡电路通过天线发射的，波长可从几千米到几毫米. 图 18-8 列出了各种电磁波谱，表 18-1 列出了电磁波波段和波长的范围.

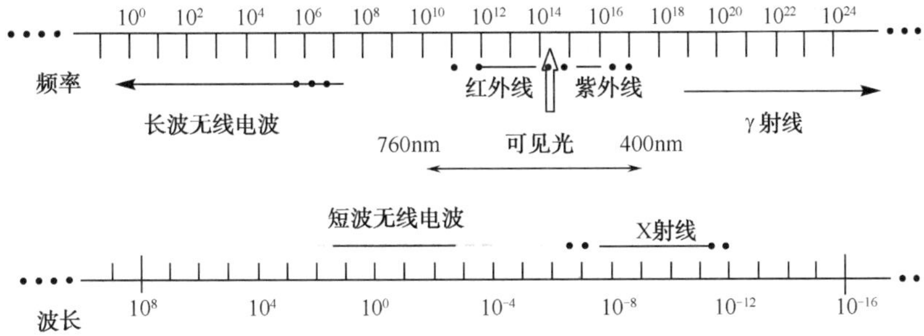

图 18-8　电磁波谱

表 18-1　电磁波波段和波长的范围

波段	无线电波	红外线	可见光	紫外线	X 射线	γ 射线
波长范围/nm	$3\times10^{13}\sim10^8$	$6\times10^5\sim760$	760～400	400～5	5～0.04	<0.04

由于分子和原子的外层电子能级跃迁所发射的电磁波，波长为 0.76～0.4μm，能引起视觉，所以称为可见光. 炽热物体、气体放电以及其他光源可发射可见光. 波长为 0.76～600μm 的电滋波称为红外线，不引起视觉，但热效应特别显著；波长为 50～4000Å（$1\text{Å}=10^{-10}$m）的电磁波，称为紫外线，也不引起视觉，但容易使被照射物体发生化学效应. 生产中常用红外线的热效应来烘烤物体. 红外线虽然看不见，但可以通过特制（氯化钠或锗等材料做成）的透镜或棱镜成像或色散，使特制的底片感光，还可通过图像变换器转变为可见的像. 根据这些性质，可进行红外照相，并可制成夜视仪器，在夜间观察物体. 红外雷达、红外通信都利用红外线，这些仪器在军事上有重要用途. 另外，由于物质的分子结构和化学成分与它所能吸收的红外线的波谱密切相关，因此研究物质对红外线的吸收情况可以分析物质的组成和分子结构. 太阳光中有大量紫外线，汞灯中也有大量紫外线. 紫外线有明显的生理作用，在医疗上可用它来杀

菌. 另外,许多昆虫对紫外线特别敏感,农业上常用紫外灯(黑光灯)来诱捕害虫.

当带电粒子的运动严重受阻,如快速电子射到金属靶时将产生 X 射线,波长为 $4\times10^2\sim50\text{Å}$. X 射线的能量很大,穿透物质的本领很强,能使照相底片感光,也能使荧光屏发光. 利用这种性质可以透视人体内部的病变和检查金属部件的内伤,由于 X 射线的波长与晶体中原子间距的线度相近,因此在科学研究中 X 射线又常被用来分析晶体结构,原子核内部状态的变化也能产生电磁辐射,称为 γ 辐射或 γ 射线,波长比 X 射线更短,能量比 X 射线更大,穿透本领也更强. 许多放射性同位素都发射 γ 射线. γ 射线有多方面的应用研究. 另外,γ 射线可以帮助我们了解原子核的结构.

习题 18

反映电磁场基本性质和规律的积分形式的麦克斯韦方程组为

$$\oint_S \boldsymbol{D}\cdot \mathrm{d}\boldsymbol{S}=\int_V \rho \mathrm{d}V \qquad ①$$

$$\oint_L \boldsymbol{E}\cdot \mathrm{d}\boldsymbol{l}=-\int_S \frac{\partial \boldsymbol{B}}{\partial t}\cdot \mathrm{d}\boldsymbol{S} \qquad ②$$

$$\oint_S \boldsymbol{B}\cdot \mathrm{d}\boldsymbol{S}=0 \qquad ③$$

$$\oint_L \boldsymbol{H}\cdot \mathrm{d}\boldsymbol{l}=\int_S \left(\boldsymbol{J}+\frac{\partial \boldsymbol{D}}{\partial t}\right)\cdot \mathrm{d}\boldsymbol{S} \qquad ④$$

试判断下列结论是包含于或等效于哪一个麦克斯韦方程的 . 将你确定的方程的代号填在相应结论后的空白处.

(1) 变化的磁场一定伴随有电场. ____________________

(2) 磁感线是无头无尾的. ____________________

(3) 电荷总伴随有电场. ____________________

第六篇　近代物理基础

20世纪初开始的物理学基础理论体系的重大变革——近代物理学的诞生是自然科学的一个革命性飞跃.以相对论、量子理论为先导,形成高能物理学、核物理学、低温物理学、凝聚态物理学、激光物理学等学科,促成了核裂变、核聚变、半导体、晶体管、激光器等重大科技成果的出现,形成了诸多影响人类社会生产力的高新产业.它改变了物理学乃至自然科学的面貌,掀开了人类自然观和科学观的新的一页.在近代材料科学上,人们认识到物质宏观性质的任何突破都是以对其微观结构及规律的认识的突破为前提的.本篇内容主要包括相对论基础、波粒二象性、原子的量子理论初步三部分.

第19章 相对论基础

19 世纪末，随着电磁学和光学的发展，人们对光的传播速度与参考系之间的关系做了大量实验和理论研究工作，发现迈克耳孙-莫雷实验结果与牛顿力学的结论不相符，还发现麦克斯韦方程组在伽利略变换下并不能保持不变形式，即不遵循相对性原理. 爱因斯坦对这些问题作了深入研究，于 1905 年建立了狭义相对论. 1915 年，爱因斯坦把它扩大到非惯性系中去，发展成广义相对论. 相对论已经被大量的实验事实所证实. 相对论的发现不但彻底地改变了人类的时空观念，而且已成为发现新能源、研究宇宙星体、粒子物理以及一系列工程物理等问题的理论基础. 相对论是 20 世纪初物理学上出现的伟大成就之一.

本章先介绍伽利略变换和相对性原理，然后介绍迈克耳孙-莫雷实验、狭义相对论的两个基本原理和洛伦兹变换，再从两个基本原理和洛伦兹变换出发，推导出长度收缩、时间膨胀公式、狭义相对论的时空观和狭义相对论动力学. 最后简单介绍广义相对论.

19.1 伽利略变换与经典力学时空观

19.1.1 伽利略变换

如图 19-1 所示，假定 S'系相对于 S 系沿 x 轴的正方向以速度 u 做匀速直线运动，并且在 $t'=t=0$ 的初始时刻，S'系的原点与 S 系的原点重合，则这两个惯性系中空间坐标和时间坐标的变换关系如下：

$$\begin{cases} x'=x-ut \\ y'=y \\ z'=z \\ t'=t \end{cases} \tag{19-1}$$

或

$$\begin{cases} x=x'+ut' \\ y=y' \\ z=z' \\ t=t' \end{cases} \tag{19-2}$$

这就是伽利略坐标变换式.

把式(19-1)中的前三式对时间 t 求一阶导数,得经典力学中的速度变换关系式为

$$\begin{cases} v_x'=v_x-u \\ v_y'=v_y \\ v_z'=v_z \end{cases} \tag{19-3}$$

式中,v_x'、v_y'、v_z'为质点 P 对坐标系 S'的速度分量;v_x、v_y、v_z 为质点 P 对坐标系 S 的速度分量. 式(19-3)中的第一个公式 $v_x'=v_x-u$ 也叫做经典力学中的速度合成公式.

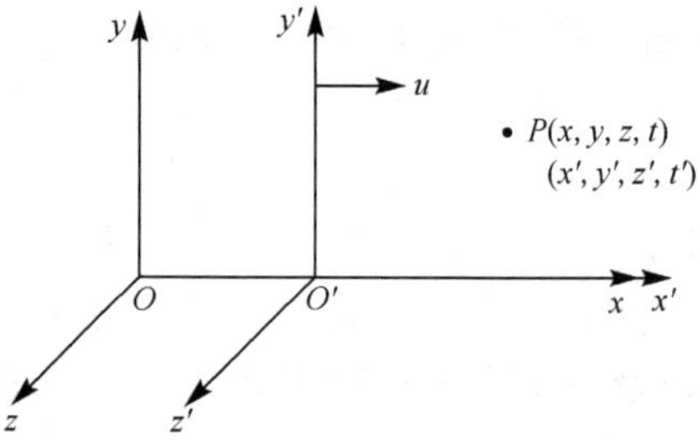

图 19-1　两个参考系:S'系和 S 系

把式(19-3)对时间 t 求一阶导数,得经典力学中的加速度变换关系式为

$$\begin{cases} a_x'=a_x \\ a_y'=a_y \\ a_z'=a_z \end{cases} \tag{19-4}$$

式中,a_x'、a_y'、a_z'为质点 P 对坐标系 S'的加速度分量;a_x、a_y、a_z 为质点 P 对坐标系 S 的加速度分量.

在经典力学中,还可以用矢量形式讨论上述公式.

通常把固定在地球上的参考系称为固定参考系(或称绝对参考系),以 $Oxyz$ 或 S 系表示(图 19-2);而把相对于地球运动的参考系称为动参考系,以 $O'x'y'z'$或 S'表示. 把质点相对于固定参考系的运动称为绝对运动,而把质点相对于动参考系的运动称为相对运动,把质点单纯由动参考系带动的运动称为牵连运动. 本节仅讨论 S'系相对于 S 系只做平动的情况.

现有一运动质点,在 t 时刻位于空间中的 A 点,在 S 系中对应的位置矢量为 $\boldsymbol{r}$,在 S'系中对应的位置矢量为 $\boldsymbol{r}'$,由图 19-2(a)可以看到

$$\boldsymbol{r}=\boldsymbol{r}'+\boldsymbol{R} \tag{19-5}$$

式(19-5)就是伽利略坐标变换式在三维直角坐标系中的矢量形式,其中 $\boldsymbol{R}$ 为 S'参考系的原点对 S 系原点的矢径.

在 $t+\Delta t$ 时刻,质点运动到 B 点,在 S 坐标系中的位移为 $\Delta\boldsymbol{r}$,由于 S'系的单纯带动,其中的 A 点移动到 B 点,位移为 $\Delta\boldsymbol{r}'$,从图 19-2(b)可得

$$\Delta \boldsymbol{r}=\Delta \boldsymbol{r}'+\Delta \boldsymbol{R} \tag{19-6}$$

式(19-6)就是在三维直角坐标系中伽利略位移变换式.

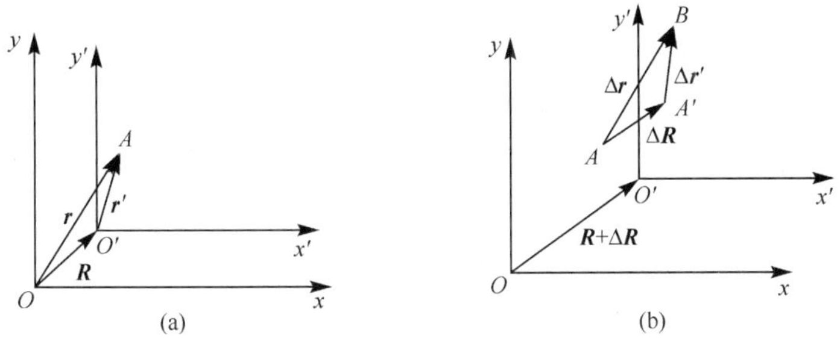

图 19-2　相对运动与牵连运动

式(19-5)两边对时间 t 求导得

$$\frac{\mathrm{d}\boldsymbol{r}}{\mathrm{d}t}=\frac{\mathrm{d}\boldsymbol{r}'}{\mathrm{d}t}+\frac{\mathrm{d}\boldsymbol{R}}{\mathrm{d}t}$$

式中,$\frac{\mathrm{d}\boldsymbol{r}}{\mathrm{d}t}$为质点在 S 系中的速度,常称为绝对速度,用 $\boldsymbol{v}$ 表示;$\frac{\mathrm{d}\boldsymbol{r}'}{\mathrm{d}t}$为质点在 S'系中的速度,常称为相对速度,用 $\boldsymbol{v}'$表示;而$\frac{\mathrm{d}\boldsymbol{R}}{\mathrm{d}t}$为 S'系相对 S 系的速度,称为牵连速度,用 $\boldsymbol{u}$ 表示. 则式(19-6)可改写为

$$\boldsymbol{v}=\boldsymbol{v}'+\boldsymbol{u} \tag{19-7}$$

式(19-7)表明,绝对速度等于相对速度与牵连速度的矢量和.

式(19-7)两边对时间 t 求导得

$$\boldsymbol{a}=\boldsymbol{a}'+\boldsymbol{a}_{\mathrm{c}}$$

式中,$\boldsymbol{a}$ 为绝对加速度,$\boldsymbol{a}'$为相对加速度,$\boldsymbol{a}_{\mathrm{c}}$ 为牵连加速度.

若 S'系相对于 S 系做匀速直线运动,即 $\boldsymbol{a}_{\mathrm{c}}=0$,则质点相对于两参考系的加速度相等,亦即

$$\boldsymbol{a}=\boldsymbol{a}'$$

关于相对运动应当注意:①绝对运动、相对运动和牵连运动都是质点相对于不同参考系的运动,对于平动,牵连运动才等于动系对静系的运动;②上面的变换关系式仅适用于低速物体的运动,当质点运动的速度接近光速时,是不适用的. 关于这一点将在狭义相对论中论述.

设质点 P 对坐标系 S'的加速度为 $\boldsymbol{a}'$,质点 P 对坐标系 S 的加速度为 $\boldsymbol{a}$,上式表明在坐标系 S'和 S 中,质点 P 的加速度相同. 在经典力学中,质点质量是恒量,与质点的速度无关,即质点 P 在坐标系 S'中的质量 m'等于质点 P 在坐标系 S 中的质量 m,所以有

$$m'\boldsymbol{a}'=m\boldsymbol{a}$$

对坐标系 S' 来说,质点 P 受的合外力为 $\boldsymbol{F}'$,对坐标系 S 来说,质点 P 受的合外力为 $\boldsymbol{F}$,则有

$$\boldsymbol{F}'=m'\boldsymbol{a}',\quad \boldsymbol{F}=m\boldsymbol{a}$$

可见,相互做匀速直线运动的惯性系中,牛顿运动定律的形式是相同的. 这说明牛顿运动方程对伽利略变换是不变式,即对任意惯性系,牛顿运动方程具有相同的形式. 这就是相对性原理. 进一步的理论和实验证明,动量守恒定律、能量守恒定律等牛顿力学的规律也遵从相对性原理. 即对任意惯性系,牛顿力学的规律具有相同的形式. 或者说,牛顿力学的规律对伽利略变换具有不变式. 这一规律称为力学相对性原理.

19.1.2 经典力学时空观

在图 19-1 中,P 点到 $x'O'y'$ 平面的距离在 S' 系中量度为 x',在 S 系中量度为 $x-ut$. 由伽利略变换可以看到,$x'=x-ut$,表明由不同的惯性系 S' 和 S 量度某一距离时,所得数值相等. 说明在经典力学中空间的量度是绝对的,与坐标系的选择无关.

在伽利略变换式(19-1)中,有关系式 $t'=t$,这就是说,在 S' 坐标系中的量度时间 t' 与在 S 系中的量度时间 t 是相同的,换句话说,某一段时间由不同的坐标系来量度时,其数值相等. 所以在经典力学中,时间也是绝对的,不因坐标系的运动而变化.

由上述讨论可以看出,空间的量度与参考系的选取无关. 空间是独立存在的、与运动无关且永恒不变的、绝对静止的. 时间也与参考系的选取无关. 时间与物质的运动无关,它永恒地、均匀地流逝着. 对某一个参考系,两件事是同时发生的,那么,对另一参考系两件事也是同时发生的. 如某事件持续的时间,不论从哪个参考系看,都是相同的. 即同时性、时间间隔都与参考系无关,是绝对的. 这就是经典力学的时空观,也叫绝对时空观.

空间和时间独立存在,空间和时间是分离的. 这就是牛顿谈到的绝对空间和绝对时间. 牛顿认为:绝对空间就其性质来说与此外的任何事物无关,总是相似的、不可移动的;绝对、真实及数学的时间本身,从其性质来说,均匀流逝与此外的任何事物无关.

经典力学的时空观是在低速运动情况下总结出的规律,它与高速运动情况下的近代物理实验结果相矛盾,爱因斯坦创立的狭义相对论,以新的时空观取代了经典力学的时空观.

例 19-1 静止于地面上的人看到雨点以速度 $10\text{m}\cdot\text{s}^{-1}$ 竖直下落. 若汽车以速度 $8\text{m}\cdot\text{s}^{-1}$ 自西向东行驶,求雨滴相对于汽车的速度.

解 根据速度变换式

$$\boldsymbol{v}_{\text{雨对地}}=\boldsymbol{v}_{\text{雨对车}}+\boldsymbol{v}_{\text{车对地}}$$

由图 19-3 可得，雨滴相对汽车的速度大小和方向分别为

$$v_{雨对车}=\sqrt{\boldsymbol{v}_{雨对地}^2+\boldsymbol{v}_{车对地}^2}=12.8\text{m}\cdot\text{s}^{-1}$$

$$\tan\theta=\frac{8}{10}=0.8$$

$$\theta=38°40'$$

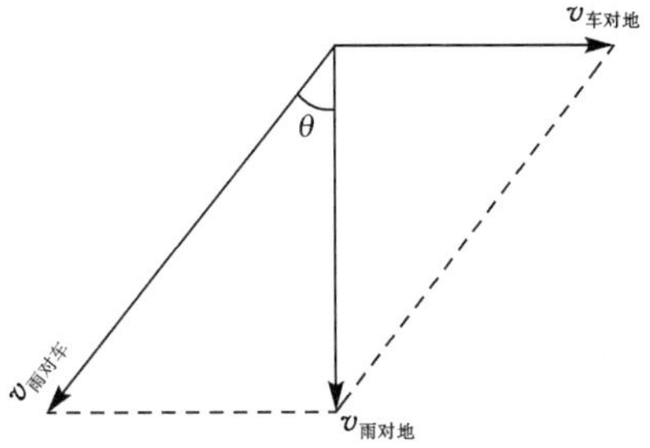

图 19-3　例 19-1 图

例 19-2　离海关港口 B 为 l 的 A 处，有一走私船正以速度 v_1 沿与海岸线成 θ 角的方向离开海岸. 为了截获该船，海关派出速度大小为 v_2 的快艇从港口出发. 设 v_1，v_2，θ 为已知量(图 19-4)，求：

(1)快艇航向与海岸线夹角 α 应满足的关系；

(2)截住走私船所需时间.

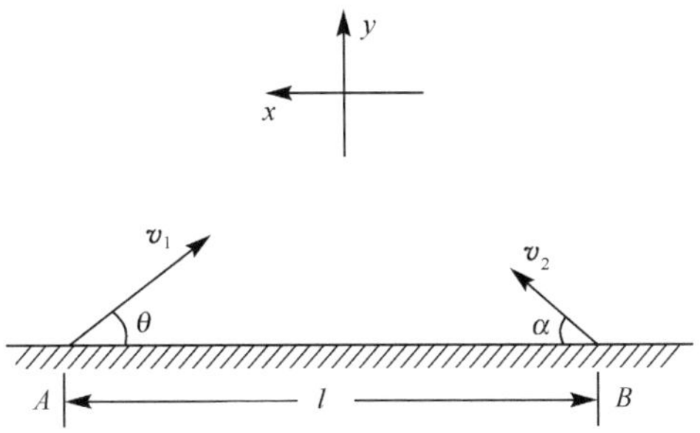

图 19-4　例 19-2 图

解　(1)设快艇对走私船的相对速度为 $\boldsymbol{v}$，由速度变换式得

$$\boldsymbol{v}=\boldsymbol{v}_2-\boldsymbol{v}_1$$

建立如图 19-4 所示坐标系，则其分量分别为

$$v_x=v_2\cos\alpha-(-v_1\cos\theta)=v_2\cos\alpha+v_1\cos\theta \tag{1}$$

$$v_y=v_2\sin\alpha-v_1\sin\theta \tag{2}$$

为了截住走私船，在相等时间内，两船在垂直海岸线上(即坐标轴 y)的航程应相等，即两船在 y 方向上的相对速度为零，由式(2)得

$$v_y=v_2\sin\alpha-v_1\sin\theta=0$$

解得

$$\sin\alpha=\frac{v_1}{v_2}\sin\theta \tag{3}$$

(2)将式(3)代入式(1)可得相对速度的大小为

$$\begin{aligned}v&=v_x=v_2\sqrt{1-\sin^2\alpha}+v_1\cos\theta\\&=\sqrt{v_2^2-v_1^2\sin^2\theta}+v_1\cos\theta\end{aligned}$$

于是,截住走私船所需时间为

$$t=\frac{l}{v}=\frac{l}{\sqrt{v_2^2-v_1^2\sin^2\theta}+v_1\cos\theta}$$

19.2　狭义相对论的基本假设　洛伦兹变换

19.2.1　狭义相对论提出的历史背景

19世纪,麦克斯韦、赫兹等经过努力,建立了成熟的电磁理论,认为光是一定频率范围内的电磁波.电磁学和光学发展的巨大成就,使物理学家特别关注电磁波,包括光的传播问题.由于机械波只能在弹性介质中传播(如声音的传播介质有空气、水、铁轨等),那么电磁波在什么介质中传播呢?当时的实验表明,电磁波可以在真空中传播,这就说明电磁波传播的介质不是我们所能看得见、摸得着的物质.当时的一些物理学家借用了法国数学家笛卡儿曾经提出过一种宇宙模型中的"以太"一词,在那里,以太正好就是看不见、摸不着的一种新物质.于是有人认为:宇宙间充满一种无色透明、密度均匀、渗透到一切物质内部的特殊介质,称为"以太",它是绝对静止的;电磁波(包括光)在"以太"中的传播速度与真空中的传播速度相同.为了验证以太的存在,人们做了许多实验,其中最著名的就是迈克耳孙-莫雷实验.此实验的大致思路是:假设太空中弥漫着"以太",那么,当地球运动时就应该有一个相对于"以太"的速度.因此,按照经典物理学速度叠加的原理,在地球上发出的不同方向上的光束,由于受到地球相对于"以太"速度的影响,其合速度应该是不一样的.这个实验就是为了测量不同方向上的光速差值,这个差值称为"以太漂移".换句话说,如果能观测到"以太漂移",也就是证明了"以太"的存在.

为了测定地球相对以太的绝对运动,1881年,迈克耳孙做了首次实验.1887年,迈克耳孙用他发明的干涉仪,同莫雷合作进行了更为精确的测量,目的是测定地球相对以太的速度.其原理如图19-5所示,将迈克耳孙干涉仪固定在地球上,整个装置可绕垂直于图面的轴线转动.假定$PM_1=PM_2$,以太坐标系用S表示,地球坐标系用S'表示,设地球以速度u自左向右匀速相对以太运动.

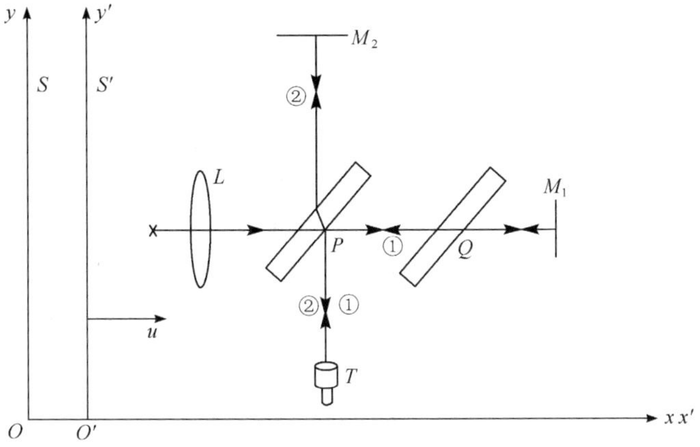

图 19-5　迈克耳孙-莫雷实验

从光源发出一列单色光，被 P 分为传播方向互相垂直的两束光，分别用①光和②光表示. 在 S 系看来，以太静止，光沿各方向的传播速度均为 c，地球和干涉仪相对以太运动的速度为 u. 在 S' 系看来，地球和干涉仪静止，感到有一速度为 $-u$ 的“以太风”存在. 根据伽利略速度变换，光沿各方向传播速度不同，逆着以太风的光速为 $c-u$，顺着以太风的光速为 $c+u$. ①光在 PM_1 之间往返一次所用的时间是

$$t_1=\frac{L}{c-u}+\frac{L}{c+u}=\frac{2L/c}{1-\frac{u^2}{c^2}}\approx\frac{2L}{c}\left(1+\frac{u^2}{c^2}\right)$$

而垂直于以太风的光速为 $\sqrt{c^2-u^2}$. ②光在 PM_2 之间往返一次所用时间为

$$t_2=\frac{2L}{\sqrt{c^2-u^2}}=\frac{2L/c}{\sqrt{1-\frac{u^2}{c^2}}}\approx\frac{2L}{c}\left(1+\frac{u^2}{2c^2}\right)$$

以上两式的近似是由于 $u\ll c$.

两束光到达观察者处的时间差为

$$\Delta t=t_1-t_2=\frac{2L}{c}\left(1+\frac{u^2}{c^2}\right)-\frac{2L}{c}\left(1+\frac{u^2}{2c^2}\right)=\frac{Lu^2}{c^3}$$

干涉仪再旋转 90°，两臂互换位置. 这时①光的方向垂直于以太风，②光的方向平行于以太风. 两束光到达观察者处的时间差为

$$\Delta t'=t_1'-t_2'=\frac{2L/c}{\sqrt{1-\frac{u^2}{c^2}}}-\frac{2L/c}{1-\frac{u^2}{c^2}}\approx-\frac{Lu^2}{c^3}$$

即旋转干涉仪前后光程差的改变为

$$c(\Delta t-\Delta t')=\frac{2Lu^2}{c^2}$$

在旋转过程中由于光程差的改变，必将引起干涉条纹的移动，移动条纹数为

$$\Delta N=\frac{2Lu^2}{\lambda c^2} \tag{19-8}$$

出人意料的是,实验的结果是否定性的,尽管他们反复观察,但都未发现条纹移动.这一实验说明以太并非静止,而是随地球一起移动.而当观察遥远恒星发出的光(近似平行)时,望远镜必须倾斜一个角度,才能使光线落到镜轴上,这又说明以太是静止的.这显然是相互矛盾的.这些实验结果从根本上否定了以太的存在,从而确认光速在以太中是个恒量,也暴露出绝对时空观的局限性.由于当时绝对时空观占统治地位,许多物理学家并没意识到这一点,因而不可能从根本上解决这个矛盾.当时,许多科学家曾提出不同的假设来解释迈克耳孙-莫雷实验结果,但很少有人怀疑伽利略变换的正确性,因而都失败了.于是英国著名的物理学家开尔文勋爵在1900年作的讲演中指出,经典物理学本来十分晴朗的天空上出现了一朵乌云,即迈克耳孙-莫雷实验与经典物理学的伽利略变换发生了矛盾.

相对性原理早在伽利略和牛顿时期就已经有了.电磁学的发展最初也是希望纳入牛顿力学的框架,但在解释运动物体的电磁过程(如迈克耳孙-莫雷实验结果)时却遇到了困难.这就出现了一个问题:适用于力学的相对性原理是否适用于电磁学?物理学家发现,麦克斯韦方程遇到的一个重大理论问题是与牛顿力学所遵从的相对性原理不一致,即麦克斯韦方程组在伽利略变换下并不保持不变形式.

荷兰物理学家洛伦兹为了使麦克斯韦方程组在某个坐标变换下保持不变形式,推导出著名的洛伦兹坐标变换公式,并且为了解释迈克耳孙实验,还提出了长度收缩假说,使经典物理学保全形式上的完美.但是,由于洛伦兹提出上述变换式时并未怀疑伽利略变换有问题,并保留以太的看法,所以洛伦兹的工作已经大大改变了许多传统的观念,如运动的尺子变短等.

19.2.2 狭义相对论的基本假设

爱因斯坦非常关注物理学界的前沿动态,认真地研究了迈克耳孙-莫雷实验和洛伦兹的工作,形成了自己独特的见解.爱因斯坦坚信电磁理论是正确的,因为他相信世界的统一性和逻辑的一致性.相对性原理已经在力学中被广泛应用,但在电磁学中却无法成立,爱因斯坦对于物理学这两个理论体系在逻辑上的不一致提出了怀疑.他认为,相对性原理应该普遍成立,因此电磁理论对于各个惯性系应该具有同样的形式,但在这里出现了光速的问题,所以光速是不变的量还是可变的量成为相对性原理是否普遍成立的首要问题.他经过认真思考后大胆地提出,要正确解释迈克耳孙实验,必须认为光速在任何参考系中是不变的.这就是狭义相对论的第一个假设:真空的光速与光源或接收器的运动无关,在各个方向都等于一个恒量 c.也就是说,在相对于光源做匀速直线运动的一切惯性参考系中,所测得的真空的光速都相同.这个假设称为光速不变原理.

另外,牛顿力学方程经过伽利略变换后其形式保持不变,而麦克斯韦方程组在伽利略变换下并不保持不变形式. 爱因斯坦认为伽利略变换有问题，于是他把伽利略变换加以推广，或者说把相对性原理加以推广，提出狭义相对论的第二个假设：在所有惯性系中，物理定律是相同的，即所有惯性系都是等价的. 这个假设称为狭义相对性原理. 这意味着，用任何物理实验都不能确定某一惯性系相对另一惯性系是否运动以及运动速度大小，对运动的描述只有相对意义，绝对静止的参考系是不存在的.

爱因斯坦抛弃了"以太"假设，根据实验事实概括出狭义相对论的两个假设，并从两个假设出发推导出了洛伦兹变换，建立了全新的时间和空间理论，在新的时空理论基础上给运动物体的电动力学以完整的形式. "以太"概念不再是必要的，以太漂移问题也不再存在，迈克耳孙因其实验结果否定了"以太"的存在，获得 1907 年诺贝尔物理学奖.

19.2.3　洛伦兹坐标变换式

下面从狭义相对论的两个基本假设出发，推导洛伦兹坐标变换式. 为了简便，仍假定惯性系 S'相对于 S 系沿 x 轴的正方向以速度 u 做匀速直线运动(图 19-1).

对于 S 系的坐标原点 O，在 S 系中观察，在任何时刻，都有 $x=0$；但在 S'系中观察，在某时刻 t'，点 O 的坐标则是 $x'=-ut'$或 $x'+ut'=0$. 可见，在同一空间点上，数值 x 和 $x'+ut'$同时为零. 因此假设在任意时刻，x 和 $x'+ut'$之间的关系为

$$x=k(x'+ut') \tag{19-9}$$

式中，k 为常数.

同理，对 S'系的坐标原点 O'，有

$$x'=k'(x-ut)$$

根据狭义相对论的相对性原理，两个坐标系是等价的. 因此，除了 u 改为 $-u$ 外，上述两式应有相同的形式. 这就要求 $k=k'$. 于是

$$x'=k(x-ut) \tag{19-10}$$

对于 y 轴和 z 轴的坐标变换关系，有

$$y=y' \tag{19-11}$$

$$z=z' \tag{19-12}$$

把式(19-10)代入式(19-9)，得到 t 和 t'的变换关系为

$$t'=kt+\left(\frac{1-k^2}{ku}\right)x \tag{19-13}$$

上述各式中的 k 由光速不变原理得出. 假设 O'和 O 重合的时刻($t'=t=0$)，在重合点发出一个光信号沿 Ox 轴前进，则在任一时刻(在 S 系度量是 t，在 S'系度量是 t')，光信号到达点的坐标对两坐标系来说分别为 $x=ct$ 和 $x'=ct'$. 把式(19-10)和式(19-13)代入式 $x'=ct'$，得

$$k(x-ut)=ckt+\left(\frac{1-k^2}{ku}\right)cx$$

由上式解得

$$x=ct\left[\frac{1+\frac{u}{c}}{1-\left(\frac{1}{k^2}-1\right)\frac{c}{u}}\right]$$

把上式与 $x=ct$ 比较,可得

$$\frac{1+\frac{u}{c}}{1-\left(\frac{1}{k^2}-1\right)\frac{c}{u}}=1$$

所以

$$k=\frac{1}{\sqrt{1-\frac{u^2}{c^2}}}$$

令 $\beta=\frac{u}{c}$,上式写为

$$k=\frac{1}{\sqrt{1-\beta^2}} \tag{19-14}$$

把 k 值代入式(19-10)～式(19-13),得到一组方程为

$$\begin{cases} x'=\gamma(x-ut) \\ y'=y \\ z'=z \\ t'=\gamma\left(t-\frac{u}{c^2}x\right) \end{cases} \tag{19-15}$$

式中,$\beta=\frac{u}{c}$,$\gamma=\frac{1}{\sqrt{1-\beta^2}}$.

如果改变相对速度的符号,则得出从变换得到的逆变换式为

$$\begin{cases} x=\gamma(x'+ut') \\ y=y' \\ z=z' \\ t=\gamma\left(t'+\frac{u}{c^2}x'\right) \end{cases} \tag{19-16}$$

式(19-15)、式(19-16)称为洛伦兹坐标变换式,简称为洛伦兹变换.

由洛伦兹变换可以看到,当物体运动速度远远小于光速 $u\ll c$ 时,洛伦兹变换转化为伽利略变换.可见,伽利略变换是洛伦兹变换在低速情况($u\ll c$)下的近似.在低速情况下,牛顿力学仍然能精确地反映物体的运动规律,牛顿力学应是相对论力学在

低速情况下的近似,这成为后来爱因斯坦建立相对论动力学的基本出发点.

爱因斯坦从两个假设出发推导出了洛伦兹变换,他认为:真正反映自然界时空变换关系规律的是洛伦兹变换.他给洛伦兹变换赋予了新的物理含义,所以把洛伦兹变换又叫做洛伦兹-爱因斯坦变换.

19.2.4　洛伦兹速度变换式

对洛伦兹坐标变换式(19-15)两边求微分得

$$\begin{cases} \mathrm{d}x'=\gamma(\mathrm{d}x-u\mathrm{d}t) \\ \mathrm{d}y'=\mathrm{d}y \\ \mathrm{d}z'=\mathrm{d}z \\ \mathrm{d}t'=\gamma\left(\mathrm{d}t-\dfrac{u}{c^2}\mathrm{d}x\right) \end{cases}$$

用上式中的最后一式的两边分别除前三式的两边,并考虑到 $v_x=\dfrac{\mathrm{d}x}{\mathrm{d}t},v_y=\dfrac{\mathrm{d}y}{\mathrm{d}t},v_z=\dfrac{\mathrm{d}z}{\mathrm{d}t}$ 和 $v_x'=\dfrac{\mathrm{d}x'}{\mathrm{d}t'},v_y'=\dfrac{\mathrm{d}y'}{\mathrm{d}t'},v_z'=\dfrac{\mathrm{d}z'}{\mathrm{d}t'}$,得到

$$\begin{aligned} v_x'&=\frac{v_x-u}{1-\dfrac{v_xu}{c^2}} \\ v_y'&=\frac{v_y\sqrt{1-\beta^2}}{1-\dfrac{v_xu}{c^2}} \\ v_z'&=\frac{v_z\sqrt{1-\beta^2}}{1-\dfrac{v_xu}{c^2}} \end{aligned} \tag{19-17}$$

其逆变换式为

$$\begin{aligned} v_x&=\frac{v_x'+u}{1+\dfrac{v_x'u}{c^2}} \\ v_y&=\frac{v_y'\sqrt{1-\beta^2}}{1+\dfrac{v_x'u}{c^2}} \\ v_z&=\frac{v_z'\sqrt{1-\beta^2}}{1+\dfrac{v_x'u}{c^2}} \end{aligned} \tag{19-18}$$

这就是洛伦兹速度变换式,也叫狭义相对论的速度合成公式.由此可知,当 $u\ll c$ 时,狭义相对论的速度变换转化为伽利略速度变换.当这些速度中有一个是光速时,合速度均为光速.这保证了光速作为极限速度的地位,即任何速度不可能超过光速.

例 19-3　两个电子 e_1 和 e_2 沿相反方向飞离放射性样品时,每个电子相对于样品的速度都是 $0.67c$,求两个电子的相对速度.

解　以电子 e_1 为参考系 S,样品为运动参考系 S',电子 e_2 为运动物体,则 $v'_x=0.67c$,$u=0.67c$,e_2 相对于 e_1 的速度由洛伦兹速度逆变换式计算

$$v_x=\frac{v'_x+u}{1+\frac{v'_x u}{c^2}}=\frac{0.67c+0.67c}{1+\frac{(0.67c)^2}{c^2}}=0.92c$$

计算结果与实验测得的结果一致.

讨论:若采用伽利略速度逆变换式 $v_x=v'_x+u$,可得

$$v_x=v'_x+u=0.67c+0.67c=1.34c$$

显然伽利略变换式在高速情况下不成立.

19.3　狭义相对论的时空观

洛伦兹变换集中体现了狭义相对论的时空观.从洛伦兹变换出发,可以推导出时间和空间的新结论.狭义相对论向人们展示了一种不同于经典力学的时空观.

19.3.1　长度收缩

如果在 S' 系中沿 x' 轴放置一细棒(图 19-6),细棒相对于 S' 系静止,在 S' 系中对细棒进行测量,其静止长度为

$$l_0=x'_2-x'_1$$

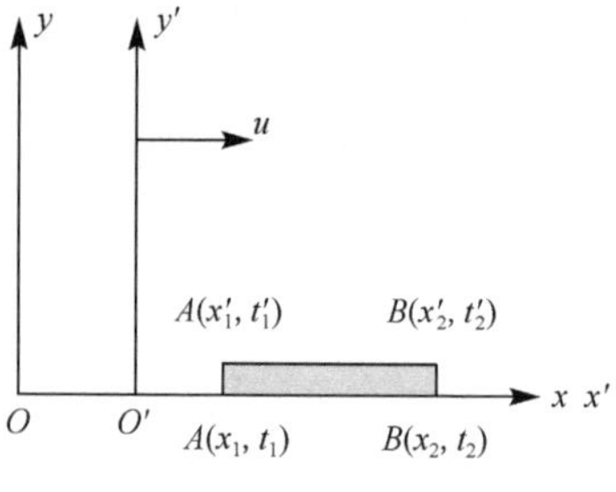

图 19-6　沿运动方向长度缩短

通常 l_0 称为固有长度或原长.对杆的两端进行测量可视为两个事件,固有长度 l_0 可视为两事件在 S' 系中的空间间隔.棒相对于观察者静止时,即在 S' 系中观察时,观察者对静止物体两个端点坐标的测量,不论同时进行,还是不同时进行,都不会影响测量的结果.

如果在 S 系中观察,棒是运动的,对运动棒两端的坐标(x_1,x_2)在某一时刻必须同时($t_1=t_2=t$)进行测量,否则,由先后测得的两端点坐标之差是不能代表运动物体的长度的.在 S 系中测得长度为

$$l=x_2-x_1$$

l 为两事件在 S 系中的空间间隔,叫运动长度.

将 $t_1=t_2$ 代入洛伦兹坐标变换式(19-15)得到

$$x_2'-x_1'=\frac{x_2-x_1}{\sqrt{1-\beta^2}}=\gamma(x_2-x_1)$$

即

$$l_0=\gamma\cdot l \tag{19-19}$$

因为

$$\gamma=\frac{1}{\sqrt{1-\beta^2}}=\frac{1}{\sqrt{1-\frac{u^2}{c^2}}}>1$$

所以 $l<l_0$，即从对于物体有相对速度 u 的坐标系测得的沿速度方向的物体长度 l 比与物体相对静止的坐标系中测得的固有长度 l_0 短，这个效应叫做长度收缩. 长度缩短纯粹是一种相对论效应，与物体内部结构无关. 在日常生活中，由于物体运动速度远远小于光速，洛伦兹收缩很小. 例如，目前最快的宇宙飞船速度还不到光速的 5000 分之一. 因此，以这样的速度运行，其缩短程度是微不足道的. 地球绕太阳公转的速度只有光速的万分之一，所以地球的赤道直径只缩短了 62.5m，只是一个足球场长度的 2/3，而地球赤道的直径有 14 万个足球场那么大.

运动物体长度缩短只在运动的方向上产生，这个事实产生了有趣的结果，如果一个 1.8m 高的人站在一个以接近光速做水平运动的平台上，这个人会变苗条，但其身高仍然是 1.8m. 而如果这个人沿身高方向以接近光速运动，则他的身高就会变得很小.

由式(19-19)可以看出，当 $u\ll c$ 时，$l=l_0$，又回到牛顿的绝对空间概念，长度的测量与参考系无关. 这说明牛顿的绝对空间概念是相对论空间概念在低速情况下的近似.

19.3.2　时间膨胀

如果两个事件 A 和 B 相继发生在 S 系中同一地点 $x(x_1=x_2=x)$，在相对 S 系静止的时钟测得两事件的时间间隔称为固有时间或原时，用 τ_0 表示. τ_0 为相对事件发生地点静止的一只时钟测得的时间间隔.

在另一个参考系 S' 看来，事件 A 和事件 B 是异地事件，相对 S' 系静止的时钟测得这两个事件的时间间隔称为运动时，用 τ 表示. 它是由静止于 S' 参考系中的两只同步的钟测出的(图 19-7).

设事件 A 发生时，S' 系的钟测得的时间为 t_1'，S 系的钟测得的时间为 t_1；事件 B 发生时，S' 系的钟测得的时间为 t_2'，S 系的钟测得的时间为 t_2. 则固有时和运动时分别表示为

$$\tau_0=t_2-t_1,\quad \tau=t_2'-t_1'$$

由洛伦兹坐标变换式(19-15)得

$$t_2'-t_1'=\frac{t_2-t_1}{\sqrt{1-\beta^2}}=\gamma(t_2-t_1)$$

即

$$\tau=\frac{\tau_0}{\sqrt{1-\beta^2}}=\gamma\cdot\tau_0 \tag{19-20}$$

因为 $\gamma\geqslant1$,所以 $\tau_0<\tau$.

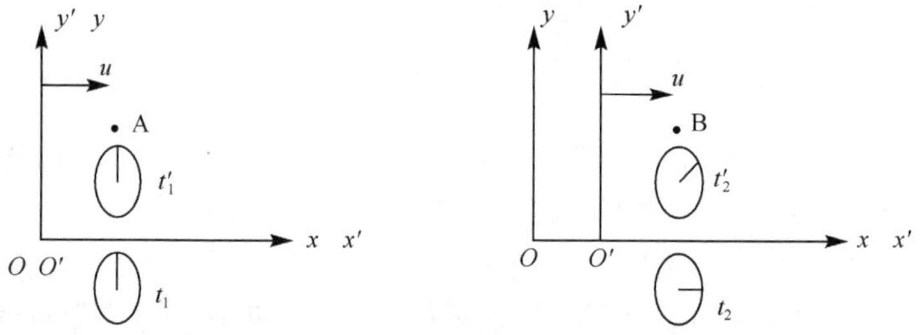

图 19-7　时间膨胀的证明

式(19-20)表明,在 S 系中时钟测出的是固有时,在 S'系中时钟测出的是运动时,与 S'系的钟比较,S 系的钟走慢了,在 S'系看来 S 系的钟是运动的,所以称这个效应为运动的时钟变慢或时间延缓.例如,一宇宙飞船以速度 $0.8c$ 相对于地球匀速前进,在宇宙飞船上测得宇航员经历了 6 天时间,则在地球上的人测得宇航员经历了 10 天时间.

时钟变慢效应是相对的,S'系的观察者也认为 S 系的钟是运动的,比自己参考系的钟走得慢.时钟变慢或时间延缓效应说明时间间隔的测量是相对的,与参考系有关,这在现代粒子物理的研究中得到了大量的实验证明.

从上述公式可知,物体运动速度接近光速时,其变化才明显.以光速 1/10 的运行,时钟的计时只减慢 5%;以光速的 7/8 运行,时钟的计时将减慢 50%;以光速运行,时钟计时减为零.目前世界上飞得最快的宇宙飞船,其计时只减慢亿分之二,即在一年半多的时间里,时间减慢还不到 1s.可见人们在日常生活中接触到的现象,其速度都远比光速小,因此"相对论效应"几乎是观测不出来的.

由式(19-20)还可以看出,当 $u\ll c$ 时,$\tau_0=\tau$,同样两个事件的时间间隔在各参考系中测得的结果相同,与参考系无关,这就是牛顿的绝对时间概念.由此可知,绝对时间的概念是相对论时间概念在低速情况下的近似.

19.3.3　同时的相对性

设两惯性系 S 系和 S'系,S'系以速度 u 相对 S 系沿 x 轴正向运动(图 19-1).为便于讨论,假设两事件发生地点都在 x 轴上.在两惯性系中,事件Ⅰ的空时坐标分别为(x_1,t_1)和(x_1',t_1')，事件Ⅱ的空时坐标分别为(x_2,t_2)和(x_2',t_2')，S系和S'系的时空坐标关系，由洛伦兹变换为

$$t_1'=\frac{t_1-\frac{u}{c^2}x_1}{\sqrt{1-\beta^2}}$$

$$t_2'=\frac{t_2-\frac{u}{c^2}x_2}{\sqrt{1-\beta^2}}$$

$$x_1'=\frac{x_1-ut_1}{\sqrt{1-\beta^2}}$$

$$x_2'=\frac{x_2-ut_2}{\sqrt{1-\beta^2}}$$

解得

$$t_2'-t_1'=\frac{(t_2-t_1)-\frac{u}{c^2}(x_2-x_1)}{\sqrt{1-\beta^2}}$$

$$x_2'-x_1'=\frac{(x_2-x_1)-u(t_2-t_1)}{\sqrt{1-\beta^2}}$$

由上式可以看出：

(1)当$t_2-t_1=0$时，若$x_1\neq x_2$，则$t_1'\neq t_2'$，这表明在S系同时但不同地点发生的两个事件，在S'系是不同时的，即在一个惯性系中同时发生的两个事件，在另一个惯性系中认为不一定是同时发生. 这就是相对论中的“同时的相对性”.

(2)当$t_2-t_1=0$时，若$x_1=x_2$，则$t_1'=t_2'$，这表明在S系同时同地发生的两个事件，在S'系才是同时的.

(3)当$t_2'-t_1'=0$时，若$x_1\neq x_2$，则$t_2\neq t_1$，这表明在S系不同时也不同地发生的两个事件，在S'系可能是同时的.

就一般情况而言，在空间不同地点、不同时刻发生的两个事件，在不同惯性系中的观察者看来，时间间隔和空间间隔是不相同的，它们具有相对性.

注意：一般情况下，两事件的时间间隔在不同参考系中测量不相同，甚至可能发生时序颠倒. 但是，对于有因果关系的事件，它们的因果关系即事件发生的先后次序，不会因为参考系改变而颠倒. 狭义相对论同样符合因果关系的要求，下面作一简要的说明.

所谓 A，B 两个事件有因果关系，或者说 B 事件是 A 事件引起的，则 A 事件必然先于 B 事件发生，例如，

(1)某处枪口发出子弹(A 事件)，另一处老虎被子弹击中(B 事件).

(2)地面某处发射电磁波(A 事件)，地面另一处接收到电磁波(B 事件).

A 事件引起 B 事件可看成 A 事件(发生地)向 B 事件(发生地)传递了某种“信号”,如上例中的“子弹”和“电磁波”. 在 S 系观察,“信号”的传递速度为

$$v_S=\frac{x_2-x_1}{t_2-t_1}\leqslant c$$

由洛伦兹变换得 S' 系测量的时间间隔为

$$t_2'-t_1'=\frac{(t_2-t_1)-\frac{u}{c^2}(x_2-x_1)}{\sqrt{1-\beta^2}}=\frac{t_2-t_1}{\sqrt{1-\beta^2}}\left(1-\frac{u}{c^2}\frac{x_2-x_1}{t_2-t_1}\right)$$
$$=\frac{t_2-t_1}{\sqrt{1-\beta^2}}\left(1-\frac{uv_S}{c^2}\right)$$

因 $u<c$,所以 $\frac{uv_S}{c^2}<1$,$t_2'-t_1'$ 与 t_2-t_1 是同号的. 也就是说,两事件的先后次序在 S 系中观察与在 S' 系中观察是一样的,即因果关系是绝对的.

必须指出:因果关系的绝对性是以物体的运动速度不能超过光速为前提的,即 $u<c$,$v_S<c$. 若物体的运动速度超过光速,$\frac{uv_S}{c^2}$ 就可大于 1,则 $t_2'-t_1'$ 就有可能与 t_2-t_1 异号,即因果关系发生了倒转. 在一个参考系中为原因的事件,在另一参考系中就可能成为结果,这将是十分荒唐的. 因此,为保证因果关系的绝对性,物体的运动速度不能超过光速,这也从另一角度说明光速是物体运动速度的极限.

比较牛顿力学的绝对时空观与狭义相对论的相对时空观,根本的区别是对“绝对性”与“相对性”的认识不同. 牛顿力学的观点是时间、空间是绝对的,物体的运动(位矢、位移、速度和加速度等)是相对的;狭义相对论的观点则是相对性原理和光速不变原理是绝对的,而时间、空间和物体的运动是相对的. 在伽利略变换中,时间间隔和空间间隔都是不变量;在洛伦兹变换中,时间间隔和空间间隔都会发生改变,只有时空间隔为洛伦兹不变量. 在认识上,狭义相对论比牛顿力学更深刻、更具有普遍性.

例 19-4 一固有长度 $L_0=90\text{m}$ 的飞船,沿船长方向相对地球以 $v=0.80c$ 的速度在一观测站的上空飞过,该站测得飞船长度及船身通过观测站的时间间隔各是多少?飞船中宇航员测得前述时间间隔又是多少?

解 观测站测得飞船长是飞船的运动长,由长度收缩公式得

$$L=L_0\sqrt{1-\left(\frac{v}{c}\right)^2}=54\text{m}$$

飞船通过观测站的时间为

$$\Delta t=\frac{L}{v}=2.25\times10^{-7}\text{s}$$

该过程对宇航员而言，是观测站以速度 v 通过 L_0，所以飞船中宇航员测得前述时间间隔为

$$\Delta t=\frac{L_0}{v}=3.75\times10^{-7}\,\mathrm{s}$$

例 19-5　在距地面 8.00km 的高空，由 π 介子衰变产生出一个 μ 子，它相对地球以 $v=0.998c$ 的速度飞向地面，已知 μ 子的固有寿命平均值 $\tau_0=2.00\times10^{-9}\,\mathrm{s}$，试问该 μ 子能否到达地面？

证明　在地面测 μ 子的寿命为

$$\tau=\frac{\tau_0}{\sqrt{1-(v/c)^2}}$$

μ 子自产生到衰变的飞行距离

$$L=v\tau=\frac{v\tau_0}{\sqrt{1-(v/c)^2}}=9.47\,\mathrm{km}$$

可见 $L>8.00\,\mathrm{km}$，故 μ 子能到达地面.

例 19-6　在惯性系 S 中，有两个事件同时发生在 x 轴上相距 1000m 的两点，而在另一惯性系 S'(沿 x 轴方向相对于 S 系运动)中测得这两个事件发生的地点相距 2000m. 求在 S'系中测得这两个事件的时间间隔.

解　根据洛伦兹变换公式

$$x'=\frac{x-ut}{\sqrt{1-(u/c)^2}}$$

可得

$$x_2'=\frac{x_2-ut_2}{\sqrt{1-(u/c)^2}},\quad x_1'=\frac{x_1-ut_1}{\sqrt{1-(u/c)^2}}$$

在 S 系中，两个事件同时发生，$t_1=t_2$，则

$$x_2'-x_1'=\frac{x_2-x_1}{\sqrt{1-(u/c)^2}}$$

$$\sqrt{1-\left(\frac{u}{c}\right)^2}=\frac{x_2-x_1}{x_2'-x_1'}=\frac{1}{2}$$

解得

$$u=\frac{\sqrt{3}c}{2}$$

在 S'系中，上述两个事件不同时发生，设分别发生于 t_1'和 t_2'时刻，由洛伦兹变换公式，有

$$t_1'=\frac{t_1-ux_1/c^2}{\sqrt{1-(u/c)^2}},\quad t_2'=\frac{t_2-ux_2/c^2}{\sqrt{1-(u/c)^2}}$$

由此得

$$t_1' - t_2' = \frac{u(x_2 - x_1)/c^2}{\sqrt{1-(u/c)^2}} = 5.77 \times 10^{-6}\,\mathrm{s}$$

例 19-7 有坐标轴相互平行的两惯性系 S、S'，S'相对 S 沿 x 轴匀速运动. 现有两个事件发生，在 S 中测得其空间间隔为 $\Delta x = 5.0 \times 10^6\,\mathrm{m}$，时间间隔为 $\Delta t = 0.010\mathrm{s}$，而在 S'中观测两者却是同时发生，那么其空间间隔 $\Delta x'$是多少？

解 设 S'相对 S 的速度为 u，在 S'中

$$\Delta t' = 0 = \frac{\Delta t - u\Delta x/c^2}{\sqrt{1-(u/c)^2}}$$

所以

$$\Delta t - \frac{u\Delta x}{c^2} = 0$$

即

$$u = \frac{\Delta t c^2}{\Delta x}$$

在 S 中，

$$\Delta x = \frac{\Delta x' + u\Delta t'}{\sqrt{1-(u/c)^2}} = \frac{\Delta x'}{\sqrt{1-(u/c)^2}}$$

所以

$$\Delta x' = \Delta x\sqrt{1-\left(\frac{u}{c}\right)^2} = \Delta x\sqrt{1-\frac{(\Delta t)^2 c^4}{c^2(\Delta x)^2}}$$

$$= \sqrt{(\Delta x)^2 - c^2(\Delta t)^2} = 4 \times 10^6\,\mathrm{m}$$

19.4 狭义相对论动力学

19.4.1 质量和动量

在相对论中，运动物体的质量 m 随运动速度 v 变化的公式为

$$m(v) = \frac{m_0}{\sqrt{1-v^2/c^2}} \tag{19-21}$$

式中，m_0 为物体的静止质量. 该式称为相对论中质速关系. 由该公式可以看到：在物体的速率不大，即 $v \ll c$ 时，$m(v) \approx m_0$，运动质量 $m(v)$ 和静质量 m_0 差不多，质量基本上可以看成是常量. 只有当速率接近光速 c 时，物体的质量才明显地迅速增大. 物体的速率愈接近光速，它的质量就愈大，因而就愈难加速. 当物体的速率趋于光速时，质量趋于无穷大. 所以光速 c 是一切物体速率的上限. 如果 v 超过 c，质速公式给出虚质量，这在物理上是没有意义的，也是不可能的.

由式(19-21)可以算出,为了使物体质量增加一倍,其运动速度必须达到光速的7/8. 目前任何飞行器或者宏观物体都无法达到这一速度,但是亚原子粒子能够达到. 粒子加速器已将电子的速度加速到光速的 99%以上. 图 19-8 中给出了电子质量随速度变化的实验曲线,并附有几位实验者的实验数据.

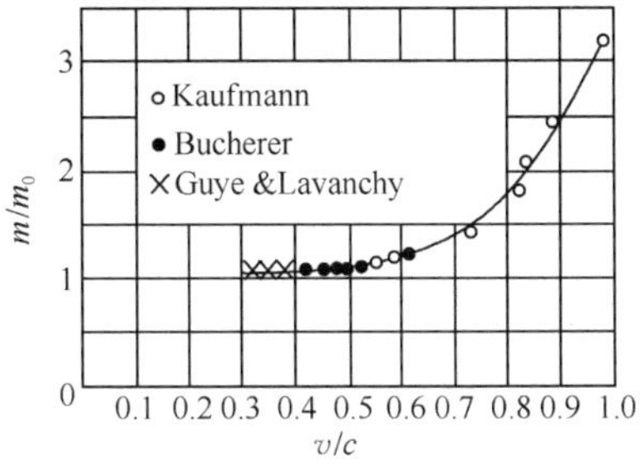

图 19-8　电子质量随速度变化的曲线

在狭义相对论中,把质点的动量仍定义为质点质量与速度的乘积. 不过此时质量随运动速度变化,这样动量守恒定律在洛伦兹变换下具有不变性,动量守恒定律对高速运动的物体也成立.

在狭义相对论中,动量的数学表达式为

$$\boldsymbol{p}=m\boldsymbol{v}=\frac{m_0}{\sqrt{1-v^2/c^2}}\cdot\boldsymbol{v}$$

19.4.2　动力学基本方程

在狭义相对论中,动力学基本方程的数学表达式为

$$\boldsymbol{F}=\frac{\mathrm{d}\boldsymbol{p}}{\mathrm{d}t}=\frac{\mathrm{d}(m\boldsymbol{v})}{\mathrm{d}t}=m\frac{\mathrm{d}\boldsymbol{v}}{\mathrm{d}t}+\boldsymbol{v}\frac{\mathrm{d}m}{\mathrm{d}t}$$

当 $v\ll c$ 时,$m\approx m_0$,质量可以看成是常量,上式可以写成

$$\boldsymbol{F}=\frac{\mathrm{d}\boldsymbol{p}}{\mathrm{d}t}=\frac{\mathrm{d}(m\boldsymbol{v})}{\mathrm{d}t}=m\frac{\mathrm{d}\boldsymbol{v}}{\mathrm{d}t}=m\boldsymbol{a}$$

上式就是经典力学中的牛顿第二定律.

19.4.3　能量

在惯性系 S 中,设有一自由质点在合外力 $\boldsymbol{F}$ 作用下沿 x 轴正向运动,合外力对质点所做的元功由质点动能定理求得,即为

$$\mathrm{d}E_\mathrm{k}=\mathrm{d}A=F\cdot\mathrm{d}x=\frac{\mathrm{d}(mv)}{\mathrm{d}t}\cdot\mathrm{d}x=v\mathrm{d}(mv)=v^2\mathrm{d}m+mv\mathrm{d}v \tag{19-22}$$

将 $m(v)=\frac{m_0}{\sqrt{1-v^2/c^2}}$平方,得 $m^2(c^2-v^2)=m_0^2c^2$,对它微分得

$$mv\mathrm{d}v=(c^2-v^2)\mathrm{d}m$$

代入式(19-22),得到

$$\mathrm{d}E_{\mathrm{k}}=c^2\,\mathrm{d}m \tag{19-23}$$

当质点的速度由 0 增加到 v 时,质点的动能由 $E_{\mathrm{k}}=0$ 变化到 E_{k},质点的质量由 m_0 变化到 m,对式(19-23)两边求积分,得

$$\int_0^{E_{\mathrm{k}}}\mathrm{d}E_{\mathrm{k}}=\int_{m_0}^{m}c^2\,\mathrm{d}m$$

$$E_{\mathrm{k}}=mc^2-m_0c^2 \tag{19-24}$$

这就是狭义相对论中的动能公式. 爱因斯坦把上式中的 m_0c^2 叫做物体的静止能量或固有能,简称静能,用 E_0 表示;把 mc^2 叫做物体运动时的能量或总能量,用 E 表示,因此有

$$E_0=m_0c^2 \tag{19-25}$$

$$E=mc^2 \tag{19-26}$$

式(19-26)称为质能关系式.

爱因斯坦提出的这些能量概念与经典力学中不同,被认为是对狭义相对论最有意义的贡献. 相对论中的动能公式与经典力学的动能公式形式也不同,但是当 $v\ll c$时,狭义相对论的动能表达式就转化为经典力学中动能的表达式. 下面作简单推导.

$$E_{\mathrm{k}}=mc^2-m_0c^2=m_0c^2\left[\frac{1}{\sqrt{1-(v/c)^2}}-1\right]$$

因为

$$\left(1-\frac{v^2}{c^2}\right)^{-\frac{1}{2}}=1+\frac{1}{2}\cdot\frac{v^2}{c^2}+\frac{3}{8}\cdot\frac{v^4}{c^4}+\cdots$$

所以

$$E_{\mathrm{k}}=\frac{1}{2}m_0v^2+\frac{3}{8}m_0\cdot\frac{v^4}{c^2}+\cdots$$

当物体的速率远小于光速,即 $v\ll c$ 时,有

$$E_{\mathrm{k}}=\frac{1}{2}m_0v^2$$

上式与经典力学中的动能公式的形式完全一样.

在经典力学中,质量守恒定律和能量守恒定律是两个基本定律,两者是完全独立的. 然而,质能关系却表明,一个孤立体系的总能量守恒,其总质量必然守恒;反之,体系的总质量守恒,其总能量也必然守恒.

质量和能量是物质的两个基本属性,它揭示了两者内在的不可分割的联系. 宇宙间既没有脱离质量的能量,也没有脱离能量的质量,质量和能量的统一,是物质客观存在的集中体现. 可以说,质能关系是狭义相对论动力学中最重要的基本关系式. 由于物体总质量是总能量的量度,因此,如果总质量变化 Δm,那么必然伴随着总能量发

生 ΔE 的相应变化;反之亦然. 由 $E=mc^2$ 得

$$\Delta E=\Delta m\cdot c^2 \tag{19-27}$$

式(19-27)也称为质能关系式.

19.4.4　能量与动量的关系

对质能关系式

$$E=\frac{m_0c^2}{\sqrt{1-\beta^2}}$$

两边平方后,计算得到

$$\frac{E^2}{m^2c^4}=\frac{1}{1-\beta^2} \tag{19-28}$$

由动量定义式

$$p=\frac{m_0v}{\sqrt{1-\beta^2}}$$

两边平方后,计算得到

$$\frac{p^2}{m_0^2c^2}=\frac{1}{1-\beta^2}\frac{v^2}{c^2}$$

整理上述几个公式得

$$E^2=p^2c^2+m_0^2c^4 \tag{19-29}$$

式(19-29)为狭义相对论中总能量与动量的关系式. 在微观领域中,能量和动量是描述粒子运动的两个最基本的物理量,粒子常常又是高能的. 因此上述关系式在粒子物理中占有很重要的地位.

在经典力学中,动能和动量的关系为

$$E_k=\frac{p^2}{2m}$$

在狭义相对论中,将公式 $E=E_k+m_0c^2$ 代入能量与动量的关系式(19-29),化简得

$$E_k=\frac{p^2}{m+m_0}$$

这就是狭义相对论中动能和动量的关系. 当 $v\ll c$ 时,$m\approx m_0$,代入上式得

$$E_k=\frac{p^2}{2m}$$

又回到了经典力学中的表达式.

19.4.5　光子的能量、质量和动量

由于光在真空中运动的速度为 c,频率为 ν 的光子的能量为

$$E=mc^2=h\nu \tag{19-30}$$

式中,h 为普朗克常量,由式(19-30)得到光子的质量为

$$m=\frac{h\nu}{c^2} \tag{19-31}$$

由质速关系式 $m=\dfrac{m_0}{\sqrt{1-v^2/c^2}}$ 可知,如果光子有恒定的静质量 m_0,由于光的速度为 $v=c$,代入后得到光子的质量 $m\to\infty$,这显然是不可能的. 所以,爱因斯坦认为光子的静质量应当为零,即光子的 $m_0=0$.

将 $m_0=0$ 代入能量与动量的关系式 $E^2=p^2c^2+m_0^2c^4$,得到

$$E=pc \tag{19-32}$$

由此得到光子动量为

$$p=\frac{E}{c}=\frac{h\nu}{c}=\frac{h}{\lambda} \tag{19-33}$$

式中,λ 为光的波长.

在经典力学中,静质量为零的粒子,意味着它既不具有动量又不具有动能,它的存在是不可思议的. 然而在狭义相对论中,静质量为零的粒子,虽然静能为零,但由能量和动量的关系式可知,它既具有能量 $E=pc$(即总能量等于动能),又具有动量 $p=\dfrac{E}{c}$. 光子就是客观存在的静质量为零的粒子. 由于光子具有能量,它经过大星体附近时,在万有引力作用下光线会弯曲;由于光子具有动量,它照射在物体表面就会产生光压.

光压就是光照到物体表面时施予表面的压力. 开普勒在解释彗尾的形成时就已提出了光压概念. 麦克斯韦根据电磁理论解释了光压现象,并计算出了光压的值. 光子概念提出后,也可用光的粒子性来解释光压现象. 光子具有动量,入射到表面后或被吸收或被反射,入射前光子的总动量与入射后的总动量之差等于表面所受冲量. 这样计算出的光压公式与麦克斯韦的公式一致. 对光压的首次实验测量是由俄国物理学家列别捷夫于 1899 年完成的. 当彗星靠近太阳时,彗星中的尘埃和气体分子由于受到太阳辐射的光压作用而产生了彗尾,彗尾永远指向太阳的反方向. 维持恒星稳定的因素除万有引力和内部压力外,内部辐射所产生的光压也是不可忽略的因素.

例 19-8 一个立方物体静止时体积为 V_0,质量为 m_0,当该物体沿其一棱以速率 u 运动时,试求其运动时的体积、密度.

解 由静止观察者测得立方体的长宽高分别为

$$x=x_0\sqrt{1-\left(\frac{\mu}{c}\right)^2},\quad y=y_0,\quad z=z_0$$

相应的体积为

$$V=xyz=x_0y_0z_0\sqrt{1-\left(\frac{\mu}{c}\right)^2}=V_0\sqrt{1-\beta^2}$$

相应的密度为

$$\rho=\frac{m}{V}=\frac{m_0/\sqrt{1-\beta^2}}{V_0\sqrt{1-\beta^2}}=\frac{m_0}{V_0}\frac{1}{(\sqrt{1-\beta^2})^2}=\frac{\gamma^2m_0}{V_0}$$

式中

$$\beta=\frac{u}{c},\quad \gamma=\frac{1}{\sqrt{1-\beta^2}}$$

例 19-9 设快速运动的介子的能量约为 $E=3000\text{MeV}$,而这种介子在静止时的能量为 $E_0=100\text{MeV}$. 若这种介子的固有寿命为 $\tau_0=2\times10^{-6}\text{s}$,求它运动的距离(真空中光速 $c=2.9979\times10^8\text{m}\cdot\text{s}^{-1}$).

解 根据 $E=mc^2=m_0c^2/\sqrt{1-v^2/c^2}=E_0/\sqrt{1-v^2/c^2}$可得

$$\frac{1}{\sqrt{1-v^2/c^2}}=\frac{E}{E_0}=30$$

解得

$$v\approx2.996\times10^8\text{m}\cdot\text{s}^{-1}$$

介子运动的时间为

$$\tau=\frac{\tau_0}{\sqrt{1-v^2/c^2}}=30\tau_0$$

因此它运动的距离为

$$l=v\tau=v\cdot30\tau_0\approx1.798\times10^4\text{m}$$

例 19-10 (1)如果粒子的动能等于静能的一半,求该粒子的速度;(2)如果总能量是静能的 k 倍,求该粒子的速度.

解 (1)由题意,粒子的动能为

$$E_k=mc^2-m_0c^2=\frac{1}{2}m_0c^2$$

所以

$$m=\frac{3}{2}m_0=\frac{m_0}{\sqrt{1-(v/c)^2}}$$

解得

$$v=\frac{\sqrt{5}}{3}c=0.75c\approx2.24\times10^8\text{m}\cdot\text{s}^{-1}$$

(2)粒子总能量为

$$E=mc^2=km_0c^2$$

所以

$$m=km_0=\frac{m_0}{\sqrt{1-(v/c)^2}}$$

解得

$$v=\frac{\sqrt{k^2-1}}{k}c=\frac{c}{k}\sqrt{k^2-1}$$

19.5 广义相对论简介

19.5.1 孪生子佯谬

孪生子佯谬说的是:有一对孪生兄弟,哥哥乘宇宙飞船以接近光速的速度做宇宙航行,根据相对论效应,高速运动的时钟变慢,等哥哥转了几天回来时,弟弟已经变得很老了,因为地球上已经过了几十年.按照相对性原理,飞船相对于地球高速运动,地球相对于飞船也高速运动,弟弟看哥哥变年轻了,哥哥也应该看弟弟年轻了,等他们相聚到一起会怎么样呢?这个问题简直没法回答,即很难解释双生子佯谬.实际上,狭义相对论只处理匀速直线运动,而哥哥要想回来必须经过一个变速(至少要改变运动方向)运动过程,对于这个变速过程中的相对论效应,狭义相对论无法处理,因为狭义相对论只涉及做匀速直线运动的参考系(惯性系).1916 年,爱因斯坦将他的狭义相对论推广到加速运动的参考系(非惯性系),从而建立了广义相对论.

19.5.2 广义相对论的基本原理和时空弯曲

1.广义相对性原理

爱因斯坦在狭义相对论中提出的相对性原理是指,描述物理规律的公式从一个惯性系换算到另一个惯性系时,形式必须保持不变.即认为所有惯性系都是等价的.那么,惯性系和非惯性系(加速运动的参考系)是否等价?爱因斯坦把狭义相对论中的相对性原理推广到一切惯性的和非惯性的参考系,就叫广义相对性原理,即所有参考系都是等价的,物理定律必须具有适用于任何参考系的性质.

2.等效原理

爱因斯坦根据引力质量等于惯性质量的实验依据,将相对性原理推广到引力场中,指出引力场就相当于一个非惯性系,人们对一个物体是正在被加速,还是正处在引力场中无法作出区分.即引力场和加速度的效应等价.例如,在一个在引力场中自由降落的参考系内,物体完全失重,此参考系和一个没有引力场、没有加速度的惯性系等效,任何物理实验都无法把两者区分开来,这就是等效原理.

3.非惯性系中的时空特点——时空弯曲

要把相对性原理和相对论推广到非惯性系,非惯性系里的时空有什么特点呢?

相对于惯性系 S 转动的参考系是个典型的非惯性系.围绕转轴以半径 r 作一圆,圆周上每一点都沿切线运动.如果在每点取一瞬时与之共动的惯性参考系 S',则在 S 系中看,该处的弧长发生洛伦兹收缩:S 系看到的圆周长度比 S' 系中看到的圆周长度小.这意味着什么?

在欧几里得平面几何学中,有许多我们很熟悉的公理或定理,如两条平行线永不相交、三角形内角和等于 180°等.我们生活在地球的表面,在大范围内欧几里得平面几何学就不适用了. 例如,在局部看来是平行的两根南北方向的子午线,到了北极就会相交;三角形的内角和是大于 180°的;北极圈的周长小于半径的 2π 倍等. 上面揭示的非惯性系的性质,正是时空弯曲的表现.

通常我们能够在三维空间里研究一个二维的曲面(如球面),且一般说来,n 维的弯曲空间都可以嵌入到一个不大于 $2n+1$ 维的欧几里得平直空间里,即可用不多于 $2n+1$ 个笛卡儿坐标来描述,但其中只有 n 个是独立的. 例如,一维的空间曲线就要用 3 个笛卡儿坐标来描述,当然其中只有 1 个是独立的. 但能否不借助高一维的空间去研究三维空间是否弯曲? 这是可以的. 譬如,我们可以在空间三点之间用激光束来检验三角形的内角和是否等于 180°. 但是要知道,在广义相对论里所谓的"时空弯曲"把时间包含在内,是四维的. 广义相对论认为,由于有物质的存在,空间和时间会发生弯曲,而引力场实际上是一个弯曲的时空. 这比我们生活在其中的三维空间弯曲还要抽象. 严格地讨论,要借助于数学——微分几何. 下面只介绍广义相对论的基本思想和重要结论.

19.5.3　广义相对论的可观测效应

由等效原理可以推导出一个在星球引力场中自由降落的宇宙飞船在引力场中发生的物理过程:在远处观察,其时间节奏比当地的固有时慢,其空间距离比当地的固有长度短,简称为时缓尺缩. 把这两个效应综合起来,就会得到这样的结论:从远处观测,引力场中的光速变慢,简称为光速减小.

1. 光线的引力偏转

在星球的引力场中时缓尺缩和光速减小的第一个效应,就是光线在经过星球表面附近时会发生偏转. 时缓尺缩效应使星球附近的"四维"时空变弯. 在平直的时空里最短的路线是直线,在弯曲的时空里没有直线,最短的路线叫做"测地线"或"短程线",光线将按短程线行进. 从远处看来,光线在它附近发生了偏转.

可见光在太阳附近偏转,只能在日全食时观察到. 1919 年,两组英国科学家分别在巴西和非洲实地观测到的结果是偏转了 1.5″～2.0″,两组平均值与爱因斯坦的预言值相符,引起了巨大轰动. 以后,射电天文学家观测到在太阳附近的无线电波偏转角是 1.761″±0.16″,这和广义相对论的理论计算值 1.75″符合得相当好.

2. 雷达回波延迟

引力场中时缓尺缩、光速减小的另一个可观测效应是雷达回波延迟,即由地球发射雷达脉冲,到达行星后再返回地球,测量雷达往返的时间,比较雷达波远离太阳和靠近太阳两种情况下回波时间的差异. 太阳引力将使回波时间加长,称为雷达回波延迟. 广义相对论理论预言,雷达回波将延迟一定时间 Δt. 对于发射到金星的雷达回波,理论计算的结果是 $\Delta t=2.05\times10^{-4}$ s. 1971 年夏皮罗等的测量结果对此的偏离不到 2%. 这个测量是相当困难的,要达到 10^{-4} s 的精度,就要求距离的精度达到几千米. 金星表面山峦起伏,能做到以上所述精确程度,应当说,理论与实测符合得相当好.之后,利用固定在"火星号"、"水手号"和"海盗号"等人造天体上的应答器来代替反射的主动型实验,已将回波延迟测量的不确定度从5%减小到0.1%,大大提高了检测精度.这类测量是目前对广义相对论中空间弯曲的最好检验.

3.引力红移

每种物质的谱线用固有时来衡量是确定的,从星球表面处的物质发出固有周期的光,从远处看(即光由引力强处传向弱处),周期变长,频率变短,这就是引力产生的红移效应.反之,光由引力弱处传向强处,发生引力紫移(或蓝移).

质量大、半径小的星体红移效应较大.对于太阳,红移量 $z=2.12\times10^{-6}$,可见,引力红移效应是非常小的,测量起来很难.1961年观测了太阳光谱中的钠5896Å谱线的引力红移,结果是与理论偏离小于5%;1971年观测了太阳光谱中的钾7699Å谱线的引力红移,结果是与理论偏离小于6%;1971年对天狼星伴星(白矮星)的测量得到的结果 $z=(30\pm5)\times10^{-5}$,偏离小于7%.

地面上的引力红移效应更为微弱.对于几十米的高度差,红移只有 10^{-15} 的数量级,为了测出这样精细的效应,谱线本身的自然宽度、发光原子的热运动和反冲所引起的多普勒平移都要比此效应更小才行.1958年发现的穆斯堡尔效应提供了消除发光原子反冲的有效方法,次年庞德等完成了第一个地面上的引力红移实验.他们用 ^{57}Co放射性衰变发出的 γ 射线从高度为22.6m的哈佛塔顶射向塔底,在塔底测量频率的增加(确切地说,他们做的是"引力蓝移"实验).理论计算结果是 $z=-2.46\times10^{-15}$,测得的结果是 $z=-(2.57\pm0.26)\times10^{-15}$,两者符合得相当好.

4.水星近日点的进动

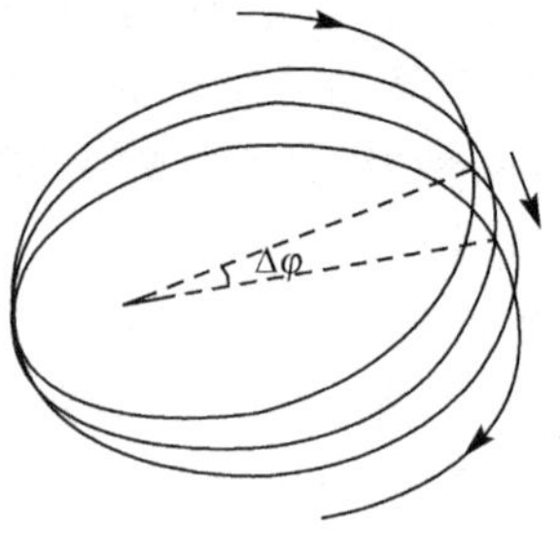

图19-9　水星近日点的进动

按牛顿力学推算,行星的轨道是以太阳为焦点的椭圆形闭合曲线,行星沿着它做严格的周期运动.实际的天文观测告诉我们,行星的轨道并不是严格闭合的,它们在近日点或远日点有进动(图19-9).牛顿力学对此可以作出解释,但计算值与观测值之间存在牛顿理论无法解释的差值,爱因斯坦用太阳引力使空间弯曲的理论成功地预言了水星近日点的进动还应有每百年43.03″的修正值,这是时空弯曲对平方反比律的修正引起的.此数值由于与观测结果(每百年43.11″)十分接近,被看成广义相对论初期重大验证之一.

【工程应用】

相对论的应用

1. 加速器设计中的相对论效应

我们先研究第3章中提到的回旋加速器内带电粒子的运动情况.要让带电粒子

在回旋加速器内不断得到加速，D形盒内交变电压的频率必须等于粒子转动频率，而粒子转动频率与质量有关，随着粒子不断加速到接近光速，其质量随着它的速度显著增加，粒子旋转一圈所需要的时间就比原来的周期长一些，可是加速电场依然如故，它们之间不再合拍，加速电场不能再有效地对粒子进行加速. 回旋加速器遇到的这个称为"相对论"效应的问题限制了其能量水平的继续提高. 以下介绍两种改进途径.

1）等时性回旋加速器

等时性回旋加速器是指周期恒定的回旋加速器. 它所采用的方法是故意把磁感应强度做得不均匀，从而抵消掉相对论效应的影响. 由于粒子的回旋周期不但与其质量成正比，还与磁感应强度成反比，如果我们同时按比例增强磁场，那么这两个因素(相对论效应、磁场)就会恰好抵消. 目前，这种加速器的水平已达几亿电子伏.

2）同步加速器(稳相加速器)

稳相加速器是人们于 1944～1945 年间提出"自动稳相"原理后出现的. 其结构与普通的回旋加速器很相似，主要的区别是调节加速器电场的变化频率以适应回旋加速器中由"相对论"效应造成粒子速度的逐渐变慢. 这种加速器的工作是脉冲式的，每隔一定的时间间隔输出一批粒子. 由于粒子回旋的轨道半径逐渐由小到大，因而回旋加速器的磁极本身必须是个实心的圆柱，极为笨重. 比如，一台 6.8 亿电子伏的稳相加速器，磁体直径为 6m，磁铁的质量即达 7200 吨. 用回旋加速的办法提高能量，从经济上考虑难以接受. 针对回旋加速器的这个缺点，人们对它动了一次大手术——挖掉了磁铁的中心部分，于是铁柱变成了铁环，质量陡然减小. 只不过，粒子不能再沿着钟表发条形的轨道回旋了，它们从一开始起就被送进半径固定的环形磁跑道加速. 当然，为了能够自始至终地把粒子约束在这条固定的跑道上，随着粒子速度的增大，磁感应强度亦要按照同样的步伐增强. 这就是同步加速器的基本特征. 可见，不考虑相对论动力学的特征，就不可能正确地设计出在现代核物理学中起着极为重要作用的带电粒子加速器.

2. 3K 微波背景辐射——大爆炸理论的有力实验证据

按照宇宙大爆炸理论，约 140 亿年前(关于宇宙年龄，还有不同的说法)，宇宙形成之初，致密物质像笼子一样禁锢了所有辐射. 大爆炸后 30 万年，随着这些物质密度的下降，微波背景辐射才得以挣脱束缚. 探测宇宙大爆炸遗留下来的痕迹——分布在整个天空的宇宙微波背景辐射，就成为科学家研究的重要实验课题. 大爆炸的遗迹在 1964 年果真被找到了.

1964 年，美国科学家彭齐亚斯和威尔逊为了改进卫星通信，建立了高灵敏度的接收天线系统. 他们用它测量银晕气体射电强度时，发现总有消除不掉的背景噪声. 他们认为，这些来自宇宙的波长为 7.35cm 的微波噪声相当于 3.5K 的热辐射. 1965 年他们又将其修正为 3K，习惯称为 3K 背景辐射. 他们为此获得了 1978 年的诺贝尔物理学奖.

微波背景辐射的最重要特征是具有黑体辐射谱，在 0.3～75cm 波段，可以在地面上直接测到;在大于100cm的射电波段,银河系本身的超高频辐射掩盖了来自河外空间的辐射,因而不能直接测量;在小于0.3cm波段,由于地球大气辐射的干扰,要使用气球、火箭或卫星等空间探测手段才能测量.

从0.054cm直到数十厘米波段的测量表明,背景辐射是温度近于2.7K的黑体辐射,黑体谱现象表明,微波背景辐射是极大时空范围内的事件.因为只有通过辐射与物质之间的相互作用,才能形成黑体谱.由于现今宇宙空间的物质密度极低,辐射与物质的相互作用极小,所以,我们今天观测到的黑体谱必定起源于很久以前.目前的看法认为背景辐射起源于热宇宙的早期.这是对大爆炸宇宙学的强有力支持.3K背景辐射与20世纪40年代伽莫夫、海尔曼和阿尔菲根据当时已知的氦丰度和哈勃常数等资料预言宇宙间充满具有黑体谱的残余辐射理论相符,即3K背景辐射的发现是对宇宙大爆炸理论的有力支持.

微波背景辐射的各向异性图谱,就像宇宙初生时的一幅快照,是宇宙留给我们的一份珍贵遗产.微波背景辐射的奇妙之处在于,它居然把我们对宇宙的一种可供检验的认识推进到了如此遥远、深邃和令人难以置信的程度.在爱因斯坦建立广义相对论以后,用相对论的引力理论分析,认为在弯曲空间里可以有限而无界,多年困扰人们的"有限必有界"的难题在广义相对论的弯曲空间里得到解决.

习题19

一、选择题

1. 两个电子沿相反方向飞离一个放射性样品,每个电子对于样品的速度大小为$0.67c$,则两个电子的相对速度大小为(　　).

A. $0.67c$　　B. $1.34c$　　C. $0.92c$　　D. c

2. 远方的一颗星以$0.8c$的速度离开我们,接收到它辐射出来的闪光按5昼夜的周期变化,则固定在此星上的参考系测得的闪光周期为(　　).

A. 3昼夜　　B. 4昼夜　　C. 6.5昼夜　　D. 8.3昼夜

3. 宇航员要到离地球5光年的星球去旅行.如果宇航员希望把这路程缩短为3光年,则他所乘的飞船相对于地球的速度v应为(　　).

A. $c/2$　　B. $3c/5$　　C. $4c/5$　　D. $9c/10$

4. 如图19-10所示,地面上的观察者认为同时发生的两个事件A和B,在火箭上的观察者看来应(　　).

A. A早于B　　B. B早于A

C. A、B同时　　D. 条件不够,不足以判断哪个事件发生在先

5. 电子的静止质量为m_0,当电子以$v=0.98c$的速度运动时,它的总能量为(　　).

A. $\frac{1}{2}m_0v^2$　　B. m_0c^2　　C. $m_0c^2+\frac{1}{2}m_0v^2$　　D. $m_0c^2/\sqrt{1-v^2/c^2}$

6. 粒子的动量是非相对论动量的2倍,这时该粒子的速度为(　　).

A. $\frac{1}{4}c$　　B. $\frac{1}{2}c$　　C. $\frac{\sqrt{3}}{2}c$　　D. $0.8c$

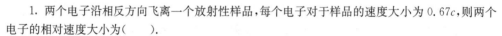

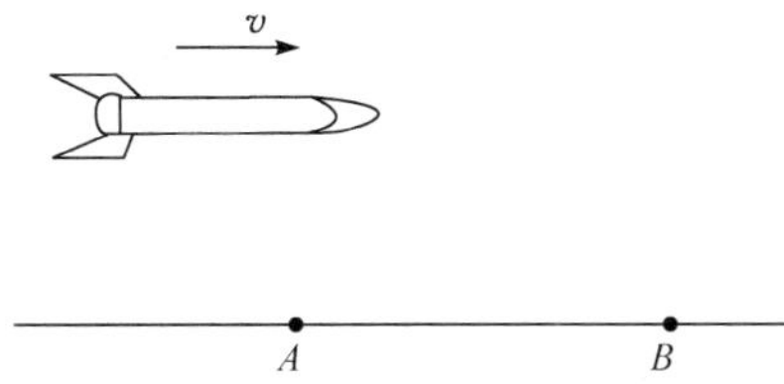

图 19-10　选择题 4

7. 把一个静止质量为 m_0 的粒子，由静止加速到 $0.6c$ 需做的功是(　　).

A. $0.25m_0c^2$　　B. $0.36m_0c^2$　　C. $1.25m_0c^2$　　D. $1.75m_0c^2$

二、填空题

1. 爱因斯坦狭义相对论的两条基本假设为__________；__________. 从这两个基本假设出发导出了相应的时空变换，叫做__________变换.

2. 以速率 v 相对地球做匀速直线运动的宇宙飞船上发射一光子，它相对于宇宙飞船的速率为 c，根据__________原理，它相对于地球的速率应为__________.

3. π^+ 介子的静止质量是 2.49×10^{-28} kg，固有寿命为 2.6×10^{-8} s. 速度为光速的 60% 的 π^+ 介子质量是__________，寿命是__________.

4. 观察者乙以 $4/5c$ 的速度相对静止的观察者甲运动，乙带一质量为 1kg 的物体，则甲测得此物体的质量为__________；乙带一长为 L、质量为 m 的棒，该棒安放在运动方向上，则甲测得棒的线密度为__________.

5. 匀质细棒静止时的质量为 m_0、长度为 L_0. 当它沿棒长度方向做高速运动时，测得它的长为 L，那么该棒的运动速度 $v=$__________，该棒所具有的动能 $E_k=$__________.

第20章 波粒二象性

19 世纪末,经典物理学已发展到相当完善的地步.牛顿力学、麦克斯韦电磁场理论、热力学与统计物理学等已能解释宏观世界中的各类物理现象.然而,就在这个时候,“经典物理学出现了危机,晴朗的天空出现两朵乌云”(开尔文勋爵语),预示着新学科即将催生.经典物理学遇到的困难就是无法解释当时一些实验现象,包括迈克耳孙寻找“以太”的失败,这一片乌云在相对论诞生之后消散;还包括“紫外灾难”、光电效应、低温情况下固体的摩尔热容量、原子光谱等,对这些实验的解释导致量子论的出现.

20 世纪物理学飞速发展,以相对论和量子力学的建立为显著标志.谈论 20 世纪物理学的成就,无不提及这两个领域的.相对论的质能转换、质量速度关系、量子力学的波粒二象性、隧道贯穿等与我们日常的经验如此相悖,简直是匪夷所思.量子力学的建立,推动了一场新的工业和技术革命.能带论正是 20 世纪上半叶将量子力学应用于固体中电子状态的研究发展而来的.最初的晶体管是在能带论的指导下研制出来的.激光器也是在量子理论的指导下研制成功的.

20.1 黑体辐射与普朗克量子化假说

20.1.1 热辐射

众所周知,任何物质在任何温度下都有吸收一定波段的电磁辐射的性质,同时在任何温度下也能发射一定波段的电磁辐射.实验表明,吸收本领与发射本领之间存在确定的关系,吸收本领越大,发射本领也越大.

无论是高温物体还是低温物体都有热辐射,都具有连续的热辐射能谱.但是,所发射的能量及其按波长的分布却随温度而变化,温度越高,发射的能量越大,发射的多数电磁波的波长越短,温度在 800K 以下的物体所发射的电磁波大多在红外区域,可以有热效应,但不能引起人的视觉;只有当温度进一步提高时,人眼才能看到物体所发射出来的光.例如,在炉子中加热铁块,起初看不到它发光(实际上发的是红外光),随着温度的升高,其发出的光由暗红色逐渐变成黄白色,当温度很高时,发出青白色的光.随着温度的升高,辐射的总能量急剧增大,同时,辐射强度最大的电磁波的波长越短.

20.1.2 黑体辐射的实验规律

一般来说,辐射到不透明物体表面的电磁波,一部分被物体吸收,另一部分被物体反射(不考虑物体的透射),物体的吸收本领随物体的性质而异,黑的东西能吸收各种入射的光波,应该是一种好的吸收体. 例如,烟黑能够吸收电磁辐射的 95%以上. 物理学上引入一种绝对黑体的模型,即不论何种波长的电磁辐射以何种角度、何种强度入射其上都来者不拒,照单全收. 无疑,绝对黑体也是良好的辐射发射体. 一个开一个小洞的空腔可近似模拟绝对黑体,因为任何由洞口入射的光线会在腔内经多次反射而被吸收,而再由洞口发射回来的机会是极小的,如图 20-1所示,小孔可认为是黑体,这就是维恩给出的黑体模型. 白天我们从远处瞭望大楼上的门窗都是黑的,就是这个原因,尽管室内的人感到周围很明亮.

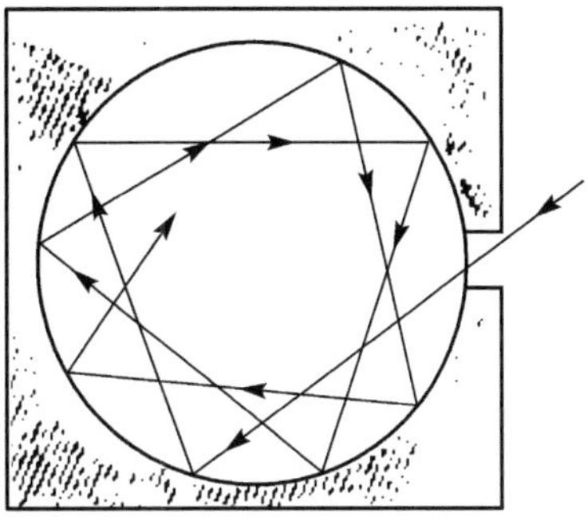

图 20-1　绝对黑体模型

热辐射现象除了与温度有关外,还和材料及其表面的情况有关. 但是实验表明,对于黑体,不论其腔壁是何种材料做成的,只要腔壁和腔内辐射处于平衡状态,温度一定,从小孔射出的辐射的性质及实验规律总是相同的. 因此,对于具体热辐射规律的研究就具有很大的意义.

20.1.3　黑体热辐射的实验规律

在不同温度下,物体辐射的能量不同,在同一温度下物体对各种波长的电磁波的辐射能力也不相同. 对此人们引入作为温度和波长的函数的物理量——单色辐射出射度 $M_\lambda(T)$,简称单色辐出度,用它来表示物体从单位表面积上辐射的波长在 λ 附近的单位波长间隔内的电磁波功率. 包括所有波长在内的电磁波的总辐射功率用$M(T)$表示,则有

$$M(T)=\int_0^\infty M_\lambda(T)\mathrm{d}\lambda \tag{20-1}$$

图 20-2 是测量空腔黑体热辐射的示意图. 图 20-3 给出了不同温度下黑体辐射的单色辐出度与波长的关系. 横坐标表示波长,以纳米为单位,纵坐标表示 $M_\lambda(T)$的值. 由图可见,在长波(低频)与短波(高频)范围辐射均衰减为零,在某一波长达到极大值.

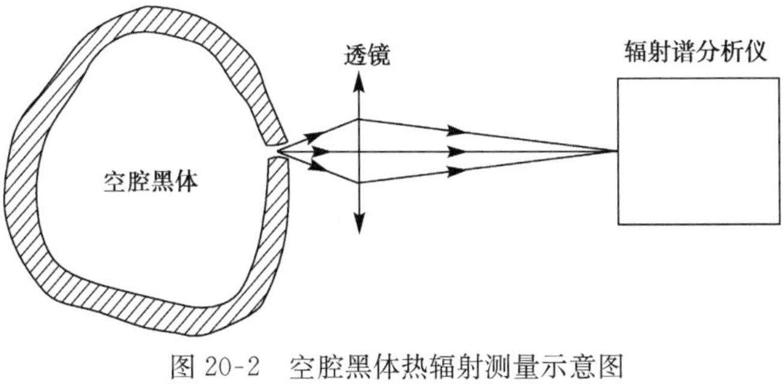

图 20-2　空腔黑体热辐射测量示意图

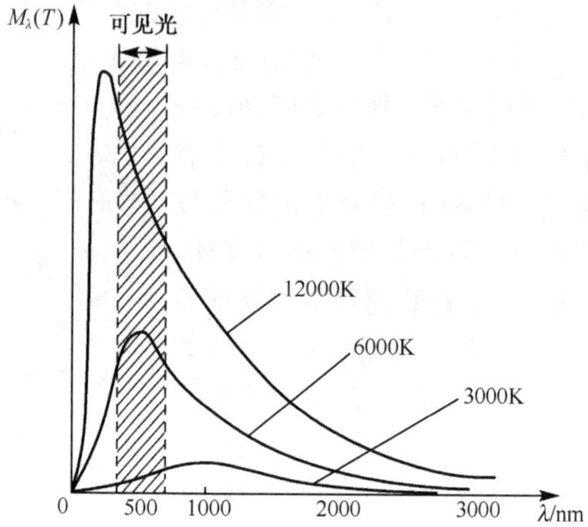

图 20-3　不同温度下黑体辐射的单色辐出度与波长的关系

根据实验曲线,物理学家们得出了有关黑体热辐射的两条重要定律.

1. 维恩位移定律

图 20-3 中每一条曲线都有一个极大值,即单色辐出度极大值对应的电磁波的波长 λ_m 随温度 T 的升高而减小,就是说当温度升高时,λ_m 将向短波方向移动. 这和将铁块(或其他物体)加热时,随着温度的升高,其颜色由暗红逐渐变成蓝白色的事实是相符的.

实验表明,曲线极大值处的波长 λ_m 与相应的温度 T 有一简单关系. 1893 年维恩(W. Wein)根据热力学理论导出

$$\lambda_m T = b \tag{20-2}$$

式中,常数 $b=2.897\times10^{-3}\text{m}\cdot\text{K}$. 利用该定律很容易计算出遥远的恒星表面的温度.

2. 斯特藩-玻尔兹曼定律

1879 年斯特藩(J. Stefan)根据实验总结出黑体的辐射出射度与黑体的温度的四次方成正比,1884 年,玻尔兹曼(L. E. Boltzmann)根据热力学理论也导出同样的结论

$$M(T)=\sigma T^4 \tag{20-3}$$

式中,斯特藩常量 $\sigma=5.67\times10^{-8}\text{W}\cdot\text{m}^{-2}\cdot\text{T}^{-4}$.

热辐射规律在现代科学技术上具有广泛的应用,它是高温测量、遥感、红外跟踪等技术的物理基础.

20.1.4　普朗克的能量子假设

为了从理论上推导出黑体辐射的单色辐出度与波长的关系,19 世纪末,许多物理学家在经典物理的基础上做了大量的探索,但都遭到失败,理论公式和实验规律不符合. 1893 年,维恩将组成黑体空腔壁的分子、原子看成带电的线性谐振子,假设黑体辐射能谱分布与分子的麦克斯韦速率分布相似,根据热力学理论推导黑体辐射的规律

$$M_\lambda(T) = C_1\lambda^{-5}e^{-\frac{C_2}{\lambda T}} \tag{20-4}$$

式中，C_1 和 C_2 为常数. 式(20-4)称为维恩公式. 结果是，在短波段与实验结果一致，而在长波范围与实验结果不相符.

1900～1905 年，瑞利(L. Rayleigh)与金斯(J. Jeans)把能均分原理应用到电磁辐射上，根据经典电动力学理论推导出黑体辐射的瑞利-金斯公式

$$M_\lambda(T)=C_3\lambda^{-4}T \tag{20-5}$$

结果恰恰相反，只在长波范围与实验结果符合，在短波范围与实验结果完全不符，竟趋向无穷大(图 20-4). 这一严重矛盾历史上称为“紫外灾难”，反映经典物理遇到了难以克服的困难.

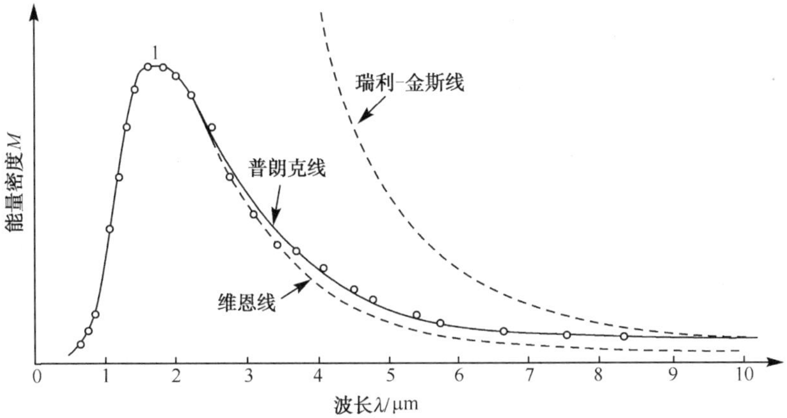

图 20-4　黑体辐射的能量分布

1900 年，普朗克利用内插法将维恩公式和瑞利-金斯公式衔接起来，提出了新的黑体辐射公式

$$M_\lambda(T)=2\pi hc^2\lambda^{-5}\frac{1}{e^{h\nu/kT}-1} \tag{20-6}$$

称为普朗克公式. 式中，c 为真空中的光速；k 为玻尔兹曼常量；h 为普朗克常量，$h=6.626\times10^{-34}\,\mathrm{J\cdot s}$. 普朗克公式不但与实验结果非常吻合，而且可以由普朗克公式导出维恩公式和瑞利-金斯公式.

为了揭示普朗克公式的理论依据，普朗克提出了能量子假设：构成黑体空腔壁的分子、原子、电子的振动可视为谐振子，但这些谐振子的能量不像经典谐振子那样具有任意值，而具有某些分立的能量状态. 这些谐振子在发射和吸收辐射时，只能是某一最小能量 ε 的整数倍，即 $\varepsilon, 2\varepsilon, 3\varepsilon, \cdots, n\varepsilon$，其中 n 为正整数，称为量子数. 对于频率为 ν 的谐振子而言，最小能量为

$$\varepsilon=h\nu \tag{20-7}$$

式中,h 是普朗克常量.谐振子吸收辐射能后,从低能态向高能态的跃迁,而谐振子从高能态向低能态的跃迁必然辐射能量.

按照普朗克能量子假设,频率为 ν 的谐振子的能量为 $nh\nu$,其能量遵循玻尔兹曼分布律,则谐振子的平均能量为

$$\bar{\varepsilon}=\frac{\sum_{n=0}^{\infty} nh\nu \mathrm{e}^{-\frac{nh\nu}{kT}}}{\sum_{n=0}^{\infty} \mathrm{e}^{-\frac{nh\nu}{kT}}}=\frac{h\nu}{\mathrm{e}^{\frac{h\nu}{kT}}-1} \tag{20-8}$$

又根据经典电动力学理论得到,黑体的单色辐出度为

$$M_\nu(T)=\frac{2\pi\nu^2}{c^2}\bar{\varepsilon} \tag{20-9}$$

将 $\bar{\varepsilon}$ 代入即可得到普朗克公式.

必须强调的是,h 虽然数值很小,但辐射能量以 $h\nu$ 为单位的分立式变化在原理上与经典物理是相抵触的,后者认为频率为 ν 的辐射的能量是连续变化的,不受任何限制.然而,事实是无情的.物理必须承认实验事实并接受能解释实验事实的理论假说.普朗克的量子假说革命性地突破了经典物理的极限,开启了量子论的大门,使人们由电磁辐射的能量量子化开始重新认识光的微粒性.直到 1905 年,爱因斯坦在普朗克的量子假说的基础上提出了光量子概念,成功地解释了光电效应,普朗克的量子假说从而冲破经典物理思想的束缚,逐渐为人们所接受.普朗克由于发现了能量子,对建立量子理论做出了卓越的贡献,获得了 1918 年诺贝尔物理学奖.

20.2 光电效应

1886～1887 年,赫兹在验证电磁波的实验中发现,当接收线路中的锌球电极之一受到紫外线照射时,两个锌球之间就很容易有电火花产生,这就是最早观察到的光电效应.1889 年勒纳德(P. E. A. Von Lénárd)证明,所谓的光电效应是在光的照射下电子从金属表面逸出的现象.我们称这种电子为光电子.对光电效应的解释同样使经典物理学捉襟见肘.经典理论无法解释为何以光照金属表面所释放的光电子的能量与光强无关,而只取决于入射光的频率,与经典理论恰好相反.爱因斯坦进一步推广了普朗克的能量量子化的思想.1905 年他在分析光电效应时进一步假设光不仅在发射和吸收时是量子化的,而且在传播过程中也是量子化的,即光本身就是由光子组成的,每个光子的能量为 $h\nu$,且光强与光子数成正比.

20.2.1 光电效应的实验规律

1900～1902 年,勒纳德通过实验获得了光电效应的重要规律,这些规律揭示了

光的量子本性. 图 20-5 是光电效应实验的简要装置. 当一定频率的光通过石英玻璃窗 M(它允许紫外线通过)照射在阴极 K 上时,光电子立刻从 K 表面逸出,在阳极 A 和阴极 K 之间的电压作用下从 K 向 A 运动,从而在电路中形成光电流. 电压 U_{AK} 和光电流可以分别通过电压表 V 和电流表 G 测出来. 分析实验数据即可以得到光电效应的规律.

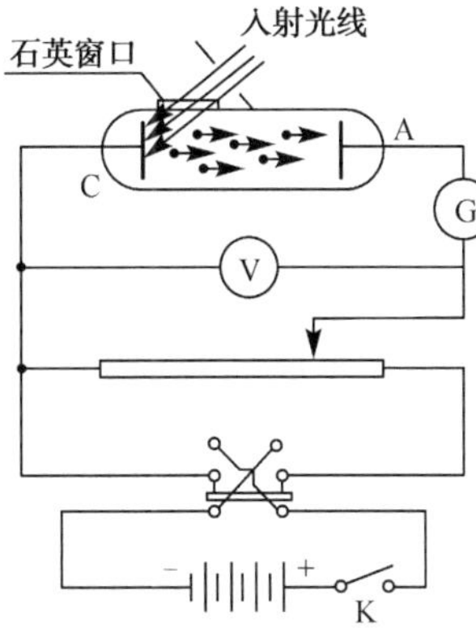

图 20-5　光电效应实验装置示意图

1. 饱和光电流和入射光的强度成正比

实验表明,在两种不同强度光的照射下,光电流 I 和电压之间的关系如图 20-6 中的曲线所示. 它表明,对应于一定的光强,所产生的光电流 I 将随着电压 U_{AK} 的增加而增加. 当 U_{AK} 增大到某一值时,光电流达到饱和值 I_S,这表明单位时间内从 K 表面逸出的电子全部被阳极吸收. 图中 I_{AS} 和 I_{BS} 分别是两种不同强度的光照射下光电流的饱和值. 如果以 N 表示单位时间从 K 表面逸出的电子数,e 代表电子电量的绝对值,则饱和电流 $I_S=Ne$. 实验结果指出,饱和电流 I_S 与光照的强度成正比.

2. 光电子最大初动能和入射光频率成正比

从图 20-6 中可以看出,当电压 U_{AK} 等于零时,光电流的值并不为零,这说明从阴极 K 逸出的电子有一定的初动能;而当 U_{AK} 变为负值并且沿负方向增加时,光电流将逐渐变小,直至电压为 U_a 时变为零. 这时,只有具有最大初动能即最快的电子才能达到阳极,其最大的初动能 $\frac{1}{2}mv_0^2$ 恰好等于克服电场力做功,即

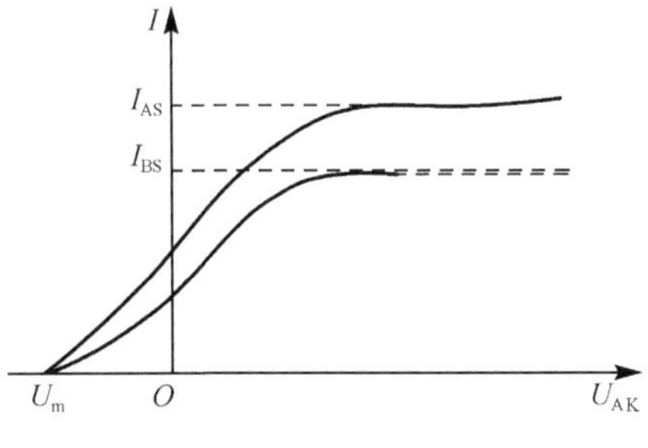

图 20-6　光电效应的伏-安特性曲线

$$\frac{1}{2}mv_0^2=eU_a \tag{20-10}$$

式中,e 为电子电量的绝对值,光电流为零的反向电压值 U_a 称为遏止电压. 实验指出,遏止电压 U_a 与光强无关,这表明从 K 极逸出的电子初动能与光强无关.

如果我们改变照射光的频率,则实验表明遏止电压 U_a 将随光照频率 ν 而呈线性变化. 图 20-7 表示各种频率的光照射在清洁钠金属表面上所得到的 U_a-ν 关系曲线,这是一条不通过原点的直线,数学解析式为

$$|U_a|=K\nu-U_0 \tag{20-11}$$

式中,K 为直线斜率,它是不随金属种类改变而改变的普适恒量,U_0 为截距,K 和 U_0 都为正数. 对于不同的金属来说,U_0 的量值不同,而对于同一金属,U_0 为一常数值.

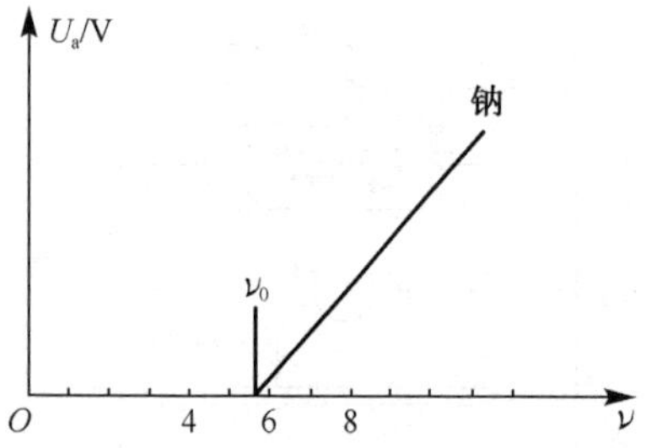

图 20-7 遏止电压与光照频率的关系

如果将式(20-11)两端同乘以电子电量 e,并且将式(20-10)代入其中,我们得到

$$\frac{1}{2}mv_0^2=eK\nu-eU_0 \tag{20-12}$$

式(20-12)表明,光电子的最大初动能随入射光的频率 ν 线性增加,而与入射光的强度无关.式(20-12)是能量守恒与转化定律在光电效应中的表现,同时它又显示了光具有一种与频率有关的能量.

由于电子的最大初动能只能为正值,因而必须有 $K\nu\geqslant U_0$,即要求照射光的频率满足关系

$$\nu\geqslant\frac{U_0}{K} \tag{20-13}$$

我们把能够产生光电效应的最小频率 $\nu_0=\dfrac{U_0}{K}$ 称为红限频率(或阈值频率).显然,红限频率是与金属种类有关的,不同的金属有不同的红限.一般说来,碱金属及其合金的红限波长较长,在可见光区,其他金属的红限频率多在紫外区,所以常用碱金属作为产生光电效应的材料.

式(20-13)表明,当光照射在一个给定的金属表面时,无论其光强多大,只要光的频率小于这一金属红限 U_0,则光电效应都不会产生.表 20-1 列出了几种金属的红限波长、红限频率和逸出功.

表 20-1 几种金属的红限波长、红限频率和逸出功

材料	逸出功 A/eV	红限		波段
		λ_0/μm	$\nu_0/(\times10^{14}$ Hz)	
铯	1.94	0.639	4.69	红
铷	2.13	0.582	5.15	黄
钾	2.25	0.551	5.44	绿
钠	2.29	0.541	5.53	绿
钙	3.20	0.387	7.73	近紫外
钼	4.20	0.295	10.15	远紫外

3. 光电效应产生于瞬时

实验指出,不管照射光强多大,光电效应的产生不需要一段显著的时间而是在瞬时出现.根据现代的测量,这个时间不超过10^{-9} s.

20.2.2　经典理论的解释及其困难

按照光的电磁理论，光是以波动形式在空间传播的. 光的能量与波幅有关，用它对光电效应进行解释可得到如下结论：

(1)在光的照射下，金属中的电子吸收了光的能量而做受迫振动. 当吸收的能量足够大时，电子将挣脱金属内势场的束缚而逸出表面成为光电子. 所以光电子的初动能应该与入射光强有关，光强越大，光电子的初动能越大.

(2)只要照射光强足够大，不管光的频率大小如何，都能够产生光电效应，即光电效应的产生与光频无关.

(3)金属内受光照的电子吸收能量做强迫振动需要一定的时间才能逸出表面，因而光电效应的产生不可能是瞬时的.

经典电磁理论对光电效应的解释与实验结果存在着十分尖锐的矛盾. 这种矛盾反映了光的波动理论的片面性，暴露了它的缺陷与不足.

20.2.3　光子假设及光的波粒二象性

19 世纪末期，物理学中相继发现了许多新的有关的实验规律，如黑体辐射、光致发光、光电效应，以及其他有关光的吸收和转换的规律. 这些实验的出现给经典物理理论带来了巨大的困难. 1905 年爱因斯坦从实验事实出发，在更一般的情况下分析了经典物理的局限性，提出了只有“假定光的能量是不连续地分布于空间”时，上述各种实验规律才能得到很好的解释.

爱因斯坦假设：从一点出发的光线传播时，在不断扩大的空间范围能量是不连续分布的，而是由一个数目有限的局限于空间的能量量子组成的，它们在运动中并不瓦解，并且只能整个地发射或被吸收. 这就是说，光是由一群能量分立(即量子化)且以光速运动的光子组成的. 爱因斯坦提出，每一个频率为 ν 的光子能量 ε 为 $h\nu$，即

$$\varepsilon=h\nu \tag{20-14}$$

式中，h 为普朗克常量. 这样的光量子叫光子.

普朗克能量子的假设阐明了(电谐振子)能量量子化这一事实，而爱因斯坦的光子假设则进一步揭示了光(辐射场)本身的量子结构，从而使光的量子化理论得到了极大的发展. 爱因斯坦的光子说使人们对光的本性的认识又提高到一个新的高度，即光同时具有波动性与粒子性两种特性——波粒二象性. 在某些场合，如干涉与衍射主要表现其波性；而在与其他微观粒子相互作用时，如光电效应则主要表现其微粒性. 现在光子的波粒二象性可由以下公式作概括性的表述：

$$p=m_{\mathrm{p}}c=\frac{h}{\lambda}=\frac{h\nu}{c} \tag{20-15}$$

式中,c 为光速;p 为光子的动量;m_p 为光子的质量. 1909 年,列别捷夫通过精密的光压实验测量证实了光子动量的存在,而光子动量表达式的正确性又在康普顿效应中得到检验.

光子的相对论质能关系为

$$E=m_p c^2=h\nu \tag{20-16}$$

根据相对论的质速关系,当质点的速度为 v 时,其质量 $m=m_0\bigg/\sqrt{1-\left(\frac{v}{c}\right)^2}$,其中 m_0 为该质点的静止质量. 由此可见,由于对光子,$v=c$,光子的静止质量为零. 显然,p 与 m_p 表现光子的粒子性,而 ν、λ 表现其波动性. 光子在传播过程中显示出干涉、衍射等波动性质,而它在与物质的碰撞、发射吸收过程中则又表现出粒子的性质. 实践表明,这两种性质是互相不能取代的,它们都是光子这一微客体不可缺少的,是互相矛盾的但又相互补充的不同侧面的性质. 爱因斯坦因由于对光电效应研究的贡献,于 1921 年荣获诺贝尔物理学奖.

20.2.4 光子假说对光电效应的解释

现在我们运用光的量子假说对光电效应做出定性的解释. 当频率为 ν 的单色光即能量为 $h\nu$ 的光子照射在金属上时,金属内的一个束缚电子将吸收一个光子的能量(同时吸收两个光子的概率是非常小的),其中一部分能量作为克服金属内部的势场做功(包括电子与其他粒子碰撞损失的能量),而另一部分则成为电子逸出金属表面后的初始动能. 因此,光电子的初动能将只取决于照射光的频率,而与光的强度无关. 于是,当照射光的频率 ν 小于某一值 ν_0 而使电子所吸收的能量小于 $h\nu_0$ 不足以克服内势场做功时,电子就不能逸出金属表面,光电效应不能形成. 另外,电子吸收光子不需要积累的时间,因而电子逸出将是瞬间的. 这样,光的量子假设就十分圆满地解释了光电效应. 当然,光电效应也就成了光子假说成立的实验证据.

20.2.5 爱因斯坦的光电效应方程

爱因斯坦运用光的量子假设结合能量守恒与转化定律建立起一个方程,称为爱因斯坦光电方程. 该方程对光电效应在定量方面能够做出圆满的解释.

设照射光子的能量为 $h\nu$,束缚电子逸出金属表面克服内势场和内碰撞所需要的最小功为 A,则电子逸出表面时的最大初动能为

$$\frac{1}{2}mv_0^2=h\nu-A \tag{20-17}$$

式中,m 为电子的质量;v_0 为最初速度;A 为电子的逸出功. 逸出功 A 与金属的材料有关,不同的材料逸出功 A 不同,A 的值可由实验测定(表 20-1).

式(20-17)称为爱因斯坦光电方程. 如将光电方程与式(20-10)作一比较,我们得到

$$U_a=\frac{h}{e}(\nu-\nu_0) \tag{20-18}$$

这就从理论上说明了遏止电压 U_a 随照射光频率 ν 变化的线性关系. 以上不仅对 $U_a-\nu$ 曲线中的斜率 K 和截距 U_0 的物理意义做出了解释,而且也提供了一个测定普朗克常量 h 和逸出功 A 的实验方法. 因此,测量光电子的遏止电压(即光电子的最大初动能)与照射光频率之间的依赖关系,既能验证爱因斯坦方程,又可测定普朗克常量 h 和逸出功 A 的值. 密立根从光电方程提出之后,花费了近十年的时间,于 1914 年成功地由实验验证了光电方程的正确性,并且较准确地测定了普朗克常量 h 的值为 $6.57\times10^{-34}\,\text{J}\cdot\text{s}$,这个测定值与普朗克量子论中的 h 值仅差 0.9%.

光子假说的提出不仅解决了光电效应的理论解释问题,而且使人们对光本性也有了更深入的认识.

光电效应由于能够被光子假说所解释,也是光子假说正确性的佐证,因而在理论上具有极重要的意义. 不仅如此,光电效应在科学技术和日常生活中还得到广泛的应用. 例如,利用光电管把光信号转换成电信号;利用电视摄像管通过光电转换将光信号向空中发射等.

例 20-1　已知钠的电子逸出功为 2.486eV. 试求:

(1)钠的光电效应红限波长;

(2)波长为 $4.000\times10^{-10}\,\text{m}$ 的光照射在钠上时,钠所放出的光电子的最大初速度.

解　(1)由 $\nu_0=A/h$ 和 $\lambda_0=c/\nu_0$,可得

$$\lambda_0=\frac{c}{\nu_0}=\frac{hc}{h\nu_0}=\frac{hc}{A}$$

将已知数据代入上式计算,得

$$\lambda_0=8.00\times10^{-7}\,\text{m}$$

(2)根据爱因斯坦光电方程,依据题意,将 $\nu=c/\lambda$ 代入,整理后得光电子的最大初速度为

$$v=\sqrt{\frac{2}{m}\left(\frac{hc}{\lambda}-A\right)}$$

式中,m 为电子的质量. 将已知数据代入计算,得

$$v=4.67\times10^{5}\,\text{m}\cdot\text{s}^{-1}$$

20.3　康普顿效应

1922～1923 年,美国物理学家康普顿和中国科学家吴有训在晶体对 X 射线散射的实验中,观察到一种奇特的现象,就是在散射的光线中出现了与入射光波长不同的散射光. 把这种改变波长的散射叫做康普顿散射或康普顿效应.

20.3.1　康普顿效应的实验规律

图 20-8 是康普顿效应实验的装置.实验时波长为 0.071nm 的 X 射线(钼 Ka 射线)作为入射光,投射到作为散射体的石墨上.这时,X 射线将向各个方向散射.散射光可以用晶体探测器接收,测出沿各散射方向散射光的波长和强度.得到以下几条实验规律:

(1)当散射角 $\varphi=0^\circ$时,在入射光的原方向上出现的散射光与入射光的波长相同,而且也仅只此一种光.

(2)当散射角 $\varphi\neq0^\circ$,如 45°、90°、135°等角度时,散射光中同时存在等于入射光波长和大于入射光波长的两种光.

(3)散射光波长的变长量随着散射角的增加而增加.

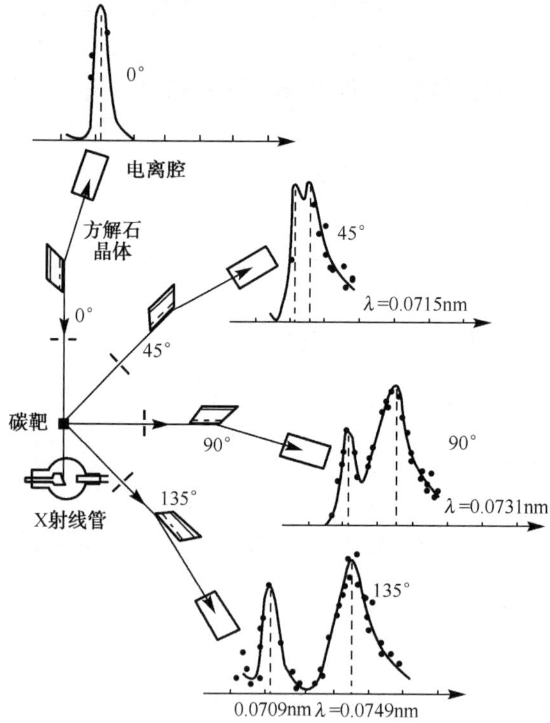

图 20-8　康普顿效应实验装置和实验曲线

20.3.2　康普顿效应的量子解释

为了从理论上解释康普顿效应,康普顿作了如下假设:

(1)X 射线是一束光子流,光子的能量为 $\varepsilon=h\nu$,动量为 $p=\varepsilon/c$.

(2)散射体(石墨)对 X 射线的散射,实质上是散射体中的自由电子与束缚电子分别与一个光子的碰撞过程.

(3)X 射线与自由电子的碰撞是弹性碰撞，它们遵从动量守恒与能量守恒定律. 这种碰撞是形成变波长散射的原因.

由上述假设可知，当一个能量为 $h\nu$ 的光子与一个自由电子相碰撞时，光子将传递一部分能量给自由电子然后被散射到某一方向. 散射的光子由于能量减小而使其相应的频率变小，即波长变长，这就是被散射光线的波长变长的原因. 如果光子是与束缚电子相碰，因为束缚电子与原子结合得很紧，所以此时实际上光子是与整个原子相碰撞而交换能量. 由于原子质量很大，光子的能量不会因碰撞而发生显著的改变，这就好像一个弹性小球被一堵墙壁弹性散射不损失能量一样. 这样，光的量子论假设就能圆满地解释康普顿效应. 由此，我们可以进一步推论，原子量较小的物质散射体，由于其中的电子受束缚较弱，可以把这些电子近似看成自由电子(其能量大小与光子能量相比很小)，所以其康普顿散射较强；而原子量较大的物质散射体，由于其中电子受极强的束缚作用，故其康普顿散射就会较弱. 这些推论与实验结果均一致.

20.3.3　康普顿散射公式

图 20-9 给出了一个光子与一个自由电子的碰撞情况. 设光子的初始能量为 $h\nu_0$，电子初速度为 0(在晶体中，束缚较弱的电子能量仅为几个电子伏特，而 X 射线能量为几千电子伏特，故这种假设是基本合理的，可以简化计算)，经碰撞后光子沿与入射方向成 φ 角的方向散射，且能量为 $h\nu$；而电子则沿与入射方向成 θ 角的方向散射(称为反冲电子)，且速度为 v，能量为 mc^2(考虑 v 一般比较大). 则依据碰撞前后能量守恒和动量守恒，我们可以得到

$$h\nu_0+m_0c^2=h\nu+mc^2 \tag{20-19}$$

$$\frac{h\nu_0}{c}\boldsymbol{e}_{n_0}=m\boldsymbol{v}+\frac{h\nu}{c}\boldsymbol{e}_n \tag{20-20}$$

式中，$\boldsymbol{e}_{n_0}$ 和 $\boldsymbol{e}_n$ 分别表示光子入射方向和散射方向的单位矢量. 考虑到相对论质量

$$m=\frac{m_0}{\sqrt{1-(v/c)^2}}$$

和光子的频率与波长的关系

$$\lambda_0=\frac{c}{\nu_0},\quad \lambda=\frac{c}{\nu}$$

可以得到

$$\lambda-\lambda_0=\frac{h}{m_0c}(1-\cos\varphi) \tag{20-21}$$

式中，λ_0 和 λ 表示光子散射前后的波长. 令

$$\lambda_C=\frac{h}{m_0c} \tag{20-22}$$

并且将 $m_0=9.1\times10^{-31}\ \text{kg}$，$h=6.63\times10^{-34}\ \text{J}\cdot\text{s}$ 和 $c=3\times10^8\text{m}\cdot\text{s}^{-1}$ 代入式(20-22)，得到

$$\lambda_C = 2.43 \times 10^{-12}\,\text{m}$$

λ_C 称为康普顿波长.此时式(20-21)可以改写为

$$\Delta\lambda = \lambda_C(1-\cos\varphi) \tag{20-23}$$

式(20-23)表明,散射光波长的改变量 $\Delta\lambda$ 取决于康普顿波长和散射角的余弦值.这个结论与从实验所得的由图 20-9 所表示的规律是一致的.

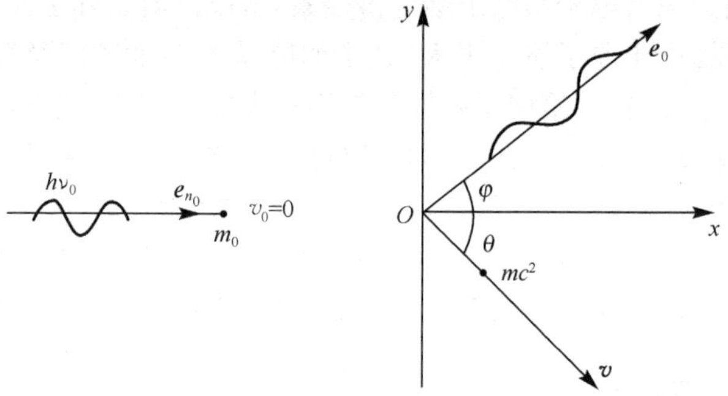

图 20-9 光子与电子的碰撞

1923 年威尔孙通过云室的方法观察了康普顿效应中的反冲电子的径迹,就用实验检验了康普顿效应应用量子理论解释的正确性.

康普顿效应无可辩驳地证明了量子假设(光子理论),包括光子的能量式 $\varepsilon=h\nu$ 和 $p=\varepsilon/c$ 的正确性,证明了能量守恒与转化定律和动量守恒定律对于微观领域单体作用过程也是成立的.特别地,它显示了光的波粒二象性这一奇特的性质.

20.4 实物粒子的波粒二象性

20.4.1 微观粒子的波粒二象性

在经典物理中,粒子性和波动性是互不相容的两个基本概念.自从 1905 年爱因斯坦光子理论建立之后,人们不仅对光性质的认识产生了飞跃,同时也第一次看到波动性和粒子性这两个概念在光子这一客体上实现了统一,光子既具有波动性同时也具有粒子性.众所周知,光子和微观粒子(分子、原子、中子、质子、电子等)是物质存在的两种基本形式,它们都具有质量和能量,并且永不止息地运动着.既然微观粒子与光子有着如此类似的基本性质,那么,微观粒子是否也有波动性?德布罗意受光子波粒二象性的启发,认为以前对光的认识侧重于波性,忽略了粒子性;而对于像电子这样的微观实体则过分强调实体的粒子性,却忽略了其可能具有波动性.为此他提出,微观的实体粒子也具有波粒二象性的假说,而且认为波性与粒子性之间的联系也同光子一样,即微观粒子表现其粒子性的能量 E 及动量 p 和表现其波动性的波长 λ 及频率 ν 之间也具有类似于式(9-15)和式(9-16)的关系.

20.4.2 德布罗意方程

法国青年物理学家德布罗意把微观粒子与光进行了多方面的类比之后，逐渐建立起了物质波这一概念. 他指出：任何物体都伴随着波，而且不能把物体的运动与波的传播分开. 因而把微观粒子具有的波叫做德布罗意波或物质波. 德布罗意把物质波思想经过整理之后，作为一种假设提出，系统地反映在他 1924 年的博士论文中，并因此获得 1929 年诺贝尔物理学奖.

德布罗意的假设内容如下：微观粒子与光子一样，既具有粒子性，又具有波动性，即具有波粒二象性——简称波粒子. 波粒子的运动既可以用粒子性特征量动量 p 和能量 E 来描述，也可以用波的特征量频率 ν 和波长 λ 来描述，可以表示为

$$E=h\nu \tag{20-24}$$

$$p=\frac{h}{\lambda} \tag{20-25}$$

以上两式简称德布罗意方程(组). 德布罗意方程把粒子性的特征量与波的特征量有机地统一起来，显示了粒子波粒二象性之间的本质关系. 普朗克常量 h 是两者紧密联系的纽带. 由于普朗克常量 h 的值很小，它与宏观粒子的能量、动量相比可以忽略不计，因而与宏观粒子相伴随的物质波长，可认为趋近于零，即宏观粒子不显示波动性，所以，德布罗意方程对宏观粒子的运动尽管在原则上也成立，但没有任何实际意义. 普朗克常量 h 可以看成微观量与宏观量的分界线. 德布罗意方程对于包括光子在内的一切微观粒子都是有效的，它是一个普适性方程. 德布罗意方程形式简洁、对称而优美，其内涵丰富深刻，不仅具有深刻的科学意义，而且具有很高的美学价值.

20.4.3 自由粒子的德布罗意波长

以速度 v 做匀速直线运动的粒子称为自由粒子. 设它的静止质量为 m_0，若其速度 v 远小于真空中的光速 c，伴随它的德布罗意波长为

$$\lambda=\frac{h}{p}=\frac{h}{m_0 v} \tag{20-26}$$

由于自由粒子的速度 v 是一个确定值，所以对应的波长 λ 为确定值，从而与自由粒子相伴随的德布罗意波与经典的平面波相对应.

如果自由粒子的运动速度很高且可以与光速 c 相比较，那么，它伴随的德布罗意波长为

$$\lambda=\frac{h}{p}=\frac{h}{m_0 v}\sqrt{1-\frac{v^2}{c^2}} \tag{20-27}$$

若自由粒子是一个由电压 U 加速后的电子，则它的德布罗意波长可以用电压 U 来确定，现推证如下. 速度为 v 的电子动能 E 为

$$E=\frac{1}{2}m_0 v^2=\frac{p^2}{2m_0}$$

因此

$$\lambda=\frac{h}{p}=\frac{h}{\sqrt{2m_0E}} \tag{20-28}$$

而 $E=eU$,e 为电子电量,故

$$\lambda=\frac{h}{\sqrt{2m_0eU}} \tag{20-29}$$

将电子质量 m_0、电量 e 及普朗克常量 h 的数值代入式(20-29),得

$$\lambda=\frac{1.225}{\sqrt{U}}\ \text{nm} \tag{20-30}$$

由于 λ 反比于 $\sqrt{E}$,利用式(20-30)我们很容易得到其他能量电子的波长,如表 20-2 所示.所有这些波长都远远小于可见光的波长(400~700nm),在 X 射线的波长范围之内.对于这样短的波长的波,用一般的光栅无法观察到它们的干涉和衍射现象.戴维孙(J. Davisson)、革末(L. Germer)以及汤姆孙(G. P. Tomson)的实验巧妙地利用了晶体的晶格(约 0.1nm)作为光栅,才观察到了电子的衍射效应.另外,上式告诉我们,物质粒子的波长 λ 反比于质量 $\sqrt{m}$,因此粒子越重,波长越短.对于宏观的粒子,它们的波长可以忽略不计,因此我们观察不到它们的波动性.

表 20-2　不同能量的电子波长

E/eV	10	100	1000	10000
λ/nm	0.39	0.12	0.039	0.012

20.4.4　戴维孙-革末实验

1924 年,德布罗意波的提出还仅仅只是一个假设.1927 年戴维孙和革末通过晶体对电子的散射实验,实际地观测了电子德布罗意波的衍射(图 20-10(d)),实验结果无可辩驳地给德布罗意波的存在以有力的科学支持.图 20-10(a)是实验的简要装置.灯丝加热后发出电子,经过加速电压 U 加速后从电子枪中射在镍(Ni)晶体表面上,经反射后电子可以沿各方向散射.在与电子入射方向成 θ 角的反射方向上装一个探测器,以收集这个方向的反射电子,由此可以确定在不同的电压 U 加速下沿 θ 方向的电子强度的分布.

在一次实验中,戴维孙采用 54V 的电压加速电子,使电子从电子枪中垂直地入射在镍单晶面上,经过反射以后,在与入射方向成 $\theta=50°$角的反射方向上发现了电子分布的第一个极大值,其他方向出现极小值,如图 20-10(b)所示.如果认为电子具有波动性,这一现象就能得到圆满的解释,它是由于反射后的电子波的干涉而形成的,另外我们可以利用图 20-10(c)得到干涉的极大条件.如图 20-10(c)所示,有两束平行的电子波分别入射到原子 A 和 B 上,A 与 B 相距为(晶面内原子间距)$\overline{AC}$.反射的波

线与入射线成 θ 角，反射波干涉加强的条件为

$$\overline{AC}=k\lambda_{实} \quad k=1,2,3,\cdots$$

式中，$\overline{AC}$为波程差；$\lambda_{实}$ 代表实验用的电子波长. 由图 20-10(c)可知

$$\overline{AC}=D\sin\theta$$

则

$$D\sin\theta=k\lambda_{实} \tag{20-31}$$

令 $k=1$，在本实验中，$D=0.215\text{nm}$，$\theta=50°$，则 $\lambda_{实}=D\sin\theta=0.165\text{nm}$，这样，通过晶体对电子的衍射实验，我们测到了电子的德布罗意波长. 现在把这一结果与德布罗意理论值作一个比较. 在本实验中，使用加速电压 $U=54\text{V}$，则有

$$\lambda=\frac{1.225}{\sqrt{U}}=\frac{1.225}{\sqrt{54}}\text{nm}\approx 0.167\text{nm} \tag{20-32}$$

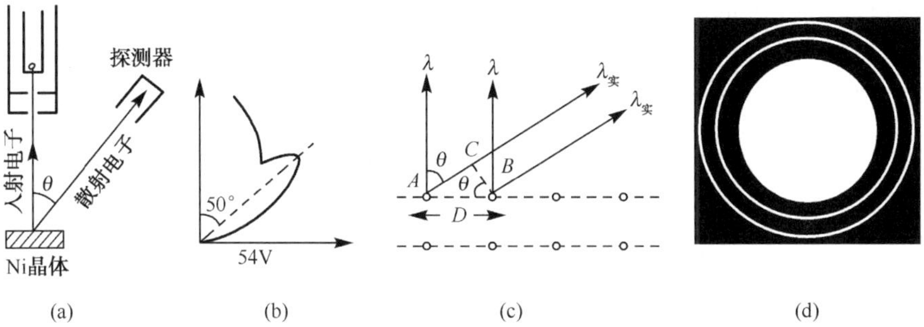

图 20-10 戴维孙-革末实验

可见计算值与电子衍射实验所测得的 $\lambda_{实}$ 值符合得很好，这样，不仅证明了德布罗意波的客观存在，而且也检验了德布罗意波长公式的正确性.

几乎在戴维孙-革末实验进行的同时，1927 年英国物理学家汤姆孙采用高能电子穿过金属箔片来代替低能电子在单晶上的反射，结果所得的图样与 X 射线透过晶体后形成的衍射图样类似. 这种图样的形成就是电子具有波动性的证明.

20.5 不确定关系

经典力学表明，在给定时刻一个质点在空间的位置是完全确定的，或者说是可以任何精度测量的，经典理论还认为平面波不可能存在于某一点，它分布在无限的空间. 光的粒子性和电子波动性的发现使我们认识到光和微观粒子都具有波粒二象性. 这样，我们必须重新认识光和微观粒子. 例如，电子到底是什么？是粒子还是波？或者既不是粒子也不是波？粒子和波是两个相对的概念. 在每一时刻，粒子只能出现在空间的一个位置，而波可以同时出现在不同的位置. 光和物质粒子的这种看起来相互矛盾的波粒二象性产生了我们用通常的直观想象无法理解的性质，而这些性质导致

了许多奇妙的量子现象,由波所表示的空间位置的不确定性确实反映了微观粒子所具有的普遍属性. 从量子力学的结论可以知道,微观粒子运动不具有确定的轨道,因而不能用实验来同时准确地测量微观粒子的位置(坐标)和动量. 坐标和动量不能同时准确测定,不是由于仪器或测量方法的缺陷,而完全是由微粒子的波粒二象性造成的,如果仍然使用描写经典粒子运动状态的坐标和动量来描述微粒子的运动状态,那么微观粒子的坐标和相应的动量都存在不确定性.

20.5.1　电子单缝衍射实验

能够说明电子具有波动性的是电子束衍射实验. 如图 20-11 所示,一束沿 y 方向飞行的电子从左边垂直入射到开一狭缝的衍射屏,在屏的右方一定距离处设置一个与衍射屏平行的对电子敏感的感光胶片作为记录介质,可以记录电子的踪迹. 当电子束流很强时,图中同时标出胶片上接收到的电子流强度的分布,电子束的单缝衍射极类似于光的单缝衍射实验中的光强分布. 在正对衍射缝的区域,电子流强度最大,可视为中央明纹,两侧则对称分布明暗相间的衍射纹. 这无疑是电子波动性的表现.

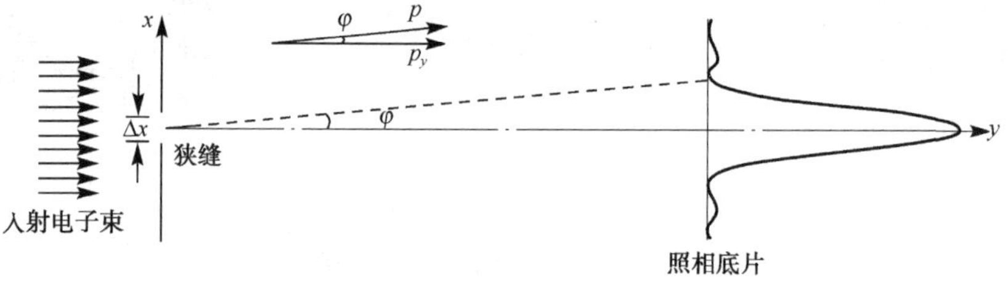

图 20-11　电子的单缝衍射

然而令人十分感兴趣的是,如令电子流的强度减小,但延长实验的时间,使每次实验中到达感光片的电子总数相等,则到达感光片的电子在垂直与入射光束方向(即沿 x 方向)的空间分布都一样. 甚至当电子流的强度低到只有一个电子通过狭缝时,实验结果仍然相同. 如在这种情形下仔细观察,则当实验开始不久,只有少数电子抵达感光片时,被电子击中的位置并无一定的规律,也就是说单个电子到达胶片的位置呈现出概然的或随机的性质,并不能预见各个电子到达的位置. 然而,随着时间的增加,到达的电子数越来越多,统计规律性便明显地呈现出来,而显现出与短时间内高强度电子束通过狭缝一样的衍射图像.

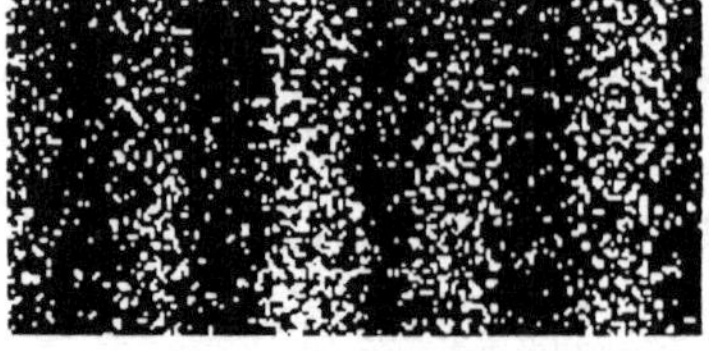

图 20-12　电子双缝干涉图样

1989 年日本物理学家 Tonomura 等又做了一个非常漂亮的电子双缝干涉实验,得到了人们所熟悉的双缝干涉图样(图 20-12). 干涉和衍射都是波动现象的基本特征,因此电子具有波动性质是不容置疑的. 微观粒子的波动性不是电子独有的，实验已经证实中子、质子等微观粒子都具有波动性. 隧道扫描显微镜就是利用电子的波动性产生量子效应的典型例子. 因此经典粒子模型不可能描述这种量子现象，我们必须建立新的模型.

20.5.2　不确定关系

下面以电子束单缝衍射实验为例子，来说明微粒子的坐标和动量的不确定关系. 如图 20-11 所示，狭缝的宽度为 d，一束电子以速度 v(动量 $p=mv$)射向屏上的狭缝，由于电子有波动性，其德布罗意波长为 $\lambda=\dfrac{h}{mv}$，当它通过狭缝时，会产生电子波的单缝夫琅禾费衍射现象.

图中 $\varphi=0$ 处为单缝衍射零级极大中心，另有 $d\sin\varphi=\lambda$ 处出现第一级极小. 零级的电子强度最强，在其两侧，依次还有 1 级、2 级……次极大值，不过相对于主极大，次极大的强度都很小.

实验中假设入射电子束流很弱，电子波是一列一列地穿过狭缝. 入射电子动量沿 y 轴方向，即 $p_y=p$，$p_x=0$，电子穿过狭缝后的动量发生了变化，表现为 p_x 不再为零. 由于电子绝大多数最终射在中心主极大内，而主极大的半角宽度又很小，假设电子通过狭缝时动量 p 大小不变，而只改变方向，则射向衍射角 φ 方向的电子将有 x 方向的动量

$$p_x=p\cdot\sin\varphi \tag{20-33}$$

若代入单缝衍射第 1 级极小的条件 $d\sin\varphi=\lambda$，则有等式

$$p_x=p\cdot\frac{\lambda}{d} \tag{20-34}$$

若再考虑那些射向次极大的电子，它们透过单缝后在 x 方向的动量还要大一些，即

$$p_x\geqslant p\cdot\frac{\lambda}{d} \tag{20-35}$$

理解这个不等式的意义，首先可以结合电子透过单缝的过程进行分析. 单个电子作为物质粒子的结构线度非常小，它穿过单缝时，具体从哪一个坐标点穿过，我们是无法确定的. 反之，我们能够确定的是电子穿过单缝时，在 X 坐标轴上的最大取值和最小取值分别为 $x_{\max}=d$，$x_{\min}=0$，所以，电子穿过单缝时的位置不确定范围是 $\Delta x=d$.

其次，再考虑透射电子的动量不确定量. 透过单缝后的电子在 x 方向的动量分量是不同的，它们随衍射角 φ 而变化. 那些透过单缝后打在主极大中心位置的电子(衍射角 $\varphi=0$)，透过单缝后依然沿着 y 轴，在 x 轴方向动量分量 $p_{x,\min}=0$；而那些透过单缝后打在次极大的电子，在 x 轴的动量分量 $p_{x,\max}\geqslant p\cdot\dfrac{\lambda}{d}$，即有电子在 x 方向动量不确定范围

$$\Delta p_x=p_{x,\max}-p_{x,\min}\geqslant p\cdot\frac{\lambda}{d} \tag{20-36}$$

根据$\lambda=\frac{h}{p}$和$\Delta x=d$,则

$$\Delta p_x \cdot \Delta x \geqslant h \tag{20-37}$$

综上所述,电子通过狭缝时,狭缝对电子的运动产生了两种限制:一是将它在x轴坐标限制在缝宽Δx的范围内;二是使它在x方向的动量分量产生了Δp_x的不确定量.这两种限制是同时发生的,不可能只限制其中一个量而不限制另一个量.式(20-37)虽然是从单缝衍射这个特例推出的,但它是一个普遍的关系式,称为海森伯测不准关系式,也称为海森伯不确定关系式.这里Δx和Δp是x和p的标准误差.

不确定关系告诉我们:处于任何一个状态中的物质粒子的位置和动量是不可能同时有确定值的,这和测量的精确无关,是物质粒子的固有性质,是由它的波动性导致的.如果粒子处于位置完全确定的状态,那么它的动量就是完全不确定的;当然,粒子也可以处于一种位置和动量都不确定的状态.注意,不确定关系对Δx或Δp各自的大小没有任何限制.

该关系式还可以推广到三维运动的情况,即每个坐标轴上的分运动都有动量和坐标的不确定关系式

$$\begin{aligned}\Delta p_x \cdot \Delta x \geqslant h\\ \Delta p_y \cdot \Delta y \geqslant h\\ \Delta p_z \cdot \Delta z \geqslant h\end{aligned} \tag{20-38}$$

在经典物理中,我们很自然地认为粒子的位置和动量可以同时有确定的值,而且原则上我们可以把它们测量到任意的精度.但海森伯不确定性关系告诉我们这是错误的.我们不可能同时测量位置和动量到任意的精度.这里我们再一次看到微观粒子和经典粒子的不同之处.

不确定关系不仅存在于坐标与动量之间,也存在于能量和时间之间.如果微观粒子处于某一状态的时间为Δt,则其能量必有一个不确定量ΔE,由量子力学可以推导出它们之间的不确定关系为

$$\Delta t \cdot \Delta E \geqslant h \tag{20-39}$$

以氢原子中的电子为例,存在一系列的能级,最低能级E_0称为基态能级,而能量较E_0高的能级称为激发态能级.如果氢能级由于某种原因被激发到激发态,电子处于某一激发态能级$E_i(i>0)$,经过一段时间后又会自发地回落到基态或能量较其为低的能级$E_i(0\leqslant j<i)$,这表明电子处于E_i的时间Δt是有限的,因而这一能级本身的值亦不完全确定,常称其为有一定的能级宽度,这就是能量的不确定性.在此情形下,Δt表示时间的不确定性,常称为该能级的寿命.通常基态最为稳定,即寿命最长,能量也最为稳定.一般原子激发态寿命在10^{-8} s数量级上下,因而其能量不确定性在10^{-8} eV数量级.但是有一类激发态能级寿命可达10^{-3} s以上,这类能级称为亚稳态.在激光的产生中,亚稳态起着重要的作用.

不确定关系的提出改变了我们对自然界的思考方式,同时不确定关系在定性分

析物理现象方面有非常广泛的应用.应用不确定关系可以对许多重要的微观物理现象做出本质的解释.例如,①在原子中电子为什么不会落入原子核中,电子相对原子核的运动为什么会保持一个最小距离;②在原子中,电子为什么不存在轨道运动;③固体的体积为什么不能够无限地压缩;④束缚态粒子零点能的计算问题;⑤原子激发态的寿命和能级宽度的计算,等等.

下面我们运用不确定关系来具体计算几个实例.

例 20-2　试比较电子和质量为 10g 的子弹在确定它们位置时的不确定量.假定它们都在 x 方向以 $v=200\mathrm{m\cdot s^{-1}}$ 的速度运动,速度的测量误差在 0.01%以内.

解　依据不确定关系 $\Delta p_x \cdot \Delta x \geqslant h$,有

$$\Delta x \geqslant \frac{h}{\Delta p_x}$$

如果令

$$\Delta p_x = (0.01\%)p = 10^{-4} mv$$

对于电子则有

$$\begin{aligned}\Delta p_x &= 10^{-4} \times 9.1 \times 10^{-31} \times 2 \times 10^2 \\ &\approx 1.8 \times 10^{-32}\,\mathrm{kg\cdot m\cdot s^{-1}}\end{aligned}$$

故

$$\Delta x \geqslant \frac{h}{\Delta p_x} \approx 3.5 \times 10^{-3}\,\mathrm{m}$$

已知电子线度的量级约为 10^{-15}m,这个位置的不确定量将超过电子自身线度的百亿倍.所以在这种情况下,电子的位置根本不能确定,因而也就不能用经典力学处理.对于子弹

$$\begin{aligned}\Delta p_x &= 10^{-4} \times 10 \times 10^{-3} \times 2 \times 10^2 \\ &= 2 \times 10^{-4}\,\mathrm{kg\cdot m\cdot s^{-1}}\end{aligned}$$

则

$$\Delta x \geqslant \frac{h}{\Delta p_x} \approx 3 \times 10^{-31}\,\mathrm{m}$$

可以看出,子弹位置的不确定量是非常小的,即使使用当前最精密的仪器也是无法测出来的.在这种情况下,子弹的波动性可以忽略,其位置也就能绝对精确地确定,用经典力学来处理子弹的运动就足够精确.

例 20-3　电视显像管中,电子的速率为 $5\times10^7\mathrm{m\cdot s^{-1}}$,电子枪口的直径取 0.1mm,求电子射出电子枪后的速度的不确定量.

解　我们把与电子运动方向相垂直的方向定为横向,电子横向的不确定量为电子枪的口径,即 $\Delta x=0.1$mm.设电子在出口处速度横向偏移量为 Δv,则由不确定关系近似有

$$\Delta x \Delta p_x \approx h$$

得

$$\Delta x \Delta(mv) \approx h$$

$$\Delta v \approx \frac{h}{m\Delta x} = \frac{6.63\times10^{-34}}{9.1\times10^{-31}\times10^{-4}}\mathrm{m\cdot s^{-1}}$$

$$\approx 7.2\mathrm{m\cdot s^{-1}}$$

这个横向速度的不确定量与电子运动速度的大小相比可以忽略不计(即$|\Delta v| \ll |v|$),也就是说,电子的速度由于其波动性而引起的横向偏移量不会影响原有速度.因而,这时电子的行为与经典力学一样,完全可以认为它沿着一条直线运动.

【工程应用】

光电效应在实际中的应用

当人们谈起爱因斯坦时,90%以上都会提到相对论,但还有另外一个理论——光电效应.什么是光电效应呢?就是光照射到某些物质上,引起物质的电性质发生变化,现今已有微光夜视仪、光鼠标、光电管等.这些器件已经被广泛地应用于生产、生活、军事等领域.下面着重介绍几种光电器件.

1. 微光夜视仪

工作时以红外变像管作为探测器和显示器,外加一个红外探照灯作为光源.从目标反射回来的红外辐射,聚焦成像在变相管一端的银氧铯光电阴极上,激发出光电子.这些光电子被管内的电子透镜加速并聚焦到荧光屏上,轰击荧光屏发光,显现出可见光图像.由于夜视仪是利用夜天光进行工作的,属于被动工作方式,因此能较好地隐藏自己.微光夜视仪对从事特殊工作的部门,如军事、刑警、缉毒、夜晚监控、保卫等,都是最合适的.

2. 光鼠标

根据工作原理,鼠标大致可以分为机械式、光学机械式、光电式及轨迹球、无线等类型.鼠标虽然有很多种,但目前应用最多的是光学机械式.鼠标内有一个圆的实心的橡皮球,在它的上下方向和左右方向各有一个转轮和它相接触,这两个转轮连接着一个光栅轮,光栅轮的两侧各有一个发光二极管和光敏三极管.其关键原理就是利用光敏三极管将光信号转换成电信号,就是光电效应.

3. 太阳能电池

太阳能光伏发电的基本原理是利用太阳能电池(一种类似于晶体二极管的半导体器件)的光生伏特效应直接把太阳的入射能转变为电能的一种发电方式,太阳能光伏发电的能量转换器就是太阳能电池,也叫光伏电池.当太阳光照射到由p、n型两种不同导电类型的同质半导体材料构成的太阳能电池上时,其中一部分光线被反射,一部分光线被吸收,还有一部分光线透过电池片.被吸收的光能激发被束缚的高能级状态下的电子,产生电子-空穴对,在pn结的内建电场作用下,电子、空穴相互运动(如

图 20-13 所示，n 区的空穴向 p 区运动，p 区的电子向 n 区运动，使太阳电池的受光面有大量负电荷(电子)积累，而在电池的背光面有大量正电荷(空穴)积累. 若在电池两端接上负载，负载上就有电流通过，当光线一直照射时，负载上将源源不断地有电流流过.

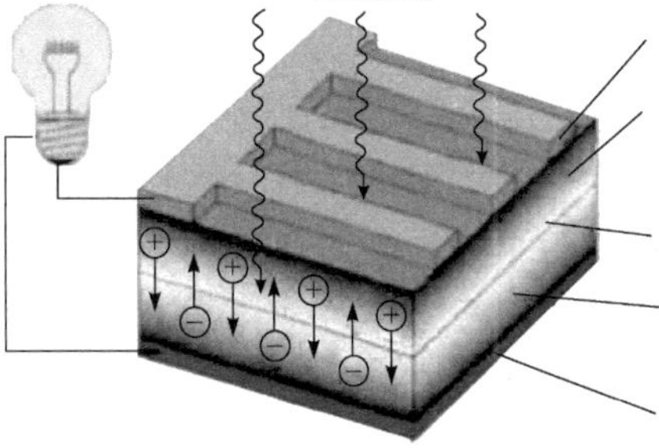

图 20-13　太阳电池结构原理

习题 20

一、选择题

1. 要使金属产生光电效应，则应(　　).

A. 尽可能增大入射光强　　B. 尽可能延长照光时间

C. 选用波长更短的入射光　　D. 用频率更小的入射光

2. 用频率大于红限频率的单色光照射某光电管时，若在光强不变的条件下增大单色光的频率，则测出的光电流 I-U 曲线的变化情况为(　　).

A. 遏止电压增加，饱和电流也增加　　B. 遏止电压增加，饱和电流不变

C. 遏止电压增加，饱和电流减少　　D. 遏止电压减少，饱和电流也减少

3. 光子 A 的能量是光子 B 的 2 倍，那么光子 A 的动量是光子 B 的(　　)倍.

A. $\dfrac{1}{4}$　　B. $\sqrt{2}$　　C. 1　　D. 2

二、填空题

1. 由热辐射基尔霍夫定律，任何物体的单色辐出度和单色吸收比之比____________.

2. 一绝对黑体，在温度 $T_1=1450\text{K}$ 时，辐射能对应的峰值波长 $\lambda_1=2\mu\text{m}$，当温度降低到 $T_2=967\text{K}$ 时，辐射所对应的峰值波长为 $\lambda_2=$____________；在这两种温度下，所对应的总发射本领之比 $E_1:E_2=$____________.

3. 光具有波粒二象性，干涉和衍射现象表明光具有____________性，偏振现象表明光是____________，光电效应说明光具有____________性.

第21章 原子的量子理论初步

自1897年汤姆孙发现电子后，确认电子是原子的组成单元.可是，即使同最轻的氢原子比较，电子的质量也只有它的1/1800，因而承担原子的大部分质量的应该是电子以外的粒子.而且电子也带着电荷$-e$，因而在中性原子上就必须有一个与负电荷中和的带正电荷的粒子.原子的大小约为10^{-10}m数量级.1911年英国物理学家卢瑟福以α粒子散射实验为基础，形象地构造了一个类似于太阳行星系的原子结构模型，称为原子有核模型.有核模型的大意是，正电荷及原子的绝大多数质量集中分布在原子中心的极小空间范围内(尺度为$10^{-15}\sim10^{-14}$m)，称为原子核，电子绕核不断地旋转运动(半径约为10^{-10}m)，就像行星绕着太阳不断地旋转一样.人们为了弄清原子的结构及其运动规律，逐步建立了描述分子、原子、原子核等微观系统运动规律的理论体系，即量子力学.量子力学已成为现代物理理论中的一大支柱.本章简述用量子力学处理原子问题的基本方法以及半导体、激光、原子核和基本粒子的基本概念.

21.1 玻尔的原子量子理论

原子量子理论是玻尔(N. Bohr)把量子概念引进原子结构之中所获得的一个伟大的理论结果.它开创了物理学研究的新纪元，是物理学发展从宏观走向微观领域的通道，也是架设在经典物理与现代物理之间的一座桥梁.

21.1.1 氢原子光谱的实验规律

原子光谱是反映原子结构特点的特征谱.氢原子光谱可以从氢气放电管中得到.最早得到的氢原子光谱是可见光区和紫外光区中的几条谱线，这些谱线组成了一个光谱系列，称为巴耳末光谱系，是人们研究光谱分布规律的起点.

图21-1是氢原子巴耳末系光谱图.氢原子光谱具有以下重要特点：

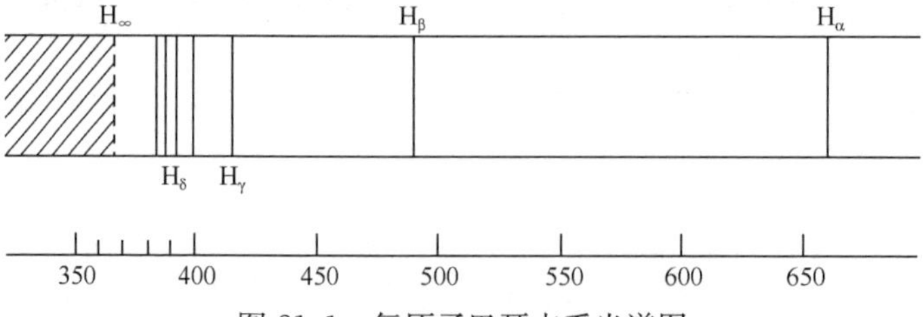

图21-1 氢原子巴耳末系光谱图

(1)它们是线状分立谱,每一条谱线在谱图上均占有确定的位置,即对应着一定的波长值. 例如,前四条谱线 H_α、H_β、H_γ、H_δ 的波长如表 21-1 所示,这些谱线均在可见光区.

表 21-1　H_α、H_β、H_γ、H_δ 的波长

谱线	波长/nm	颜色
H_α	656.210	红
H_β	486.074	深绿
H_γ	434.010	青
H_δ	410.120	紫

(2)谱线间距的大小沿着短波方向递减,即谱线分布沿着短波方向愈来愈密,也即在短波谱线处谱线间的距离将会趋近于零. 氢原子的完整光谱是由间断与连续的谱线区组成的.

(3)任何相邻两谱线间的距离(即波长差值)是确定的,相互之间绝无错位现象. 谱线有序的排列必定受某一既定规律的支配. 寻找这一规律并把它表达为数学形式是光谱研究中的一个重要课题.

瑞士的一个中学教师巴耳末对实验光谱的数据研究产生了浓厚的兴趣. 经过艰苦的思索和努力,1885 年他提出了一个简洁而优美的数学公式,称为巴耳末公式,其形式如下:

$$\lambda = B\frac{n^2}{n^2-4} \tag{21-1}$$

式中,λ 表示谱线的波长;$B=364.56\text{nm}$ 为一常数;n 为一正整数. 如果分别将$n=3$,4,5,6 代入式(21-1)中,则可以算出光谱中前四条谱线的波长值,这与实验所测之值十分相符. 同理,由巴耳末公式可以求出与 n 对应的任意值的谱线波长. 我们把服从巴耳末公式的一系列谱线波长的集合称为巴耳末光谱系. 上述分析表明,巴耳末公式精确地表达了氢原子光谱线按波长分布的规律.

为了比较方便地计算原子光谱线的频率,1890 年瑞典物理学家里德伯将巴耳末公式改由波数表示,波数 $\bar{\nu}$ 定义为波长 λ 的倒数,即

$$\bar{\nu} = \frac{1}{\lambda} \tag{21-2}$$

巴耳末公式变为

$$\bar{\nu} = R\left(\frac{1}{2^2}-\frac{1}{n^2}\right),\quad n=3,4,5,6,\cdots \tag{21-3}$$

式中,$R=4/B=1.0967758\times10^7\text{m}^{-1}$是一个实验常数,称为里德伯常量. 在氢原子实验光谱中,继巴耳末光谱系获得之后又相继发现了几个谱系,它们都可以用类似于巴耳末公式的数学形式表示.

莱曼(Lyman)系(紫外区)

$$\bar{\nu}=R\left(\frac{1}{1^2}-\frac{1}{n^2}\right),\quad n=2,3,4,5,6,\cdots \tag{21-4}$$

巴耳末(Balmer)系(可见光区)

$$\bar{\nu}=R\left(\frac{1}{2^2}-\frac{1}{n^2}\right),\quad n=3,4,5,6,\cdots \tag{21-5}$$

帕邢(Paschen)系(红外区)

$$\bar{\nu}=R\left(\frac{1}{3^2}-\frac{1}{n^2}\right),\quad n=4,5,6,7,\cdots \tag{21-6}$$

布拉开(Brackett)系(红外区)

$$\bar{\nu}=R\left(\frac{1}{4^2}-\frac{1}{n^2}\right),\quad n=5,6,7,8,\cdots \tag{21-7}$$

普丰德(Pfund)系(红外区)

$$\bar{\nu}=R\left(\frac{1}{5^2}-\frac{1}{n^2}\right),\quad n=6,7,8,9,\cdots \tag{21-8}$$

归纳上述各式可以得到表征氢原子光谱系的更为一般的光谱公式

$$\bar{\nu}=R\left(\frac{1}{k^2}-\frac{1}{n^2}\right),\quad k=1,2,3,4,\cdots,\quad n=k+1,k+2,k+3,\cdots \tag{21-9}$$

式(21-9)称为广义的巴耳末公式. 巴耳末公式简洁、对称、优美,内涵丰富,它不仅是现代光谱学的基础,而且为以后揭开原子的秘密提供了有利的武器.

21.1.2　原子的有核模型

关于原子中正电荷如何分布这一问题,卢瑟福用实验做了证实. 1911 年,卢瑟福把从天然放射性元素中放出的强 α 射线束射到金箔上,观察 α 粒子的散射情况,由于 α 射线可使荧光物质发光,就可以借助显微镜用肉眼观察 α 粒子打上去时发出的荧光(现在可以用光电倍增管来检测),并把它们一个一个地数出来. 他把荧光物质放在不同角度的各个位置上进行观察,发现有些粒子(尽管很少)朝原方向弹跳回来. 我们知道,如果把子弹打在稻草上,子弹肯定会全部穿过去;如果子弹被弹回来,那么在稻草中必定有一个硬的物体. 根据这一事实,卢瑟福便设想在原子的中心存在着带正电荷的粒子,并把它叫做原子核. 原子核与原子质量大致相等,它带有和原子序数相等的正电荷. 核的半径大体上为 10^{-14} m 的数量级. 质子是氢原子的核,α 粒子是氦原子的核. 电子绕核不断地旋转运动(半径约为 10^{-10} m),就像行星绕着太阳不断地旋转一样.

有核模型深刻地揭示了原子核存在的这一客观事实,圆满地解释了 α 粒子的大角度散射实验,初步说明了元素周期律中的若干性质,在当时是一个较好的原子模型. 但是,它在一些关键性的问题解释上却遇到了不可克服的困难. 首先,由于有核模型中的电子绕核做加速运动,将不断地辐射能量而使其运动半径不断减小,在顷刻之间(约为 10^{-9} s 的数量级)电子落入原子核内造成整个原子的崩溃，然而实际中原子却是十分稳定的. 其次，有核模型给出的原子光谱是连续分布的，但实验所得光谱却是分立的，如氢原子光谱. 所以，虽然原子有核模型得到实验的有力支持，但经典理论却无法解释之.

核外电子的真实运动如何？这是解决有核模型困难、重新构造原子图像的关键. 我们知道，原子光谱来源于原子内部，因而光谱的规律必定反映了原子内部的真实信息，原子光谱排列得和谐有序则必定标志着原子内部的和谐有序. 应该说巴耳末公式正是这内外两种和谐有序的统一数学表述. 因此借助于巴耳末公式，就有可能揭开原子内部的秘密. 为了显示巴耳末公式的微观本质，下面对其进行简单的数学处理. 以 hc 乘以式(21-9)的两边得

$$hc\,\bar{\nu}=hcR\left(\frac{1}{k^2}-\frac{1}{n^2}\right)$$

因为 $\nu=c\,\bar{\nu}$，所以

$$h\nu=\left(\frac{hcR}{k^2}-\frac{hcR}{n^2}\right) \tag{21-10}$$

式中，h 为普朗克常量；c 为真空中的光速；ν 为光谱线的频率. 式(21-10)是变形后的巴耳末公式，它已具有明确的微观意义，下面对它进行分析. 由爱因斯坦光子理论可知，等式左边的 $h\nu$ 是频率为 ν 的光子能量，它与光谱图上频率为 ν 的一条谱线相对应，上式表明光子能量 $h\nu$ 等于两个函数项之差值，可见，原子内部一定存在着与宏观世界绝对不相同的本质. 概括以上的分析，原子内部的特殊本质有下述两点：

(1)原子内部电子运动的能量状态是不连续的，即使电子处于某一能态绕核做圆周运动，它也不能辐射电磁波，否则，将导致原子的有核结构不稳定.

(2)当绕核运动的电子能态发生变化时，这一能量状态的改变值将伴随着光子的辐射或吸收. 由此看来，原子内的电子运动一定具有新的模式、新的规律，绝不能简单地把它们与行星运动作类比. 原子有核模型就是因受这种类比思想的影响而构成电子连续绕核运动的模式，这就是产生种种困难的主要原因.

21.1.3　玻尔的氢原子量子论

丹麦物理学家玻尔为了解决原子有核模型所带来的困难，苦苦探索了近两年之久，终于从巴耳末公式中悟出了解决困难的真谛，对巴耳末公式内涵的仔细剖析使他从中获得了原子内部电子运动能量状态是不连续的这一惊人发现. 在物理学发展史上，这是一个具有突破性的伟大发现. 玻尔坚定地站在客观事实一边，大胆地提出：经典的运动连续性观念以及电磁辐射原理在原子内部是不适用的. 他以原子的有核模型为基础创造性地把爱因斯坦光子理论及巴耳末公式融会贯通于其中，建立起崭新的原子量子论，构造出一幅更清晰、更科学的原子图像，并提出了三个主要假设.

(1)定态假设. 原子只能较长久地处在一些能量不连续的稳定状态(定态)上. 在各定态上,虽然电子绕原子核旋转,做加速运动,但不向外辐射电磁波.

(2)跃迁假设. 只有当原子能量(不论通过什么方式)发生改变时,原子才从一个定态跃迁到另一个定态. 原子从一个定态跃迁到另一个定态而发射或吸收辐射时辐射的频率是一定的,如果用 E_1 和 E_2 代表有关的两个定态能量,则辐射频率由下列关系来决定:

$$h\nu=E_2-E_1 \tag{21-11}$$

或

$$\nu=\frac{E_2-E_1}{h} \tag{21-12}$$

式中,h 为普朗克常量. 当 $E_2>E_1$ 时,ν 为原子发出的辐射频率;而在 $E_2<E_1$ 时,ν 为原子吸收频率. 式(21-12)称为玻尔频率公式.

(3)轨道角动量量子化假设:在各定态上,电子绕原子核做圆周运动时,电子的轨道角动量 L 等于$\frac{h}{2\pi}$的整数倍,即

$$L=n\frac{h}{2\pi},\quad n=1,2,3,\cdots \tag{21-13}$$

式中,n 为整数,称为量子数,式(21-13)称为轨道角动量量子化条件. 此式也可简写成

$$L=n\hbar \tag{21-14}$$

式中,$\hbar=\frac{h}{2\pi}=1.0545887\times10^{-34}\,\mathrm{J\cdot s}$,称为角普朗克常量.

定态假设明确地提出有核结构的稳定存在,并且阐明了原子跃迁的本质,同时也包含着对经典运动连续性概念在原子内部适用性的否定.

跃迁假设阐明了原子光谱产生的缘由是原子定态能量的改变,而与电子的加速运动无关,实质上也是对经典电磁辐射理论在原子内部适用性的否定. 光谱线的频率规定为定态能量差值与普朗克常量之比.

轨道角动量量子化假设进一步对定态作了定量化的描述,并且阐述了定态的量子化特征. 角动量量子化还包含着一层重要的意义:只有角动量等于角普朗克常量整数倍的电子的运动轨道才是稳定的. 这一条件称为稳定电子轨道条件.

21.1.4 氢原子结构的计算

氢原子是最简单的原子结构,它只包含一个原子核(质子)和一个电子. 研究氢原子结构的两个基本问题,一个是核外电子的运动规律,另一个是原子光谱的机制. 这两个问题的探讨则具体归结为对电子运动轨道、能量、角运动等物理量的特征与规律的寻求.

按照定态假设,原子中的电子只能在核外一系列不连续的轨道上运动,每个定态都具有一定的能量(定态能量). 质量为 m、电量为 e 的电子以速度 v 在半径为 r 的圆

周上运动，如图21-2所示，氢原子的能量就是电子运动总能量，应为它的动能和势能之和，即

$$E=E_k+E_p$$

或者表示为

$$E=\frac{1}{2}mv^2-\frac{1}{4\pi\varepsilon_0}\cdot\frac{e^2}{r} \tag{21-15}$$

电子做圆周运动的向心力是核与电子间的库仑力所提供的，则

$$\frac{1}{4\pi\varepsilon_0}\cdot\frac{e^2}{r^2}=m\frac{v^2}{r} \tag{21-16}$$

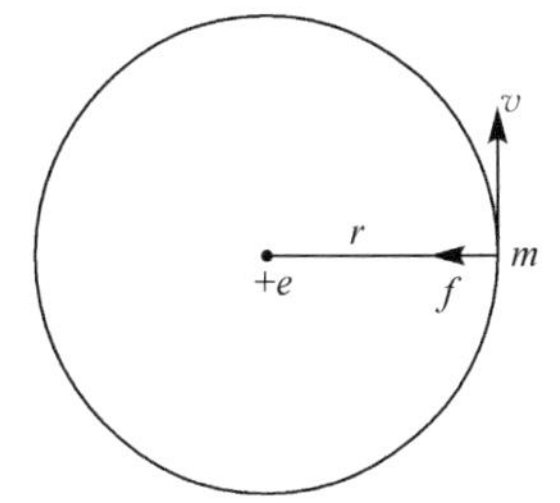

图21-2　电子圆周运动

以上两式经过整理得到

$$E=-\frac{1}{2}\frac{1}{4\pi\varepsilon_0}\cdot\frac{e^2}{r} \tag{21-17}$$

式(21-17)指出，电子轨道运动的总能量为它的库仑势能的一半. 这是粒子在中心力场中运动的一个基本特点.

根据电子轨道角动量量子化假设，并由经典力学理论知，电子绕核旋转的轨道角动量 $L=mvr$，所以

$$mrv=n\frac{h}{2\pi} \tag{21-18}$$

整理式(21-16)～式(21-18)，可以得到原子中第 n 个轨道的半径 r_n 电子在第 n 个轨道运动时所具有的定态能量 E_n 及电子运动速度 v_n，它们均由量子数 n 唯一决定

$$r_n=\frac{\varepsilon_0 h^2}{\pi me^2}n^2,\quad n=1,2,3,\cdots \tag{21-19}$$

$$E_n=-\frac{me^4}{8\varepsilon_0^2h^2}\frac{1}{n^2},\quad n=1,2,3,\cdots \tag{21-20}$$

$$v_n=\frac{e^2}{2\varepsilon_0 h}\frac{1}{n},\quad n=1,2,3,\cdots \tag{21-21}$$

当 $n=1$ 时，由式(21-19)给出第一个轨道半径

$$r_1=\frac{\varepsilon_0 h^2}{\pi me^2}=a_0 \tag{21-22}$$

将各基本常量的数值代入式(21-22)，得到 $a_0=0.53\times10^{-10}$ m. 在氢原子中，电子运动的轨道半径为

$$r_n=a_0n^2,\quad n=1,2,3,\cdots \tag{21-23}$$

式中，a_0 通常称为玻尔半径. 电子在玻尔半径的轨道上运动的状态称为基态，在温度不高以及无外界作用的条件下，原子一般处于基态，又叫正常态. 所以，玻尔半径 a_0 一般可作为原子线度大小的标志. 电子运动轨道的其他半径值可以由玻尔半径的相应倍数表示出来. 例如，第二、三、四……，轨道半径值分别为 $4a_0$，$9a_0$，$16a_0$，…，这些对应的轨道

组成了以原子核为中心的同心圆系列. 它们就是电子稳定运动可能存在的容许轨道,图 21-3 形象化地表示了电子的圆周轨道系列(图中圆的大小未按比例画出).

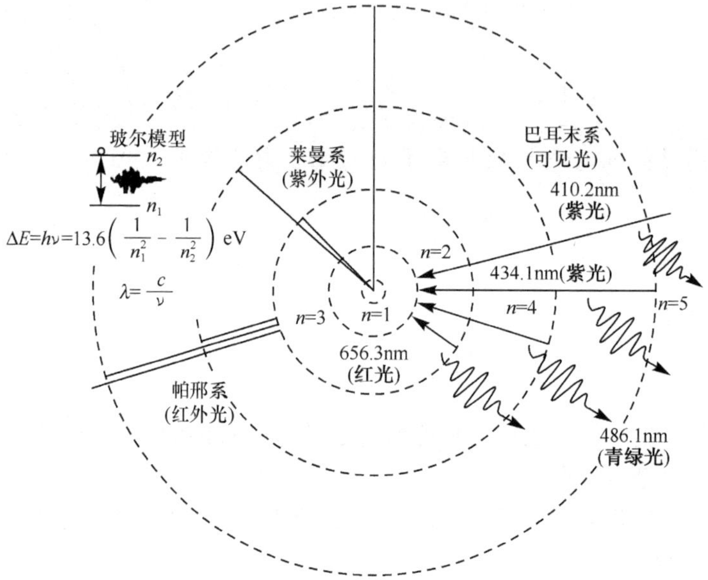

图 21-3　氢原子电子玻尔轨道和光谱系

由式(21-20)可以看出 E_n 反比于 n^2,但因其为负值,所以 E_n 将随着 n 的增加而增加. 当 $n=1$ 时

$$E_1=-\frac{me^4}{8\varepsilon_0^2h^2}=-13.6\text{eV}$$

$$=-21.8\times10^{-19}\text{J} \tag{21-24}$$

E_1 为电子在玻尔轨道上运动的基态能量值,是氢原子中电子具有的最小能量值. 当 $n\to\infty$ 时

$$E_\infty=0 \tag{21-25}$$

这是电子最大的能量值,它相当于电子脱离氢原子时的能量值,对应的状态称为电离态. 显然,电子从基态跃迁至电离态需外界对它给予能量 $\Delta E=13.6\text{eV}$,称这一能量为电离能. 任意轨道的定态能量可以用基态能量表示出来,即

$$E_n=-\frac{E_1}{n^2}=-\frac{13.6}{n^2}\text{eV} \tag{21-26}$$

由式(21-26)可以很简便地求各轨道的定态能量. 例如

$$n=2,\quad E_2=-3.40\text{eV}$$

$$n=3,\quad E_3=-1.51\text{eV}$$

对应于 $n>1$ 的所有定态称为激发态. 电子处在激发态时是不稳定的,顷刻之间从高激发态跃迁回低激发态并最终回到基态,这一过程就会产生光的辐射.

氢原子中的电子能量值组成一个不连续的能量阶梯，简称为能级. 能级可以形象化地表示成能级图，如图 21-4 所示，能级图的含义如下：

每一条水平横线代表一个定态能量值，线的高低则对应着能量的高低，只有横线代表的能量值才表征电子可能出现的能量状态，而任意相邻两横线之间的能态都是电子实际上不存在的运动状态. 最低横线($n=1$)代表基态能量，其他各横线则代表激发态能量. $n=\infty$处横线的能量值最高，它与电离态相对应，当电子从一个能态跃迁到另一个能态时，在能级图上下两条横线之间用一个箭头表示. 在图 21-5 中，(a)表示电子从高能态 E_2 跃迁到低能态 E_1 时放出频率为 ν 的光子；(b)表示电子从低能态 E_1 跃迁到高能态 E_2 时从外吸收光子.

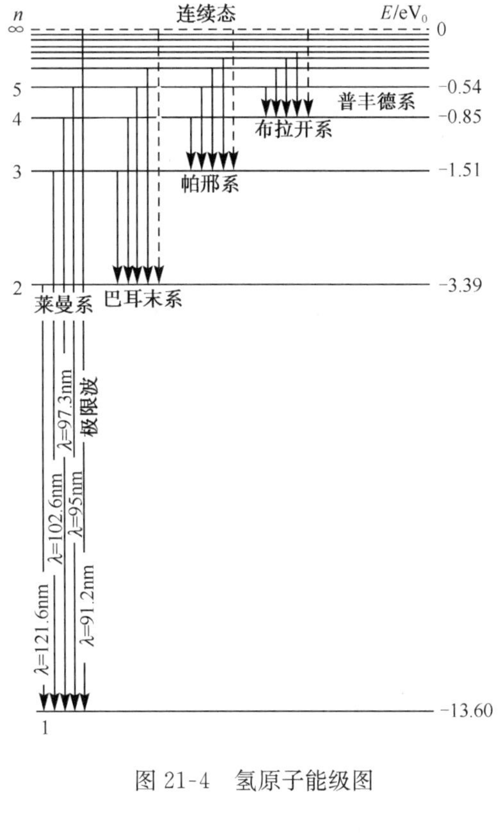

图 21-4 氢原子能级图

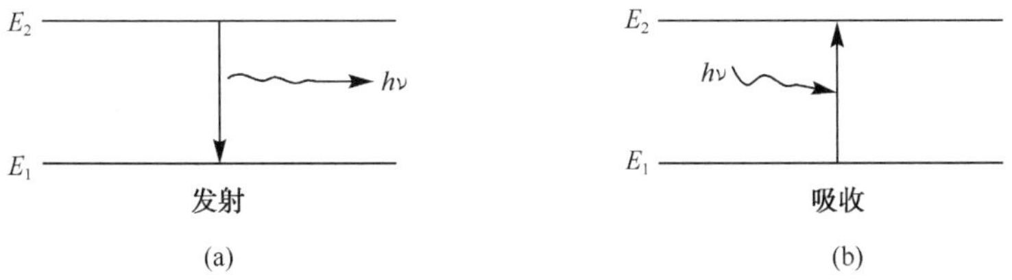

图 21-5 电子跃迁

利用变形后的广义巴耳末公式(21-9)、频率公式(21-10)以及氢原子能级公式(21-20)联立,很容易得到广义巴耳末公式中的里德伯常量

$$R=\frac{me^4}{8\varepsilon_0^2h^3c} \tag{21-27}$$

将各基本常量的数值代入式(21-27),得到 $R_{理}=1.0973731\times10^7\text{m}^{-1}$,可见理论值与实验值 $R_{实}=1.0967758\times10^7\text{m}^{-1}$ 符合得很好. 由于 E_n 和 E_k 是不连续的,氢原子的各个谱系可以用量子数 n 和 k 的不同取值的组合而得到,从而可以圆满地解释氢原子的线状谱系.

显而易见,电子轨道运动速度也是量子化的. 由式(21-21)可以得到轨道运动速度为

$$v_n=\frac{v_1}{n} \tag{21-28}$$

可见,v_n 的大小是随着量子数 n 的增大即轨道的增大而减小的,当 $n=1$ 时,即第一轨道的速度 v_1 最大,其值为

$$v_1=\frac{e^2}{2\varepsilon_0h}=\alpha c\approx10^6\text{m}\cdot\text{s}^{-1} \tag{21-29}$$

式中,$\alpha=\frac{e^2}{2\varepsilon_0hc}\approx7.3\times10^{-3}\approx1/137$ 称为光谱精细结构常量,c 为真空中的光速. 不难看出,电子处于第一轨道运动时其速度就小于光速,因此,在一般要求不太精确的场合下用非相对论来处理氢原子问题仍然是可行的.

综上所述,玻尔氢原子理论给出了一个新型的具有变革性的结论,这就是在原子内部一切过程都是量子化的,具体表现为能量、轨道半径、角动量等物理量的取值量子化. 电子在角动量等于普朗克常量 n 倍的轨道上运动是稳定的,只有从一个稳定轨道跃迁到另一个稳定轨道时才放出(或吸收)光的辐射. 氢原子内部的这种特性与经典物理规律是显著不同的.

玻尔理论不仅能成功地解释氢原子的光谱实验,而且在玻尔理论的指导下,陆续发现氢原子的其他谱系均与玻尔理论非常吻合. 另外,玻尔理论还能对类氢离子(只有一个电子绕原子核旋转的离子,如 He^+、Li^{2+}、Be^{3+})的光谱进行很好的说明. 玻尔理论在一定程度上反映了单电子原子或单电子离子系统的客观实际. 玻尔理论第一次为我们提供了一幅清晰的原子图像,建立了具有独创性的定态、量子化以及跃迁等新概念,这些概念在微观物理中是普遍适用的. 在理论研究上,玻尔理论开创了原子物理的先河,实现了经典力学到量子力学的自然过渡,为量子力学的建立打下了基础,是物理学发展史中的一块里程碑. 玻尔因其在研究原子结构和原子辐射方面的成就荣获 1922 年诺贝尔物理学奖.

玻尔理论虽然是一个开创性的、奠基性的伟大理论,但是,还存在不足之处,即它不能说明原子光谱的偏振,不能计算光谱线的强度,也不能说明原子光谱的精细结

构，对于复杂原子的光谱不能做出解释. 其理论缺陷在于不恰当地将经典理论与量子思想糅合在一起，一方面把微观粒子(电子、原子等)看成经典力学中的质点，使用了坐标、轨道和角动量等概念，并且利用牛顿力学定律计算电子轨道等；另一方面又加进量子化条件来限定运动状态的轨道. 这些都反映了早期量子理论的局限性. 1926年，薛定谔的波动力学及海森伯的矩阵力学建立了新的量子力学，成为一个完整地描述微观粒子运动规律的力学体系.

例 21-1　在气体放电管中，用能量为 12.2eV 的电子去轰击处于基态的氢原子，试确定激发后所能发射的谱线的波长.

解　首先应该确定氢原子被轰击后能够跃迁到的最高能级，由它和基态的能量差与轰击电子相比较而做出判断. 原子能级公式为

$$E_n=\frac{E_1}{n^2}=\frac{-13.6}{n^2}\text{eV}$$

由此式可得

$$\begin{aligned}E_n-E_1&=E_1\left(\frac{1}{n^2}-1\right)\\&=-13.6\left(\frac{1}{n^2}-1\right)\text{eV}\end{aligned}$$

于是

$$E_2-E_1=10.2\text{eV}$$
$$E_3-E_1=12.10\text{eV}$$
$$E_4-E_1=12.75\text{eV}$$

可见

$$E_4-E_1>12.2\text{eV}>E_3-E_1$$

即氢原子能够跃迁到的最高能级为 E_3，如图 21-6(a)所示. 原子从高能级 E_3 向比它低的各能级跃迁都有一定的概率，故此时它发出的波长数为 $E_3\rightarrow E_1$，$E_3\rightarrow E_2$，$E_2\rightarrow E_1$ 三种(图 21-6(b))，由下列公式可以求出各波长之值：

$$\lambda=\frac{1}{\bar{\nu}}=\frac{1}{R}\left(\frac{n^2k^2}{n^2-k^2}\right)$$

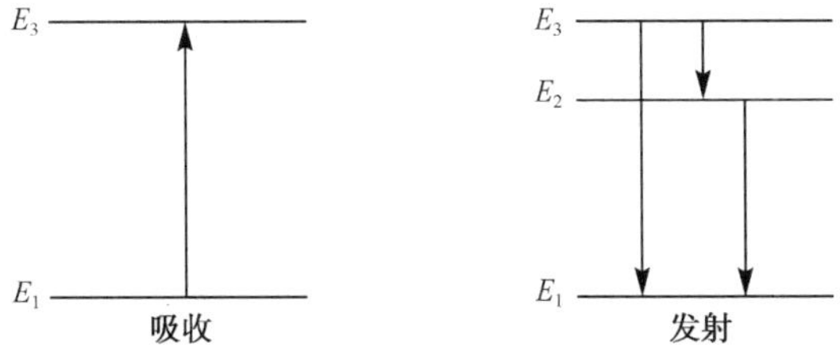

(a)　(b)

图 21-6　氢原子能谱

当 $n=3,k=1$ 时有

$$\lambda_{3\to1}=1.057\times10^{-7}\,\mathrm{m}$$

当 $n=3,k=2$ 时有

$$\lambda_{3\to2}=6.5642\times10^{-7}\,\mathrm{m}$$

当 $n=2,k=1$ 时有

$$\lambda_{2\to1}=1.2156\times10^{-7}\,\mathrm{m}$$

注意:电子与原子相碰撞,电子的能量可以按照原子的需要而部分地传给原子.

21.2 薛定谔方程

对于经典粒子,它的状态由位置和动量完全确定,而且其他的物理量都可以由位置和动量得到.也就是说,如果知道了位置和动量,就知道了粒子处于该状态的所有信息,牛顿动力学方程就是描述宏观运动的普遍方程.微观世界的基本特征是物质对象具有波粒二象性以及物理量的量子化,因而,微观规律会显示出它的特殊性,对它们的描述方法与宏观物理方法有着本质上的差异.对于波动来讲,它们的状态是用波函数来描述的.

量子力学是研究微观粒子运动规律的理论,它用波函数描述微观粒子的运动状态.波函数的时空变化表示微观粒子运动状态变化.薛定谔方程是量子力学的核心内容,它是波函数时空变化所必须满足的偏微分方程.在一定条件下,求解这一方程就能够获得确定的波函数,也就是获得了微观粒子运动状态及其变化规律.但求解薛定谔方程需要较复杂的数学知识,这已超出本课程的要求范围,我们仅对一些典型的一维系统给出完整的解答过程.

21.2.1 波函数及其统计解释

由于所有物质粒子都具有波动性,而在经典物理中粒子性和波动性是互不相容的两个基本概念,为了描述一个物理系统的状态,在量子力学中引入一个波(状态)函数的概念.知道了波函数,也就知道了该波动状态的所有信息.

由于波具有叠加性,用来表示量子态的波函数也具有叠加性,可自然地推出贯穿量子力学的一个重要原理,即量子叠加原理:

如果 Ψ_1 和 Ψ_2 是系统的两个可能的状态,那么它们的线性叠加 $\Psi=c_1\Psi_1+c_2\Psi_2$ 也是系统的一个可能状态,式中 c_1 和 c_2 为任意复数.量子叠加原理的含义是:如果粒子处于上述叠加态,它同时处于 Ψ_1 和 Ψ_2 表示的状态.量子叠加原理可以推广到任意数量可能的状态的叠加,即一个系统任意数量可能状态波函数的线性叠加表示系统的另一个新的可能的状态

$$\Psi=\sum_{i=1}^{N}c_i\Psi_i \tag{21-30}$$

式中，N 为任意正整数.

波函数是量子力学的基本量，一个量子系统的任何可能的物理状态都用波函数描述. 知道了一个量子系统的状态的波函数. 就知道了该系统在此状态中的所有物理性质. 但是波函数(波场振幅)本身并不是实际可观测的，只有它的强度才有直接的物理意义. 从量子力学创立到现在，虽然我们知道如何得到波函数，并且在物理学的各个领域成功地得到应用，但对波函数的物理意义仍然有不同的解释，目前人们普遍接受的是德国物理学家玻恩(M. Born)提出来的统计解释.

如果一个量子系统处在波函数 $\Psi(\boldsymbol{r},t)$ 表示的状态，那么 $P(\boldsymbol{r},t)\mathrm{d}V=|\Psi(\boldsymbol{r},t)|^2\mathrm{d}V$ 表示 t 时刻在 $\boldsymbol{r}$ 点的 $\mathrm{d}V$ 体积元中粒子出现的概率. 这是量子学的基本假设之一，也称为玻恩的统计解释.

有了玻恩的统计解释，我们就可以把波函数与可测量的物理量直接联系起来. 根据该假设，$P(\boldsymbol{r},t)=|\Psi(\boldsymbol{r},t)|^2$ 是位置概率密度函数. 所谓波函数表示微观粒子的状态，其含义有如下几点：

(1)波函数本身表示微观粒子的波动性，而它的波幅绝对值的平方又描述了微观粒子的空间位置概率分布(粒子性)，所以它是微观粒子波粒二象性的数学表述.

(2)已知波函数可以求得微观粒子在空间出现的位置概率分布.

(3)已知波函数就可以求出动量、动能、能量以及角动量等力学量的分布概率及平均值. 微观粒子运动的各力学量以及各种概率分布被确定之后，它的力学状态也就确定了.

由波函数的概率解释，我们自然要求波函数是归一化的，即

$$\int_{-\infty}^{+\infty}|\Psi(\boldsymbol{r},t)|^2\mathrm{d}V=1 \tag{21-31}$$

因为各种可能性的总和为一. 波函数归一化条件要求波函数只能在有限区域是非零的，否则上面的积分不可能得到有限值. 另外，由于波函数与概率有关，它必须连续且为单值函数，否则没有意义. 单值、有限、连续和归一化是波函数必须满足的标准条件.

我们求出的波函数常常不是归一化的，而是

$$\int_{-\infty}^{+\infty}|\Psi(r,t)|^2\mathrm{d}V=N$$

式中，N 为实常数. 如何把它归一化？上式可以写成

$$\int_{-\infty}^{+\infty}\left[\frac{1}{\sqrt{N}}\Psi(r,t)\right]^*\left[\frac{1}{\sqrt{N}}\Psi(r,t)\right]\mathrm{d}V=1$$

因此只要定义

$$\phi(r,t)=\frac{1}{\sqrt{N}}\Psi(r,t)$$

则波函数 $\phi(r,t)$ 就是归一化的，其中$\frac{1}{\sqrt{N}}$称为归一化常数，这个过程叫做波函数的归一化.

例 21-2　把下面求得的简谐振子的波函数 $\Psi(x,t)=A\mathrm{e}^{-\beta^2x^2/2}\mathrm{e}^{-\mathrm{i}Et/\hbar}$ 归一化，式

中,β、E 均为实常数,A 是待定的归一化常数,我们选取它使波函数归一化.

解　先求归一化积分

$$\int_{-\infty}^{+\infty}\Psi(r,t)^*\Psi(r,t)\mathrm{d}x = A^2\int_{-\infty}^{+\infty}\mathrm{e}^{-\beta^2x^2}\mathrm{d}x$$

$$= A^2\sqrt{\frac{\pi}{\beta^2}}$$

注意,时间因子在上式中抵消掉了.上式最右边是实常数,要使它等于 1,只要令

$$A=\left(\frac{\beta^2}{\pi}\right)\frac{1}{2}$$

因此归一化的简谐振子的波函数为

$$\Psi(x,t)=\left(\frac{\beta^2}{\pi}\right)\frac{1}{2}\mathrm{e}^{-\beta^2x^2/2}\mathrm{e}^{-\mathrm{i}Et/\hbar}$$

21.2.2　一般的薛定谔波动方程

在牛顿力学中,粒子的状态随时间的演化可以通过解牛顿方程得到,同样我们也需要一个量子运动方程来描述量子状态(即波函数)随时间的演化. 1926 年,奥地利物理学家薛定谔(E. Schrödinger)给出了这样一个方程

$$\mathrm{i}\hbar\frac{\partial\Psi}{\partial t}=-\frac{\hbar^2}{2m}\nabla^2\Psi+V(\boldsymbol{r},t)\Psi \tag{21-32}$$

式中,$V(\boldsymbol{r},t)$ 为势能;∇^2 称为拉普拉斯算符,在直角坐标系中为

$$\nabla^2=\frac{\partial^2}{\partial x^2}+\frac{\partial^2}{\partial y^2}+\frac{\partial^2}{\partial z^2}$$

方程(21-32)中,势函数随时间变化.该方程描述了量子状态随时间的演化.它是一般薛定谔方程,也称为含时薛定谔方程.波动方程的显著特点是它包含着虚数 i,这就决定了它的解(波函数)必定是一个复函数.薛定谔方程是不可能从任何已有的理论推导出来的,是量子力学的基本假定之一.

一般来说,只要知道了粒子的质量和它在势场中的势能函数的具体形式,就可以写出薛定谔方程.它是一个二阶偏微分方程.再根据给定的初始条件和边界条件求解,就可以得到表示微观粒子运动状态的波函数.由于波函数必须满足单值、有限、连续和归一化,只有当薛定谔方程中总能量 E 具有某些特定值时才有解.这些特定能量值叫做能量的本征值,而相应的波函数称为本征波函数或本征解.

21.2.3　定态薛定谔波动方程

在许多情形下,粒子的势场 V 在空间是稳定分布的,即 V 不随时间变化,$V=V(r)$.一个微观粒子在不显含时间的势场中运动时,它的能量将保持为一个确定值,粒子的这种运动状态就叫做定态.这一概念与玻尔所建立的定态概念本质上是一致的.在这种情况下,含时薛定谔方程可以用分离变量法求解,也就是它的解可以写成简单乘积形式

$$\Psi(\boldsymbol{r},t)=\psi(\boldsymbol{r})f(t) \tag{21-33}$$

式中，$\psi(\boldsymbol{r})$仅为 r 的函数，而 $f(t)$仅为 t 的函数. 对分离变量解，我们有

$$\frac{\partial\Psi}{\partial t}=\psi\frac{\mathrm{d}f}{\mathrm{d}t},\quad \nabla^2\Psi=(\nabla^2\psi)f$$

代入含时间的薛定谔方程得到

$$\mathrm{i}\hbar\psi\frac{\mathrm{d}f}{\mathrm{d}t}=-\frac{\hbar^2}{2m}(\nabla^2\psi)f+V\psi f$$

两边同时除以 ψf 得到

$$\mathrm{i}\hbar\frac{1}{f}\frac{\mathrm{d}f}{\mathrm{d}t}=-\frac{\hbar^2}{2m}\frac{1}{\psi}\nabla^2\psi+V$$

现在上式的左边只是 t 的函数，右边只是 r 的函数. 要使上式成立，除非两边都等于常数，否则，当只改变 t 或 r 时，方程的一边变化，而另一边不变，不可能使方程成立. 令这个分离常数为 E，则得到

$$\mathrm{i}\hbar\frac{\mathrm{d}f}{\mathrm{d}t}=Ef \tag{21-34}$$

和

$$-\frac{\hbar^2}{2m}\nabla^2\psi+V\psi=E\psi \tag{21-35}$$

分离变量把原来的偏微分方程变成两个常微分方程，第 1 个方程(21-34)很容易求解，结果是

$$f(t)=\mathrm{e}^{\mathrm{i}Et/\hbar} \tag{21-36}$$

那么 E 的物理意义是什么？我们知道 $\Psi(\boldsymbol{r},t)$是物质波的波函数，因此对于分离变量解 $\Psi(\boldsymbol{r},t)=\psi(\boldsymbol{r})\mathrm{e}^{-\mathrm{i}Et/\hbar}$，物质波以 $\omega=E/\hbar$ 的频率振荡. 这正是德布罗意关系，因此 E 就是粒子的总能量.

第 2 个方程(21-35)叫做定态薛定谔方程，要求解它，必须先知道势函数，而势函数和具体的系统有关. 定态薛定谔方程也可以写成

$$H\psi(\boldsymbol{r})=E\psi(\boldsymbol{r}) \tag{21-37}$$

式中

$$H=-\frac{\hbar^2}{2m}\nabla^2+V(\boldsymbol{r}) \tag{21-38}$$

称为哈密顿算符或哈密顿量. 如果我们知道了哈密顿量，就可以从定态方程求出可能的波函数以及对应的能量. 例如，对一维运动的自由粒子 $V(x)=0$，很容易求解得到 $\psi(x)=\mathrm{e}^{\mathrm{i}px/\hbar}$，式中 $p=(2mE)\dfrac{1}{2}$是粒子的动量. 因此总波函数为 $\Psi(x,t)=\mathrm{e}^{\mathrm{i}(px-Et)/\hbar}$. 这是一个平面波，波长为 $\lambda=2\pi\hbar/p$，频率为 $\omega=E/\hbar$.

粒子处于定态时，虽然波函数本身依赖于时间，即

$$\Psi(\boldsymbol{r},t)=\psi(\boldsymbol{r})\mathrm{e}^{-\mathrm{i}Et/\hbar} \tag{21-39}$$

但在时刻 t 粒子出现在 r 附近的概率密度不依赖于时间,即

$$|\Psi(\boldsymbol{r},t)|^2=\psi^*\psi=\psi^* e^{iEt/\hbar}\psi e^{-iEt/\hbar}=|\psi(\boldsymbol{r})|^2$$

这就是这种"状态"称为定态的原因. 因此不随时间变化的势场中的粒子状态用定态函数描写. 粒子处于定态时,它们具有确定的总能量 E,定态问题在量子力学中具有非常重要的意义.

21.3　一维势场中的粒子运动

21.3.1　一维无限深势阱中的粒子运动

在原子、分子以及固体中,由于内部势场的作用,电子不可能自动地从这些物质中逸出,我们形象化地称这个势能场对电子来说是一个势能深阱或势阱. 实际情况下的原子、分子内的势阱是很复杂的,以下的讨论仅是理想化但又是较为简单的势阱.

假设势场的形式为

$$V(x)=\begin{cases}0, & 0\leqslant x\leqslant a\\ \infty, & \text{其他}\end{cases}\tag{21-40}$$

如图 21-7 所示,在这种势场中运动的粒子在势阱中是完全自由的,壁处无穷大的力使得粒子不能逃出势阱,在这种情形下,粒子的运动范围局限于宽度为 a 的势阱以内. 金属中的电子可以近似地认为处于这样的势场中. 这个模型虽然简单,但可以说明量子物理的许多基本概念和方法,而且还可以解释许多量子现象.

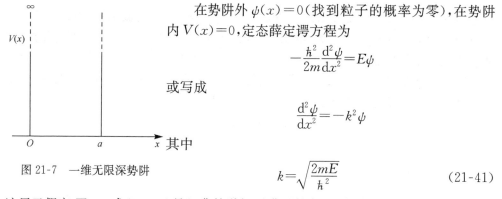

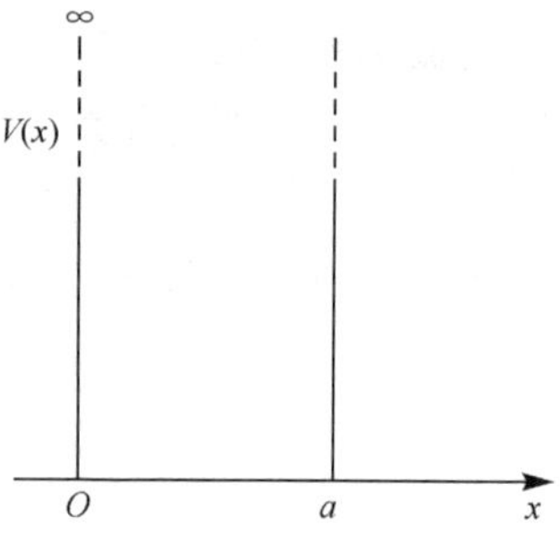

图 21-7　一维无限深势阱

在势阱外 $\psi(x)=0$(找到粒子的概率为零),在势阱内 $V(x)=0$,定态薛定谔方程为

$$-\frac{\hbar^2}{2m}\frac{d^2\psi}{dx^2}=E\psi$$

或写成

$$\frac{d^2\psi}{dx^2}=-k^2\psi$$

其中

$$k=\sqrt{\frac{2mE}{\hbar^2}}\tag{21-41}$$

这里已假定 $E\geqslant 0$. 式(21-41)是经典简谐振子满足的方程,它的通解是

$$\psi(x)=A\sin(kx)+B\cos(kx)$$

式中,A 和 B 为任意常数,它们由边界条件决定. 通常,边界条件是要求 $\psi(x)$ 和 $\frac{d\psi}{dx}$ 在边界连续,但当在边界,势为无穷大时,只有第 1 个条件成立.

由于电子不能到达势能为无限大的区域,波函数 ψ 必须满足边界条件

$$\psi(0)=0 \text{ 与 } \psi(a)=0$$

这保证与阱外的波函数连续. 这就对 A 和 B 有限制, 即

$$\psi(0)=A\sin 0+B\cos 0=B=0$$

因此我们得到

$$\psi(x)=A\sin(kx)$$

这样

$$\psi(a)=A\sin(ka)=0$$

当 $A=0$ 时, 得到平凡解 $\psi(x)=0$, 表明粒子的概率密度处处为零, 这是没有物理意义的. 所以, $\sin(ka)=0$, 这意味着

$$ka=0, \pm\pi, \pm 2\pi, \pm 3\pi, \cdots$$

但 $k=0$ 同样给出 $\psi(x)=0$ 的平凡解, 这也没有物理意义. 对于负的 k 值, 由于 $\sin(-\theta)=-\sin\theta$, 负号可以吸收到 A 中, 不给出新结果, 因此有物理意义的解是

$$k_n=\frac{n\pi}{a}, \quad n=1,2,3,\cdots \tag{21-42}$$

这里的 k_n 其实为波矢, 与微观粒子的动量满足 $p_n=\hbar k_n$. 当粒子完全自由, 即可在 $(-\infty,\infty)$ 范围内自由运动时, 粒子的波矢 k_x 或其动量 p_x 不受任何限制, 可取任何数值. 但是势阱中的粒子却受到限制, 其波矢或动量只能取量子化数值, 而且势阱宽度越小, 量子化的现象越明显.

由于 k 和能量有关, 所以能量的可能值为

$$E_n=\frac{\hbar^2 k^2}{2m}=\frac{n^2\pi^2\hbar^2}{2ma} \tag{21-43}$$

与经典情况不一样, 无限深势阱中的微观粒子的能量只能取式(21-43)允许的分立的值(图 21-8), 图中纵坐标以 $E_1=\frac{\pi^2\hbar^2}{2ma}$ 为单位, 其能级为 $E_1, 4E_1, 9E_1, 16E_1, \cdots$, 这就是量子化的含义之一.

利用波函数的归一化, 求解波函数中的常数 A, 即

$$\int_0^a |A|^2 \sin^2(kx)\mathrm{d}x=|A|^2\frac{a}{2}=1$$

所以有

$$|A|^2=\frac{2}{a}$$

由于 A 只决定了 Ψ 的振幅, 所以可以简单地取实根 $A=\sqrt{2/a}$. 最后得到势阱中粒子的波函数

$$\psi_n(x)=\sqrt{\frac{2}{a}}\sin\left(\frac{n\pi}{a}x\right) \tag{21-44}$$

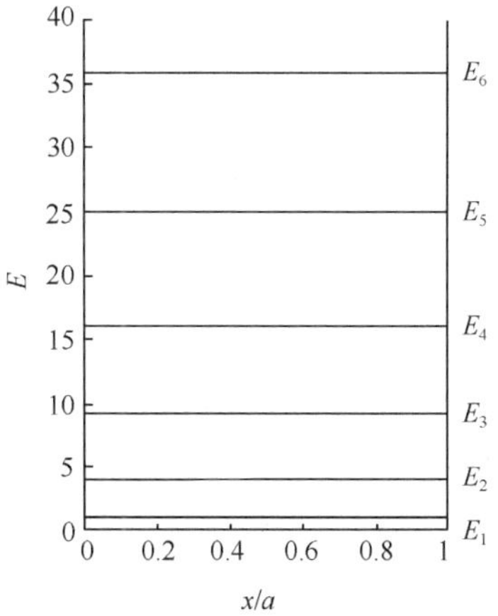

图 21-8　能级图

我们看到, 定态薛定谔方程存在无穷多个解, 每个解对应一个 n. 图 21-9(a)画出了前几个 n 的波函

数，它们看起来像长度为 a 的弦上的驻波. $n=1$ 表示的态的能量最低，称为基态，其他的能量随 n^2 增加，称为激发态.

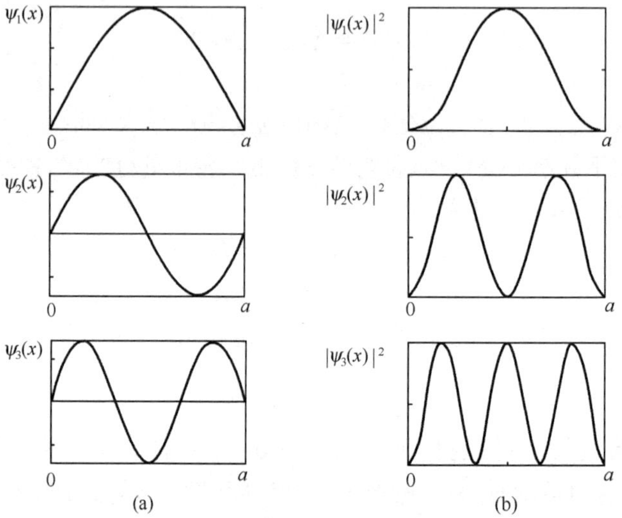

图 21-9　势阱中的波函数和概率密度

对上述能量的特征作如下分析：

(1)因为能量 E 仅取决于不连续的整数系列 n 的取值，所以能量是不连续的，即量子化的，也就是说，在一维无限深势阱中运动粒子的能量是量子化的，它们构成了能量阶梯或能级，n 亦称为量子数. 图 21-8 中的水平横线表示能级.

(2)当 $n=1$ 时，能量最小，也称为零点能，即

$$E_1=\frac{\pi^2\hbar^2}{2ma^2} \tag{21-45}$$

$n=1$ 的状态叫做基态，基态为最低能态，它具有一定能量值，说明粒子在最低能态时仍然在不停地运动，这与经典理论关于粒子处于最低能态必然静止的结论是完全不相同的，对辩证唯物主义关于运动是绝对的这一论断提供了有力的科学支持.

(3)在 n 很大即能量很高时，有

$$\frac{\Delta E_n}{E_n}=\frac{2n+1}{n^2}\xrightarrow{n\to\infty}0$$

可见，在高能级处，相邻两能级间隔的大小与该能级的大小相比要小得多，可以忽略不计，此时的能级分布可以视为连续. 因此，当势阱的粒子在高能级上运动时，用经典力学对它处理与用量子力学对它处理是完全等价的.

最后得到无限深势阱中描述粒子运动的波函数是

$$\Psi_n(x,t)=\sqrt{\frac{2}{a}}\sin\left(\frac{n\pi}{a}x\right)\mathrm{e}^{-\mathrm{i}E_nt} \tag{21-46}$$

这是一组驻波，波腹数等于相应的 n 值，波节数为 $n+1$，势阱边界处即 $x=0,a$ 的地方为波节. 图 21-9(b)表示与不同 n 值相对应的概率密度，我们看到，粒子在势阱内各处出现的概率并不一样，有些位置很大，有些位置比较小，甚至为零. 这种现象用经典理论是无法解释的，也和我们的日常概念不符合，因此我们不能用日常(宏观)的观念去理解微观世界.

21.3.2　势垒贯穿

如果势阱深度不是无限的，而是有限的，如图 21-10 所示，粒子所受势场可分为 $0<x<a$ 的势阱区和 $x<a$ 及 $x>a$ 的势垒区. 此时粒子的能量仍然是量子化的. 但是如果粒子能量 E 小于势垒顶部的势能 U，粒子仍有一定的概率出现在势垒区，即越出势阱之外. 这是一种典型的量子力学的效应，是经典物理学所完全排斥的. 在经典物理中质点不可能穿越高于其机械能的势垒区域，否则将导致动能为负的结果. 而在量子力学中则是可能发生的现象，一个微观粒子可以有一定的概率穿过势能大于其自身能量的区域，称为势垒贯穿.

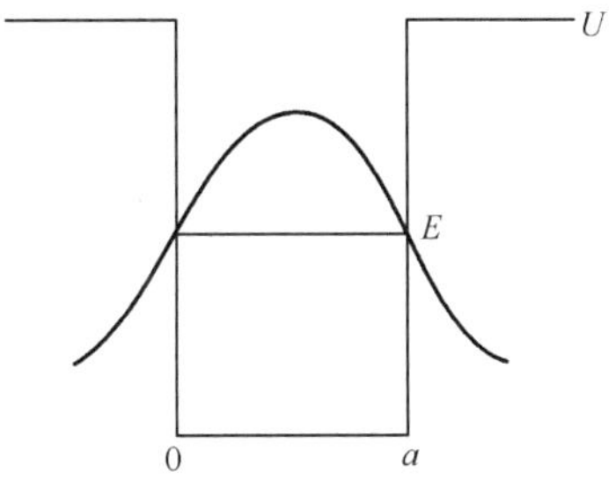

图 21-10　有限深势阱中微观粒子有一定的概率出现在阱外

下面以一维电子为例简单地介绍势垒贯穿. 设能量为 E 的电子由左方入射高度 U_0 的一维方势垒. 如图 21-11(a)所示，电子势场分布为

$$U(x)=\begin{cases}0, & x<0\\ U_0, & 0<x<a\\ 0, & x>a\end{cases} \tag{21-47}$$

入射电子可以用平面波描写，当波动传播到 $x=0$ 的势垒边时，一部分要发生反射，另一部分要透入势垒内部并穿透到势垒右边 $x>a$ 处. 因此势垒左边的波应为入射波和反射波的叠加，而势垒右边则为透射波，如图 21-11(b)所示. 透射电子流的强度，即单位时间穿过垂直于 x 方向单位面积的电子数. 透射电子流的强度与入射电子流强度的比称为势垒贯穿系数(D). 量子力学的计算表明

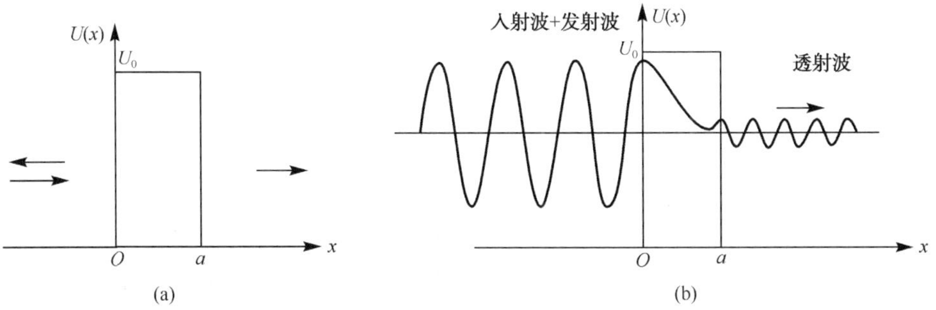

图 21-11　一维方势垒

$$D=\frac{4k_1^2k_2^2}{(k_1^2-k_2^2)^2\sin^2(ak_2)+4k_1^2k_2^2} \tag{21-48}$$

式中

$$k_1=\left(\frac{2mE}{\hbar^2}\right)^{\frac{1}{2}},\quad k_2=\left[\frac{2m}{\hbar^2}(E-U_0)\right]^{\frac{1}{2}} \tag{21-49}$$

式中,E 为入射电子的能量.而反射系数,即反射电子流的强度与入射电子流强度的比 R 满足

$$R=1-D \tag{21-50}$$

当入射电子能量 E 小于势垒高度 U_0 时,由式(21-40)可见,k_2 成为虚数,式(21-48)成为

$$D=\frac{4k_1^2k_3^2}{(k_1^2+k_3^2)^2\mathrm{sh}^2(ak_3)+4k_1^2k_3^2} \tag{21-51}$$

式中,sh 代表双曲正弦函数,而

$$k_3=\left[\frac{2m}{\hbar^2}(U_0-E)\right]^{\frac{1}{2}}=\mathrm{i}k_2 \tag{21-52}$$

如果 $ak_3\gg1$,$\mathrm{sh}^2(ak_3)$ 可近似地用$\frac{1}{4}\mathrm{e}^{2ak_3}$代替,则

$$D\approx\frac{4}{\frac{1}{4}\left(\frac{k_1}{k_3}+\frac{k_3}{k_1}\right)\mathrm{e}^{2ak_3}+4} \tag{21-53}$$

一般地,k_1 与 k_3 数量级相似,由于 $k_3a\gg1$,因此,D 可粗略地表示如下:

$$D\approx\mathrm{e}^{-2k_3a}=\mathrm{e}^{-\frac{2}{\hbar}\sqrt{2m(U_0-E)}a} \tag{21-54}$$

由此可见,对于有限的势垒高度 U_0 与宽度 a,$D\neq0$,电子总可以贯穿势垒,但贯穿势垒的电子流的强度随势垒的宽度与高度按式(21-54)而呈指数衰减.

势垒贯穿现象可形象地描述为穿过山体的隧道,因此这一量子力学现象又常称为势垒隧穿.势垒隧穿不仅有基本的理论意义,近代更获得广泛的应用.从经典物理的角度的确很难理解隧穿效应,这正是过分强调了微观粒子的粒子性的缘故.事实上,隧穿效应仍是微观粒子波动性的表现.对于我们熟悉的波动,无论是声波等机械波,还是包括光波在内的电磁波从一边穿透介质进入另一边的现象是并不奇怪的.

21.4 量子力学中的原子问题

玻尔的氢原子理论是半经典半量子化的理论.它只解释具有一个电子的氢原子(或类氢离子)的光谱.而对于具有两个以上电子的原子的光谱,玻尔理论与实验结果就有较大差异.玻尔理论中的"轨道"概念与物质波是相矛盾的.因而,对氢原子或多电子原子的结构的分析必须用到量子论,并用波函数描述.只是原子内势场的分布比

较复杂，即便是最简单的氢原子，薛定谔方程的求解过程也是一个复杂的数学运算. 这里忽略过程，只是介绍结论.

21.4.1　氢原子薛定谔方程的解

设氢原子中电子的质量为 m，电荷为 $-e$，它与核之间的距离为 r，若取核为坐标原点，则电子在氢原子中的势能为

$$U=-\frac{e}{4\pi\varepsilon_0 r}$$

由于 U 与时间无关，因而是一个定态问题，并且 U 仅与 r 有关，是一个球对称的势场，电子运动遵循三维定态薛定谔方程

$$\nabla^2\psi+\frac{8\pi^2 m}{h^2}\left(E+\frac{e^2}{4\pi\varepsilon_0 r}\right)\psi=0 \tag{21-55}$$

考虑到 E 具有球对称性，该方程在球坐标系内求解更方便一些. 结合波函数必须满足的标准条件和归一化条件，在求解方程的过程中，可得到如下结论：

(1)氢原子中电子的能量 E 是量子化的，即

$$E_n=-\frac{me^4}{8\varepsilon_0^2 h^2 n^2},\quad n=1,2,3,\cdots \tag{21-56}$$

式中，n 为能量的量子数，叫做主量子数. 这一结果与玻尔理论是一致的，根据主量子数 n 便可得出电子的能级.

(2)氢原子中电子的角动量 L 是量子化的，即

$$L=\sqrt{l(l+1)}\cdot\frac{h}{2\pi},\quad l=0,1,2,\cdots,n-1 \tag{21-57}$$

式中，l 称为角量子数，也称为副量子数. 当 E 给定(即 n 一定)时，l 的取值范围也就确定了. 这一角量子化的结论与玻尔理论是不同的. 两者的差别在于：量子力学得出角动量的最小值为零，而玻尔理论的最小值为 $h/2\pi$；此外，量子力学更明确地指出了角量子数 l 受到主量子数 n 的限制. 实验结果表明，量子力学的结论是正确的.

(3)电子角动量 L 在空间外磁场方向的分量 L_z 是量子化的，这就是电子角动量的空间量子化，即

$$L_z=m_l\cdot\frac{h}{2\pi},\quad m_l=-l,-(l-1),\cdots,l-1,l \tag{21-58}$$

在这个角动量空间量子化条件中，m_l 称为磁量子数. m_l 的上下限取决于角量子数 l. 当 l 取定时，$m_l=0,\pm1,\cdots,\pm l$，共有 $2l+1$ 个 m_l 值.

角动量 L 在 Z 轴上的分量有 $2l+1$ 个不同的取值，也就是说角动量 L 在空间有 $2l+1$ 个不同的取向. 例如，$l=1$，角动量大小 $L=\sqrt{2}h/2\pi$，它有三个取向，即相应的 L 取值为 $h/2\pi,0,-h/2\pi$；若 $l=2$，则 $L=\sqrt{6}h/2\pi$，它在空间有五个取向，相应的分量 L 取值分别为 $2h/2\pi$、$h/2\pi$、0、$-h/2\pi$、$-2h/2\pi$，如图 21-12 所示.

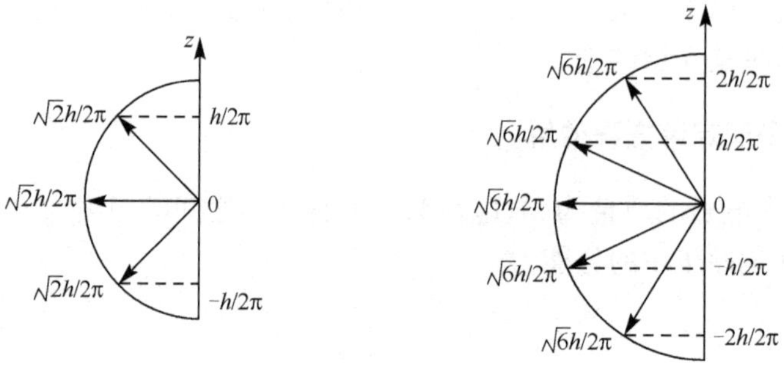

图 21-12　空间量子化

(4)电子的自旋. 为了描述氢原子中电子的运动状态，根据薛定谔方程的解，我们引入了三个量子数 n、l、m_l. 为了完整地反映原子中电子的量子状态，还需要引入反映电子自旋的量子数.

作为初步理解，考虑原子中的电子如同一个带电小球，它在绕核做绕行运动的同时，还有绕自身轴的旋转，好像地球在太阳系中的运动一样，既绕太阳公转，也绕地轴自转. 电子绕自身轴的旋转，称为电子的自旋. 电子绕自身轴线旋转而具有的角动量 L，称为自旋角动量(图 21-12). 实际上，它是电子及其他微观粒子的固有待征之一. 自旋角动量 L_s 的大小是量子化的，即

$$L_s=\sqrt{s(s+1)}\frac{h}{2\pi} \tag{21-59}$$

s 称为自旋量子数，它们只有 $s=1/2$ 一个取值，因此，电子自旋角动量有恒定的大小 $L_s=\frac{\sqrt{3}}{2}\cdot\frac{h}{2\pi}$. 但是，自旋角动量在给定的磁场空间有两种可能的取向，即自旋角动量 L_s 在外磁场方向上的分量只可以取两个数值

$$L_{sz}=m_s\cdot\frac{h}{2\pi},\quad m_s=\pm\frac{1}{2} \tag{21-60}$$

式中，m_s 称为自旋磁量子数. 与磁量子数 m_l 一样，它是描述电子自旋角动量在空间取向的量子数. 实验证明，由于它的值只能是 $+\frac{1}{2}$ 和 $-\frac{1}{2}$，因此不管其他三个量子数 n、l、m_l 的值如何，自旋角动量在磁场中取向只能是与磁场方向正向平行或者反向平行，如图 21-13 所示.

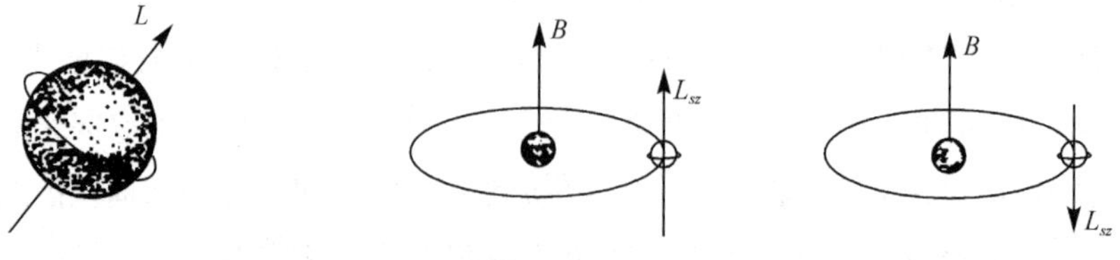

图 21-13　自旋角动量在磁场中的取向

21.4.2　多电子原子的描述

在多电子原子体系中，电子除了受到原子核的作用外，电子之间还存在相互作用，因而电子的运动是很复杂的. 原则上仍然可以用薛定谔方程对它们进行求解. 不过这一求解过程十分烦琐，有时甚至难以求出结果，故常常采用一些近似方法或者简化模型与实验结果结合起来进行讨论. 研究表明：多电子原子中核外电子的运动状态仍然可以用四个量子数来描述，即原子中的每一个电子状态由一组量子数 n, l, m_l, m_s 描述. 不同的电子有不同的量子数组合. 四个量子数可以分别决定电子的能量、轨道角动量、角动量在磁场方向的分量和自旋角动量，量子化取值为

$$E=E(n,l),\quad n=1,2,\cdots$$

$$L=\sqrt{l(l+1)}\frac{h}{2\pi},\quad l=0,1,2,\cdots,n-1$$

$$L_z=m_l\cdot\frac{h}{2\pi},\quad m_l=0,\pm1,\pm2,\cdots,\pm l$$

$$L_{sz}=m_s\cdot\frac{h}{2\pi},\quad m_s=\pm\frac{1}{2}$$

值得注意的是，在多电子原子中，每个电子的能量不仅与主量子数相关，还与角量子数有关. 把每一个电子的能量求和就得到整个原子的能量，即原子的能级. 实际上，原子的能级主要取决于原子中的主量子数 n，n 大体上决定了原子的能级及电子的壳层分布. 处于同一主量子数 n 而不同角量子数 l 的状态的电子的能量稍有不同. 把原子中电子的两个量子数 n, l 的集合，称为原子的电子组态. 给出了原子的电子组态，也就表示了原子的相应能级. 主量子数不同的电子分布在不同的壳层上. 壳层的序号由主量子数 n 的取值决定. 对应于 $n=1,2,3,4,5,\cdots$ 的壳层依次为 K，L，M，N，O，…壳层. 同一角量子数 l 的电子组成一个支壳层，支壳层的序号由 l 的取值决定. 同样，可以定义 $l=0,1,2,\cdots$ 的支壳层名称分别为 s，p，d，…，例如，s 支壳层上的电子称为 s 电子. 磁量子数 m_l 决定了轨道角动量在外磁场方向的分量. 自旋磁量子数 m_s 与磁量子数 m_l 一样，决定了电子自旋角动量在外磁场方向的分量.

每一个电子壳层和支壳层上电子如何分布及分布多少电子，由如下两个原理确定.

(1)泡利不相容原理. 原子内电子的运动状态由四个量子数 n, l, m_l, m_s 确定. 1925 年，泡利(W. Pauli)提出一个原理：在同一原子中，不可能有四个量子数完全相同的两个或两个以上的电子. 这一原理后来被称为泡利不相容原理.

根据这一原理，可以计算同一支壳层或同一电子壳层中能够容纳的最多电子数：对于一个确定的 n 值，l 可以取 n 个值；对于确定的 l 值，m_l 可以取 $2l+1$ 个值；对于确定的 n, l 和 m_l 值，m_s 可以取两个值. 于是求出具有相同主量子数 n，即能处于同一壳层的电子数最多为

$$Z_n = \sum_{l=0}^{n-1} 2(2l+1) = 2n^2 \tag{21-61}$$

(2)能量最低原理. 自然界的无数事实表明,一切物体的运动都趋向最低能态,此时它是最稳定的状态. 对于原子来说,其中的电子都有优先占据最低能级位置的倾向,从而使原子的能量最低,即基态原子最稳定. 这一结论称为能量最低原理. 依据这一原理,原子中的电子将依次填充能量较低的内壳层,最外支壳层上的电子称为价电子. 原子的壳层结构能够对元素周期性质给予很好的说明,而且已被各种实验事实所证实.

21.5 激　　光

激光是基于受激辐射放大原理产生的一种具有高亮度、方向性好、单色性高及相干性强等一系列优点的相干光辐射. 1960 年,美国人梅曼(T. H. Maiman)制成了世界上第一台红宝石激光器,以后,氦-氖激光器、半导体等各种激光器相继出现. 激光器是一种新型光源,它的出现使古老的光学发生了深刻的变革,从而为现代光学开辟了新的广阔天地. 许多光学分支,如全息光学、光学信息处理、纤维光学、非线性光学等,像雨后春笋般相继出现,在现代科学技术、军事、医学、农业等各领域都有着广泛的应用.

21.5.1 氦-氖激光器

能够产生激光的装置叫做激光器. 按照工作物质的不同,激光器可以分为气体激光器、固体激光器、半导体激光器、染料激光器等多种类型. 每一种激光器的具体结构、功能有所不同,但它们的基本组成构件和发光机制则是大同小异的.

氦-氖激光器是一种研究得比较成熟的气体激光器,它的工作物质是氦-氖混合气体. 氦-氖激光器发出的激光的主要部分是红色的可见光,其波长为 632.8nm,频率为 4.74×10^{14} Hz,频宽可以窄到 7×10^{3} Hz. 该激光器发出的激光具有相干性好、输出频率稳定、单色性比最好的普通单色光源要高出 1 万倍等特点,而体积小、质量轻则是它在结构上的突出优点,但是效率低(约 0.1%)、功率小(几毫瓦至 100W)则是它的不足. 目前,氦-氖激光器已被广泛地应用于测量、通信、全息及医学等多个领域.

图 21-14 是氦-氖激光器的简单结构,主要部件有放电管、电极对、反射镜等. 放电管由水晶材料制成,管的内径约为几毫米,长度在几厘米到几十厘米. 管内充以氦-氖混合气体,其比例为 5∶1～10∶1(氦∶氖),实际比例则要由管腔的结构而定;管腔内的氦气压为 1mmHg,氖气压为 0.1mmHg. 电极分别装在管内的两端,用于提供能源.

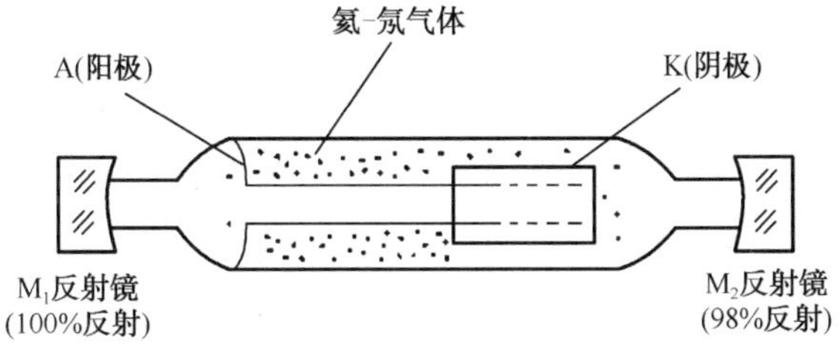

图 21-14　氦-氖激光器(内腔式)的结构

反射镜装在管的两端外部，相互平行且垂直管轴，封住管的两端，其中一个反射镜的反射率为 100%，而另一个反射镜的反射率则为 98%，允许部分激光通过. 氦-氖激光器在工作时，两端的电极之间加上 2000V 的电压(电流为几十毫安)，放电管中的电子在电场作用下获得足够的动能，然后它不断地碰撞基态氦原子，而使氦原子被激发到高能量亚稳态，此后亚稳态的氦原子又以碰撞的形式把能量传递给基态的氖原子使其激发到高能量状态，当氖原子再回到低能级时即发出激光.

我们把反射镜以及它们之间管内这一段空间所组成的系统叫做光学(放大)谐振腔，它的重要作用就是使腔内的激光定向、放大，提高单色性. 在腔内，氖原子所产生的激光将沿着各个方向传播，凡是与腔轴方向不一致的激光会通过腔壁发散到整个空间里面去. 沿着腔轴方向传播的激光将在两个镜面反复反射之下在腔中来回振荡，在振荡过程中，参与振荡的激光又在不断地诱发高能量氖原子产生新的激光，后者也将加入振荡的行列继续进行上述物理过程. 这样，经过一定的时间之后，腔内的激光就像链式反应一样，强度将极大地得到加强，从而使激光器通过部分透明的反射镜输出“放大”了的激光.

21.5.2　原子的跃迁

一般地说，原子运动状态的变化与光相关联的有三种情况：自发辐射跃迁、受激辐射跃迁和受激吸收跃迁. 这三种跃迁都有各自的特点，现简述如下.

1. 自发辐射跃迁

在正常的情况下，原子处于基态，由于外来的某一种作用(如光照、加热、碰撞等)，它将从基态(能量为 E_1)跃迁到某一能量为 E_2 的激发态. 原子处于激发态是不稳定的，它只能作短暂的停留(约为10^{-8}s)，即自发地向低能态或基态跃迁，并且放出一个频率为 $\nu=\dfrac{E_2-E_1}{h}$ 的光子. 这种现象叫做原子的自发辐射跃迁，如图 21-15(a)所示. 理论分析指出，单位时间内产生自发辐射跃迁的原子数与高能级上的原子总数有关.

普通光源(如白炽灯、日光灯等)发出的光就是原子自发辐射跃迁所发出的光. 由于光源中包含着的众多原子各自发出的光是彼此独立而相互无关的，所以这些光的偏振方向、相位、频率彼此之间是毫无联系的，因而它们不具有相干和放大的性质.

2. 受激辐射跃迁

当原子处在高能级 E_2 上而又未发生自发辐射时，如果受到了一个频率为 $\nu=\frac{E_2-E_1}{h}$ 的外来光子的刺激作用，那么它就有可能向低能级(基态能级)E_1 上跃迁并同时辐射出一个与外来光子同频率、同周期、同偏振状态以及传播方向相同的光子. 这一过程称为原子受激辐射跃迁，而受激辐射出的光就叫做激光，如图 21-15(b)所示. 外来光子和激光光子一起又可以激励其他高能级原子产生两个新的激光光子. 如此继续下去，最后，就可以由输入的一个光子的刺激作用而获得大量的性质完全相同的光子，这一现象称为光的放大. 所以激光既是相干又是放大了的光，如图 21-15(c)所示. 理论研究指出，单位时间内产生受激辐射的原子数与高能级 E_2 上的原子总数 N_2 以及外来光子的能量密度 $\rho(\nu)$ 有关.

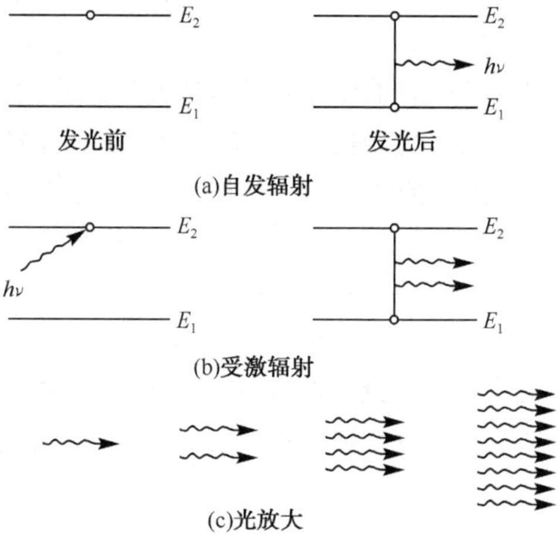

图 21-15　原子受激辐射跃迁

3. 受激吸收跃迁

如果原子处在基态能级 E_1 上，当它受到频率为 $\nu=\frac{E_2-E_1}{h}$ 的外来光子作用时，它将吸收这一光子的能量跃迁到高能级 E_2 上去，这一现象称为原子的吸收跃迁，如图 21-16 所示. 理论研究指出，单位时间内产生受激吸收的原子数与基态能级 E_1 上的原子总数 N_1 以及外来光子的能量密度 $\rho(\nu)$ 有关.

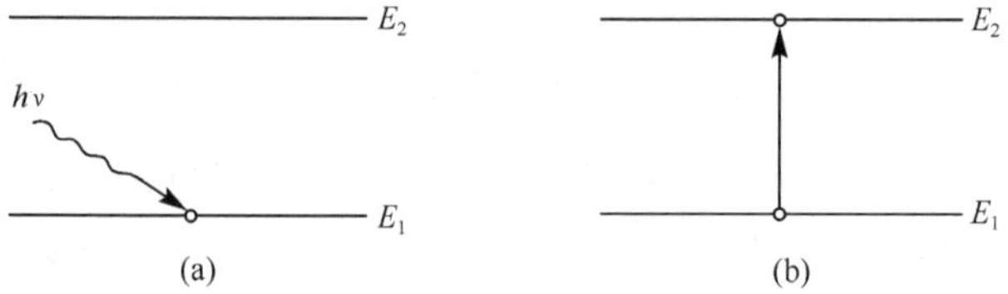

图 21-16　受激吸收跃迁

21.5.3　激光的获得

在光与物质的相互作用过程中，一般地三种跃迁都同时存在，受激辐射与受激吸收两个跃迁过程是等概率的. 对于这两个跃迁过程，究竟哪一个过程占优势，要看两个能级上原子总数 N_1 和 N_2 的大小，如果 $N_2<N_1$，则过程以吸收跃迁为主，物质的光作用表现为光的吸收；反之，如果 $N_2>N_1$，则受激辐射将成为优势过程，物质在光的作用下就可以获得能够感知的激光. 统计理论指出，在热平衡的情况下，原子按能量的分布规律服从玻尔兹曼统计分布律，其数学式为

$$N=N_0\mathrm{e}^{-\frac{E}{kT}} \tag{21-62}$$

式中，N 为分布在能级 E 上的原子总数；N_0 为常数；$k=1.38\times10^{-23}\mathrm{J\cdot K^{-1}}$ 为玻尔兹曼常量；T 为绝对温度. 于是有

$$N_2=N_0\mathrm{e}^{-\frac{E_2}{kT}} \tag{21-63}$$

$$N_1=N_0\mathrm{e}^{-\frac{E_1}{kT}} \tag{21-64}$$

则

$$\frac{N_2}{N_1}=\mathrm{e}^{\frac{-(E_1-E_2)}{kT}} \tag{21-65}$$

下面对上述比值的数量级做一个估计. 考虑室温情况，$T=300\mathrm{K}$，$kT=0.025\mathrm{eV}$，如果认为 E_2 为第一激发态能级，E_1 为基态能级，则对于大多数原子，$E_2-E_1\approx1\mathrm{eV}$，因此有

$$\frac{N_2}{N_1}\approx10^{-40}$$

可见，第一激发态能级 E_2 上分布的原子数 N_2 要比基态能级 E_1 上分布的原子数 N_1 小得多. 当然较高能级上分布的原子数就更少了，在热平衡状态下原子的这一分布叫做正常分布. 所以在原子正常分布的情况下，它们受光的作用后原子吸收跃迁将成为主导过程，而受激辐射跃迁则是很微弱的，如果能够把原子的正常分布反转过来形成 $N_2>N_1$ 的反常态分布，或粒子数反转，那么，原子的受激辐射将转化为主要的跃迁过程. 可见，实现粒子数反转是获得激光的必要条件. 一般来说，分布在高能级上的原子的寿命是很短的($10^{-8}\mathrm{s}$)，即使造成了粒子数的反转而使高能级上分布的原子数很多，它们也会通过自发辐射而迅速减少，而基态原子数将急剧增加，受激辐射跃迁仍然难以占主导地位. 但是科学研究发现，有一些特殊物质的原子，它们具有一种特殊的高能级，原子处在这种能级的寿命为 $10^{-3}\sim1\mathrm{s}$，与普通的高能级原子寿命相比它可视为无限长. 这样的能级叫做亚稳态能级. 由具有亚稳态能级的原子组成的物质叫做激活物质，如氦和氖. 亚稳态能级的存在为实现原子的粒子数的反转提供了可能性.

在正常情况下，原子一般都处于基态，亚稳态的存在只是使它具备了产生粒子数反转的内部条件，要使这种反转成为现实，还必须有外部能量的激励使大量的基态原

子跃迁到亚稳态能级之上. 对于不同的激光器将采用不同的激励能源，在气体激光器中采用“放电激励”，对于固体或染料激光器则多采用脉冲光源进行照射. 我们把各种不同的激励方式统称为“泵浦”或者“抽运”，它的作用就好像把水从低处抽向高处一样.

概括以上的讨论，我们得到获得激光的三个基本物理因素：①激活物质——作为激光器的工作物质；②激励能源——提供“抽运”能量；③光学谐振腔——导向、放大、提高单色性.

下面我们以氦-氖原子结构为基础，阐明它们产生激光的物质过程. 图 21-17 表示了氦原子和氖原子与激光有关的部分能级. 氦原子有两个电子，基态电子组态为 $1s^2$，当其中一个电子处在 1s 态、另一个电子被激发在 2s 态时，电子组态 1s2s 就是它的亚稳态.

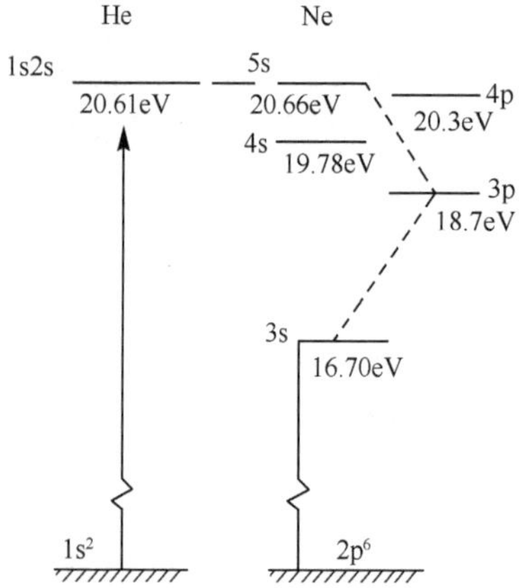

图 21-17　氦-氖原子能级

氖原子有 10 个电子，基态电子组态为 $1s^2 2s^2 2p^6$，当 6 个电子的 2p 态中有一个电子被激发到 3s,4s,5s,3p,4p 等电子态上时，则分别形成相应的激发态，其中 $2p^5 5s$ 是它的亚稳态.

在基态，氦原子受到高速电子碰撞后跃迁到亚稳态能级 1s2s 上. 亚稳态氦原子的能量与亚稳态氖原子的能量水平相当. 因此，亚稳态的氦原子对基态氖原子进行碰撞能够把氖原子从基态激发到 5s 亚稳态，而氦原子则由于失去相应的能量回到基态能级，它仅起到能量的传递作用. 高速电子也能直接碰撞基态氖原子而使它激发到 5s,4p,3p 等高能级上. 由于基态氖原子既可以通过氦原子，又可以通过电子的碰撞跃迁到 5s 亚稳态，而 4p,3p 等能级的跃迁只是通过电子的碰撞得到，所以最终在 5s 亚稳态能级上将积累有大量的氖原子，从而实现了对 4p,3p 等能级的粒子数反转. 在适当频率光子的刺激下，亚稳态能级上的氖原子将产生从 5s→3p 的辐射跃迁，发出波长为 623. 8nm 的橘红色激光，这就是由氦-氖激光器所获得的激光. 此后，由于 3p 态不是亚稳态，氖原子将通过自发辐射由 3p→3s 态，回到基态.

21. 6　固体的能带结构和半导体的基本概念

半导体的电导率介于导体和绝缘体之间. 半导体材料类别很多，但它们具有一些共同的特殊电学性质，如对光照、温度、杂质的影响的敏感响应. 在量子力学建立之后，人们对固体中的电子运动规律有了较深刻的认识. 在此基础上，威尔逊(C. T. R. Wilson)于 1931 运用固体的能带模型(能带理论)对半导体中的导电机制、规律等做出圆满的理论解释，从而把半导体的研究工作向前大大地推进了一步. 1947年，肖克莱(W. B. Shockley)、巴丁(J. Bardeen)等发明了半导体晶体管，它的应用在无线电工程中产生了巨大的变革. 此后，集成电路，大规模、超大规模集成电路的出现更是把这一革新推向纵深，经过科学家们的几十年的努力，终于在实验、理论、技术、应用等诸多方面建立起一个庞大的“半导体家族”.

21.6.1　半导体的基本概念

自然界的物质按其导电能力大小可分为导体、半导体、绝缘体三种类型，它们的电阻率分别为

导体：$\rho=10^{-6}\sim10^{-4}\Omega\cdot cm$，如铜 $\rho=1.67\times10^{-6}\Omega\cdot cm$；

半导体：$\rho=10^{-5}\sim10^{9}\Omega\cdot cm$，如硅 $\rho=2.14\times10^{5}\Omega\cdot cm$；

绝缘体：$\rho=10^{10}\sim10^{22}\Omega\cdot cm$.

可见，三者的区别仅在于电阻率的大小不同. 但是，与导体相比，半导体还具有特异的电学性能. 第一，半导体导电的载流子有两种，一种是带负电的电子，另一种是带正电的空穴. 以电子为多数载流子导电的半导体称为电子型半导体或n型半导体，以空穴为多数载流子导电的半导体称为空穴型半导体或p型半导体. 第二，半导体对热和光照的作用非常灵敏，热和光能显著地改变了半导体的导电性能. 例如，半导体锗的温度从0℃增加到30℃时，其电阻率 ρ 会降低 $10\sim10^2$ 个数量级. 第三，半导体掺入其他的微量杂质元素时，电阻率将发生巨大的变化. 例如，在半导体硅中掺入百万分之一的硼，电阻率将从 $2.14\times10^{5}\Omega\cdot cm$ 降到 $0.4\Omega\cdot cm$. 第四，两种不同类型的半导体接触将会出现单向导电等一系列更为奇特的性能.

21.6.2　固体能带的基本概念

固体是由众多的原子所组成，固体的宏观性质取决于原子的微观结构及其运动. 原子处于孤立状态时，内部的电子按能量分层排布并不断地绕核运动. 原子的能量是不连续的，即具有量子化的能级. 图21-18(a)表示锗原子的结构，图21-18(b)表示它的能级及库仑势能. 当众多的原子结合成固体后，每一个原子的周围环境和物理因素要发生变化. 由于各电子间的相互作用以及核对电子的作用，电子热运动能量的起伏，泡利原理对电子排布的要求，能量-时间的不确定关系等原因，原子的能级要发生变化，每一个能级将分裂成彼此相差很小的一组准连续能级，称为能带.

能级分裂成能带有一一对应关系. 内层能级被电子填满，所以分裂成的能级也被电子所占满，称为满带；外层能级未被电子填满，所以分裂成的能带亦未被填满，称为价带或导带；激发能级分裂成的能带没有电子填入，是空着的，称为空带. 电子在价带中运动时只彼此交换位置而不改变整体的能量状态，这种电子不形成电流，故说价带不导电. 价带中和进入空带中的电子都可以跃入更高的空能级而改变电子整体的能量状态，形成电流.

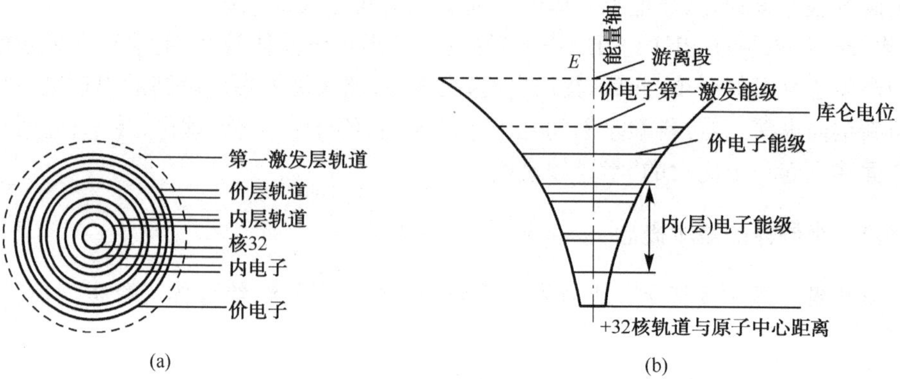

图 21-18　锗原子能级图

能带和能级一样也可以用简单的图像表示. 图 21-19(a)～(c)用简略的方式表示出半导体、绝缘体、金属的能带,这里仅画出了导带和价带. 由图 13-31 可以看出,半导体和绝缘体的导带底和价带顶之间都有一个能量间隙,叫做禁带. 从能带角度看,半导体和绝缘体并无本质差别,其差别仅在于两者的禁带 ΔE_g 不同. 半导体的 ΔE_g 较窄,为 0.1～2eV,绝缘体的 ΔE_g 较宽,为 3～15eV. 金属的禁带宽度 ΔE_g 为零.

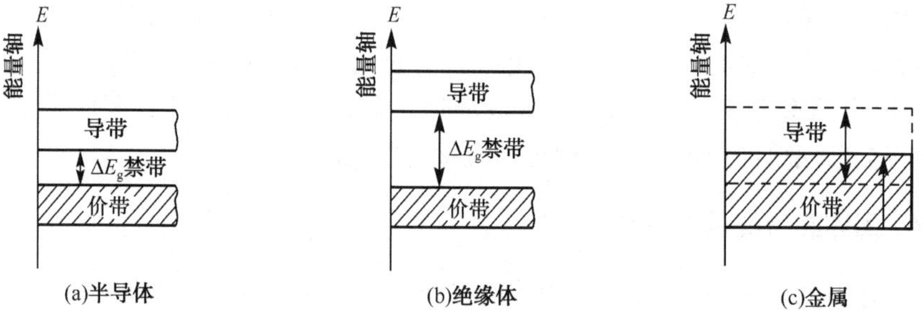

图 21-19　固体的能带简图

由三者的能带结构可以对它们的导电性能做较好的定性解释. 半导体禁带宽度 ΔE_g 很小,一般温度情况下价带中能量较高的电子容易跃入导带中成为导电电子,提高温度或加强光照,满带中的电子跃入导带中,电导率将急剧增加,故半导体导电能力对热和光照十分敏感. 绝缘体的禁带宽度 ΔE_g 较大,一般情况下价带中的电子难以跃入导带中,导带内的导电电子微乎其微,即使在较高温度下也是如此,所以绝缘体通常是不导电的. 对于导体,由于无禁带,导带内有大量电子,能级间距很小,电子在能级间的跃迁十分容易而无须外加能量的输入,所以导体在任何情况下都能导电.

21.6.3　本征半导体和杂质半导体

纯净的半导体,如纯净的硅和锗,又叫做本征半导体,在绝对零度时满带中的能级全部被电子所填满，而导带中几乎没有电子，如图 21-20 所示. 当温度增高时，由于价带中电子热运动能量增高而 ΔE_g 又较小，所以大量电子将跃迁到导带中成为导电电子，与此同时价带中出现了相同数目的空穴，如图 21-20 所示，空穴也是能导电的载流子. 所以本征半导体的导电是由带负电的电子与带正电的空穴共同完成的.

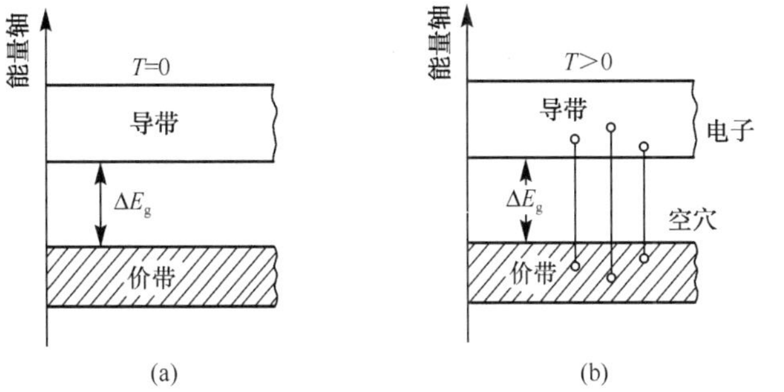

图 21-20　本征半导体的能带

当在纯净的半导体中加入微量的其他元素后（这一过程称为掺杂），半导体的导电机构将发生很大的变化. 例如，在四价元素半导体硅中掺入五价的磷元素后，硅中电子的浓度将迅速增大而成为多数载流子，空穴则退居为少数载流子，本征硅半导体即成为以电子导电为主导的电子型（n 型）半导体. 如果在硅中掺入三价的硼元素，硅半导体将成为以空穴导电为主导的空穴型（p 型）半导体. n 型半导体和 p 型半导体均为杂质半导体. 本征半导体掺入其他元素物质（称为杂质）引起带电类型的变化可以用其他能带结构加以解释. 在硅中掺入磷杂质以后，磷原子的能级（杂质原子能级）仍然是孤立的. 理论证明，磷原子的能级位于导带底附近，两者的能量差距 ΔE_D 很小，约为10^{-2}eV. 杂质的价电子并不参加导电，但是在一般温度下，能够很容易地被激发跃迁到导带中去成为导电电子，所以导带中的电子浓度将因此而大大增加，而此时价带中的电子跃迁到导带中的数目要小得多，因此相应的空穴数目也就少得多，这种半导体称为电子型导电即 n 型半导体. 由于杂质能级能不断地为导带提供导电电子，故称它为施主能级. 图 21-21(a)表示 n 型半导体的能带.

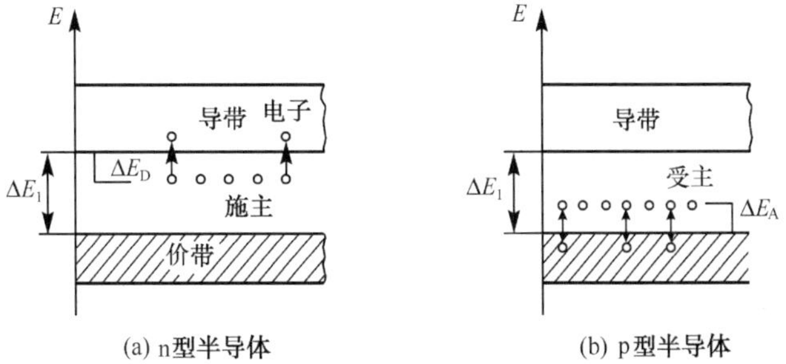

图 21-21　杂质半导体的能带与局部能级示意图

如果在硅中掺入三价的硼杂质,则硼杂质的局部能级将很靠近价带顶,其能量差 ΔE_A 也很小,约为 0.1eV. 在一般的温度下,价带中的电子很容易跃迁到杂质能级上,价带中的空穴也将因此而大大增加,也就是半导体中的空穴大大增加而成为多数载流子,这种半导体称为空穴型导电即 p 型半导体. 由于杂质能级能够收留电子,故称它为受主能级. 图 21-21(b)表示 p 型半导体的能带.

21.7　原子核与基本粒子

21.7.1　放射性

1896 年,贝可勒尔曾把铀的硫酸盐放在用黑纸包着的照相底板上面,后来发现底板被感光了,于是认识到从铀盐中放出一种肉眼看不见的放射线,穿透黑纸对底板产生了作用. 后来,居里夫妇又发现了钋、镭等作用比铀更强的元素,人们就把放出这种射线的物质叫做放射性物质,而把它的作用叫做放射性. 后来,卢瑟福等对这些射线作了详细的观察和研究,最后查明了放射线是由下面三种射线组成的.

1. α 射线

α 射线是具有大约四倍于质子的质量并带有二倍于电子电荷的正电荷($+2e$)的高速粒子,我们把它叫做 α 粒子. α 粒子在空气中飞行时,由于同空气分子碰撞而逐渐损失能量,α 粒子俘获两个电子,最后变成中性的氦原子. 氦的原子序数为 2,因为它的中性原子带两个电子,所以 α 粒子就是氦的原子核. 因为 α 粒子是氦原子核,所以 α 粒子被看成是放射性物质的原子核破裂时的一块碎片. 在这种意义上,把放出 α 射线的现象叫做原子核的 α 衰变.

原子核是质子和中子的聚合体,特别是氦核,其两个质子和两个中子紧紧地结合着,因而是非常稳定的核. 因此,我们至少可近似地认为,在原子核内的四个粒子也结成一团,形成氦核. 原子核中的核子(质子、中子)在核力的作用下,被坚固地束缚在核内,但这种所谓的核力,在近距离内非常强,而离开某个距离时就急剧地减弱,几乎没有作用了,因此,α 粒子大体上从核的中心到半径 R 附近(即核的表面)受到强大的吸引力,离开半径以上的距离时,这种力很快就趋近于零.

2. β 射线

β 射线是高速电子流,其能量是不确定的,它具有从最大能量 E_{max} 到 0 的连续谱. 如果原子核周围的 Z 个电子中某个电子突然获得能量而飞出来的话,这是一种光电效应现象. 由原子核放出的 γ 射线把轨道电子打出来,这时 γ 射线被吸收而有电子飞出,这种现象称为内转换. 因为 γ 射线有几种确定的能量,所以通过这种效应放出的电子，其能量应该是一定的. 然而，一般来说，β射线的电子不可能是轨道电子，它实际上是核发生β衰变，核电荷增加 $+e$. 如果变化前后相对比，核的质量减少 ΔM，则按照爱因斯坦的质能关系，原子核要释放出 ΔM 的能量. 这种能量全部交给电子的话，β粒子的能量应该是一定的. 实际上，β衰变在产生电子的同时，还产生一种叫做中微子的粒子，它与电子共同分配能量，中微子同光子一样没有静止质量，也不带电荷，因此很难探测到. 所以电子的能量呈现出在最大能量 $E_{\max}$ 以下的一个连续谱.

原子核是由质子(p)和中子(n)组成的，因其中带电荷的是质子，所以β衰变是原子核中的一个中子转变为一个质子的过程，可以用下面的反应式表示：

$$\mathrm{n} \longrightarrow \mathrm{p} + \mathrm{e} + \nu \tag{21-66}$$

式中，e 和 ν 分别表示电子和中微子.

3. γ 射线

γ射线是波长极短的电磁波，在α衰变、β衰变中要产生新核，而新核一般都处在激发状态，当它回到基态时，就以电磁波(也可以说光子)的形式放出多余的能量. 这一点和原子发光完全相同，只是由于核的能级间隔为 100keV 到 1MeV 数量级，所以光子的能量非常大. Co 的衰变和γ射线如图 21-22 所示. 因此，唯一的区别在于它的波长比 X 射线更短.

放射性元素的存在，意味着人们从前认为不变的原子是可以改变的. 最初发现的是一些具有天然放射性的重元素，后来实现了原子的人工转变，制造出很多种人工放射性元素. 在这些元素中，有些元素放出来的不是带负电荷的普通电子，而是带正电荷($+e$)的正电子. 这种β衰变可用下面的反应式表示：

$$\mathrm{p} \longrightarrow \mathrm{n} + \mathrm{e}^{+} + \nu \tag{21-67}$$

式中，e^{+} 表示正电子.

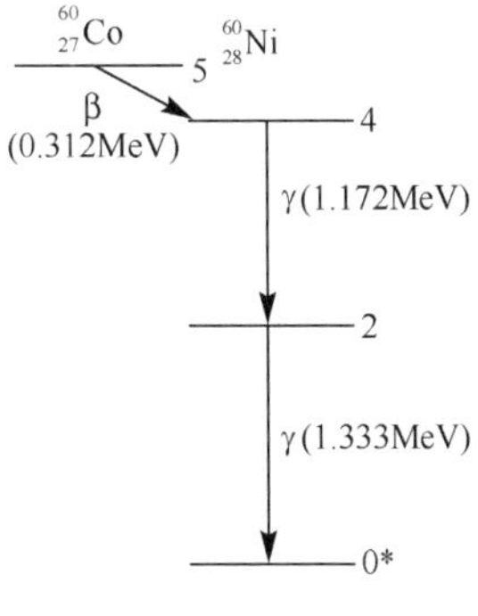

图 21-22　Co 的衰变和γ射线

原子核衰变时满足的规律为：设 $t=0$ 时刻有 N_0 个原子核，经过一段时间，在 t 时刻，由于衰变，只剩下 N 个未衰变的核

$$N = N_0 \mathrm{e}^{-\frac{t}{\tau}}$$

式中，τ 为核的平均寿命. 习惯上常用半衰期 $T_{\frac{1}{2}}$ 来表征放射性衰变的快慢，当 $t=\frac{1}{2}T$ 时，衰变的核为原来核的一半，即

$$\frac{N_0}{2} = N_0 \mathrm{e}^{-\frac{T_{\frac{1}{2}}}{\tau}}$$

所以

$$T_{12}=\ln 2\tau=0.693\tau \tag{21-68}$$

21.7.2　原子核

我们已经知道,电子是原子的组成单元.可是,即使同最轻的氢原子比较,电子的质量也只有它的1/1800,因而承担原子的大部分质量的应该是电子以外的原子核.电子带着负电荷$-e$,而原子是中性的,所以,同原子质量大致相等的原子核带有和原子序数相等的正电荷.原子的大小约为10^{-10}m数量级.

原子核是由质子和中子组成的,质子和中子统称为核子.不同的原子核由数目不同的质子和中子组成,原子核中的电荷由质子数Z决定.Z实际上就是这种原子的原子序数,以A表示质量数,N表示中子数,则有

$$A=Z+N \tag{21-69}$$

质子(p)带正电荷$+e$,中子(n)不带电荷,与原子核的质量最接近的整数称为核的质量数,质子和中子的质量相差很小,分别为

$$m_{\mathrm{p}}=1.007276u,\quad m_{\mathrm{n}}=1.008665u,\quad 1\mathrm{u}\approx 1.6605655\times 10^{-27}\mathrm{kg} \tag{21-70}$$

若用X代表某种原子核,可以用符号${}_{Z}^{A}\mathrm{X}$表示核的组成.A不同,Z相同的核(及其原子)处在周期表的同一位置,因此称为同位素.例如,${}_{6}^{12}\mathrm{C}$、${}_{6}^{13}\mathrm{C}$为碳的两种同位素.

根据原子核内核子密度大体上是一定的这一事实,我们可以把原子核看成不可压缩的液体.原子核的半径为$10^{-15}\sim10^{-14}$m,是原子半径的$10^{-5}\sim10^{-4}$.核半径与质量数a有如下近似的关系:

$$R=R_0A^{\frac{1}{3}} \tag{21-71}$$

式中,R_0为常数,数值为$(1.2\sim1.5)\times10^{-15}$m.根据核内电荷分布的实验,可以推知稳定的原子核的形状一般近似椭球形,长短轴比一般不大于$\frac{4}{5}$,所以也可以把它近似地看成球形.

原子核的角动量等于核子的自旋及轨道运动角动量的矢量和,用I表示,称为核自旋.同时原子核还有磁矩,核磁矩对核外电子磁矩有作用,这种作用会引起原子光谱线的分裂,这种现象称为光谱的超精细结构.表21-2列出了几种元素的核自旋和核磁矩.

表 21-2　原子核的自旋和磁矩

Z	元素	自旋 I	磁矩 μ/μ_B	Z	元素	自旋 I	磁矩 μ/μ_B
0	${}^{0}_{1}n$	$\frac{1}{2}$	−1.19123	7	${}^{14}_{7}N$	1	+0.4080
1	${}^{1}_{1}H$	$\frac{1}{2}$	+2.7928	8	${}^{16}_{8}O$	0	—
1	${}^{2}_{1}H$	1	+0.8574	11	${}^{22}_{11}Na$	$\frac{3}{2}$	+2.2176
2	${}^{3}_{2}He$	$\frac{1}{2}$	−2.1278	13	${}^{27}_{13}Al$	$\frac{5}{2}$	+3.6413
2	${}^{4}_{2}He$	0	—	17	${}^{35}_{17}Cl$	$\frac{3}{2}$	+0.8218
3	${}^{6}_{3}Li$	1	+0.8220	17	${}^{36}_{17}Cl$	2	+1.2854
3	${}^{7}_{3}Li$	$\frac{3}{2}$	+3.2564	19	${}^{39}_{19}K$	$\frac{3}{2}$	+0.3914
4	${}^{9}_{4}Be$	$\frac{3}{2}$	−1.1775	19	${}^{40}_{19}K$	4	−1.2981
5	${}^{10}_{5}B$	3	+1.8006	49	${}^{113}_{49}In$	$\frac{9}{2}$	+5.5229

原子核是由质子和中子组成的，而质子带正电，在$10^{-15}\sim10^{-14}$ m 的线度范围内，斥力是很大的，其相互间的万有引力非常小，那么核内的质子和中子靠什么作用结合在一起构成原子呢？在核子之间一定存在着另一种很强的相互吸引力，即所谓的核力. 经过深入的分析探讨，核理论认为核力具有以下重要性质.

(1)核力是短程力，其有效力程的数量级为$10^{-15}\sim10^{-14}$ m.

(2)核力近似地具有电荷无关性质，不论核子带正电与否，两核子间的核力大致相等.

(3)核力有非中心力性质，即核力不仅与核子间的距离有关，而且还取决于核子自旋方向与一核子至另一核子矢径之间的夹角.

(4)它是交换力，即核子之间的相互作用是以交换一种 π 介子来实现的. 这是汤川秀树在 1935 年为说明核力性质而提出的介子理论，后来(1947 年)在宇宙射线中果然发现了这种粒子. 汤川秀树因此获得了 1949 年的诺贝尔物理学奖.

21.7.3　基本粒子

人类很早就在探索组成物质结构的基本单元. 最初把原子看成元素不可分的最小单元,是各种物质结构的基本单元. 但到了 20 世纪初期,认识到原子是由原子核和电子组成的,原子核还有内部结构. 1932 年中子被发现后,人们进一步认识到原子核是由质子和中子构成的. 这以后,人们把当时已知的质子、中子、电子、光子四种粒子看成是"基本粒子",是组成物质世界的不可分的基本粒子. 但其后陆续发现了许多"基本粒子"(目前已知的有 300 多种),并且还继续有新粒子发现,其中只有光子、电子、质子和中子微子等比较稳定,其余的寿命都很短,还有某些处于激发态的粒子,称为共振态粒子. 从这些粒子的性质来分析,可以知道有些还有内部结构,很难再说是"基本粒子"了. 因此,所谓基本粒子,只不过是目前人们所认识到的物质结构无限层次中的一个层次而已.

表 21-3 列出了比较稳定的基本粒子及其一些性质. 按它们的主要相互作用,分为三类:第一类是光子,一切带电粒子或具有磁矩的粒子之间的电磁相互作用就是以光子为媒介的;第二类是轻子,它们之间的主要相互作用是弱相互作用;第三类是强子,它们之间的主要相互作用是强相互作用. 强子分成两类:重子和介子,它们有不同的自旋,介子的自旋都是零,重子的自旋除 Ω^-、Ω^+ 是 $\frac{3}{2}$ 以外,其余都是 $\frac{1}{2}$,是半整数. 所以就统计性而言,重子是费米子,介子是玻色子. 表 21-3 中的轻子都是费米子,光子都是玻色子.

表 21-3　基本粒子分类表

分类		名称(符号) 正粒子	(反粒子)	电荷/e	静质量/MeV	自旋/$\hbar$	平均寿命/s	主要衰变产物
光子		γ	—	0	0	1	稳定	
轻子	电子	e^-	(e^+)	−1	0.511	1/2	稳定	
	μ子	μ^-	(μ^*)	−1	105.659	1/2	2.197×10^{-6}	$e^-+(\bar{\nu}_e)+\nu_\mu$
	τ子	τ^-	(τ^*)	−1	1784	1/2	$<2.3\times10^{-12}$	
	中微子	ν_e	$(\bar{\nu}_e)$	0	<0.00006	1/2	稳定	
		ν_μ	$(\bar{\nu}_\mu)$	0	<0.57	1/2	稳定	
		ν_τ	$(\bar{\nu}_\tau)$	0	<250	1/2	稳定	

续表

分类			名称(符号) 正粒子	(反粒子)	电荷/e	静质量/MeV	自旋/$\hbar$	平均寿命/s	主要衰变产物
强子	介子								$\mu^++\nu_\mu$ $\gamma+\gamma,\gamma+e^++e^-$
			π^+	(π^-)	+1	139.569	0	2.603×10^{-8}	$\mu^++\nu_\nu,\pi^++\pi^0$ $\pi^++\pi^++\pi^-$ $\pi^++\pi^0+\pi^0$
			π^0	—	0	134.965	0	0.828×10^{-16}	$\pi^++\pi^-,\pi^0+\pi^0$
			K^+	(K^-)	1	493.669	0	1.2371×10^{-8}	$\pi^++e^++\nu_0$
			K_0	—	0	497.67	0	K_S^0 0.8923×10^{-10} K_L^0 5.183×10^{-8}	$\pi^++\mu^-+\nu_\mu$ $\pi^++\pi^-+\pi^0$
			η^0	—	0	548.8	0		$\pi^0+\pi^0+\pi^0$
			J/Ψ	—	0	3097±1	0	7.7×10^{-10}	$\gamma+\gamma,\pi^0+\pi^0$ $+\pi^0,\pi^++\pi^++\pi$
			γ	—	0	9458±6	1	3.1×10^{-19}	$e^++e^-,\mu^+\mu^-$ 强子
	重子	核子	p	$(\bar{p})$	+1	938.280	1/2	稳定 $(>6\times10^{37})$	$p+e^-+\bar{\nu}_e$
			n	$(\bar{n})$	0	939.573	1/2	918	
		超子	Λ^0	$(\bar{\Lambda}^0)$	0	115.6	1/2	2.632×10^{-10}	$p+\pi^-,n+\pi^0$
			Σ^+	$(\bar{\Sigma})^-$	+1	1189.96	1/2	8.00×10^{-11}	$p+\pi^0,n+\pi^+$
			Σ^-	$(\bar{\Sigma})^0$	0	1192.46	1/2	5.8×10^{-20}	$\Lambda+\gamma$
			Σ^0	$(\bar{\Sigma}^+)$	−1	1197.34	1/2	1.48×10^{-10}	$n+\pi^-$
			Ξ^0	$(\bar{\Xi}^0)$	0	1314.9	1/2	2.96×10^{-10}	$\Lambda+\pi^0$
			(Ξ^-)	$\bar{\Xi}^+$	−1	1321.32	1/2	1.641×10^{-10}	$\Lambda+\pi^-$
			Ω^-	(Ω^+)	−1	1672.22	1/2	0.82×10^{-10}	$\Xi^0+\pi^-$ $\Xi^-+\pi^0,\Lambda+K^+$

1. 基本粒子的相互作用

到目前为止，人们所认识的一切物体(从宇宙天体到基本粒子)之间的相互作用力有四种：万有引力作用，电磁相互作用，弱相互作用和强相互作用. 前两种人们认识较早，后两种是近几十年来在原子核和基本粒子的研究中逐渐认识到的.

(1)万有引力作用. 这是四种相互作用中强度最弱的一种长程力，对宏观物体，特别是在宇宙天体中起作用，但对基本粒子来说，作用很不明显，因此在基本粒子研究中不必考虑这种作用.

(2)电磁相互作用.这是带电粒子或具有磁矩的粒子之间的相互作用,是通过光子的交换来实现的一种长程力.

(3)弱相互作用.这是一种短程相互作用,而且强度很弱,但却广泛地存在着.各种轻子和强子都参与弱相互作用,它是通过交换中间玻色子($W^{\pm}$,Z^0)来实现的.

(4)强相互作用.这是强子(重子、介子)之间的相互作用,是四种相互作用中最强的一种,它是通过介子的交换来实现的,作用范围不超过10^{-15}m,是一种短程力.

表 21-4 给出了四种基本相互作用的特点.

表 21-4　四种基本相互作用的特点

简称	力程/m	强度	性质	传递介质			举例
				粒子	质量	自旋 $\hbar$	
强	$\leqslant 10^{-15}$	1～10	引,斥	介子(π)	～135MeV	1	核力
电磁	∞	−1/137	引,斥	光子(γ)	0	1	原子核与电子
弱	$<10^{-17}$	$\sim 10^{-14}$	—	$W^{\pm}$,Z^0	～73GeV	1	β衰变
引	∞	$\sim 10^{40}$	引	引力子	0	2	天体

2. 守恒定律

基本粒子在相互作用和转化过程中,那些反映物质世界普遍规律的守恒定律,如质量数守恒、电荷数守恒、能量守恒、动量守恒、角动量守恒等都被严格地遵守着,还遵守重子数、轻子数和 μ 子数的守恒定律以及一些特殊的守恒定律.所谓特殊是指这些守恒定律并不是在各种相互作用过程中都成立.例如,宇称守恒在强相互作用、电磁相互作用中成立,在弱相互作用中就不成立了.

表 21-5 给出了在基本粒子的三种相互作用过程中的守恒定律,其中"+"号表示守恒,"−"表示不守恒.

表 21-5　三种相互作用过程中的守恒定律

守恒量 / 作用	能量	动量	角动量	电荷	轻子数	μ子数	重子数	同位旋	同位旋分量	奇异数	宇称	电荷共轭	时间反演	CPT联合变换
强相互作用	+	+	+	+	+	+	+	+	+	+	+	+	+	+
电磁相互作用	+	+	+	+	+	+	+	−	+	+	+	+	+	+
弱相互作用	+	+	+	+	+	+	+	−	−	−	−	−	?	+

21.7.4　核磁共振

核磁共振是一种利用原子核在磁场中的能量变化来获得关于核的信息的技术. 因为每一个原子都有核自旋和核磁矩,它们的关系为

$$\boldsymbol{\mu}=\gamma \boldsymbol{I} \tag{21-72}$$

式中,γ 为一比例常数,称为核的回旋磁比.

按照量子理论的观点,核的自旋角动量是量子化的. 在外磁场中,核的自旋角动量也是空间量子化的. 若以外磁场 $\boldsymbol{B}$ 的方向为 z 轴正向,则核自旋角动量的空间量子化可表示为

$$I_z=M\hbar \tag{21-73}$$

式中,M 为核自旋量子数. 核磁矩在 z 方向的大小 μ_z 可以表示为

$$\mu_z=\gamma I_z=\gamma M\hbar \tag{21-74}$$

核磁矩在外磁场 $\boldsymbol{B}_0$ 的作用下可获得附加能量 E,能量的大小为

$$E=-\boldsymbol{\mu}\cdot\boldsymbol{B}_0=-\mu_z B_0=-\gamma M\hbar B_0 \tag{21-75}$$

由此可知,核在外磁场中的能量也是量子化的,两个相邻能级之差为 $\Delta E=\gamma\hbar B_0$. 因此当用电磁波照射时,核磁矩吸收的能量必须满足共振关系,即它只吸收如下频率的电磁波:

$$\hbar\omega=\gamma\hbar B_0 \tag{21-76}$$

$$\nu=\frac{\omega}{2\pi}=\frac{\gamma B_0}{2\pi} \tag{21-77}$$

由上述可知,当有外磁场 B_0 作用时,核即在磁场中产生旋进,如同陀螺在重力作用下产生的旋进,其旋进角度为 γB_0. 若此时在磁场 γB_0 的垂直方向再加上一交变磁场,当磁场的交变频率恰好等于共振频率时,核磁矩将从交变磁场中吸收能量,即产生共振吸收;当交变磁场撤去后,磁矩又把这部分能量以辐射的形式释放出来. 这就是共振发射. 这一共振吸收和共振发射的过程就称为核磁共振. 对于确定的原子核,可以采用两种方式实现核磁共振:一是固定外磁场,连续改变入射电磁波的频率,使之达到共振频率;二是辐照电磁波频率一定,调节磁场大小,使之满足式(21-77)的共振条件.

核磁共振是一种精确测量核磁矩的方法. 1945 年布洛赫(F. Block)和波赛尔(E. Purcell)分别用核磁共振方法测量了核磁矩,为此他们荣获了 1952 年度诺贝尔物理学奖. 随着核磁共振技术的逐步发展,目前它已广泛地应用到有机化学分析和固体结构的研究中. 这种研究根据的原理在于原子核外有大量的电子云,因此,作用在核磁矩(主要研究的常常是质子的磁矩)上的磁场,除了外加磁场之外,还受到核外电子或其他原子产生的磁场的影响,因此,对于一定频率的入射电磁波,发生共振时的外加磁场和用式(21-77)计算出来的磁场有些许的偏离. 这种偏离与物质的化学性质密切相关. 对于同一分子或不同分子的同一集团中,原子核受周围电子云作用的大小是不

同的，它受的分子内部的磁场也不同，因而产生的偏离的大小也不同. 在化学研究中，正是利用这种不同的偏离和已知的标准结构的偏离的对比来判定所研究物质的分子结构的.

目前发展起来的另一种核磁共振技术，即核磁共振成像，可用于医疗诊断. 在介质中，大量质子磁矩在外场作用下达到平衡，若受到扰动会偏离平衡，但会自动地恢复平衡. 恢复平衡可以通过两种不同步骤：第一步通过质子与质子之间的作用先达到平衡，这种恢复平衡所需要的时间称为自旋-自旋弛豫时间 T_2；第二步是整个质子磁矩与周围环境(样品系统整体)作用而恢复平衡，这种恢复平衡的时间称为自旋-晶格弛豫时间 T_1，一般 $T_1>T_2$. T_1 与跃迁核子数有关，其大小影响到核磁共振信号的强度；而 T_2 则与核同附近核产生的局部磁场起伏有关，引起对应能级的微弱分裂. 因此，核磁共振信号的强弱取决于参加共振质子的多少，同时还与两个弛豫时间 T_1，T_2 有关.

由于磁场(包括交变电磁场)可以穿入人体，而人体大部分(75%)是水，在医学诊断中，由于人体的正常组织和病变组织中水的密度(即质子密度)不同，两个弛豫时间 T_1，T_2 也不同，因而得到的核磁共振信号的强弱就不同. 将人体各部分的核磁共振信号输入计算机，经过处理后就得到人体不同部位的图像，这种图像是把人体分层分析的立体图像，称为核磁共振层析(CT)，它可以反映人体各部位的病变情况，以便医生做出正确的诊断.

核磁共振扫描仪已经投入临床使用. 它的优点是：射频电磁波对人体无害，可以获得内脏器官的功能状态、生理状态以及病变状态的各种信息等，因此，它是继 20 世纪 70 年代发展起来的 X 射线层析、超声层析后的一种更为先进的层析方法.

【工程应用】

量子效应的应用

1. 量子计算机

由于量子计算机的效率和运算速度是传统计算机无法比拟的，量子计算机将引起计算机理论领域的革命. 目前，量子计算机将进入工程时代，有关量子计算机的理论和实验正迅猛发展.

传统计算机都是集成式电子计算机，它的集成度大约以每 3 年翻两番的速度发展. 随着集成度的提高，集成电路的尺寸就要缩小. 目前存储器集成电路的线宽已细到 0.1μm，这样细的电路被认为是集成电路的发展极短，当集成电路缩小到其中的独立的元件只有几个原子大的时候，就导致了一个新问题的出现. 因为在原子级上支配着电路的行为和性质的物理规律是量子力学，而不是经典物理定律，质子、电子等亚原子粒子的波动性必须考虑. 这时会出现种种新的物理现象，称为量子效应. 利用量子效应工作的电子元件称为量子元件，由量子元件进一步可构成量子计算机. 量子计算机是一种遵循量子力学规律并且用量子算法进行高速数学和逻辑运算、存储及处理量子信息的装置.

传统计算机信息的基本单位是比特,它在数字计算机中的经典表示形式为“0”或“1”,是二进制存储方式.在量子计算机中,信息的基本单位叫做量子比特或昆比特,它不是二进制的.一个量子比特不仅可以以对应于经典比特的“0”“1”逻辑状态存在,而且还能够以对应于传统比特位的混合或重叠状态存在.换句话说,一个量子比特的存在状态可以是“0”或“1”或同时作为“0”“1”出现,并且用数字系数表示每种状态出现的概率.也就是说一个电子旋转的方向同时反复存在于某种状态,这就有条件去对它进行测量和观察.举例来说,作为普通计算机存储形式 0 和 1 的替代,量子计算机中的字节(量子比特)可以是 1/3 个 1 或者是 2/3 个 0,也可以是其他任意的组合.量子比特具有这种性质的直接原因是它遵循了量子力学规律来工作,从而使计算机具有惊人的运算与存储功能.量子计算机的量子比特可以在不受外部环境影响的状态下,通过量子间的相互作用来进行类似因式分解的特定运算,其运算速度与传统计算机相比呈指数倍提高.

1994 年已经研制出一台最基本的量子计算机.2000 年日本开发成功“单个电子晶体管”,可以控制单个电子的运动,具有体积小、功耗低的特点,比目前功耗最小的晶体管低约 1000 倍.日本正在开发量子元件超高密度存储器,在 $1cm^2$ 面积的芯片上可存储 10 万亿比特的信息,相当于可存储 6000 亿个汉字.美国开发成功的电子自旋晶体管,有可能将集成电路的线宽降至 $0.01\mu m$.在一个小小的芯片上可容纳数万亿个晶体管,使集成电路的集成度大大提高.美国科学家已获得量子态,即能够比以前更准确地控制原子进、出量子态,这是制造量子计算机的重要一步.

尽管目前量子计算机的研究仍处于实验室阶段,但不可否认终有一天它必然会取代传统计算机.到那时,可以将原子计算设备嵌入人体、桌子、汽车等任何东西当中去.传统计算机行业和与之相关的产业必然会受到巨大的冲击.尽管现在这些还只是科学幻想中的故事,但在不久的将来会变为事实.

2. 氢弹

氢弹是一种已经在地球上实现的不可控制的热核聚变反应,它利用的主要是氘-氚反应.氢弹主要包括两个部分,一部分是为产生热核反应创造条件(高温、高压、中子、X 射线等)的爆炸装置,称为“初级”,它实际上就是一个用做驱动源的原子弹;另一部分是氢弹主体,称为“次级”,内装聚变材料,由它产生主要的热核聚变反应.氢弹爆炸的基本过程就是原子弹爆炸的过程加上轻核聚变的过程.

1952 年 11 月 1 日美国首次在埃尼威托克岛附近的马绍尔岛进行了氢弹试验,它是用液态氘作燃料,重 65 吨.爆炸的结果是,在海底形成了一个约 2km 宽、50m 深的火山口.当这颗超级炸弹的火球刚刚消失,火焰的圆顶(直径大约为 6.5km)和巨大的蘑菇云冲向天空的时候,观察者发现附近的艾路基拉伯岛消失了.可见其威力巨大,并且有超强的破坏力.爆炸释放的能量相当于 300 万吨 TNT 爆炸时的能量,这完全出乎人们的意料.苏联也于1953年爆炸了第一个氢弹,它是用氘化铀作为热核装料,爆炸的效应约为40万吨TNT当量.我国在1967年成功地进行了飞机空投的氢弹试验,其当量为330万吨TNT.

3. 中子弹

中子弹是一种小型化的氢弹,于20世纪80年代出现,是目前世界上唯一已经实现生产和部署的第三代核武器.它的爆炸能量由聚变反应产生,并主要以快中子流的形式向四周释放.中子弹的核辐射效应特别大,因此其确切名称是"增强辐射核武器".核武器都有冲击波、光辐射、核辐射、放射性污染和核电磁脉冲等五种主要杀伤破坏效应,而中子弹则是大大增强了核辐射的毁伤效应.

中子弹与氢弹的主要区别是:氢弹爆炸时,强大的冲击波和超高温形成的热辐射占整个氢弹爆炸能量的65%左右,而发射出来的中子的能量只占35%;中子弹爆炸则正好相反,它发射出来的中子能量占70%以上,冲击波和热辐射只占30%左右的能量.也就是说,氢弹是以热辐射为主来杀伤和破坏生命与设施的,而中子弹则是以中子来杀伤生命的.

中子弹的另外一个特性是低威力.当核武器的威力增大时(如大于10000吨TNT当量),尽管各种效应随威力增大而作用半径都增大了,但由于中子与γ射线在空气中衰减迅速,核辐射效应的作用半径随威力的增长要比冲击波和光辐射缓慢;当威力达到一定数值时,冲击波与光辐射的效应半径必然会超过核辐射的效应半径,这时,强辐射就不再能保持了.因此,中子弹只能是低威力的(约1000吨TNT当量),又被称为超小型氢弹.

从中子弹的上述特性可以看出,中子弹能有效地杀伤敌方战斗人员,对附近建筑物和设施的连带破坏却很小.中子流杀伤是中子弹的主要效应,而放射性污染较低,因此,中子弹又被称为"清洁"的核武器.

习题21

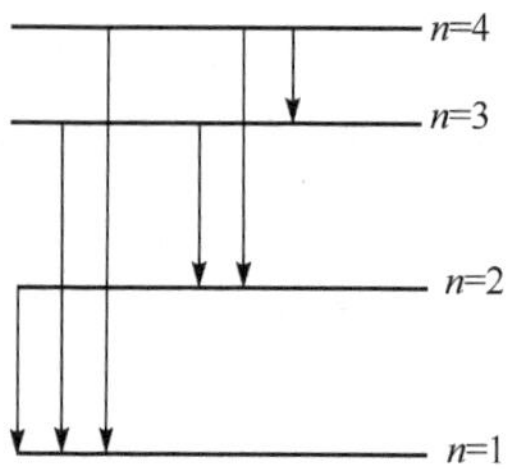

图21-23　填空题2

一、填空题

1. 原子从较高能级E_n跃迁到某一较低能级E_k时,发出的单色光的波长为____________.

2. 原子的部分能级跃迁如图21-23所示.试问:哪两个能级间跃迁时所发射的光波长最短:____________;哪两个能级间跃迁时所发射的光波频率最小:____________.

二、计算题

动能为2eV的电子,从无穷远处向着静止的质子运动,最后被质子所束缚,形成基态的氢原子.求:

(1) 此过程中放出光波的波长;

(2) 电子绕质子运动的动能.

附　　录

附录 A　物理量单位制

一、单位制

物理学是一门实验科学，需要对各种物理量进行计量，这就要求确定单位.

由于各物理量之间存在着规律性的联系，可选取少数物理量作为基本量，并为每个基本量规定一个基本单位，其他物理量的单位则可按照它们与基本量之间的关系式导出，这些物理量称为导出量，其单位称为导出单位. 按照这种方法制定的一套单位，称为单位制.

单位制的建立，在于基本量的选取和基本单位的规定. 由于两者都带有一定程度的任意性，故物理学中曾经出现过许多单位制. 国际上为了建立一种简单、科学、实用的计量单位制，国际米制公约组织各成员方（我国政府 1977 年参加该公约组织）于 1960 年通过采用一种以米制为基础发展起来的国际单位制，现在已有 82 个国家和地区颁布法令决定采用，而且国际上很多经济组织和科学技术组织也都宣布采用.

我国国务院先后多次发布了有关统一计量制度的命令、条例等，并且于 1984 年 2 月 27 日发布了《关于在我国统一实行法定计量单位的命令》. 我国的法定计量单位包括以下几个：① 国际单位制的基本单位；② 国际单位制的辅助单位；③ 国际单位制中具有专门名称的导出单位；④ 国家选定的非国际单位制单位；⑤ 由以上单位构成的组合形式的单位；⑥ 由词头和以上单位所构成的十进倍数和分数单位.

二、国际单位制简介

1. 国际单位制的基本单位

第 26 届国际计量大会于 2018 年 11 月 13 日至 16 日在巴黎举办，会议于 2018 年 11 月 16 日通过"修订国际单位制"决议，于 2019 年 5 月 20 日世界计量日起正式生效. 该届国际计量大会重新定义了 7 个 SI 基本单位（米、千克、秒、安培、开尔文、摩尔和坎德拉）中的 4 个：千克、安培、开尔文和摩尔，以及所有由它们导出的单位. 千克由普朗克常量定义；安培由基本电荷常数定义；开尔文由玻尔兹曼常量定义；摩尔由阿伏伽德罗常量定义.

这是国际测量体系有史以来第一次全部建立在不变的常数上，保证了 SI 的长期稳定性和通用性，就像 1967 年秒定义的修订使我们在今天拥有了 GPS 和互联网技术一样,新 SI 将在未来对科学、技术、贸易、健康、环境以及更多领域产生深远影响,可以说 SI 的修订是科学进步的一座里程碑.

附表 A-1 列出了国际单位制的基本单位.

附表 A-1 国际单位制的基本单位

量的名称	单位名称	单位符号
长度	米	m
质量	千克(公斤)	kg
时间	秒	s
电流	安[培]	A
热力学温度	开[尔文]	K
物质的量	摩[尔]	mol
发光强度	坎[德拉]	cd

2. 国际单位制的辅助单位及其定义(附表 A-2)

附表 A-2 国际单位制的辅助单位及其定义

量的名称	单位名称	单位符号
平面角	弧度	rad
立体角	球面度	sr

1rad 就是在一圆内两条半径间的平面角,这两条半径在圆周上截取的弧长与半径相等.

1sr 是一个顶点位于球心、在球面上截取的面积等于以球半径为边长的在该球面上的正方形面积的立体角的大小.

3. 国际单位制词头

构成十进倍数和分数单位的词头见附表 A-3.

附表 A-3 构成十进倍数和分数单位的词头

所表示的因数	词头名称	词头符号	所表示的因数	词头名称	词头符号
10^{18}	艾[可萨]	E	10^{-1}	分	d
10^{15}	拍[它]	P	10^{-2}	厘	c
10^{12}	太[拉]	T	10^{-3}	毫	m
10^{9}	吉[咖]	G	10^{-6}	微	μ
10^{6}	兆	M	10^{-9}	纳[诺]	n
10^{3}	千	k	10^{-12}	皮[可]	p
10^{2}	百	h	10^{-15}	飞[母托]	f
10^{1}	十	da	10^{-18}	阿[托]	a

4. 国际单位制中具有专门名称的导出单位(附表 A-4)

附表 A-4　国际单位制中具有专门名称的导出单位

量的名称	单位名称	单位符号	其他表示方式
频率	赫[兹]	Hz	s^{-1}
力;重力	牛[顿]	N	$kg \cdot m \cdot s^{-2}$
压强;应力	帕[斯卡]	Pa	$N \cdot m^{-2}$
能量;功;热	焦[耳]	J	$N \cdot m$
功率;辐射通量	瓦[特]	W	$J \cdot s^{-1}$
电荷量	库[仑]	C	$A \cdot s$
电位;电压;电动势	伏[特]	V	$W \cdot A^{-1}$
电容	法[拉]	F	$C \cdot V^{-1}$
电阻	欧[姆]	Ω	$V \cdot A^{-1}$
电导	西[门子]	S	$A \cdot V^{-1}$
磁通量	韦[伯]	Wb	$V \cdot s$
磁通量密度,磁感应强度	特[斯拉]	T	$Wb \cdot m^{-2}$
电感	亨[利]	H	$Wb \cdot A^{-1}$
摄氏温度	摄氏度	℃	
光通量	流[明]	lm	$cd \cdot sr$
光照度	勒[克斯]	lx	$lm \cdot m^{-2}$
放射性活度	贝可[勒尔]	Bq	s^{-1}
吸收剂量	戈[瑞]	Gy	$J \cdot kg^{-1}$
剂量当量	希[沃特]	Sv	$J \cdot kg^{-1}$

5. 国际单位制导出单位

(1)在力学中常见物理量在国际单位制中的单位(附表 A-5).

附表 A-5　力学中常见的物理量在国际单位制中的单位

物理量名称	单位名称	量纲式	单位代号	
			中文	国际
面积	平方米	L^2	米^2	m^2
体积	立方米	L^3	米^3	m^3
旋转频率	1 每秒	T^{-1}	秒$^{-1}$	s^{-1}
频率	赫兹	T^{-1}	赫	Hz
密度	千克每立方米	ML^{-3}	千克·米$^{-3}$	$kg \cdot m^{-3}$
速度	米每秒	LT^{-1}	米·秒$^{-1}$	$m \cdot s^{-1}$

续表

物理量名称	单位名称	量纲式	单位代号	
			中文	国际
加速度	米每秒平方	LT^{-2}	米·秒$^{-2}$	$m \cdot s^{-2}$
角速度	弧度每秒	T^{-1}	弧度·秒$^{-1}$	$rad \cdot s^{-1}$
力	牛顿	MLT^{-2}	牛	N
力矩	牛顿米	MLT^{-2}	牛·米	N·m
动量	千克米每秒	MLT^{-1}	千克·米·秒$^{-1}$	$kg \cdot m \cdot s^{-1}$
压强、应力	帕斯卡	$ML^{-1}T^{-2}$	帕	Pa
功	焦耳	ML^2T^{-2}	焦	J
能	焦耳	ML^2T^{-2}	焦	J
功率	瓦特	ML^2T^{-3}	瓦	W
动量矩	千克米平方每秒	ML^2T^{-1}	千克·米^2·秒$^{-1}$	$kg \cdot m^2 \cdot s^{-1}$
转动惯量	千克米平方	ML^2	千克·米^2	$kg \cdot m^2$

(2)在热力学中常见的物理量在国际单位制中的单位见附表 A-6.

附表 A-6　热力学中常见的物理量在国际单位制中的单位

物理量名称	单位名称	量纲式	单位代号	
			中文	国际
热力学温度	开尔文	K	开	K
摄氏温度	摄氏度		摄氏度	℃
热量	焦耳	ML^2T^{-2}	焦	J
热容量	焦耳每开尔文	$ML^2T^{-2}K^{-1}$	焦·开$^{-1}$	$J \cdot K^{-1}$
比热	焦耳每千克开尔文	$L^2T^{-2}K^{-1}$	焦·千克$^{-1}$·开$^{-1}$	$J \cdot kg^{-1} \cdot K^{-1}$
线胀系数	1 每开尔文	K^{-1}	开$^{-1}$	K^{-1}
体胀系数	1 每开尔文	K^{-1}	开$^{-1}$	K^{-1}
热导率	瓦特每米开尔文	$LMT^{-3}K^{-1}$	瓦·米$^{-1}$·开$^{-1}$	$W \cdot m^{-1} \cdot K^{-1}$
扩散系数	平方米每秒	L^2T^{-1}	米^2·秒$^{-1}$	$m^2 \cdot s^{-1}$

(3)在电磁学中常见物理量在国际单位制中的单位(附表 A-7).

附表 A-7　电磁学中常见物理量在国际单位制中的单位

物理量名称	单位名称	量纲式	单位代号	
			中文	国际
电流强度	安培	I	安	A
电量	库仑	TI	库	C
电荷线密度	库仑每米	$L^{-1}TI$	库·米$^{-1}$	C·m^{-1}
电荷面密度	库仑每平方米	$L^{-2}TI$	库·米$^{-2}$	C·m^{-2}
电荷体密度	库仑每立方米	$L^{-3}TI$	库·米$^{-3}$	C·m^{-3}
电势(电位)	伏特	$L^2MI^{-3}I^{-1}$	伏	V
电场强度	伏特每米	$LMI^{-3}I^{-1}$	伏·米$^{-1}$	V·m^{-1}
电位移	库仑每平方米	$L^{-2}TI$	库·米$^{-2}$	C·m^{-2}
电通量	伏特米	$L^3MT^{-3}I^{-1}$	伏·米	V·m
电容	法拉	$L^2M^{-1}T^4I^2$	法	F
介电常量	法拉每米	$L^{-3}M^{-1}T^4I^2$	法·米$^{-1}$	F·m^{-1}
电阻	欧姆	$L^2MT^{-3}I^{-2}$	欧	Ω
电阻率	欧姆米	$L^3MT^{-3}I^{-2}$	欧·米	Ω·m
电导	西门子	$L^{-3}M^{-1}T^3I^2$	西	S
电导率	西门子每米	$L^{-2}M^{-1}T^3I^2$	西·米$^{-1}$	S·m^{-1}
电偶极矩	库仑米	LTI	库·米	C·m
电极化强度	库仑每平方米	$L^{-2}TI$	库·米$^{-2}$	C·m^{-2}
磁场强度	安培匝每米	$L^{-1}I$	安·匝·米$^{-1}$	A·m^{-1}
磁通量	韦伯	$L^2MT^{-2}I^{-1}$	韦	Wb
磁感应强度	特斯拉	$MT^{-2}I^{-1}$	特	T
电感	亨利	$L^2MT^{-2}I^{-2}$	亨	H
磁矩	安培米平方	L^2I	安·米^2	A·m^2
磁极化强度	特斯拉	$MT^{-2}I^{-1}$	特	T
磁化强度	安培每米	$L^{-1}I$	安·米$^{-1}$	A·m^{-1}
磁偶极矩	韦伯米	$L^3MT^{-2}I^{-1}$	韦·米	Wb·m
磁导率	亨利每米	$LMT^{-2}I^{-2}$	亨·米$^{-1}$	H·m^{-1}

(4)在振动与波动光学中常见的物理量在国际单位制中的单位(附表 A-8).

附表 A-8　振动与波动光学中常见的物理量在国际单位制中的单位

物理量名称	单位名称	量纲式	单位代号	
			中文	国际
周期	秒	T	秒	s
频率	赫兹	T^{-1}	赫	Hz
振幅	米	L	米	m
圆频率	弧度每秒	T^{-1}	弧度·秒$^{-1}$	rad·s^{-1}
位相	弧度	L	弧度	rad
波长	米	LT^{-1}	米	m
波速	米每秒	L	米·秒$^{-1}$	m·s^{-1}
入射角	弧度	cd	弧度	rad
焦距	米	L^{-2}cd	米	m
光强度	坎德拉	L^{-2}cd	坎	cd
光照度	勒克斯	cd	勒	lx
光亮度	坎德拉每平方米	L^{-2}cd	坎·米$^{-2}$	cd·m^{-2}
光通量	流明	cd	流	lm

(5)在原子物理及核物理中常见的物理量在国际单位制中的单位(附表 A-9).

附表 A-9　原子物理及核物理中常见的物理量在国际单位制中的单位

物理量名称	单位名称	量纲式	单位代号	
			中文	国际
玻尔磁子	焦耳每特斯拉	L^2I	焦·特$^{-1}$	J·T^{-1}
普朗克常量	焦耳秒	$L^{-2}MT^{-1}$	焦·秒	J·s
半衰期	秒	T	秒	s
衰变常数	1 每秒	T^{-1}	秒$^{-1}$	s^{-1}

6. 国际单位制外的单位

(1)我国选定的一些具有重要作用和广泛使用的非国际单位制单位,可与国际单位制单位同时使用(附表 A-10).

附表 A-10　我国选定的可与国际单位制单位同时使用的非国际单位制单位

量的名称	单位名称	单位符号	换算关系和说明
时间	分 [小]时 天,(日)	min h d	1min=60s 1h=60min=3600s 1d=24h=86400s
平面角	[角]秒 [角]分 度	(″) (′) (°)	1″=(π/648000)rad(π 为圆周率) 1′=60″=(π/10800)rad 1°=60′=(π/180)rad
旋转速度	转每分	$r \cdot min^{-1}$	$1r \cdot min^{-1}=(1/60)s^{-1}$
长度	海里	nmile	1nmile=1852m(只用于航程)
速度	节	kn	$1kn = 1nmile \cdot h^{-1}$ $=(1852/3600)m \cdot s^{-1}$ (只用于航行)
质量	吨 原子质量单位	t u	$1t=10^3kg$ $1u=1.66054\times10^{-27}kg$
体积	升	L,(l)	$1L=1dm^3=10^{-3}m^3$
能	电子伏	eV	$1eV=1.6022\times10^{-19}J$
级差	分贝	dB	
线密度	特[克斯]	tex	$1tex=1g \cdot km^{-1}$

(2)现与国际单位制并用、暂用、避用的单位不包括在我国法定计量单位之内,个别科学技术领域中如有特殊需要,也可使用,但必须与有关国际组织规定的名称、符号相一致.附表 A-11 列出了这些单位与法定计量单位的换算关系.

附表 A-11　我国法定单位之外的暂用单位

名称	符号	换算关系	名称	符号	换算关系
埃	Å	$1Å=10^{-10}m$	克拉	—	$1克拉=2\times10^{-4}kg$
公亩	a	$1a=10^2m^2$	托	torr	$1torr=1.33322\times10^2Pa$
公顷	ha	$1ha=10^4m^2$	千克力	kgf	1kgf=9.80665N
靶恩	b	$1b=10^{-28}m^2$	卡	cal	1cal=4.1868J
巴	bar	$1bar=10^5Pa$	微米	μ	$1\mu=10^{-6}m$
伽	Cal	$1Cal=10^{-2}m \cdot s^{-2}$	斯地尔	st	$1st=1m^3$
居里	Ci	$1Ci=3.7\times10^{10}Bq$	伽马	γ	$1\gamma=10^{-9}T$
伦琴	R	$1R=2.58\times10^{-4}C \cdot kg^{-1}$	天文单位	AU	$1AU=1.496\times10^{11}m$
拉特	rac	$1rac=10^{-2}Gy$	秒差距	pc	$1pc=3.0857\times10^{16}m$
费米	fermi	$1fermi=10^{-15}m$			

三、力学和电学中曾经出现过的单位制

1. 力学中曾经出现过的单位制(附表A-12)

附表 A-12　力学中曾出现过的单位制

单位制	基本量与基本单位		
厘米·克·秒制 (CGS制)	长度 厘米 (cm)	质量 克 (g)	时间 秒 (s)
米·千克·秒制	长度 米	质量 千克	时间 秒
(MKS制)	(m)	(kg)	(s)
工程单位制	长度 米 (m)	力 公斤力 (kg)	时间 秒 (s)

2. 电学中曾经出现过的单位制(附表A-13)

附表 A-13　电学中曾出现过的单位制

单位制名称	符号	基本量与基本单位			
		长度	质量	时间	第四基本量及单位制的特点
绝对静电 单位制	CGSE	厘米 (cm)	克 (g)	秒 (s)	取真空介电常量 $\varepsilon_0=1$ 介电常量 ε 为纯数
绝对电磁 单位制	CGSM	厘米 (cm)	克 (g)	秒 (s)	取真空磁导率 $\mu_0=1$ 磁导率 μ 为纯数
高斯单位制	CGS	厘米 (cm)	克 (g)	秒 (s)	取 $\varepsilon_0=1,\mu_0=1$. ε,μ 均为纯数. 引入电动常数 C
绝对实用 单位制	MKSA	米 (m)	千克 (kg)	秒 (s)	第四个基本量选取电强度 I,其单位为安培(A)

附录B　常用字母和数学符号

附表 B-1　希腊字母表

大写	小写	汉语读音	大写	小写	汉语读音
A	α	阿尔法	E	ε	艾普西隆
B	β	贝塔	Z	ζ	截塔
Γ	γ	伽马	H	η	艾塔
Δ	δ	德耳塔	N	ν	纽

续表

大写	小写	汉语读音	大写	小写	汉语读音
Ξ	ξ	克西	K	κ	卡帕
O	ο	奥密克戎	Λ	λ	兰布达
Π	π	派	M	μ	米尤
P	ρ	洛	Y	υ	宇普西隆
Σ	σ	西格马	Φ	φ	斐
T	τ	陶	X	χ	喜
Θ	θ	西塔	Ψ	ψ	普西
I	ι	约塔	Ω	ω	奥墨伽

附表 B-2　常用数学符号

=	等于	∝	正比
≠	不等于	⊥(//)	垂直于(平行于)
≈	约等于	%	百分号
>(<)	大于(小于)	∞	无限大
≥(≤)	不小于(不大于)	ln	对数(以 e 为底的)
≫(≪)	远大于(远小于)	lg	对数(以 10 为底的)

附表 B-3　一些常用数字

$\pi=3.1416$	$1\mathrm{rad}=57°17'45''$	$\sqrt{2}=1.4142$	$\sqrt{3}=1.7321$
$e=2.7183$	$\ln2=0.6931$	$\ln3=1.0986$	$\ln10=2.3026$

附录 C　单位换算

附表 C-1　平面角单位换算

平面角	弧度	度	转
1 弧度(rad)	1	57.30	0.1592
1 度(°)	1.745×10^{-2}	1	2.778×10^{-3}
1 转	6.283	360	1

注:1 转=2π 弧度=360°

附表 C-2　长度单位换算

长度	米	厘米	千米
1 米(m)	1	100	10^{-3}
1 厘米(cm)	10^{-2}	1	10^{-5}
1 千米(km)	1000	10^{5}	1

附表 C-3　面积单位换算

面积	平方米	平方厘米
1 平方米(m^2)	1	10^{4}
1 平方厘米(cm^2)	10^{-4}	1

附表 C-4　体积单位换算

体积	立方米	立方厘米	升
1 立方米(m^3)	1	10^{6}	1000
1 立方厘米(cm^3)	10^{-6}	1	1.000×10^{-3}
1 升(L)	1.000×10^{-3}	1000	1

附表 C-5　质量单位换算

质量	千克	克	原子质量单位
1 千克(kg)	1	1000	6.024×10^{26}
1 克(g)	0.001	1	6.024×10^{23}
1 原子质量单位(u)	1.660×10^{-27}	1.660×10^{-24}	1

附表 C-6　密度单位换算

密度	千克·米$^{-3}$	克·厘米$^{-3}$
1 千克·米$^{-3}$($kg\cdot m^{-3}$)	1	0.001
1 克·厘米$^{-3}$($g\cdot cm^{-3}$)	1000	1

附表 C-7　速度单位换算

速度	米·秒$^{-1}$	厘米·秒$^{-1}$	千米·时$^{-1}$
1 米·秒$^{-1}$($m\cdot s^{-1}$)	1	100	3.6
1 厘米·秒$^{-1}$($cm\cdot s^{-1}$)	0.01	1	3.6×10^{-2}
1 千米·时$^{-1}$($km\cdot h^{-1}$)	0.2778	27.78	1

附表 C-8　力单位换算

力	牛	千牛
1 牛(N)	1	10^{-3}
1 千牛(kN)	10^{3}	1

附表 C-9　压强单位换算

压强	帕[斯卡]	大气压	毫米汞柱
1 帕[斯卡](Pa 或 N·m^{-2})	1	9.869×10^{-6}	7.501×10^{-3}
1 大气压(atm)	1.013×10^{5}	1	760
0℃时 1 毫米汞柱(mmHg)	133.3	1.316×10^{-3}	1

附表 C-10　能、功、热量单位换算

能量、功、热量	焦[耳]	卡	千瓦·时
1 焦[耳](J)	1	0.2389	2.778×10^{-7}
1 卡(cal)	4.186	1	1.163×10^{-6}
1 千瓦·时(kW·h)	3.600×10^{6}	8.601×10^{5}	1

附表 C-11　功率单位换算

功率	瓦	千瓦	马力
1 瓦(W)	1	0.001	1.341×10^{-3}
1 千瓦(kW)	1000	1	1.341
1 马力(hp)	735	0.735	1

附表 C-12　电势等单位换算

电势(电压、电势差、电动势)	V	mV	kV
1V	1	10^{3}	10^{-3}
1mV	10^{-3}	1	10^{-6}
1kV	10^{3}	10^{6}	1

附表 C-13　电阻单位换算

电阻	Ω	kΩ	MΩ
1Ω	1	10^{-3}	10^{-6}
1kΩ	10^{3}	1	10^{-3}
1MΩ	10^{6}	10^{3}	1

附表 C-14　电容单位换算

电容	F	μF	pF
1F	1	10^{6}	10^{12}
1μF	10^{-6}	1	10^{6}
1pF	10^{-12}	10^{-6}	1

附表 C-15　电感单位换算

电感	H	mH	μH
1H	1	10^{3}	10^{6}
1mH	10^{-3}	1	10^{3}
1μH	10^{-6}	10^{-3}	1

附表 C-16　磁感应强度单位换算

磁感应强度	T	G
1T	1	10^{4}
1G(高斯)	10^{-4}	1

附录 D　基本物理常数

物理量	符号	数值与单位
真空中的光速	c	$(2.997924580\pm0.000000012)\times10^{8}\,\mathrm{m\cdot s^{-1}}$
真空磁导率	μ_0	$12.55637306144\times10^{7}\,\mathrm{H\cdot m^{-1}}$
真空介电常量	ε_0	$(8.854187818\pm0.000000071)\times10^{12}\,\mathrm{F\cdot m^{-1}}$
基本电荷	e	$(1.6021892\pm0.0000046)\times10^{-19}\,\mathrm{C}$
电子静止质量	m_e	$9.1095\times10^{-31}\,\mathrm{kg}$
电子电荷与质量之比	e/m_e	$(1.7588047\pm0.0000049)\times10^{11}\,\mathrm{C\cdot kg^{-1}}$
质子静止质量	m_p	$(1.6726485\pm0.0000086)\times10^{-27}\,\mathrm{kg}$
原子质量单位	u	$(1.6605655\pm0.0000086)\times10^{-27}\,\mathrm{kg}$
普朗克常量	h	$(6.626176\pm0.000036)\times10^{-34}\,\mathrm{J\cdot s}$
阿伏伽德罗常量	$N_A(N_0)$	$(6.022045\pm0.000031)\times10^{23}\,\mathrm{mol^{-1}}$
法拉第常量	F	$(9.648456\pm0.000027)\times10^{4}\,\mathrm{C\cdot mol^{-1}}$
里德伯常量	R_∞	$(1.097373177\pm0.000000083)\times10^{7}\,\mathrm{m^{-1}}$
玻尔半径	a_0	$(502917706\pm0.0000044)\times10^{-11}\,\mathrm{m}$
经典电子半径	$r_e=at$	$(2.8179380\pm0.0000070)\times10^{-15}\,\mathrm{m}$

续表

物理量	符号	数值与单位
理想气体在标准状态下的摩尔体积	V_m	$(22.41383\pm0.00070)\times10^{-3}m^3\cdot mol^{-1}$
摩尔气体常量	R	$(8.31441\pm0.00026)J\cdot mol^{-1}\cdot K^{-1}$
玻尔兹曼常量	k	$(1.380662\pm0.000040)\times10^{-23}J\cdot K^{-1}$
万有引力常量	G	$(6.6720\pm0.0041)\times10^{-11}m^3\cdot s^{-2}\cdot kg^{-1}$
标准重力加速度	g_n	$9.80665m\cdot s^{-2}$
热功当量	J	$4.1868J\cdot cal^{-1}$
水三相点		273.16K
水在常压下的冰点		273.15K

附录 E　一些固体的密度

附表 E-1　合金与某些材料的密度

物质	成分	密度/($g\cdot cm^{-3}$)
铝-铜合金	Al10,Cu90	7.69
黄铜	Al 5,Cu95	8.37
青铜	Al 3,Cu97	8.69
康铜(铜镍合金)	Cu90, Zn10	8.6
硬铝	Cu50,Zn50	8.2
德银	Cu90,Sn10	8.78
殷钢(铁镍合金)	Cu85,Sn15	8.89
铅-锡合金	Cu80,Sn20	8.74
磷青铜	Cu75,Sn25	8.83
锰铜合金	Cu60,Ni40	8.88
铂铱合金	Cu4,Mg0.5,Mn0.5 剩余为 Al	2.79
生铁	Cu26.3,Zn36.6,Ni36.8	8.30
高速钢	Cu52,Zn26,Ni22	8.45
不锈钢	Cu59,Zn30,Ni11	8.34
铸锌	Cu63,Zn30,Ni6	8.30

附表 E-2　一般固态物质的密度(室温下)

物质	密度/(g·cm⁻³)	物质	密度/(g·cm⁻³)
熔融石英	2.2	干土	1.0～2.0
硼硅酸玻璃	2.3	干砂	1.5
重硅钾铅玻璃	3.88	黏土	1.5～2.6
丙烯树脂	1.182	砖	1.4～2.2
尼龙	1.11	食盐	2.1～2.2
木头	0.4～0.8	皮革	0.4～1.2
书写用纸	0.7～1.2	瓷	2.1～2.5
冰	0.88～0.92	花岗石	2.4～2.8
赛璐璐	1.4	玛瑙	2.5～2.8
象牙	1.8～1.9	大理石	2.5～2.8
聚乙烯	0.90	云母	2.6～3.2
聚苯乙烯	1.056	电木(胶木)	1.3～1.4
马来树胶	0.96～0.99	金刚砂	4.0
硬橡胶	1.8	磁铁	5.0
松香	1.07	混凝土	1.8～2.4
沥青	1.07～1.5	结晶石膏	2.25
石蜡	0.87～0.93	烧石膏	1.8
蜡	0.95～0.99	方解石	2.67
软木	0.24	有机玻璃	1.18
木炭	0.3～0.9	胶合板	0.56
石棉	1.5～2.8		

附录 F　某些声波与某些物体振动的频率

声波或物体振动	频率/Hz
次声波	20 以下
一般人能够听到的声音	16～20000
一般人能够发出的声音	64～1300
一般人敏感的频率	1000～3000
一般人最敏感的频率	2000

续表

声波或物体振动	频率/Hz
长笛或哨子	5000～8000
蜜蜂采饱蜜后飞行时翅膀振动	220
蜜蜂卸下蜜后飞行时翅膀振动	440
超声波	20000 以上
狗可听到的高频率	38000
雷声	<100
雷声中能量最大的频率	0.25～2
地球震动	10^{-4}～10^{6}

附录 G　某些物质的特征值

附表 G-1　一些物质的熔点、熔解热、沸点和汽化热

（$1cal/g=4.18\times10^{3}J\cdot kg^{-1}$）

物质	熔点/℃	熔解热/($cal\cdot g^{-1}$)	沸点/℃	汽化热/($cal\cdot g^{-1}$)
酒精	－114	23.54	78	204
二硫化碳	－112	45.3	46.25	84
氨	－77.7	81.3	－33	327
松节油	－10	80	160	539
冰	0	36	100	1505
萘	80	33	218	50.5
生铁	1100～1200	8	2450	93
一氧化碳	－200	46.68	－190	263
醋酸	16.6	16.4	118.3	104
甲醇	－97.1	20.95	64.7	94
苯胺	－6.24	30.24	184.3	124
苯	5.48		82.2	
丙酮	－96.5		56.1	

附表 G-2　某些物质的临界温度、临界压强和临界密度

(1 个大气压=133.3Pa)

物质	临界温度/℃	临界压强/大气压	临界密度/($\times10^3 kg\cdot m^{-3}$)	物质	临界温度/℃	临界压强/大气压	临界密度/($\times10^3 kg\cdot m^{-3}$)
氮	−147.0	33.5	0.31	甲苯	320.6	41.6	0.29
乙炔	35.9	62.0	0.23	氧	−118.4	50.1	0.41
水	374.15	218.3	0.32	氪	−63.7	54.9	0.91
氢	−239.92	12.8	0.031	氙	−16.7	58.2	1.15
空气	−140.7	37.2	0.31	甲烷	−82.1	45.6	0.16
氦	−267.9	2.26	0.07	氖	−228.7	26.9	0.48
一氧化氮	−92.9	64.6	0.52	氯	144.0	76.1	0.57
一氧化碳	−140.0	34.6	0.30	乙醚	193.8	35.5	0.26
汞	1460	103.5	5.0	苯	288.5	47.7	
甲醇	240.0	78.5	0.27	氰(双氰)	128	59	
乙醇	243.0	63.0	0.27	氯甲烷	143	66	

附表 G-3　固体Ⅰ在固体Ⅱ上静止或运动的静摩擦系数和滑动摩擦系数

Ⅰ	Ⅱ	静摩擦系数		滑动摩擦系数	
		干燥	涂油	干燥	涂油
钢	钢	0.7	0.005～0.1	0.5	0.03～0.1
钢	青铜	—	—	0.34	0.17
钢	铸铁	—	0.18	0.23	0.13
钢	铅	0.95	0.5	0.95	0.3
镍	钢铁	—	—	0.64	0.18
铝	钢铁	0.61	—	0.47	—
镁	钢铁	—	—	0.42	—
镁	镁	0.6	0.08	—	—
镉	钢铁	—	—	0.46	—
铜	钢铁	0.53	—	0.36	0.18
黄铜	钢铁	0.51	0.11	0.44	—
黄铜	铸铁	—	—	0.30	
锌	铸铁	0.85	—	0.21	—
镁	铸铁	—	—	0.25	—
铜	铸铁	1.05	—	0.29	—
锡	铸铁	—	—	0.32	—

续表

Ⅰ	Ⅱ	静摩擦系数		滑动摩擦系数	
		干燥	涂油	干燥	涂油
铅	铸铁	—	—	0.43	—
铸铁	铸铁	1.10	0.2	0.15	0.070
铝	铝	1.05	0.30	1.4	—
玻璃	玻璃	0.94	0.35	0.4	0.09
玻璃	镍	0.78	—	0.56	—
铜	玻璃	0.69	—	0.53	—
聚四氟乙烯	聚四氟乙烯	0.04	—	0.04	—
皮革	木材	—	—	0.40	—
皮革	铸铁	—	—	0.28～0.60	—
钢	冰	—	—	0.02	—
木材	冰	—	—	0.03～0.04	—
木材	木材（顺着纤维）	—	—	0.40	—
木材	木材（纤维互相垂直）	—	—	0.20	—
橡皮轮胎	路面（干）	—	—	0.71	—

附表 G-4 电介质的介电常量

物质	温度/℃	相对介电常量	物质	温度/℃	相对介电常量
水蒸气	140～150	1.00785	固体氨	−90	4.01
气态溴	180	1.0128	固体醋酸	2	4.1
氦	0	1.000074	石蜡	−5	2.0～2.1
氢	0	1.00026	聚苯乙烯	20	2.4～2.6
氧	0	1.00051	无线电瓷	16	6～6.5
氮	0	1.00058	超高频瓷	—	7～8.5
氩	0	1.00056	二氧化钡	—	106
气态汞	400	1.00074	橡胶	—	2～3
空气	0	1.000585	硬橡胶	—	4.3
硫化氢	0	1.004	纸	—	2.5
真空	20	1	干砂	—	2.5
乙醚	0	4.335	15%水湿砂	—	约 9
液态二氧化碳	20	1.585	木头	—	2～8

续表

物质	温度/℃	相对介电常量	物质	温度/℃	相对介电常量
甲醇	20	33.7	琥珀	—	2.8
乙醇	16.3	25.7	冰	—	2.8
水	14	81.5	虫胶	—	3～4
液态氦	−270.8	16.2	赛璐珞	—	3.3
液态氦	−253	1.058	玻璃	—	4～11
液态氢	−182	1.22	黄磷	—	4.1
液态氧	−185	1.465	硫	—	4.2
液态氮	0	2.28	碳(金刚石)	—	5.5～16.5
液态氯	20	1.9	云母	—	6～8
煤油	20	2～4	花岗石	—	7～9
松节油	—	2.2	大理石	—	8.3
苯	—	2.283	食盐	—	6.2
油漆	—	3.5	氧化铍		7.5
甘油	—	45.8	—	—	—

附表 G-5　某些物质的反射系数、透射系数和吸收系数

物质	反射系数百分比	透射系数百分比	吸收系数百分比
窗玻璃	8	90	2
磨砂玻璃	12	75	13
乳白色玻璃	50	35	15
无色透明赛璐珞	8	79	13
涂水银的镜面玻璃	70	—	30
涂银的镜面玻璃	85	—	15
白亮木材	小于 40	—	大于 60
粉笔、石膏、石灰	85	—	15
白纸	60～80	—	20～40
白珐琅	65	—	35
刷白平顶天花板	70	—	30
红砖墙	10	—	90
初降雪	85	—	15
青草层	9～15	—	85～91
干砂	小于 30	—	大于 70
黑丝绒	0.2	—	99.8

附表 G-6　常见物质的相对磁导率和磁化率

物质	温度(20℃)	μ_r	$\chi_m/(\times 10^5)$
真空		1	0
空气	(标准状态)	1.00000004	0.04
铂	20℃	1.00026	26
铝	20℃	1.000022	2.2
钠	(标准状态)	1.0000072	0.72
氧	20℃	1.0000019	0.19
汞	20℃	0.999971	−2.9
银	20℃	0.999974	−2.6
铜	20℃	0.99990	−1.0
碳(金刚石)	20℃	0.999979	−2.1
铅	20℃	0.999982	−1.8
岩盐	20℃	0.999986	−1.4